普通高等学校"双一流"建设能源与动力专业精品教材

汽轮机热力系统与通流结构课程设计

王　坤　编著

华中科技大学出版社
中国·武汉

内 容 简 介

本书共分为7章，内容包括汽轮机本体结构和热力系统简介、汽轮机级的热力设计方法、多级汽轮机的热力设计方法、多级汽轮机的变工况热力核算方法、长叶片的准三维气动设计计算方法、主要零部件的强度计算方法和开源多级涡轮机通流气动设计代码包 Multall 的使用介绍。内容涵盖了热力、气动、强度等汽轮机设计计算的几个主要方面，叶型和热力参考数据丰富，既有设计计算的算例和步骤说明，也有部分代码可供使用，内容详略得当。

本书可作为高等学校能源与动力工程专业教材，也可供有关专业师生及工程技术和研究人员参考。

图书在版编目(CIP)数据

汽轮机热力系统与通流结构课程设计/王坤编著. —武汉：华中科技大学出版社，2021.12
ISBN 978-7-5680-7749-1

Ⅰ.①汽… Ⅱ.①王… Ⅲ.①蒸汽透平-课程设计-高等学校 Ⅳ.①TK26

中国版本图书馆 CIP 数据核字(2021)第 259887 号

汽轮机热力系统与通流结构课程设计　　王　坤　编著
Qilunji Reli Xitong yu Tongliu Jiegou Kecheng Sheji

策划编辑：余伯仲
责任编辑：程　青
封面设计：廖亚萍
责任监印：周治超
出版发行：华中科技大学出版社(中国·武汉)　电话：(027)81321913
武汉市东湖新技术开发区华工科技园　邮编：430223
录　　排：武汉三月禾文化传播有限公司
印　　刷：武汉开心印印刷有限公司
开　　本：787mm×1092mm　1/16
印　　张：17.75
字　　数：451 千字
版　　次：2021 年 12 月第 1 版第 1 次印刷
定　　价：59.80 元

前　言

汽轮机原理是能源与动力工程专业的主要专业课程之一，部分内容学习难度较大。汽轮机课程设计是对汽轮机原理课程的有益补充，也是一门具有一定实践性的课程，该课程有助于加深学生对汽轮机原理相关内容的理解和认识，并培养和锻炼学生对知识的运用能力。本书是在华中科技大学能源与动力工程学院热动专业多年积累的汽轮机课程设计资料和设计实践基础上总结撰写的，可供该专业学生在汽轮机课程设计时参考，也可与热能动力类专业教材《汽轮机原理》配合使用。

本书共分 7 章，第 1 章介绍了汽轮机通流部分典型部件的结构特征和热力系统的基本构成，第 2 章主要对汽轮机的级内损失和单级热力设计方法进行说明，第 3 章介绍多级汽轮机的热力设计方法与步骤，第 4 章介绍变工况下汽轮机级的热力核算方法，第 5 章分别对基于简单径向平衡方程的长叶片设计方法和基于完全径向平衡方程的准三维程序设计方法进行说明，第 6 章分别采用简化公式和有限元数值分析技术对通流部分零部件的强度核算方法进行介绍，第 7 章对英国剑桥大学惠特尔(Whittle)实验室的 Denton 教授研究组开发并公开的开源涡轮机设计系统 Multall 及其使用方法进行简单介绍。

书中一方面对传统的汽轮机课程设计内容进行介绍，以热力计算和强度校核为主，并扩展到气动设计计算，由此使学生对汽轮机原理和设计特点的理解更加深入；另一方面，在热力、强度、气动三个方面，既提供了简单初步设计计算，也提供了稍复杂、有一定难度的设计计算内容供老师和学生选择，以满足不同设计学时的要求；同时，也对手工计算、代码辅助、数值分析等几种设计计算方式提供支持和参考，以满足不同培养层次学生不同兴趣要求的需要。课程设计的具体实施内容和安排可参考本书附录 6。

本书编写过程中得到了原汽轮机锅炉教研室“汽轮机原理”课程资深授课老师冯慧雯教授的大力支持和帮助，在此表示感谢。

本书第 7 章内容中 Multall 代码包和相关说明文件得到了 Denton 教授的使用授权，在此深表谢意。

在本书撰写过程中，鲁录义、李爱军、张燕平、杨涛、王晓墨、陈刚等老师提供了帮助；同时，作者所在课题组中的研究生田津等，作者曾经指导本科毕业设计的吴高银，指导专业课程设计的韩哲睿、周雨龙等分享了各自的研究成果或学习资料，这里不一一列出，一并表示感谢。最后，我也要对书中引用的参考文献的作者表示诚挚的谢意。

由于编者水平有限，书中难免存在错误与不妥之处，恳切希望读者批评指正。

作者

2021 年 11 月

目　　录

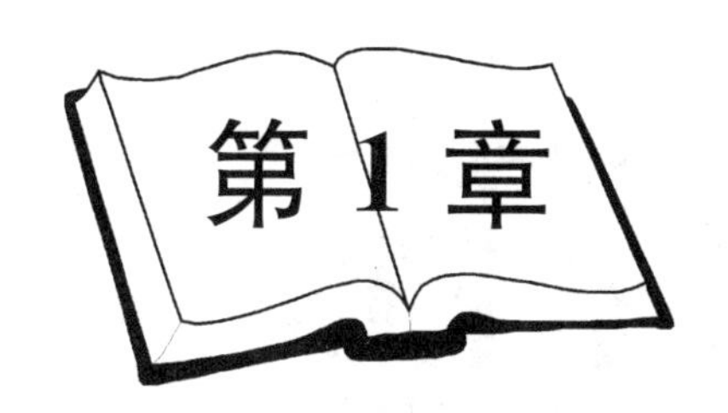

汽轮机的本体结构与热力系统

汽轮机本体的结构形式有多种，但基本结构特征是相似的，一般由旋转部件和静止部件组成。

旋转部件即转子体，主要承受蒸汽的作用力，输出轴功。旋转部件一般包括轴、叶轮、动叶栅(片)。叶轮可以单独制造也可以和轴整体制造，汽轮机中的叶片一般单独制造，然后通过接口和叶轮或轴组装在一起。一圈数个叶片组成了叶栅，动叶栅主要吸收蒸汽的动能，并通过轴输出。部分叶栅还安装有拉筋(金)和围带，轴上还可能设计有联轴器、汽封、油封、轴颈等。

静止(固定)部件提供蒸汽能量转换和转移的工作空间。一方面，将蒸汽和转动部件与外界尽可能隔离，避免泄漏和确保安全；另一方面，部分机型的蒸汽做功是多次逐步完成的，需要将做功空间再进一步分隔为带有一定串联特征的流道蒸汽工作空间。静止部件一般包括喷嘴(静叶)、隔板、汽封、汽缸(机壳)和轴承等部件，其中喷嘴将工质的内能转换为其自身的动能。

为了提高汽轮机的功率和汽轮机的循环效率，大型汽轮机特别是发电用汽轮机都采用多排汽方式，这是因为当汽轮机进排汽参数相差较大时，其容积流量会变得很大，给通流部分的尺寸设计带来较大困难。采用多排汽方式，高参数蒸汽进入汽轮机经过不同程度的做功后，分别从不同抽汽口或者凝汽器流出汽缸，可以较好地降低最终排汽口面积要求。

多排汽方式使得汽缸内不同级内流过的流量有了差异，汽轮机整体效率计算的复杂性有所提高，也影响了汽轮机通流部分叶片的设计，因此汽轮机热力设计不仅要考虑缸内通流部分的焓降分配，还要考虑汽轮机本体以外的回热系统相关参数，如回热给水总焓升(温升)在各加热器间的分配、锅炉最佳给水温度和回热加热级数。这二者紧密联系，互有影响。通常汽轮机的功率等级和进汽参数越高，回热级数越多；回热级数越多，循环热效率就越高，但是设备也越多，投资越大，每增加一级的收益会递减。在级数一定的情况下，存在一个理论上最佳的给水温度，此时给水总焓升在各加热器间的分配若能达到最佳值，则汽轮机循环的热效率就会最高。

1.1 级和级的组合

一个静叶或者喷嘴及其后的动叶构成了汽轮机的一个基本做功单元。为了做功的连续性和增加进汽量，往往将更多的喷嘴和动叶组合在一起，这就形成了常见的静叶栅和动叶栅，一列静叶栅和动叶栅构成一级。如图 1-1 所示，动叶片沿半径方向连接在叶轮盘上，喷嘴喷出的蒸汽进入相邻动叶片所形成的流道内，折转一定角度后流出。蒸汽在流经动叶栅后，其速度方向和速度大小都改变，最终将自身动能转移至转子体，推动转子旋转。

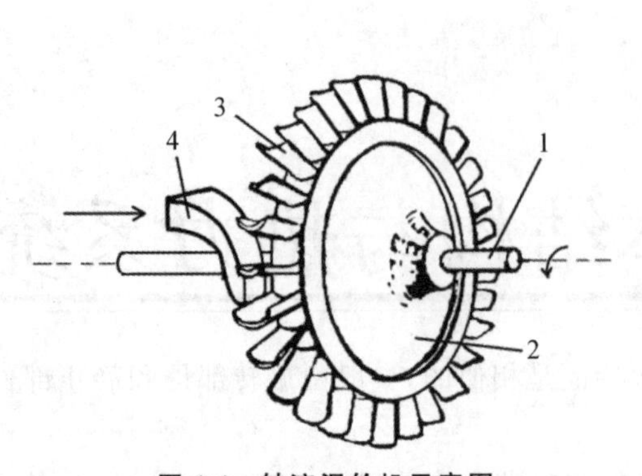

图 1-1　轴流涡轮机示意图

1—轴；2—叶轮；3—动叶；4—喷嘴

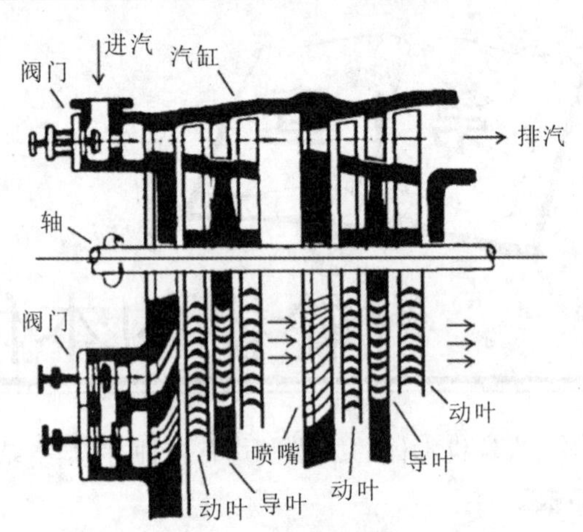

图 1-2　多级轴流涡轮机

为了同时提高功率和效率，应让工质在做功前后具有较大的能量差，亦即较大的焓降。这样的焓降往往需要多次分段利用才可降低损失，提高效率，这就出现了多级的需求。可将图 1-1 中所示结构通过简单串联的方式变成多级涡轮机，多级涡轮机可以设计得更加紧凑，如图 1-2 所示。对于多级涡轮机，这些级中的气体能量按顺序进行转换和利用，每一级只利用一部分。因此，工质的温度和压力逐级降低，每一级喷嘴和动叶内工质的速度都可处在最佳范围内。从结构来看，就是一列喷嘴和一列动叶片，其后又是一列喷嘴和一列动叶片，这样逐次排列下去。第一列喷嘴进口处的蒸汽压力最高，以后逐级降低，这样的级称为压力级，如图 1-3 所示。多级涡轮机具有效率高、能够使用高参数工质、结构较复杂的特点。

工质通过喷嘴一次性膨胀加速，速度逐步在多个动叶中做功被利用，这样的级称为速度级。这种级可承担较大的焓降，具有较大的功率，但气动损失明显。常见的是一列喷嘴、两列动叶栅和一列导叶栅的速度级，也称柯蒂斯级或复速级，如图 1-4 所示。显然，速度级比压力级的结构要复杂一点。由于速度级焓降大，同时往往处于第一级，因此对强度的要求比一般压力级的要高。

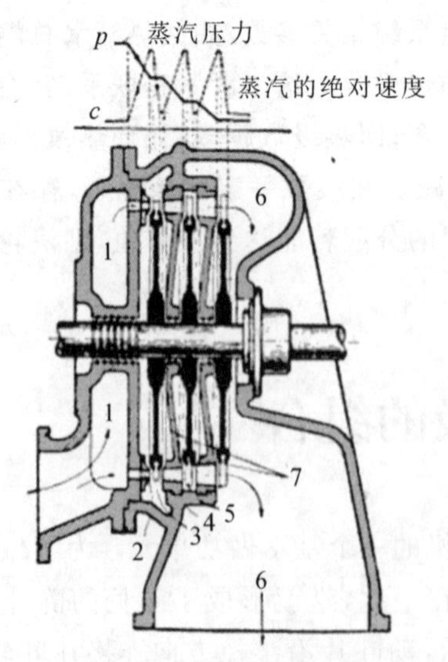

图 1-3　三个压力级的冲动式汽轮机的剖面简图

1—环形蒸汽室；2—第一级喷嘴；3—第一级动叶；
4—第二级喷嘴；5—第二级动叶；6—出汽口；7—隔板

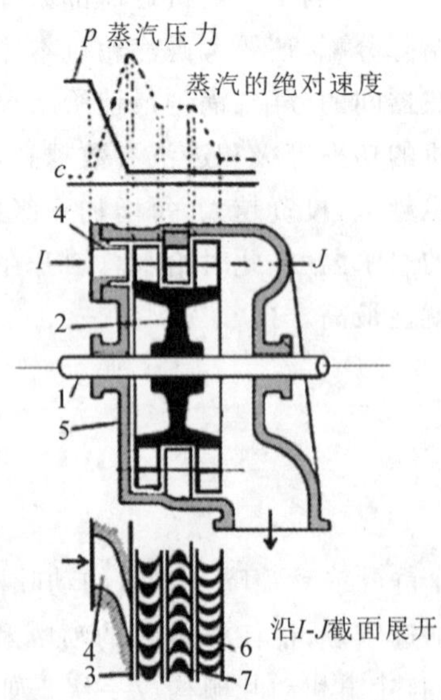

图 1-4　复速级汽轮机剖面简图

1—轴；2—叶轮；3—第一列动叶；4—喷嘴；
5—机壳；6—第二列动叶；7—导叶

速度级也可以和压力级结合起来使用，以减少级数，简化整体结构。

1.2　喷嘴(静叶)与隔板

轴流冲动式汽轮机中，为了减小轴向尺寸、便于调节负荷及降低叶高损失等，设计有调节级，工质在调节级内的焓降一般要大于其他级的，而且调节级的喷嘴一般并非全周进汽的，可以通过改变进汽通流面积改变工质流量。

调节级的喷嘴组安装在汽缸上的喷嘴室出口处，其他各级的喷嘴(静叶栅)安装在隔板上。

1.2.1　喷嘴结构

喷嘴的作用是将蒸汽的内能转化为气体自身的动能，以提高蒸汽流动速度。喷嘴前后有压力差，喷嘴内是蒸汽流道，流道截面积沿流动方向的变化符合拉瓦尔喷嘴的要求。喷嘴的进汽口一般应正对来流方向，以减少气体的流动损失。

一般喷嘴的流道是由两个相邻的喷嘴叶片及叶片的上下连接部件的壁面所围成的空间构成的，其截面大致呈长方形。图1-5所示为一个典型的喷嘴组，为整锻铣制焊接喷嘴组，它是在整锻的内环上直接铣制喷嘴片，再在喷嘴片外圆焊上隔叶片并与外环焊接而成的。

两个叶片及其两端连接部件所构成的喷嘴与经典的拉瓦尔喷嘴的差别在于，为了产生沿轮周方向的速度分量对汽流进行了一定的转向，这就使得喷嘴出口出现斜切部分。斜切部分的存在使得出口本身的截面与分析汽流流动所需截面相异，而后者应该与汽流流动方向相垂直。

若渐缩斜切喷嘴的斜切部分恰好属于喷嘴的喉部，当汽流亚声速膨胀时，斜切部分的存在对汽流出口速度和方向没有明显影响，汽流出口方向与喉部截面相垂直；对于超声速膨胀，汽流将发生一定角度的偏转，如图1-6所示，偏转角计算公式为

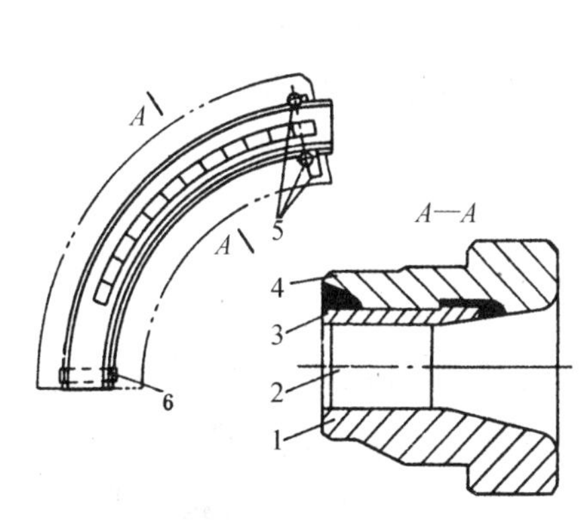

图1-5　喷嘴组的结构

1—内环；2—喷嘴片；3—隔叶件；
4—外环；5—定位销；6—密封键

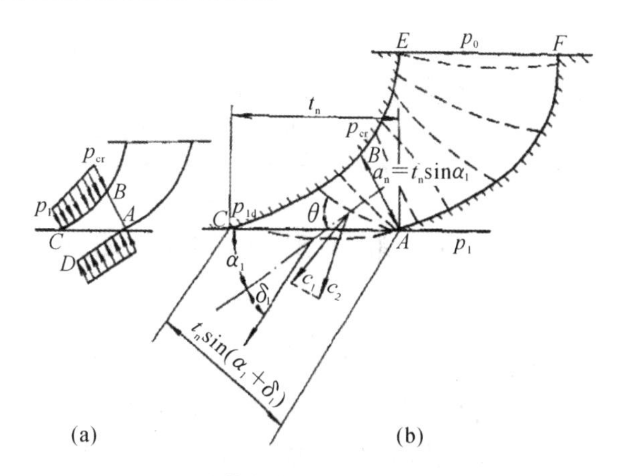

图1-6　蒸汽在斜切部分的膨胀

(a)斜切部分两侧压力的分布；
(b)斜切部分汽流的偏转

$$\frac{\sin(\alpha_1+\delta_1)}{\sin\alpha_1}\approx\frac{\left(\dfrac{2}{k+1}\right)^{\frac{1}{k-1}}\sqrt{\dfrac{k-1}{k+1}}}{\varepsilon_{\mathrm{n}}^{\frac{1}{k}}\sqrt{1-\varepsilon_{\mathrm{n}}^{\frac{k-1}{k}}}} \tag{1-1}$$

式中：ε_{n} 为喷嘴压力比；k 为蒸汽等熵指数；α_1 为喷嘴出汽角；δ_1 为汽流在喷嘴斜切部分的偏转角。

显然，斜切部分的存在使得渐缩喷嘴既可以完成汽流亚声速膨胀也可以在一定程度上获得超声速汽流。利用这一特性可避免在变工况下渐缩喷嘴效率降低和复杂制造工艺带来的弊端。当然斜切部分也存在一定的适用范围，当喷嘴出口背压低于极限压力，斜切部分等效的通流面积增加并不足以利用时，汽流会产生膨胀不足损失，极限压力的计算公式为

$$p_{1\mathrm{d}}=\varepsilon_{\mathrm{cr}}\ (\sin\alpha_1)^{\frac{2k}{k+1}}p_0^* \tag{1-2}$$

斜切部分的膨胀能力与 α_1 有关，当 α_1 增大时其膨胀能力降低。一般情况下 p_1 要比 $p_{1\mathrm{d}}$ 大些，也就是说不希望汽流偏转角 δ_1 太大，一般在 2°～4°较好。

部分工业汽轮机也使用轴向对称的扩散型钻孔喷嘴（见图 1-7），这样的喷嘴流道是直接成形的。试验指出，当喷嘴前后压力比小于 0.08～0.1 时，钻孔喷嘴的效率要比矩形截面的型线喷嘴高一些。

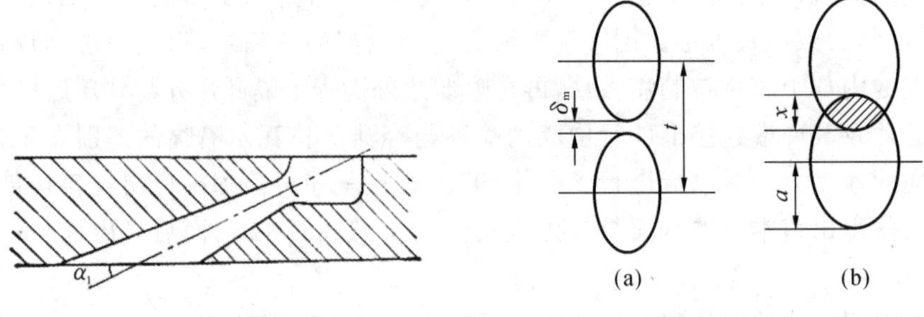

图 1-7　钻孔喷嘴示意图　　　　图 1-8　相邻钻孔喷嘴的重叠

此外，当喷嘴前压力高、出口汽流马赫数较大时，钻孔喷嘴的加工制造要比矩形截面的型线扩散喷嘴的更简单；在小功率汽轮机以及各种驱动用汽轮机中，为了降低造价、简化加工，虽然喷嘴前后压力比大于 0.08～0.1，但也采用钻孔喷嘴，因此钻孔喷嘴应用广泛。

钻孔喷嘴的出口截面为椭圆，为了降低尾迹损失，目前设计的钻孔喷嘴在出口处都有一定程度的交叉重叠，如图 1-8 所示。出口重叠后，由于相邻喷嘴超声速汽流交汇冲波损失会增大，因此钻孔喷嘴的重叠度、出汽角要合理选择。出汽角通常在 14°～19°之间。

1.2.2　隔板和隔板套的结构

1. 隔板

隔板一般固定在汽缸上，分隔缸内空间，还起到支撑喷嘴叶片的作用。蒸汽在隔板上的喷嘴内进行内能到动能的转换，两个隔板之间大致构成了工质对动叶做功的空间。

图 1-9 所示是焊接隔板的结构，整个隔板由喷嘴叶栅、隔板体和外缘焊接而成。其中，喷嘴叶栅可由喷嘴片和内、外围带焊接而成，也可整块精密浇铸而成。图 1-10 所示为铸造隔板结构。

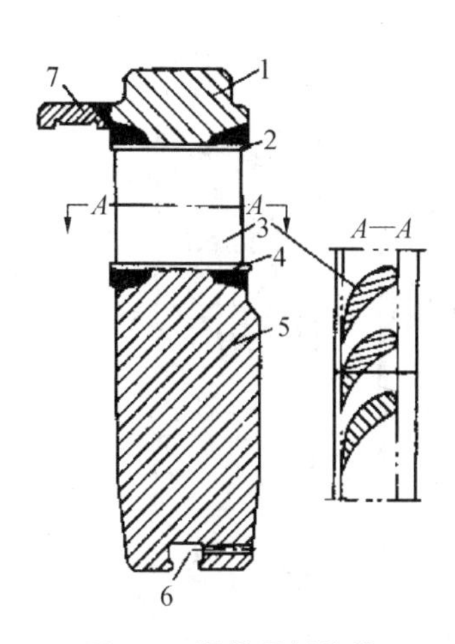

图 1-9 焊接隔板结构

1—外缘；2—外围带；3—喷嘴片；4—内围带
5—隔板体；6—汽封槽；7—径向汽封支架(凸缘)

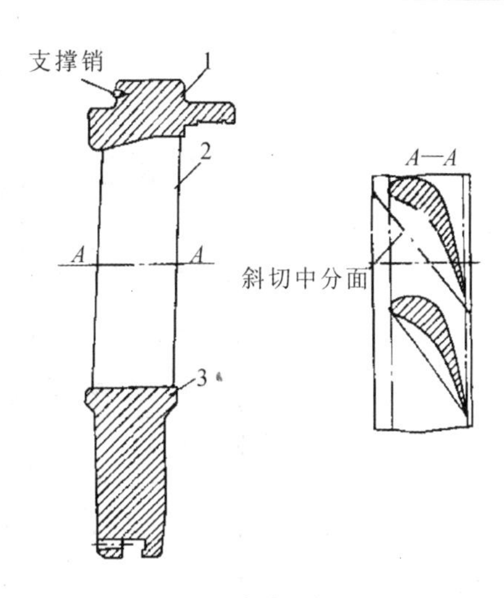

图 1-10 铸造隔板结构

1—隔板外缘；2—喷嘴片；3—隔板体

工作在湿蒸汽区的级，其隔板上设置有去湿装置，最常用的结构有隔板外环的去湿槽、喷嘴叶栅顶部铸缝处的骑缝吸湿槽和空心喷嘴片出口边的吸湿缝，如图 1-11 所示。吸湿缝与隔板外缘内连通凝汽器的环形室相通，利用凝汽器内真空吸去喷嘴片表面的水膜。

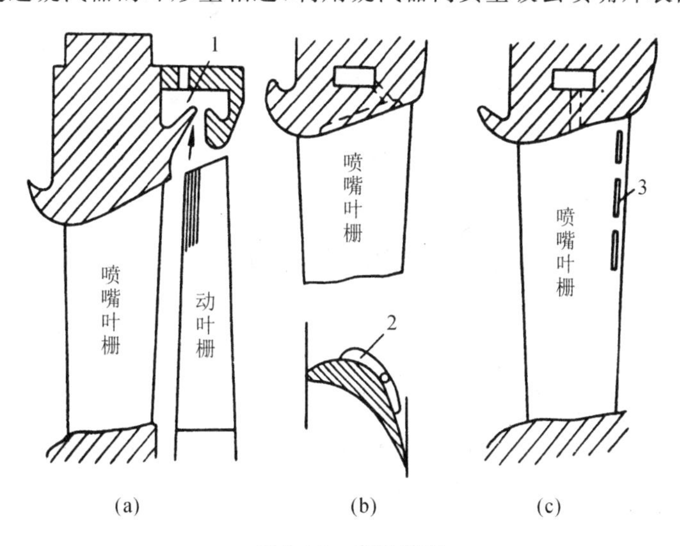

图 1-11 去湿装置

(a)去湿槽；(b)骑缝吸湿槽；(c)吸湿缝
1—去湿槽；2—骑缝吸湿槽；3—吸湿缝

2. 隔板套

多个隔板可以先安装于一个隔板套上，隔板套再安装于汽缸上。隔板套一般设计为一个半圆筒形的部件，上、下两半构成一个完整圆筒成对使用，其外圆柱面有定位环，用于嵌入汽缸内壁相应的槽道内，其内壁有若干环形槽道，用于固定相应的隔板。隔板套水平中分面有法兰，用螺栓紧固。

采用隔板套可以简化汽缸的结构，便于在汽缸下部布置抽汽口。图 1-12 所示为常见的隔板套结构。

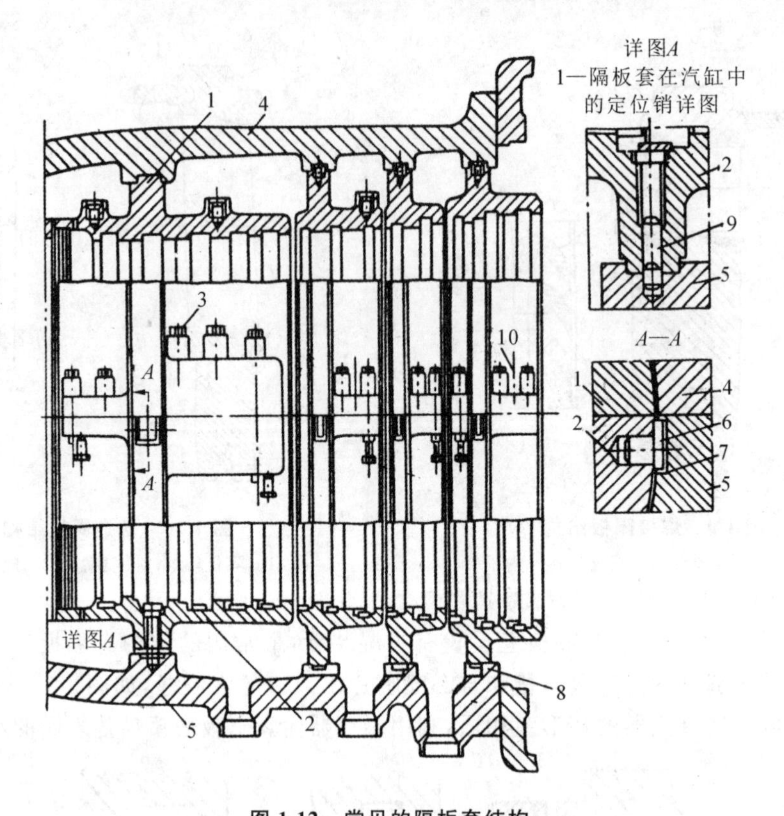

图 1-12　常见的隔板套结构

1—上隔板套；2—下隔板套；3—连接螺栓；4—上汽缸；5—下汽缸；
6—挂耳；7—垫片；8—斜键；9—定位销；10—顶开螺钉

1.3　动叶与转子

1.3.1　动叶片的结构

动叶片由三部分构成：叶根、叶身（型线部分）和附属部分（围带和拉筋）。叶片通过叶根，沿圆周安装在叶轮上，构成叶栅体。汽流在叶栅体上的两个相邻叶片之间流动和做功。

1. 叶身

叶片根据叶身截面特征分等截面叶片和变截面叶片。叶片较短时，可认为其叶根和叶顶处圆周移动速度差异较小，汽流速度大小和方向近似，为降低制造成本，一般选用相同的等截面（型线），这种叶片一般也称等截面直叶片，如图 1-13 所示。当叶片较长时，叶根和叶顶处圆周移动速度差异较大，叶片截面必须根据这一特征有所变化，因此从叶根到叶顶一般采用进出口角都变化的变截面（型线），看上去就像叶片发生了扭曲，通常叫扭叶片，如图1-14所示。调节级常采用加宽的直叶片，并用围带将几片叶片连接成叶片组，如图 1-15 所示。

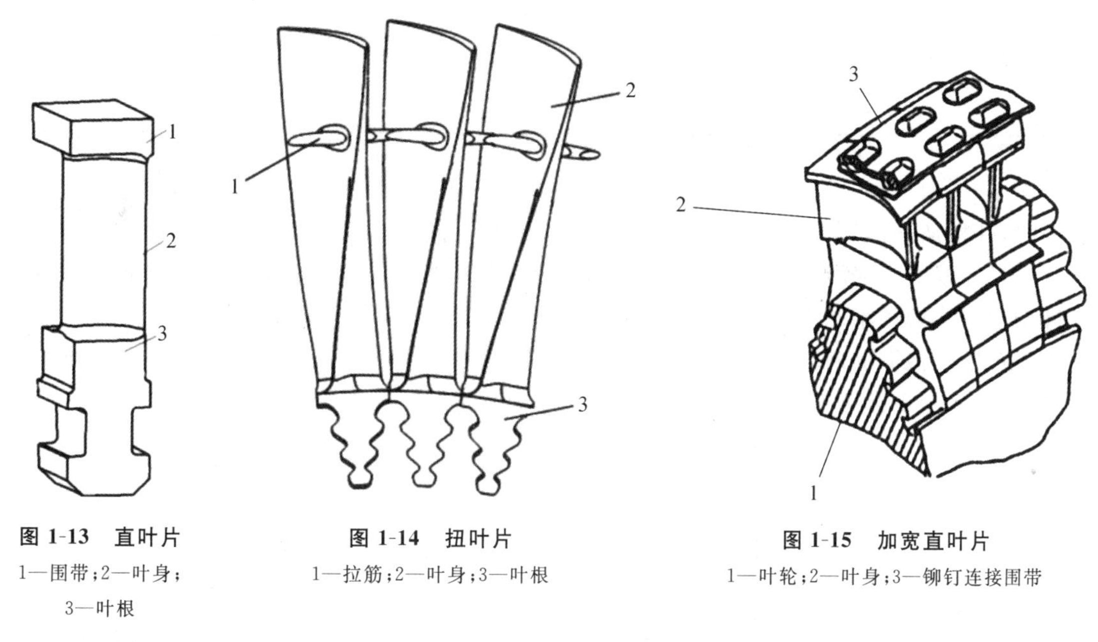

图1-13　直叶片
1—围带;2—叶身;3—叶根

图1-14　扭叶片
1—拉筋;2—叶身;3—叶根

图1-15　加宽直叶片
1—叶轮;2—叶身;3—铆钉连接围带

2. 叶根

不同的叶根和轮缘的连接方式承载机械载荷的能力有所差别,结构复杂性和加工工艺要求也不一样。图1-16所示是各种常见叶根的剖面示意图。

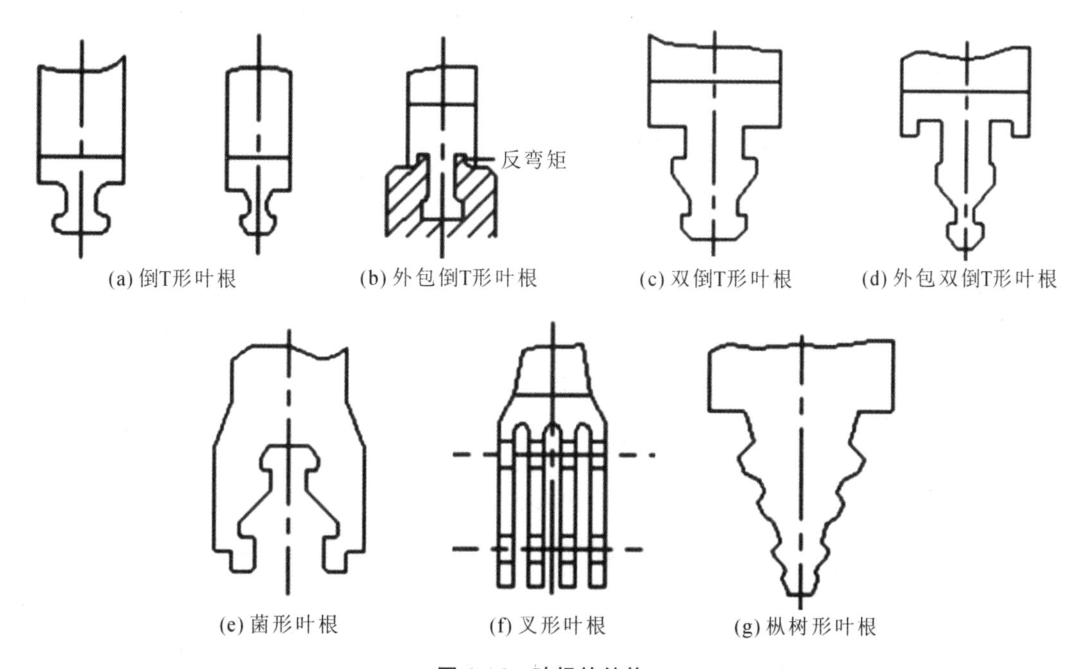

(a) 倒T形叶根　(b) 外包倒T形叶根　(c) 双倒T形叶根　(d) 外包双倒T形叶根

(e) 菌形叶根　(f) 叉形叶根　(g) 枞树形叶根

图1-16　叶根的结构

离心总载荷不大的短叶片常采用倒T形叶根;中等长度叶片常采用外包倒T形叶根;100～400 mm长的叶片可采用双倒T形叶根或菌形叶根;离心力较大的长叶片可采用叉形叶根、枞树形叶根,叉形叶根承载能力跟叉数有关,如表1-1所示。枞树形叶根的齿数根据叶片离心力大小选择。另外还有齿形叶根,常用于轧制叶片。

表 1-1　叉形叶根的叉数

叶片高度/mm	100～250	250～500	500～650
叉数/个	2	3	4

图 1-16(a)至图 1-16(g)所示叶根均需沿周向装入轮缘槽内，轮缘槽上通常有两个或四个开口，叶根从开口处按顺序依次装入，末叶片用一个或两个铆钉固定于轮缘上。

叉形叶根的叉腿沿径向插入轮缘的叉槽中，一般用两个铆钉沿轴向在两个叶根骑缝或在叶根中心线处和轮缘铆接固定。

枞树形叶根沿轴向装入轮缘的叶根槽内，叶根底部装楔形填隙条，相邻叶根的贴合面钻有圆孔，插入两个斜劈半圆销。图 1-17 所示为叶根在轮缘上的装配结构。

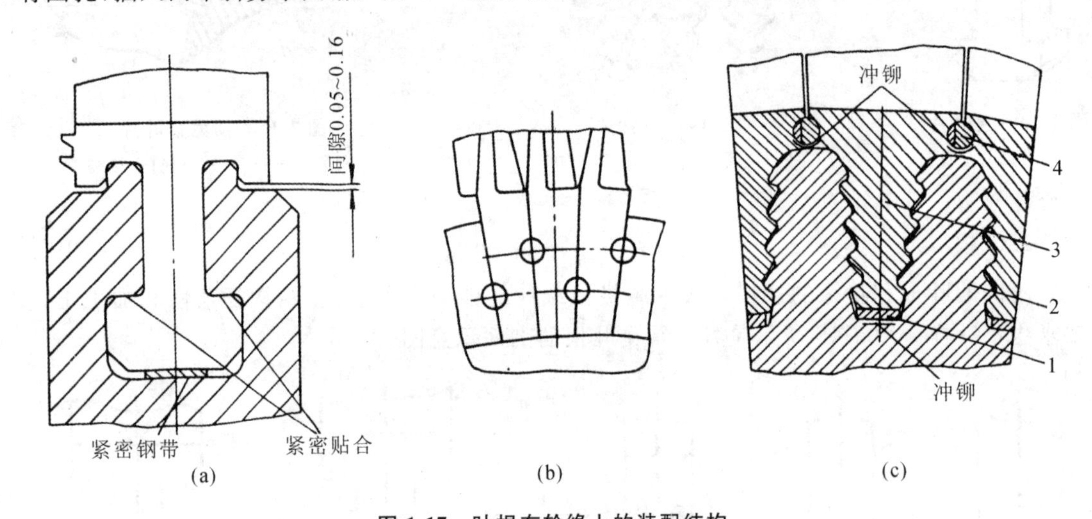

图 1-17　叶根在轮缘上的装配结构

(a)倒 T 形叶根；(b)叉形叶根；(c)枞树形叶根

1—填隙条；2—轮缘；3—枞树形叶根；4—斜劈圆柱销

3. 围带和拉筋

汽轮机叶片的顶部结构视其连接方式而定，一般短叶片和中等长度的叶片均用围带连接成组，因而有各种适合焊接或铆接围带的叶顶结构。

图 1-18(a)所示结构多用于冷轧叶片，图 1-18(b)所示结构用于叶型较厚的叶片，图 1-18(c)所示结构用于节距小而叶型厚的叶片，图 1-18(d)所示结构是斜叶顶结构，图 1-18(e)所示结构用于宽度较大而顶部叶型较薄的叶片，图 1-18(f)所示结构用于不加围带的叶片，图 1-18(g)所示结构用于铆钉头直径较大的叶片，图 1-18(h)所示结构是与叶片铣成一体的整体式围带结构。

图 1-19 所示为某新型末级扭叶片的叶顶阻尼围带和阻尼松拉筋，这种形式的结构有助于在长叶片发生振动时通过摩擦消耗其振动能量，其接触摩擦力主要来自扭叶片受离心力作用时的反向扭转变形。

为了调频和加固，某些级还使用拉筋，其形式较多，有焊接拉筋和松拉筋，有圆拉筋、空心拉筋和半圆拉筋。其连接方式有分组连接、网状交错连接和整圈环形连接，如图 1-20 所示。

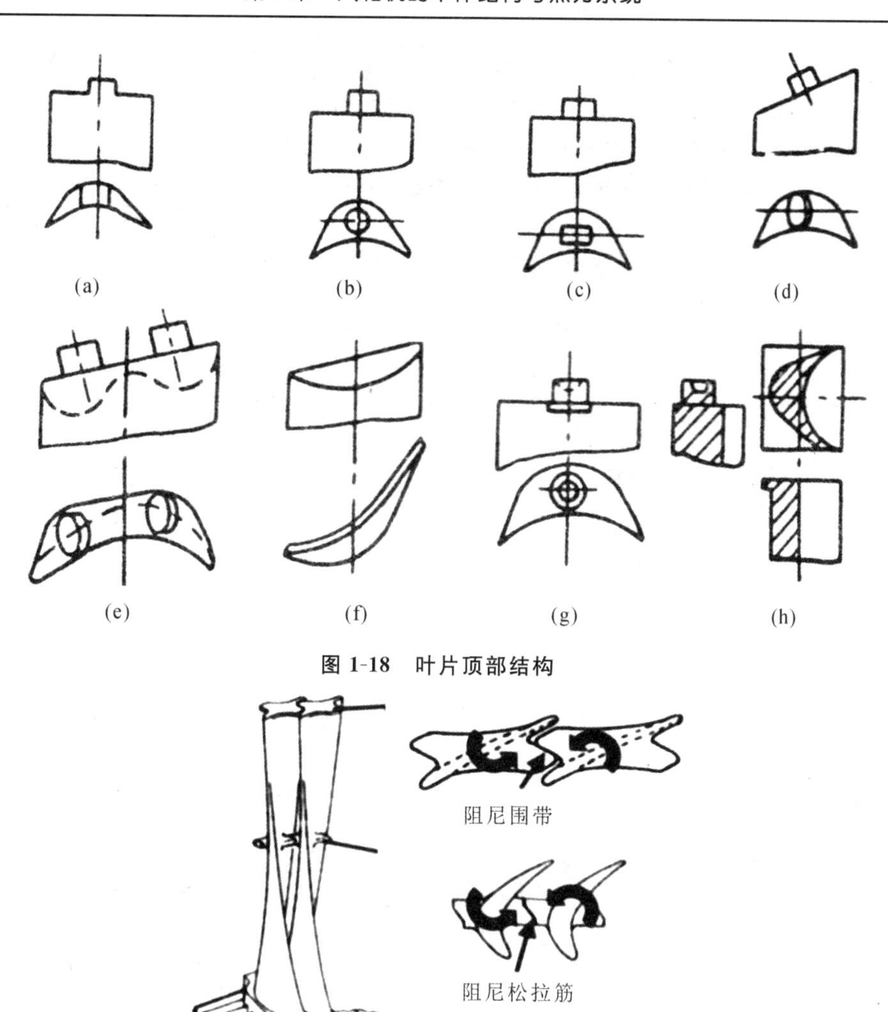

图 1-18　叶片顶部结构

图 1-19　长叶片阻尼围带和阻尼松拉筋

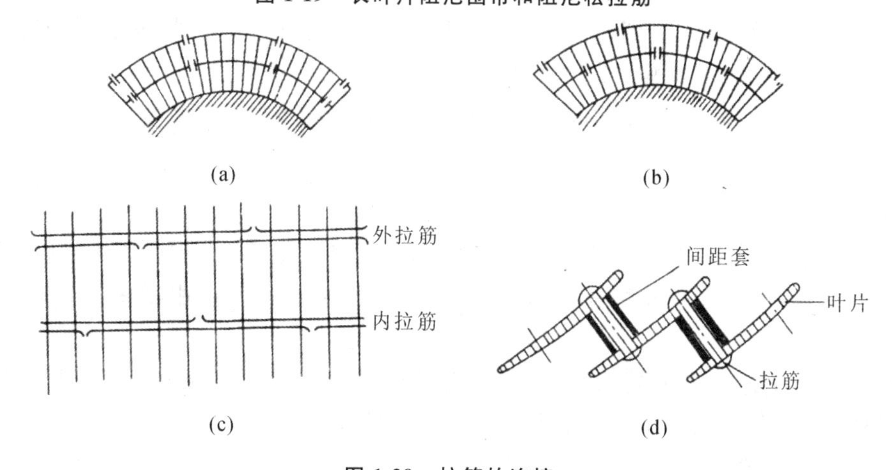

图 1-20　拉筋的连接

(a)分组焊接拉筋；(b)网状交错焊接拉筋；(c)半圆网状交错松拉筋；(d)Z 形拉筋

进入低压缸次末级和末级的蒸汽的压力、温度都较低，其体积流量很大。次末级，尤其是末级必须有足够大的通流面积，才能使体积流量很大的蒸汽顺利通过。因此，要采用尽可能长的末级动叶片。各汽轮机制造厂 600 MW 等级机型末级动叶片长度如表 1-2 所示。

表 1-2 不同制造厂 600 MW 等级汽轮机的末级动叶片长度

制造厂	哈尔滨汽轮机厂有限责任公司（空冷）	哈尔滨汽轮机厂有限责任公司（湿冷）	东芝公司（空冷）	东芝公司（湿冷）	ABB 公司（空冷）	东方汽轮机有限公司（湿冷）
末级动叶片长度/mm	869	1000	844.6	1072.5	867	1016

1.3.2 转子的结构

转子有整锻式、套装式和焊接式等三种基本形式，不同结构形式可以结合起来形成组合式转子。

1. 整锻转子

整锻转子的叶轮、汽封套和联轴器等部件与主轴一起，由一整块钢坯反复锻打然后精车制作而成，因此其强度性能较好，常用于高温工作环境，如图 1-21 所示。

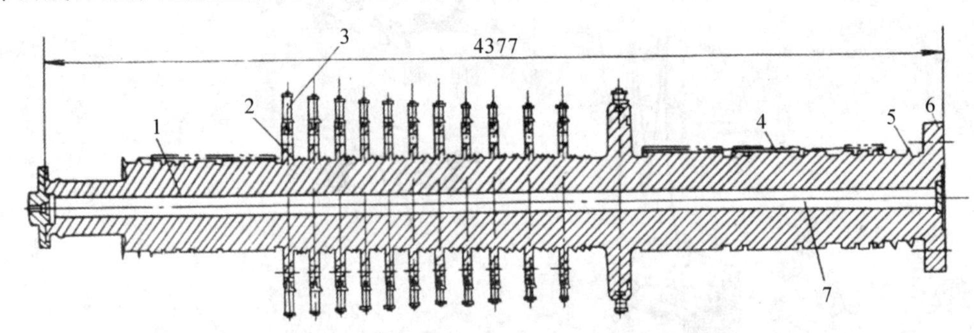

图 1-21 N200 型汽轮机整锻高压转子

1—主轴；2—叶轮；3—动叶片；4—汽封套；5—挡油环；6—联轴器；7—中心孔

根据厚壁圆筒在离心力作用下的应力分布规律可知，旋转体中心孔隙表面的应力与半径成反比。由于冶炼过程中产生的夹杂缺陷对转子强度的影响非常大，因此当转子或主轴的直径较大时，应设计加工中心孔来消除隐患。但是中心孔的存在会在一定程度上削弱转子承受离心载荷的能力，随着冶炼和探伤技术的提高，高参数机组选择无中心孔转子也越来越常见，如图 1-22 所示。

2. 套装转子

套装转子适用于工作温度不大于 400 ℃的场合。套装转子的叶轮、汽封套和联轴器等部件是单独加工后，采用过盈配合工艺套装在阶梯主轴上的，主要用键来传递扭矩，如图 1-23所示。

采用套装过盈配合（红套）工艺的轮轴组合结构需要按照一定标准设计公差配合尺寸，一般根据临界转速下接触力不消失的原则计算过盈量。

图 1-24 所示是套装叶轮中各种键的结构。一般的叶轮采用轴向键结构；轮毂应力较大的低压级叶轮常采用径向键结构，径向键与轮毂过盈配合，而与轴套滑动配合，力矩通过径

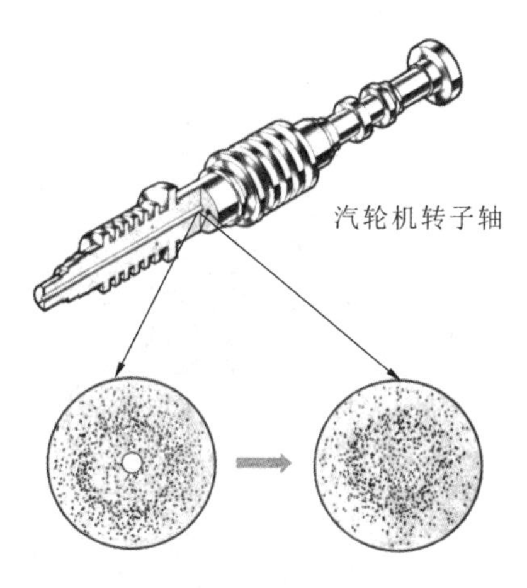

图 1-22　整锻转子的中心孔

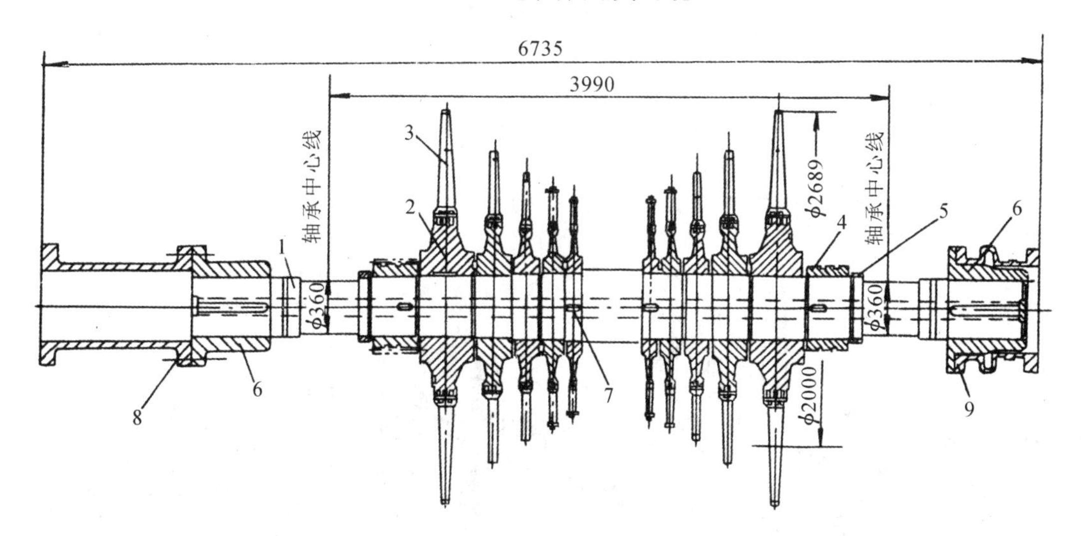

图 1-23　N200 型汽轮机套装低压转子

1—主轴；2—叶轮；3—动叶片；4—汽封套；5—挡油环；6—联轴器；7—键；8—短轴；9—波形套筒

向键传给轴套，再通过轴套上的轴向键传递给主轴；径向销钉结构常用于调节级叶轮，在叶轮内孔镶一衬套，衬套与轮毂之间装有若干径向销钉，衬套与主轴之间采用较小的过盈量。

3. 焊接转子

焊接转子大都用作大容量汽轮机的低压转子，它由数个实心轮盘拼焊而成，各封闭空间之间由小孔连通，如图 1-25 所示。

4. 组合转子

汽轮机有时采用组合转子，即高温段采用整锻结构，而中、低温段采用套装结构，如图 1-26所示。

5. 叶轮

叶轮是一个圆盘形的零件，一般可分为轮缘、轮体和轮毂三部分，具体结构如图 1-27 所示。

轮缘的形状和尺寸取决于叶根形式。轮体的形状可分为等厚度、锥面、双曲面和等强度曲面等几种。通常轮缘直径在 1 m 以下时采用等厚度叶轮；锥面轮体的轮缘直径可达 2 m

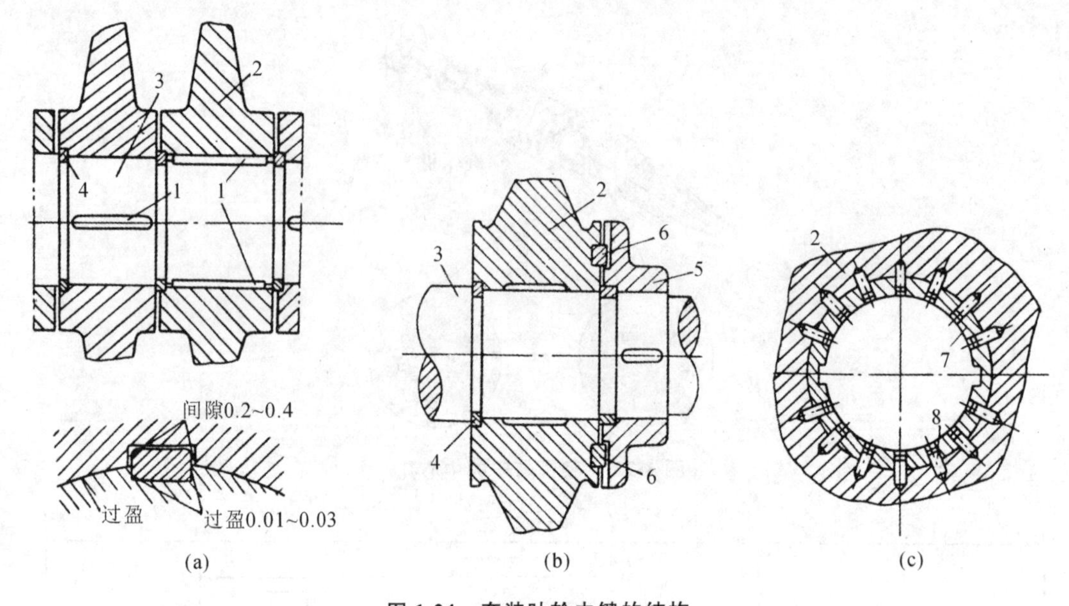

图 1-24　套装叶轮中键的结构

(a)轴向键;(b)径向键;(c)径向销钉

1—轴向键;2—叶轮;3—主轴;4—定位环;5—轴套;6—径向键;7—衬套;8—径向销钉

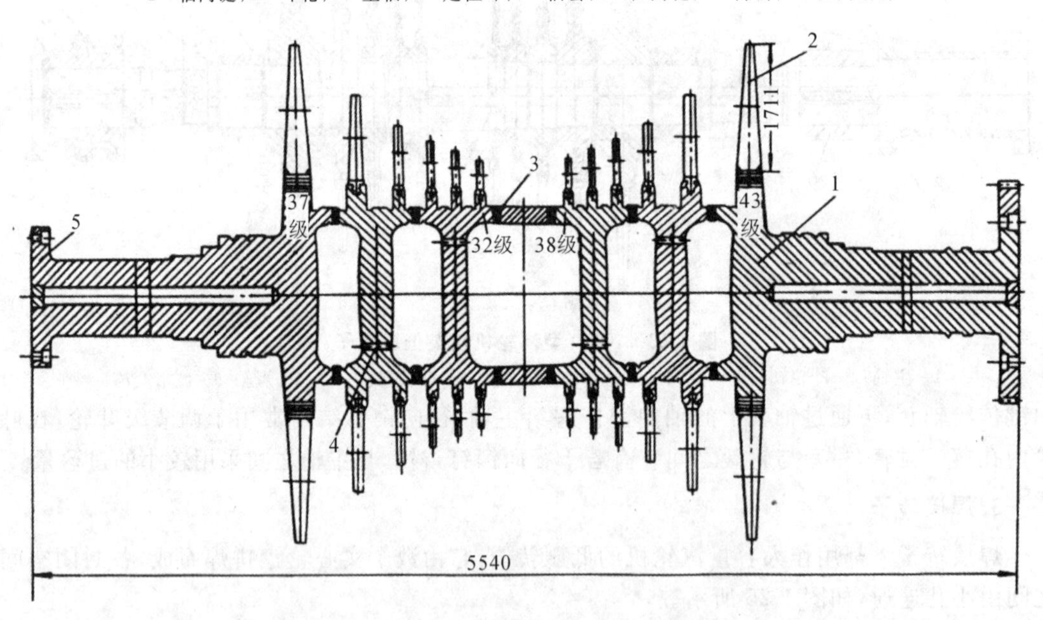

图 1-25　N300 型汽轮机的焊接低压转子

1—叶轮;2—动叶片;3—焊缝;4—连通孔;5—联轴器

左右,其他轮体形状的叶轮目前已较少采用。

除调节级和末几级之外,其他各级叶轮轮体上都钻有 5 个或 7 个平衡通气孔,同一整锻转子上的平衡孔位置、数量和孔径都相同。在每个转子两端的轮体上都加工有燕尾形平衡槽。

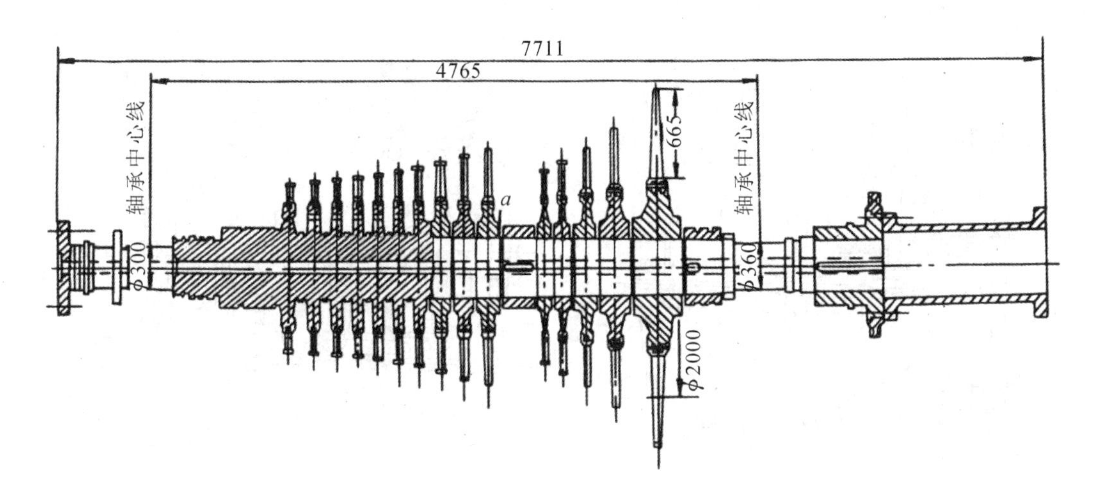

图 1-26 N200 型汽轮机的组合中压转子

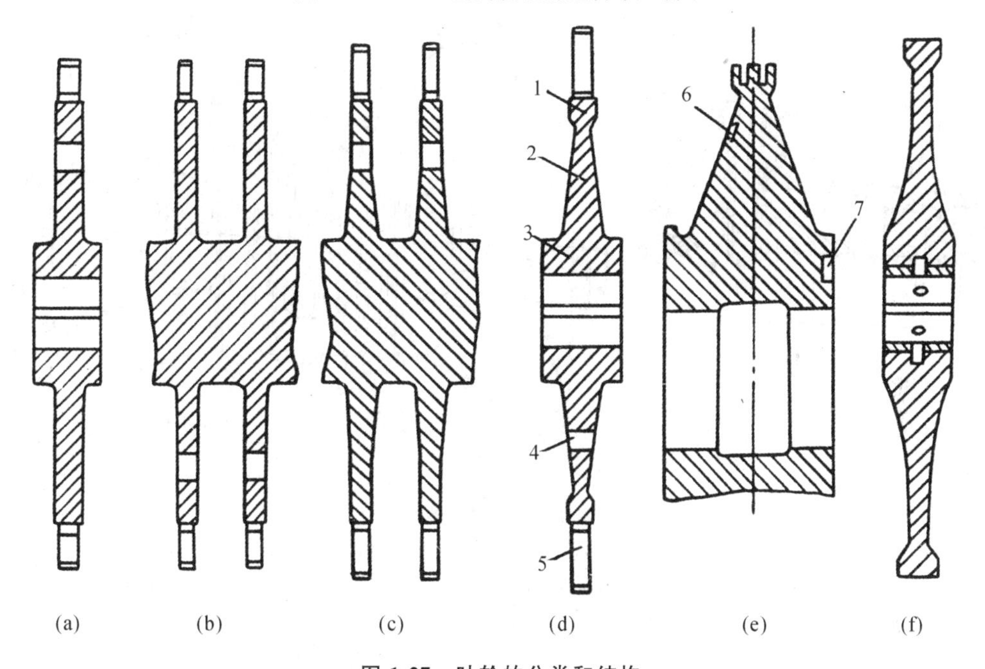

图 1-27 叶轮的分类和结构

(a)(b)(c)等厚度叶轮;(d)(e)锥面叶轮;(f)双曲面叶轮

1—轮缘;2—轮体;3—轮毂;4—平衡孔;5—动叶片;6—平衡槽;7—径向键槽

1.4 汽 缸

汽缸是汽轮机中形状和结构最复杂的部件,现代大型汽缸一般具有上下中分的大致对称结构(上缸和下缸)和内外2～3层的夹层结构(内缸和外缸),这样可减小内缸、外缸的应力和温度梯度,结构如图1-28所示。内缸支撑在外缸水平中分面处,如图1-28所示,并由上部和下部的定位销导向,使汽缸与汽轮机轴线保持正确的位置,同时可使汽缸根据温度的变化自由收缩和膨胀。

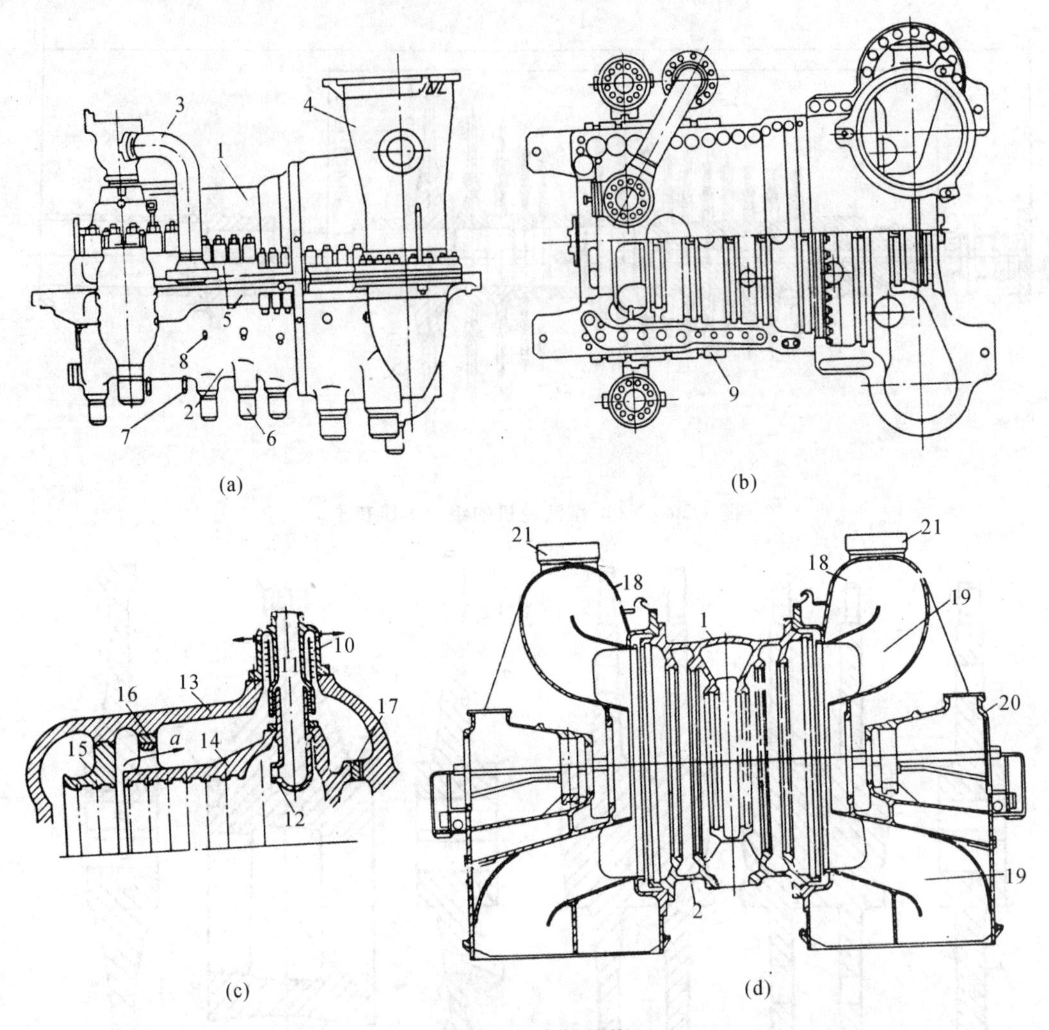

图 1-28　汽缸结构

(a)外形；(b)内部结构；(c)双层缸结构；(d)低压缸分流结构

1—上汽缸；2—下汽缸；3—导汽管；4—排汽管口；5—汽缸法兰；6—抽汽管接口；7—疏水管口；8—测温管口；9—法兰加热装置；10—遮热筒；11—进汽管；12—喷嘴；13—外缸；14—内缸；15—隔板套；16—轴向键；17—竖向键；18—排汽缸；19—不对称扩压管；20—轴承座；21—大气安全阀

在汽缸内缸内壁上车有一圈圈用以安装隔板、隔板套和汽封体的环形槽道，外壁上有许多管接头用以与进汽管、抽汽管、排汽管和疏水管等管道连接，前端有进汽室，中间有抽汽室和抽汽口，后端有排汽室。传统汽缸一般水平对分并用法兰连接，有些汽缸还沿轴向分成2～3 段，各段之间用垂直法兰接合。超高参数汽轮机的高、中压汽缸还制成双层缸结构。50 MW 以下的国产汽轮机一般采用单缸结构，而大型汽轮机都采用多缸，且低压缸采用分流结构。汽缸的支承如图 1-29 所示。

汽轮机的汽缸大多采用铸造结构，大型汽轮机的低压缸由于尺寸较大，排汽缸可采用钢板焊接结构。

厚壁、结构复杂的汽缸在启动、停机和变负荷过程中，由于工质温度变化，常常承受较大的集中热应力，汽缸内外的压差也是产生应力的原因之一。

为增大缸壁温度变化的均匀程度，大型汽轮机中普遍采用汽缸、法兰和螺栓加热装置，

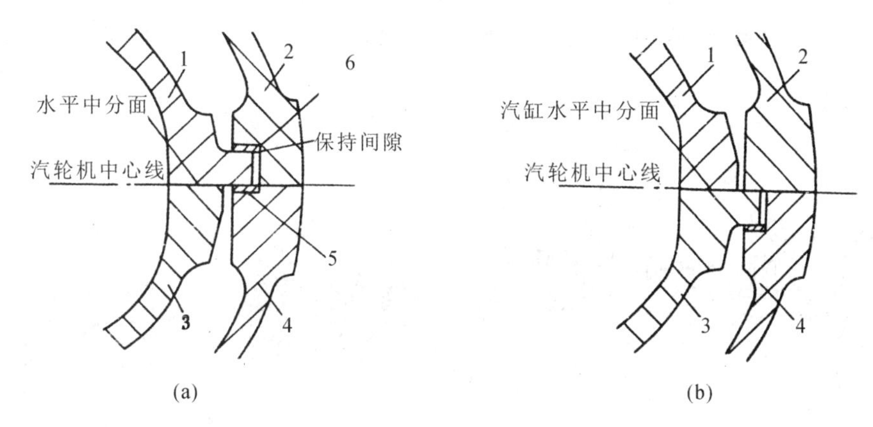

图 1-29　内缸的支承

(a)上挂耳支承；(b)下挂耳支承

1—内上缸；2—外上缸；3—内下缸；4—外下缸；5—支承垫片；6—垫块

这可以提高汽轮机的启动性能。

由于传统上下两半的汽缸结构中法兰连接具有厚壁特征，容易产生温度分布不均、热应力大、热变形控制复杂的缺点，因此一些制造厂采用了窄高法兰的汽缸结构，如图 1-30 所示。

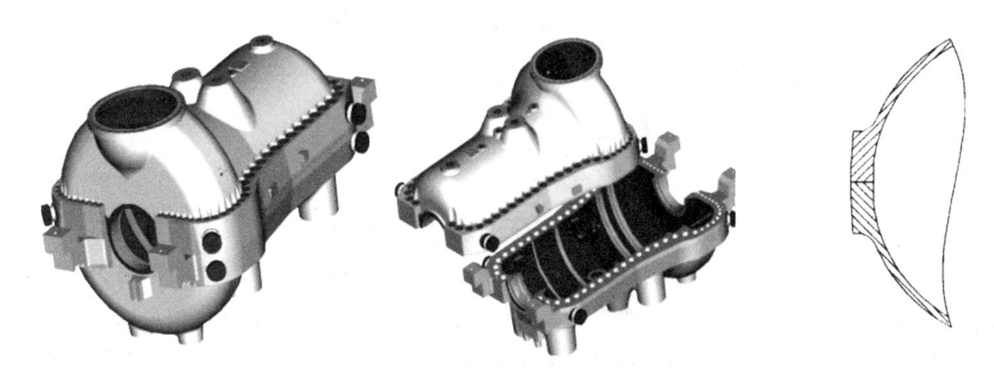

图 1-30　窄高法兰的汽缸结构

还有一些汽缸结构直接取消了法兰，使用筒形的汽缸结构。筒形结构不使用上下两半，而使用前后两部分的结构形式，如图 1-31 所示，每一部分圆周方向的对称性更强一些，筒形汽缸结构有利于机组日常运行，其大修周期一般要长于法兰结构的，但是拆装复杂度和难度要大一些。

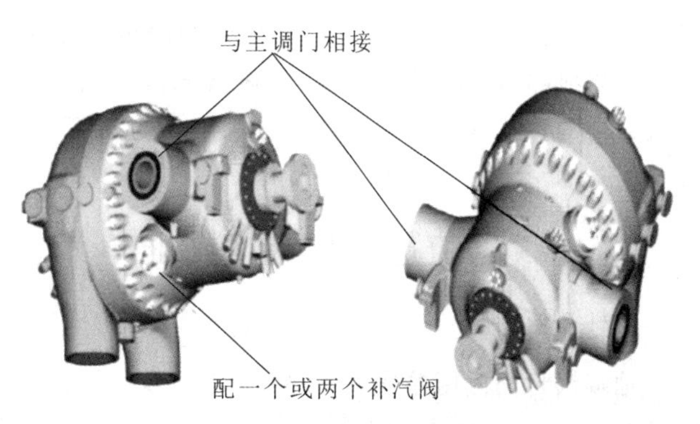

图 1-31　筒形结构汽缸

现代大型汽轮机设计越来越多地遵循标准化、模块化、积木思想，不同功率等级机组倾向于共享部分结构件，以降低设计调整的工作量，控制制造成本。图 1-32 所示是国内某汽轮机企业的积木块式高中压汽缸结构剖面。

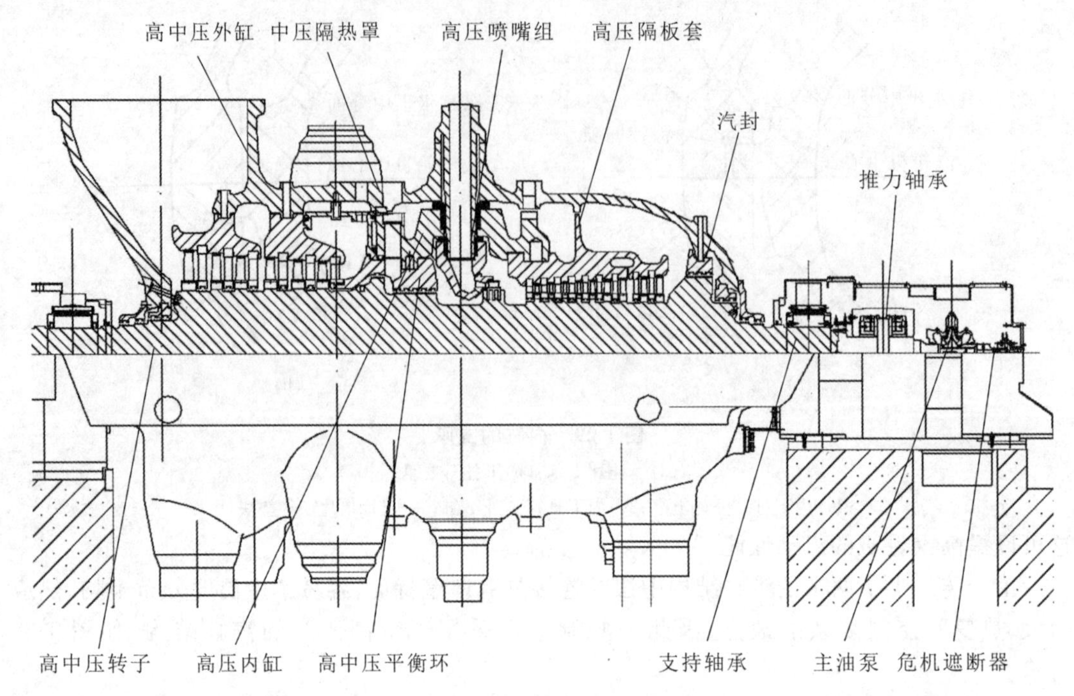

图 1-32　积木块式高中压汽缸结构剖面

1.5　汽　　封

汽封是汽轮机隔离工质与外界,同时保证静止结构和旋转结构可靠工作的重要部件,汽封性能对汽轮机安全性和经济性都有明显的影响。密封效果不好,带压力蒸汽会泄漏出去,外界空气也会进入汽轮机内部真空侧;对于多级汽轮机,其内部级与级之间发生泄漏也会造成损失。

隔离汽轮机与外界环境的是轴端汽封,也叫轴封,一般布置在转子端部和汽缸之间,隔离汽轮机内部各级的有隔板汽封、围带汽封、叶顶和叶根汽封。隔板汽封安装在隔板内孔和转子之间,围带汽封安装在动叶栅围带和隔板外缘的凸缘之间,叶顶和叶根汽封安装在某些动叶栅的顶部、根部与隔板之间。迷宫式汽封结构工艺比较简单、成本较低,是目前最常用的汽封结构。迷宫式汽封按其齿形和加工方法可分很多种形式,迷宫式汽封齿的结构形式如图 1-33 所示。

1.5.1　各位置汽封结构特征

1. 轴端汽封

轴端汽封两侧压差较大,一般设计成多段结构,每段由若干个汽封环组成,相邻两段之间设置有汽室,如图 1-34 所示。

汽封环由 6～8 段汽封弧段组成,汽封齿在汽封弧段上直接加工而成或镶嵌在汽封弧段上,汽封环嵌装在汽封体内壁的环形槽道上,并有各种方式以保持汽封环与汽封体之间弹性连接及防止滑动和脱落,如图 1-35 所示。

大型汽轮机最外端的汽封体一般用螺钉紧固在汽缸端面,其中高温高压端的汽封体通

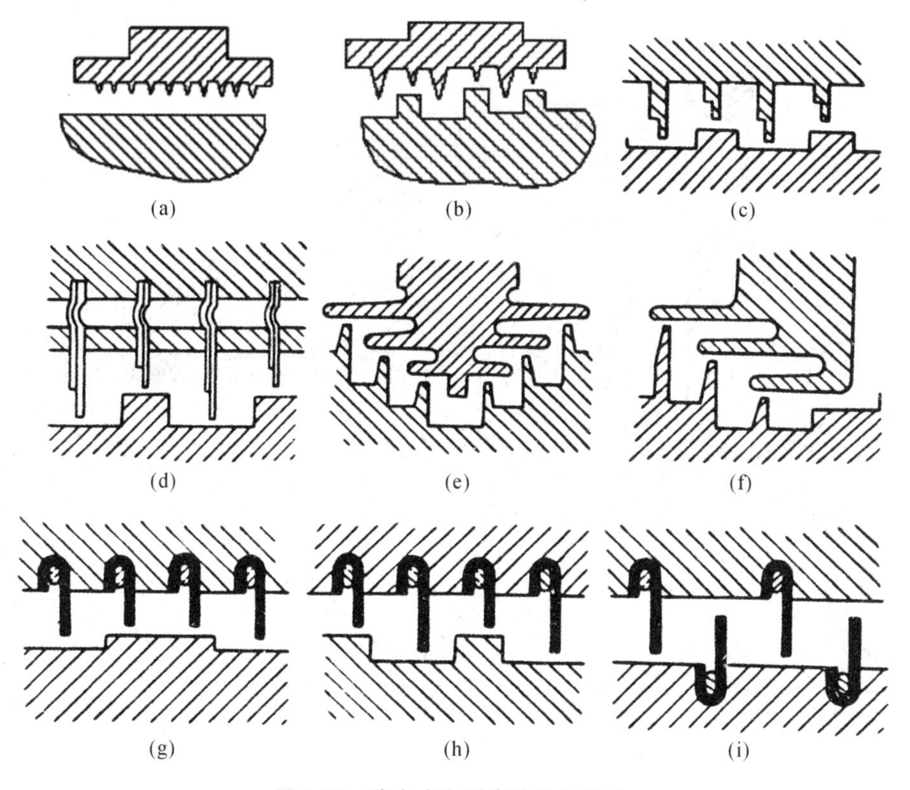

图 1-33　迷宫式汽封齿的结构形式

(a)整车式平齿汽封；(b)(c)整车式高低齿汽封；(d)镶嵌片式汽封；(e)(f)整车式枞树形汽封；(g)(h)(i)薄片式汽封

过膨胀圈直接固定在汽缸上。

2. 隔板汽封

图 1-33(b)(c)所示为常用的隔板汽封齿形式，其结构可分为刚性汽封和弹性汽封两种。弹性汽封的装配结构与轴端汽封相似，在汽封弧段的背面装有弹簧片，参见图 1-36，有时也用拉弹簧代替，有些汽封弧段背面还有调整垫片。刚性汽封一般只用于中压汽轮机。

由于低压部分有较大的胀差，因此低压级隔板汽封的轴向间隙应放大，甚至采用光轴或平齿汽封。

3. 围带汽封

围带汽封设置在叶片顶部与隔板外缘的凸缘之间，常采用镶嵌片式或薄片式平齿汽封，汽封片直接镶嵌在凸缘上。也有在围带上直接车出汽封齿，对应的静止部分嵌上软金属制的汽封环的结构。

在末几级无围带的长叶片上，将叶顶削薄，使动静部分保持最小的径向间隙。

一般在叶片进汽侧顶部和根部设置轴向汽封。叶顶的轴向汽封由围带端部车薄而成；叶根的轴向汽封通常在叶片进汽侧根部车出齿形汽封齿，其结构如图 1-37 所示。

1.5.2　汽封的径向间隙和轴向间隙

一般来说，汽封的间隙越小越好，因为间隙过大会增加漏汽量，但是汽封属于动密封，汽封之间的间隙也是动静部件的活动空间，间隙过小容易导致动静部件发生碰摩故障。汽封的间隙一般根据经验选取，提高制造和安装工艺有助于减小设计间隙值。

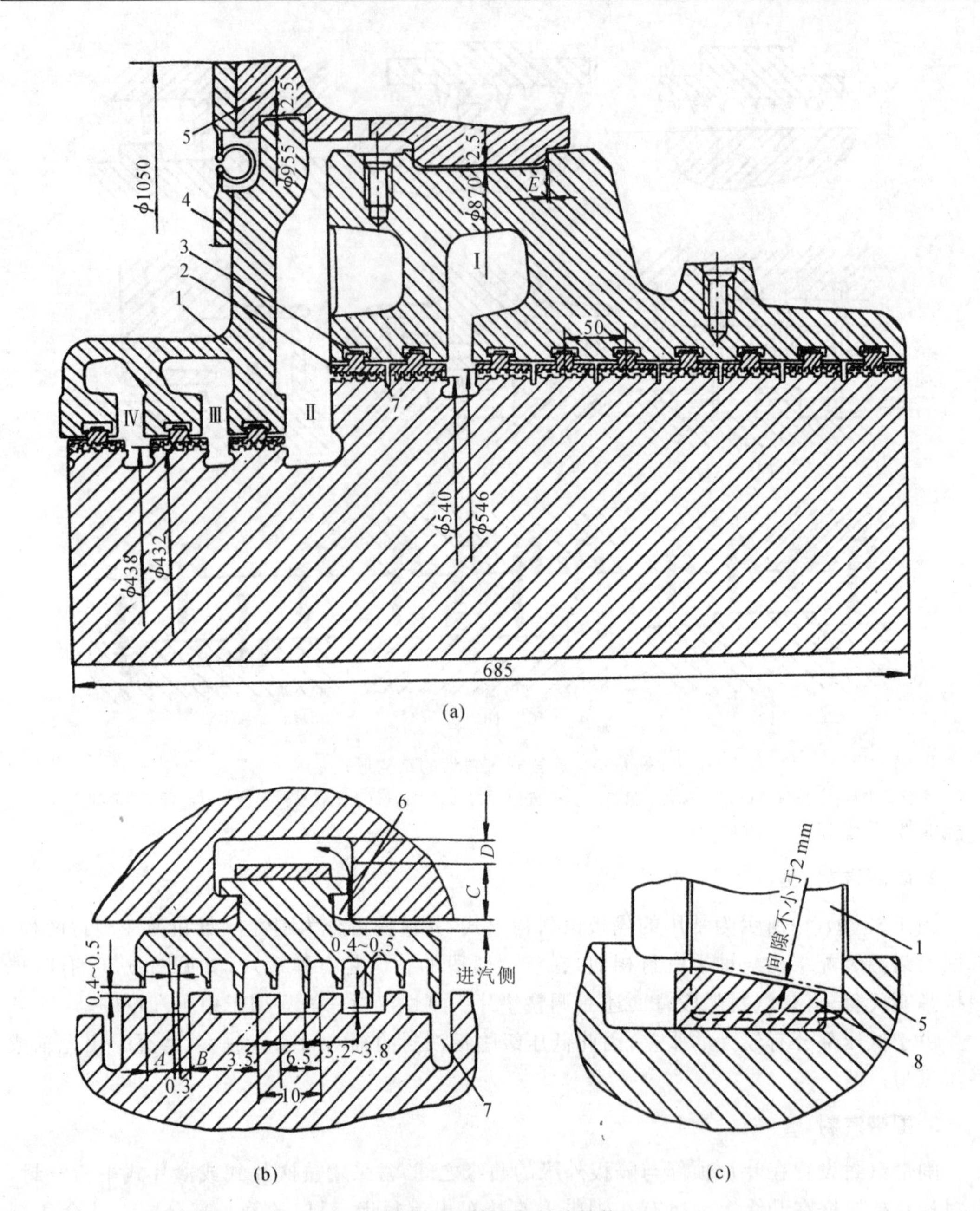

图 1-34　轴端汽封的结构

(a)汽封总图；(b)汽封弧段；(c)定位键

1—汽封体；2—汽封弧段；3—弹簧片；4—膨胀圈；5—汽缸；6—汽封槽道的进汽通道；7—膨胀槽；8—定位键

1. 汽封径向间隙

选取汽封的径向间隙时要考虑轴的直径、汽封的结构及材料、汽封与支持轴承的距离、汽封处汽缸的热挠曲变形、支持轴承的形式及转子转动方向等诸多因素，也可粗略地用公式 $\delta=0.001d+(0.1\sim0.2)$ mm(δ 为间隙值，d 为轴径值)计算。设计时可按下列数值选取(中、低压汽轮机取较小值)。

轴端汽封和隔板汽封的径向间隙：镶嵌片式为 0.25～0.70 mm(用黄铜或德国银作汽封片时取较小值)；整车式为 0.40～0.70 mm；薄片式为 0.40～0.65 mm；枞树形为 0.25～0.50 mm。

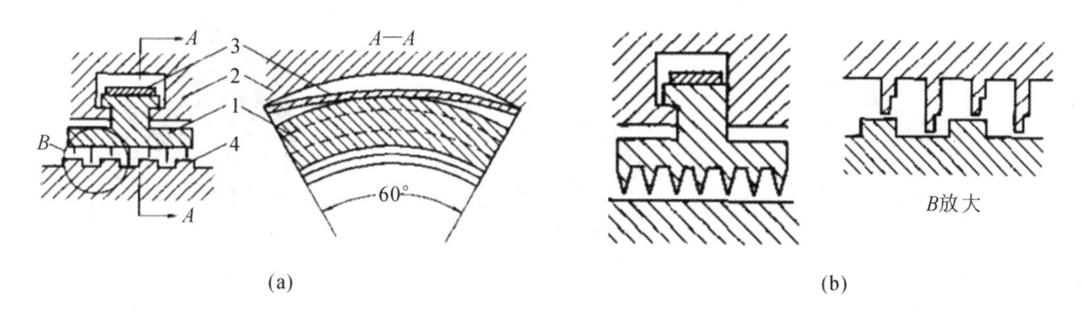

(a)　(b)

图 1-35　汽封体及其弹性固定方式

1—汽封环；2—汽封体；3—板状弹簧；4—汽封套

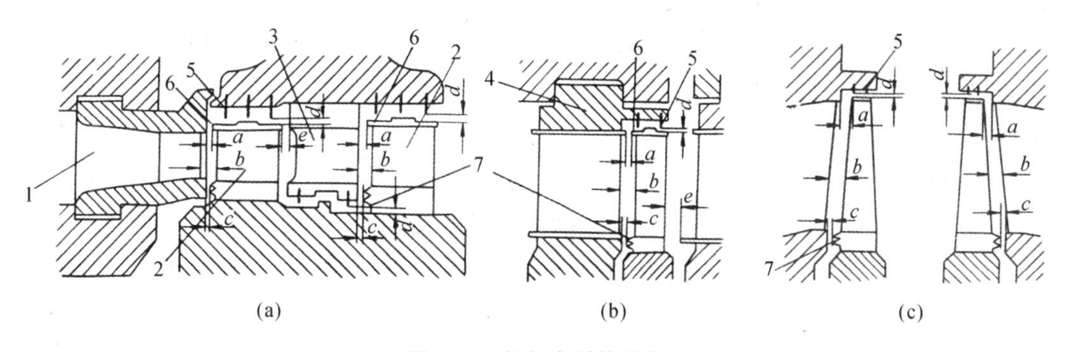

(a)　(b)　(c)

图 1-36　级间汽封的结构

(a)调节级；(b)短叶片级；(c)长叶片级

1—喷嘴组；2—动叶栅；3—转向导叶；4—隔板；5—围带径向汽封；6—叶顶轴向汽封；7—叶根轴向汽封

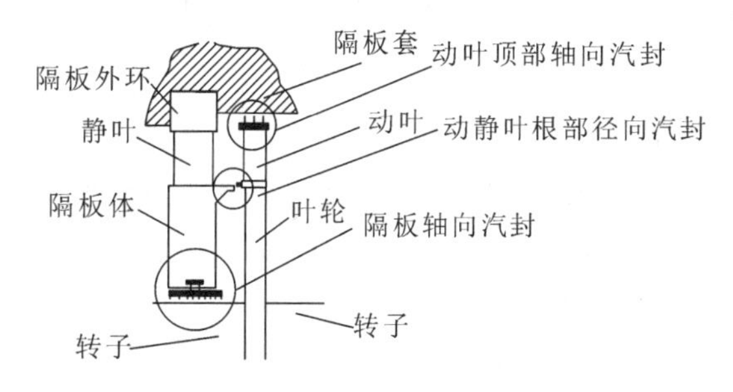

图 1-37　级间的径向和轴向汽封

当采用圆柱形或椭圆形支持轴承且转动方向为顺时针时，左侧径向间隙应比右侧的大 0～0.20 mm，高压前汽封及高压级隔板汽封下部径向间隙应比两侧的大 0.2～0.3 mm。如图 1-38 所示的椭圆形汽封，这种汽封的间隙分布与机组运行时轴移动所需的空间相匹配，既提高了机组的经济性，又提高了机组的安全可靠性。

围带汽封径向间隙：1.5～2 mm。

围带铆钉头与汽封体的径向间隙：2.5～3.5 mm。

2. 通流部分和汽封轴向间隙

通流部分和汽封之间的轴向间隙值以正常和事故情况下动、静部分不发生轴向摩擦为原则选取，根据运转状态下转子和汽缸的热膨胀计算、隔板挠曲计算和汽轮机启停时最大温差所引起的胀差估算求出。

设计时也可根据汽轮机运行经验选取，一般轴向间隙的布置趋势是由推力轴承往后逐

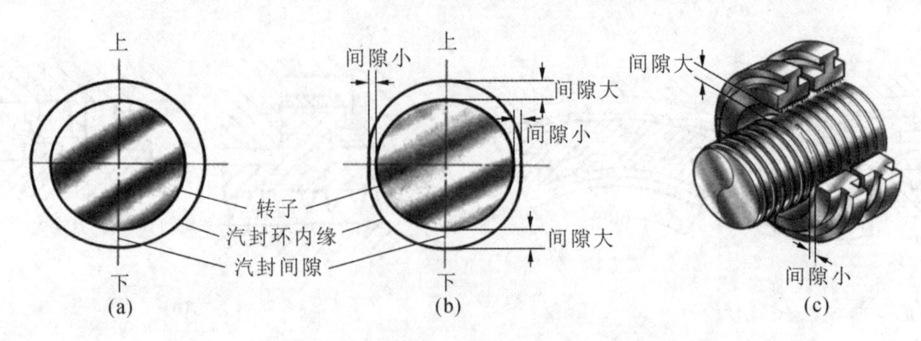

图 1-38　椭圆形汽封

(a)一般的汽封环片间隙;(b)椭圆形汽封环片间隙;(c)椭圆形汽封斜视图

渐增大。附表 3-1 列出了部分国产大容量汽轮机通流部分的间隙值。

采用放大通流部分和汽封轴向间隙,同时保持较小的汽封径向间隙,在叶根部位设置径向汽封等设计思路,可以降低汽轮机的启停速度,进而改善汽轮机的运行性能。叶根部位径向汽封如图 1-37 所示。

1.6　其他主要零部件

1.6.1　轴承

轴承是涡轮机械的重要组成部分,一般分为支持轴承和推力轴承两类。它们的主要功能是支承机械旋转体,降低其运动过程中的摩擦系数,并保证其回转精度。

1. 支持轴承

支持轴承一般由乌金面、轴瓦、轴承体和球面支座等组成,根据乌金面形状的不同可分成圆柱形、椭圆形、三油楔和可倾瓦轴承等几种形式。圆柱形轴承常用于中、小容量汽轮机,而大容量汽轮机多采用椭圆形、三油楔和可倾瓦轴承。图 1-39 所示为三油楔自位轴承,轴承体外面呈球面状,安装于球面座内,然后安置于轴承座上。

大型火电机组汽轮机的转子体轴系一般达百吨以上,由数个支持轴承支承,每个轴段一般由两个轴承支承。为了降低轴向长度,部分机型采用“三支点”方式设计,两个轴段只使用三个轴承。

大型汽轮发电机组的轴系长度达数十米,在重力的作用下会产生挠曲效应,因此轴承设计时需要在挠曲特性计算的基础上进行承载力和稳定性分析。

2. 推力轴承

对于轴流式汽轮机,气体除对转子体在旋转方向做功以外,对转子体在轴向方向也有较大的作用力,如果动叶采用一定反动度的话,则气体对转子体的轴向力将更大,部分机型甚至达数十吨的量级。除了采用气道反向相对对称布置结构以外,这一推力还需要采用推力轴承进行平衡。

在推力轴承上,推力盘的工作面和非工作面各有若干块表面浇铸乌金的推力瓦块,瓦块的背面有一销钉孔,松套在安装环的销钉上,使瓦块可略为摆动,图 1-40 所示为典型的推力轴承。中、小型汽轮机上也采用固定式弹性推力瓦块。

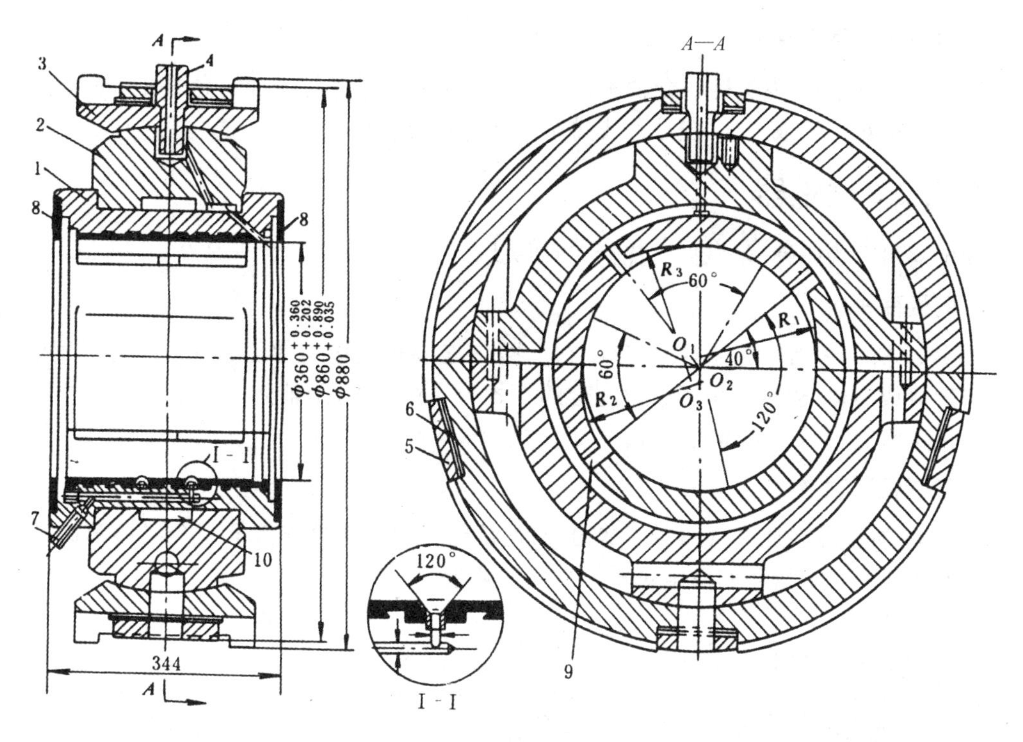

图 1-39　三油楔自位轴承

1—轴瓦；2—轴承体；3—球面支座；4—温度计插座(定位销)；

5—垫铁；6—调整垫片；7—顶轴油入口；8—挡油环；9—油楔进油口；10—油室

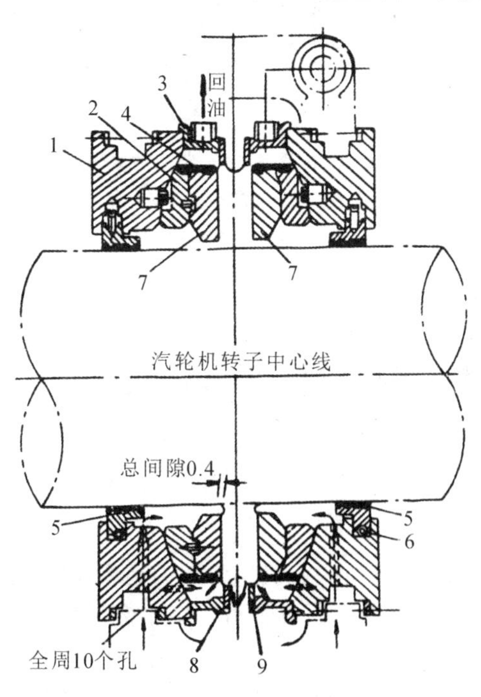

图 1-40　单置式自位密切尔推力轴承

1—球面支座；2—安装环；3—排油挡油环；

4—瓦块挡油环；5—油封；6—紧固弹簧；

7—推力瓦块；8—回油挡油环；9—青铜油挡

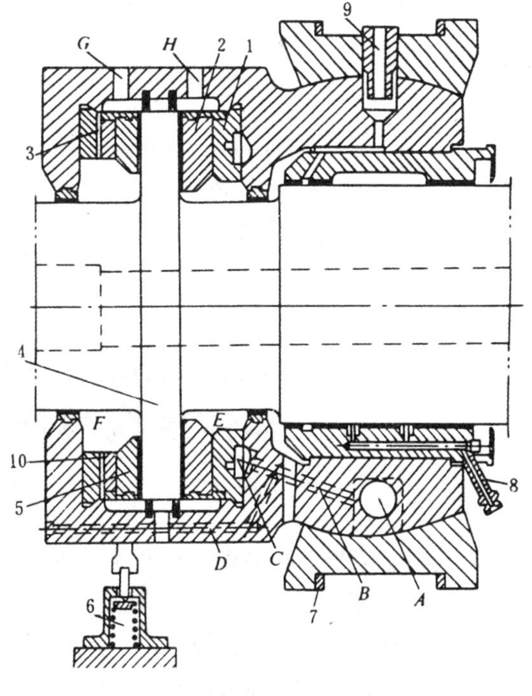

图 1-41　推力支持联合轴承

1—安装环；2—工作瓦块；3—调整垫片；

4—推力盘；5—非工作瓦块；6—弹簧支座；

7—调整垫片；8—顶轴油入口；9—温度计插座；10—安装环

3. 推力支持联合轴承

图 1-41 所示是推力支持联合轴承的结构，支持轴承部分是球面自位式的，推力轴承和支持轴承的轴承体铸成一体，安放在支持轴承的球面支座内。

1.6.2 联轴器

联轴器可分为刚性、半挠性和挠性三种形式。

1. 刚性联轴器

图 1-42 所示是刚性联轴器的结构，它的两个连接轮直接用螺栓紧固在一起，而连接轮可以与轴锻成一体，也可以采用过盈配合的方式套装在轴端，用轴向键传递力矩。这种联轴器大多用于汽轮机转子之间的连接。

2. 半挠性联轴器

图 1-43 所示是半挠性联轴器的结构，两连接轮之间用螺栓连接了一个波形套筒。这种联轴器常用于汽轮机转子和发电机转子之间的连接。

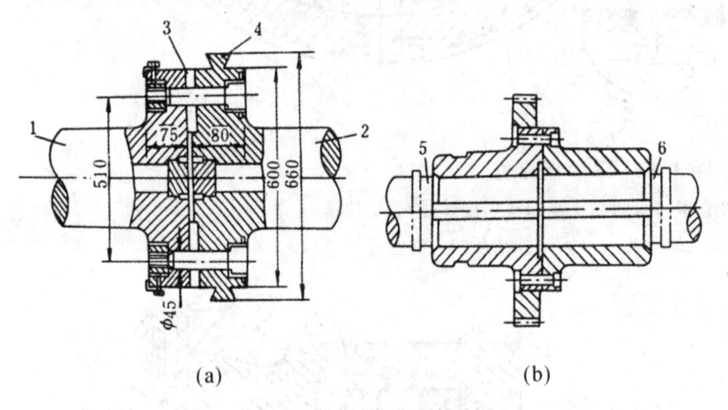

图 1-42 刚性联轴器

(a)整锻连接轮；(b)套装连接轮

1—高中压转子；2—低压转子；3—垫片；

4—轴向位移测量凸肩；5—汽轮机端；6—发电机端

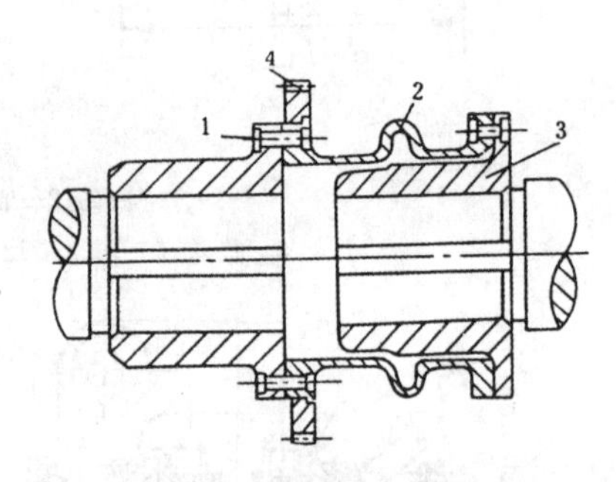

图 1-43 半挠性联轴器

1—螺栓；2—波形套筒；

3—连接轮；4—盘车齿轮

1.7 典型超超临界压力 660 MW 汽轮机本体结构示例

某超超临界 660 MW 汽轮机为单轴三缸四排汽形式，从机头到机尾依次为高中压缸（逆流高压缸、顺流中压缸）及两个双流低压缸。高压缸由一个单流调节级与 7 个单流压力级组成。中压缸共有 6 个压力级。两个低压缸压力级总数为 2×2×7 级。末级叶片高度为 1016 mm(40″)，采用一次中间再热，汽轮机总长为 27.70 m，汽轮发电机组总长 41.3 m。

其纵剖面如图 1-44 所示，现场照片如图 1-45 所示。

汽轮机 3 根转子各由 2 个径向轴承来支承，轴承跨距小，转子刚度高，安装维护方便；轴承工作比压相对较低，联轴器螺栓受力较小。

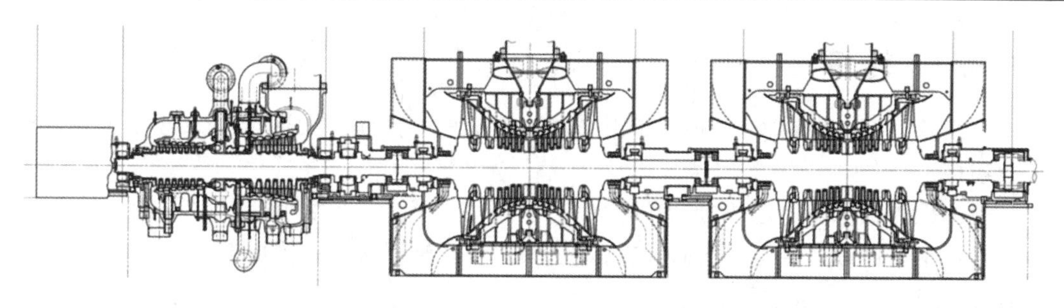

图1-44　某超超临界660 MW汽轮机纵剖面

图1-45　某超超临界660 MW汽轮机现场照片

1.7.1　汽缸

1. 高中压汽缸

汽缸采用高中压合缸、双层缸结构。高中压外缸是一体式的，自中分面分为上半缸和下半缸；高、中压内缸分别由上、下半缸组成。高压前汽封与中压前汽封为一个中间汽封，中间汽封的漏汽进入中压进汽继续做功，减小了漏汽损失。

2. 低压缸

低压缸分ALP、BLP两个缸，均为双流的，每个低压缸叶片正、反向对称布置，每个流向包括7个冲动式压力级，低压末级为1016 mm钢叶片。中部进汽，在中分面上将汽缸分成上下两个部分，分为内缸和外缸。低压缸为分流式三层焊接（钢板）结构。汽缸上下半各由三部分组成：调端排汽部分、电端排汽部分和中部。各部分之间通过垂直法兰由螺栓做永久性连接而成为一个整体，整缸分成上、下半各四块。

3. 高中压缸材料

由于内、外缸的温度与工作应力不同，故选材也有差别。

高压内缸的进汽温度高达600 ℃，且体积大，对刚度要求高，故选用抗蠕变强度及热疲劳强度高的12Cr铸钢。

高、中压外缸内壁温度大部分均低于540 ℃，仅进汽区段受内缸热辐射，局部内壁温度可能高于570 ℃，在结构上采取冷却隔离措施，可以使整个高、中压外缸内壁温度降至540 ℃以下。这样一来，高、中压外缸材料就可以选用工艺性能好且价格低廉的CrMoV钢。

1.7.2 转子

本型汽轮机有 3 根转子,每根转子由 2 套轴承支承,高中压转子和低压转子之间由刚性联轴器连接。

转子由推力轴承轴向定位,推力轴承位于中间轴承靠近#2 轴承处,每根转子体都是无中心孔合金钢整体锻造转子,主轴、叶轮、轴承轴颈和联轴器法兰一体加工而成。

1. 高、中压转子选材

因高温、高工作应力及高热应力(尤其在启动时),高、中压转子材料必须具有很高的高温蠕变极限与疲劳极限。目前世界上这类转子已有三代成熟的材料——CrMoV、12Cr 及改良型 12Cr,第四代材料——新 12Cr 与第五代材料(奥氏体钢、超合金)也在发展并试用。

本机组高、中压转子根据进汽温度(600 ℃)及应力水平等实际工程因素,选用了改良型 12Cr 锻钢——即 12CrMoVNbNW。高、中压转子低温脆性转变温度(FATT)不大于 80 ℃。

2. 低压转子选材

超超临界机组低压缸进汽温度因再热温度的提高而随之提高,达到 393 ℃,原先允许的材料最高使用温度为 350 ℃,已远不能满足要求。为此须改用高纯度(尽可能降低 P、Sn、Sb 等杂质含量)且低合金 Mn、Si 含量的 NiCrMoV 锻钢,日本牌号为 3.5NiCrMoV,中国牌号为 30Cr2Ni4MoV。它可以在保持很低的脆性转变温度的同时防止等温回火脆化。低压转子低温脆性转变温度不大于−10 ℃。

1.8 汽轮机回热系统

给水回热加热的意义在于采用给水回热以后,一方面,回热使进入汽轮机凝汽器的排汽量减少了,汽轮机冷源损失降低了;另一方面,回热提高了锅炉给水温度,使工质在锅炉内的平均吸热温度提高,锅炉的传热温差降低,相应地减少了汽轮机的热耗量,提高了汽轮机循环的热效率。

回热循环是由回热加热器、回热抽汽管道、水管道、疏水管道等组成的一个加热系统,而回热加热器是该系统的核心。按照加热器内汽、水接触方式的不同,回热加热器可分为表面式加热器与混合式加热器两类;按受热面的布置方式,可分为立式和卧式两种。

表面式加热器的加热蒸汽与水在加热器内通过金属管壁进行传热,通常水在管内流动,加热蒸汽在管外冲刷放热后凝结成加热器的疏水(为区别主凝结水而称之为疏水)。对于无疏水冷却器的加热器,其疏水温度为加热器筒体内蒸汽压力下的饱和水温度,由于金属壁面热阻的存在,管内流动的水在吸热升温后的出口温度比疏水温度要低,它们的差值称为端差(即加热器压力下饱和水温度与出口水温度之差,也称上端差)。

而混合式加热器的加热蒸汽与水在加热器内直接接触,在此过程中蒸汽释放出热量,水吸收了大部分热量,温度得以升高,在加热器内实现了热量传递,完成了提高水温的过程。在回热系统中,混合式加热器大多是以除氧为主要目的而设置的,相应称为除氧器。其出口水温度应为除氧器压力下的饱和水温度。

回热系统本身是由大量管道、换热器构成的热力系统,涉及较多的热工参数和结构选型。对于汽轮机的热力设计，回热系统只需要完成与汽轮机有关的初步参数设计即可，包括除氧器选型、各加热器端差计算、加热器流量计算等。

某超超临界660 MW汽轮机，其回热的原则性热力系统如图1-46所示。汽轮机的8段抽汽分别供给8台加热器作加热汽源。汽轮机高压缸第一段抽汽供给1号高压加热器，高压缸排汽的一部分供给2号高压加热器，其余的排汽进入锅炉再热器，吸热后返回汽轮机中压缸，中压缸的第三段抽汽和排汽分别供给3号高压加热器和除氧器，低压缸的4段抽汽分别供给4台低压加热器。图中3台高压加热器(J1、J2、J3)均带有内置式蒸汽冷却段和疏水冷却段，疏水逐级自流至除氧器(J4)，4台低压加热器(J5、J6、J7、J8)均有内置式疏水冷却段，疏水也采用逐级自流方式流至凝汽器热井。

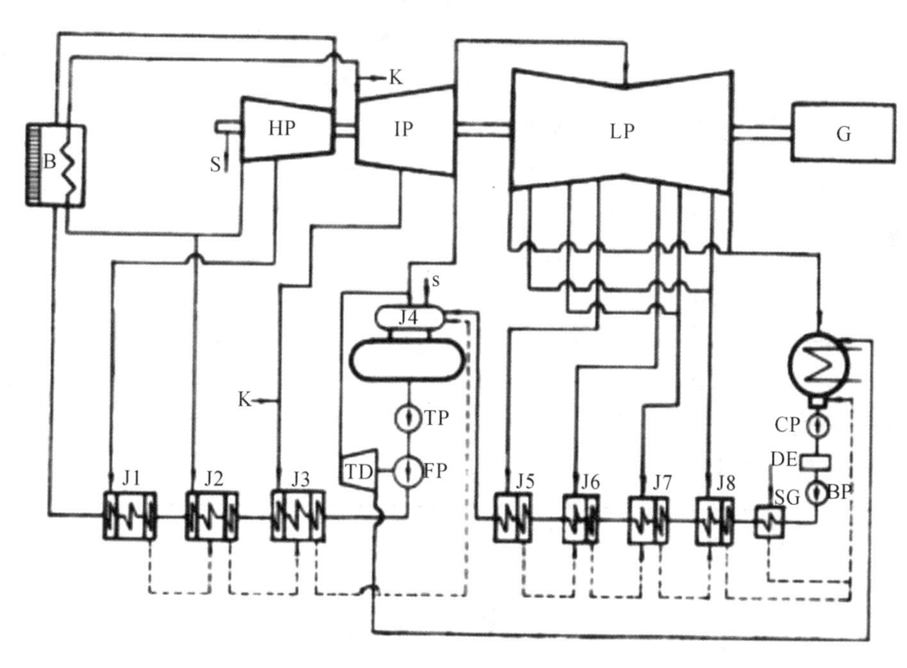

图1-46　660 MW**超超临界机组发电厂原则性热力系统**

THA工况下各加热器的端差取值如表1-3所示。

表1-3　THA**工况下各加热器的端差**

加热器	1号高加	2号高加	3号高加	5号低加	6号低加	7号低加	8号低加
上端差/℃	−1.7	0	0	2.8	2.8	2.8	2.8
下端差/℃	5.6	5.6	5.6	5.6	5.6	5.6	5.6

该机组在额定进汽参数(25 MPa,600 ℃)、额定排汽压力(5.60 kPa)、补水率为0%、回热系统正常投运的条件下，能发出660 MW额定功率，对应的主蒸汽量为1799.80 t/h，热耗率为7406 kJ/(kW·h)，汽耗率为2.727 kg/(kW·h)；在阀门全开(VWO)工况下，机组功率达到739.957 MW，主蒸汽量为2060.1 t/h，热耗率为7370 kJ/(kW·h)，汽耗率为2.784 kg/(kW·h)。

回热抽汽系统中第四段抽汽供除氧器用汽、小汽轮机用汽及辅汽用汽。7号、8号低压加热器布置在凝汽器喉部，7A、8A低压加热器共用一个壳体，7B、8B低压加热器共用一个壳体。各段抽汽来源及THA工况下的抽汽参数如表1-4所示。

表 1-4　各段抽汽来源及 THA 工况下的回热抽汽参数

抽汽级数	用户	流量/(t/h)	压力/MPa	温度/℃	抽汽点(级后)
1	1号高加	119.499	7.278	407.2	6级
2	2号高加	148.121	4.857	349.4	8级
3	3号高加	72.780	2.355	500.7	11级
4	除氧器	106.08	1.177	395.3	14级
	给水泵汽轮机	87.313			
	辅助蒸汽	0	—	—	
5	5号低加	43.254	0.379	253.7	A缸汽端16级 B缸汽端16级
6	6号低加	48.298	0.219	191.8	A缸电端17级 B缸电端17级
7	7A低加	46.234	0.108	122.8	A缸汽端18级 A缸电端18级
8	7B低加				B缸汽端18级 B缸电端18级
9	8A低加	82.128	0.049	80.8	A缸汽端19级 A缸电端19级
10	8B低加				B缸汽端19级 B缸电端19级

参考文献

[1] 王乃宁.汽轮机热力设计[M].北京:水利电力出版社,1987.

[2] 石道中.汽轮机设计基础[M].哈尔滨:哈尔滨工业大学出版社,1990.

[3] 冯慧雯.汽轮机课程设计参考资料[M].北京:水利电力出版社,1992.

[4] 中国动力工程学会.火力发电设备技术手册第二卷:汽轮机[M].北京:机械工业出版社,2000.

[5] 机械工程手册电机工程手册编辑委员会.机械工程手册第72篇:汽轮机(试用本)[M].北京:机械工业出版社,1997.

[6] 翦天聪.汽轮机原理[M].北京:水利电力出版社,1986.

[7] 黄树红.汽轮机原理[M].北京:中国电力出版社,2008.

级内损失和级的热力设计计算

2.1　级内各项损失及影响因素

汽轮机的级内损失除了蒸汽在通流部分流动时所直接引起的损失（喷嘴损失、动叶损失、余速损失）外，还有其他附加损失，这些损失均使级内效率下降，影响汽轮机的运行经济性，了解了这些损失，就可以采取措施减少损失提高汽轮机的运行效率。影响这些损失的因素很复杂，难以完全用理论公式进行计算，常根据由试验资料总结的经验公式估算。

级内损失有以下几种：叶栅损失、余速损失、叶高损失、摩擦损失、部分进汽损失、扇形损失、漏汽损失、湿汽损失等。

1. 叶栅损失

叶栅损失即喷嘴损失 δh_n 和动叶损失 δh_b 的总称。它主要由叶型损失、端部损失及冲波损失等损失构成。在实际汽轮机结构中，由于叶栅并非孤立存在的，而是 2 个或更多个叶栅一起工作，因此叶栅损失还包括由盖度引起的扩压损失及动静叶栅之间的轴向间隙导致的吸汽损失。

1）叶型损失

所谓叶型损失是指发生在叶片型面周围的损失。对于平面叶栅（叶片沿平面布置时，称平面叶栅。当叶轮直径与叶片高度相比很大时可做这样的二维假设），叶型损失主要包括以下几种。

（1）摩擦损失：主要指蒸汽由于黏度在叶型表面边界层中的摩擦产生的损失。它主要取决于边界层的流动状态（层流与紊流）和叶型表面粗糙度。显然，当流动为紊流且叶型表面粗糙度较大时，这项损失就大一些。

（2）涡流损失：在叶栅槽道中，叶片背弧的出口段（即斜切区）由于通流面积突然增大，亚声速汽流的流动受扰，流速减小形成了扩压流动，这个压增使边界层内汽流倒流，边界层厚度增大且边界层汽流被主汽流带动向前流动，因而形成涡流引起损失。为减小这项损失，一般要求叶栅的槽道具有向出汽方向均匀收缩的截面特性（即 $\beta_2<\beta_1$），因此，在冲动级内常采用一定的反动度，以使叶栅流动截面有一定的收缩特性。

（3）尾迹损失：由于叶片出汽边缘的厚度及叶片内弧与背弧压力分布不同（内弧的压力比背弧上的压力大），叶片尾部会产生一系列的旋涡，消耗蒸汽的动能，这称尾迹损失。试验表明，尾迹损失主要取决于叶片出口厚度，因此应在强度与工艺条件许可下，尽可能把叶片出口边厚度值减到最小。

2)端部损失

端部损失是叶栅损失中仅有的一项和叶片高度有关的损失。为便于讨论分析问题及热力计算,目前我国各汽轮机制造厂均将此项损失从叶栅损失中抽出,单独作为一项损失,称叶高损失 δh_l,本书亦采用这种分类方法,具体内容详见叶高损失。

3)冲波损失

冲波损失即超声速汽流中发生的波阻损失,汽轮机中应尽量避免采用缩放喷嘴。

4)吸汽损失

由于纯冲动级叶轮前后压力相等,因此有部分漏汽停滞在隔板与叶轮的轴向间隙内,蒸汽主流高速通过静、动叶栅时会产生抽吸作用,把这部分停滞的蒸汽吸进蒸汽主流中从而消耗了蒸汽的动能形成吸汽损失。为减小吸汽损失,需在冲动级内选用一定的反动度,使这部分停滞的汽流在叶轮前后压差作用下自平衡孔流至叶轮的另一侧。

5)扩压损失

这是一项采用盖度后引起的损失,由于动叶比静叶高,蒸汽自喷嘴出来后进入动叶时,通流面积突增,引起局部扩压,导致产生涡流。显然在纯冲动级中此项损失更为严重,选用一定的反动度后,由于蒸汽在动叶内可继续加速,此项损失将相应减小。

综上所述,叶栅损失(即喷嘴损失、动叶损失)大小与很多因素有关,例如喷嘴的高度、叶型表面粗糙度、叶片型线、前后压力比、冲角、汽流速度等。

2. 余速损失 δh_{c2}

余速损失主要取决于动叶排汽速度 c_2 值的大小,根据轮周效率计算公式可知,对不同形式的级,只要恰当地选取速度比 x_2,就能使 δh_{c2}减到最小。此外,为保证多级汽轮机中各级余速尽可能为下级利用,常在结构上采取相应措施,如尽量使相邻两级的平均直径相差不过大,减小级间轴向间隙,以及使喷嘴的进口方向与上级余速 c_2 的方向接近一致($\alpha_{0,i+1}=\alpha_{2,i}$),等等。另外,在多级汽轮机的最后一级中,做完功的乏汽仍具有一定的余速,为利用此余速能量,常把尾部的排汽管做成扩压管式,使部分动能转化为压能,利用它克服排汽管道中的阻力,减小系统损失。

3. 叶高损失 δh_l

叶高损失主要是指叶片槽道上下端面(叶顶部与叶根部)的端部二次流损失及摩擦损失。

叶片端部二次流损失的基本原理为:蒸汽在叶栅槽道中流动时,汽流受壁面所迫而折转方向,导致叶片内弧的压力大于叶片背弧的压力,在此压力差作用下,槽道内汽流有自叶片内弧高压区向背弧低压区横向流动(即所谓二次流动)的动力。在叶片流道中部,由于蒸汽流速大,这一压力与汽流折转的离心力相平衡,因此这一压差影响不大;而在叶片的上下端部的边界层附近,汽流的流速较小,折转导致的离心力亦较小,不能克服此压差,因而叶片上下端部的汽流就要进行上述横向移动(自内弧面流向背弧面),同时叶片内弧面的中部必有汽流分别向上、下两个端面流动,以补充横向流动带走的蒸汽量,这样在叶栅端部便形成了图 2-1 所示的两个方向相反的涡流,引起的损失称为二次流损失。

为降低叶高损失,在设计时应尽量使叶高大于 12～20 mm。

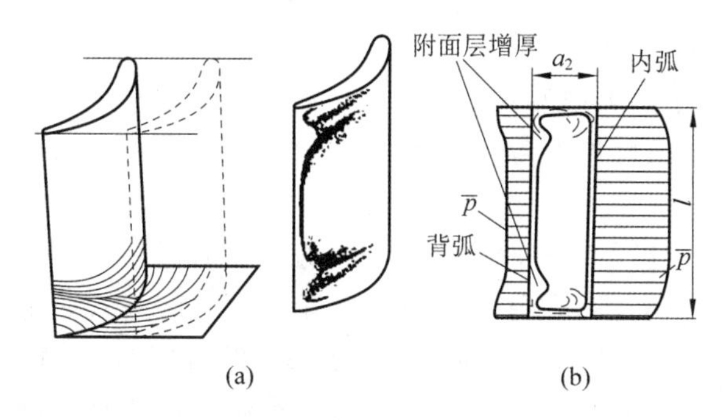

图 2-1　叶栅槽道内的双涡流损失

(a)双涡流示意图;(b)压力图

4. 摩擦损失 δh_f

摩擦损失是由以下两部分组成的:

(1)叶轮两侧及围带的粗糙表面引起的摩擦损失。

当叶轮转动时,将带动紧贴在叶轮两侧及围带上的蒸汽运动,这样就造成了距离叶轮远近程度不同的区域蒸汽质点之间及蒸汽与叶轮之间的摩擦和能量消耗,为了克服这种摩擦必然要消耗一部分叶轮的有用功。

(2)子午面(正中的径向截面)上的涡流运动引起的损失。

紧贴在叶轮两侧表面的蒸汽要被叶轮带动随叶轮一起绕轴转动,由于转动时离心力的作用,这些蒸汽将产生由中心向轮缘的径向流动;靠隔板侧的蒸汽质点也会由轮缘向中心运动以填补叶轮中心处蒸汽流向轮缘后形成的空间,于是在子午面上形成了蒸汽的涡流运动(见图 2-2(a)),从而增加了叶轮转动时的能量消耗。

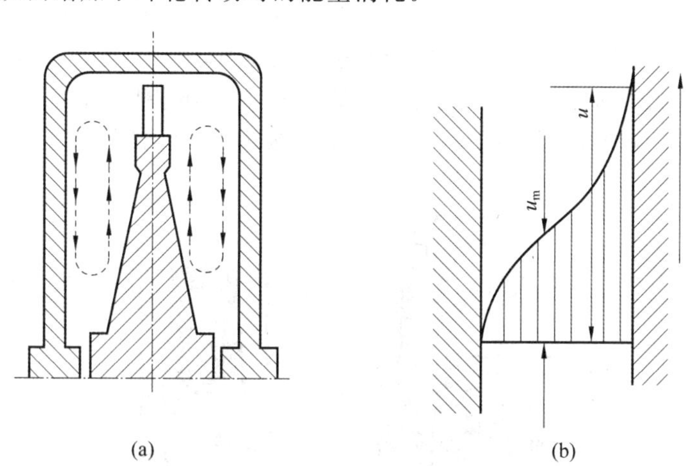

图 2-2　级汽室内叶轮附近汽流速度分布

(a)子午剖面;(b)轮周剖面

由以上分析可知,减小叶轮摩擦损失的主要方法是减小级汽室容积(这可由减小叶轮与隔板之间的轴向间隙来达到),以及降低叶轮表面粗糙度等。

摩擦损失 δh_f 与耗汽量成反比。对小功率机组来说,由于蒸汽流量 G 较小,故摩擦损失 δh_f 有着较大的影响;而对于大功率汽轮机则影响甚小,特别是在低压区域内,由于蒸汽比容很大,因此此项损失常可以略去不计。

5. 部分进汽损失 δh_e

部分进汽损失是指由于采用部分进汽（$e<1$）而引起的附加损失，它主要由两部分损失组成，即鼓风损失 δh_w 和斥汽损失 δh_s。

1）鼓风损失 δh_w

当某级采用部分进汽后，该级叶轮转动时，叶栅槽道在某一时刻进入汽流工作区（即喷嘴区），槽道被工作汽流所充满，在另一时刻又离开工作区而进入非工作区（即无喷嘴区）。当叶栅槽道从非工作区穿过时，由于叶片的进口角 β_1 和出口角 β_2 不相等，且 $\beta_1>\beta_2$，于是旋转的叶栅就像鼓风机一样，使汽室 a 中不工作的蒸汽做强迫移动，自叶轮一侧移到另一侧（见图 2-3），从而消耗了叶轮的有用功率，引起损失。显然，在全周进汽的级中，由于沿叶轮整个圆周上都有工作蒸汽通过，故鼓风损失为零。

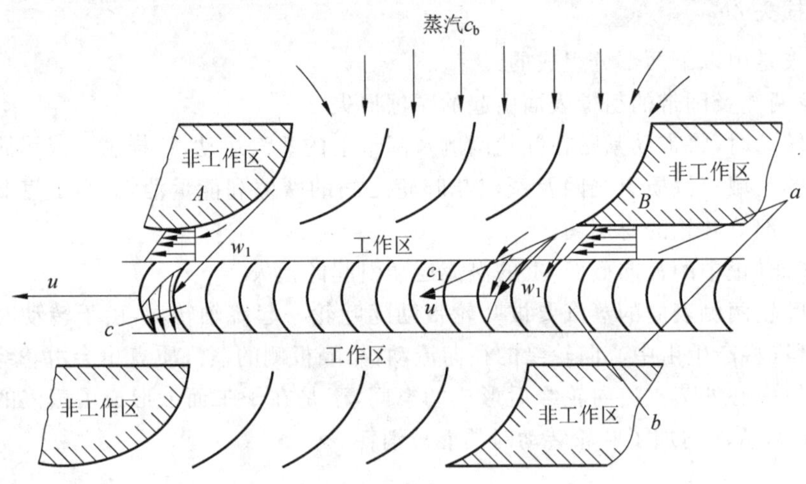

图 2-3　部分进汽时蒸汽流动示意图

为减小鼓风损失常采用一种护罩装置（见图 2-4），即在不装喷嘴的弧段内用护罩把动叶罩起来，这时叶片只与护罩内的少量蒸汽作用，鼓风损失将大大减小。

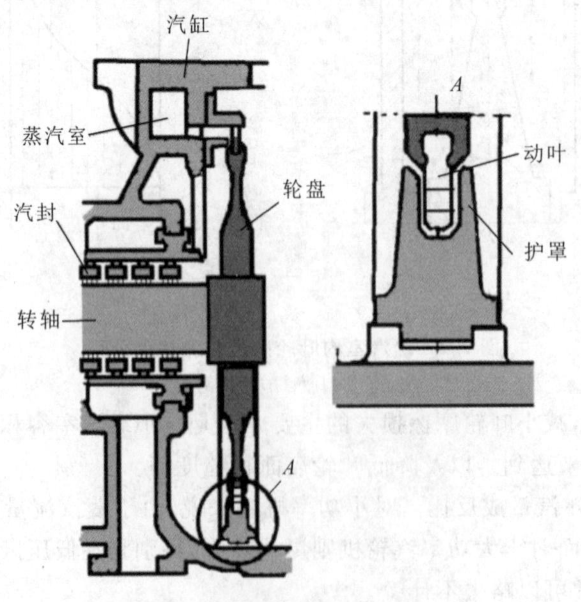

图 2-4　部分进汽时采用的护罩

2)斥汽损失 δh_s

在采用部分进汽的级中，当工作叶片经过不装喷嘴的弧段时，如图2-3所示，停滞在汽室 a 中的非工作蒸汽将充满动叶槽道 b，并随动叶进入喷嘴弧段，此时从喷嘴射出的工作汽流首先需要“排斥”这部分停留在动叶槽道内的滞汽并使其加速，从而消耗了工作蒸汽的部分动能。此外由于斥汽的影响，蒸汽流动规律遭破坏，引起附加损失，这些损失统称为斥汽损失或弧端损失。

斥汽损失和喷嘴分布有关，当部分进汽度相同时，喷嘴沿圆周分布的组数越多，斥汽损失越大，级内效率越低，这是因为叶栅每经过一组喷嘴弧段都要产生一次斥汽损失。因此若仅从减小斥汽损失的角度来考虑，则应尽量将各组喷嘴紧密地安装在一起，当两组喷嘴布置得极相近时，可认为是一个喷嘴组。

6. 扇形损失 δh_θ

此项损失是由于实际汽轮机的叶栅并非平面叶栅，而是沿圆周布置的环形叶栅，这样沿叶片高度各处的节距 t 并不相等，叶根处节距小，而叶顶处节距大，即叶栅槽道截面呈扇形。这样不仅会由于沿叶高各截面处圆周速度不相等而产生撞击损失，而且还会使汽流产生径向流动而引起附加损失，这些损失即构成了扇形损失 δh_θ。

显然，d/l(径高比)越小，扇形损失就越大，一般当 $d/l \leqslant 8 \sim 10$ 时，扇形损失显著增大，此时应将叶片做成扭叶片。由于扭叶片沿叶高采用不同的气动外形，以适应汽流的流动特性，因而可使扇形损失减到最小，此外当 d/l 较大时，扇形损失亦可略去不计。

7. 漏汽损失 Δh_l

在讨论蒸汽在级内的流动时，一般默认所有进入汽轮机的蒸汽全部通过了喷嘴和动叶的流道，实际上并非如此。因为汽轮机的级中存在着各种间隙和压力差，因而存在漏汽，即部分蒸汽绕过隔板与动叶，不参与主汽流做功，造成工质损失，这称为漏汽损失。

漏汽损失的来源比较复杂，如图 2-5(a)所示，一部分蒸汽 G_1 会绕过喷嘴从隔板与主轴之间的间隙漏过，如果该级具有反动度，则一部分蒸汽 G_2 将从围带上的径向间隙漏过而绕过动叶不参与做功。此外还有其他漏汽现象，如当叶轮开有平衡孔时(见图 2-5(b))，由于喷嘴出口处高速汽流的抽吸作用，叶根处叶轮前压力低于叶轮后压力(即负反动度)，因此部分蒸汽会经平衡孔自叶轮后流至叶轮前，其流动方向与蒸汽主流相反。再如当级中具有一定反动度时，部分蒸汽又会绕过动叶，而经平衡孔由叶轮前流向叶轮后(见图 2-5(c))，等等。

下面对两种常见的漏汽现象进行讨论。

1)隔板漏汽损失

隔板漏汽是指由隔板与轴之间的径向间隙产生的漏汽。产生这种漏汽的主要原因是隔板前后的压力差，以及隔板与轮轴之间存在着间隙。隔板漏汽不仅使做功的工质减少，还因叶根处的吸汽现象，被主流吸入而进入动叶，但它们不是从喷嘴中流出以正确方向进入动叶的，因此不但不能对动叶做功，反而会干扰主流的流动，引起附加损失。

减小隔板漏汽损失常采取下列措施：

(1)采用隔板汽封，所有隔板在转子穿过处均装有梳齿形汽封，如图 2-6 所示；

(2)动叶根部选用适当反动度，特别是应避免出现负反动度，以改善叶根处的吸汽情况，减小损失；

(3)在喷嘴和动叶根部处装设轴向汽封片，以减小吸汽损失。

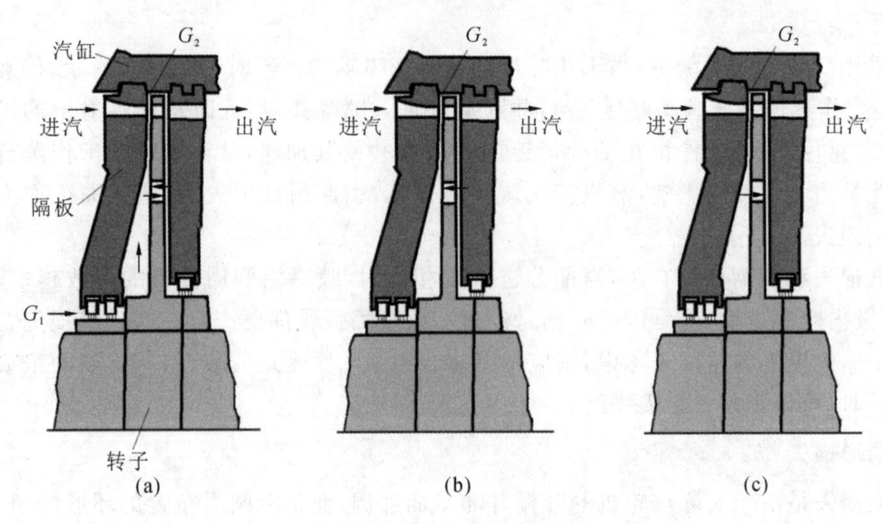

图 2-5　冲动级的各种漏汽

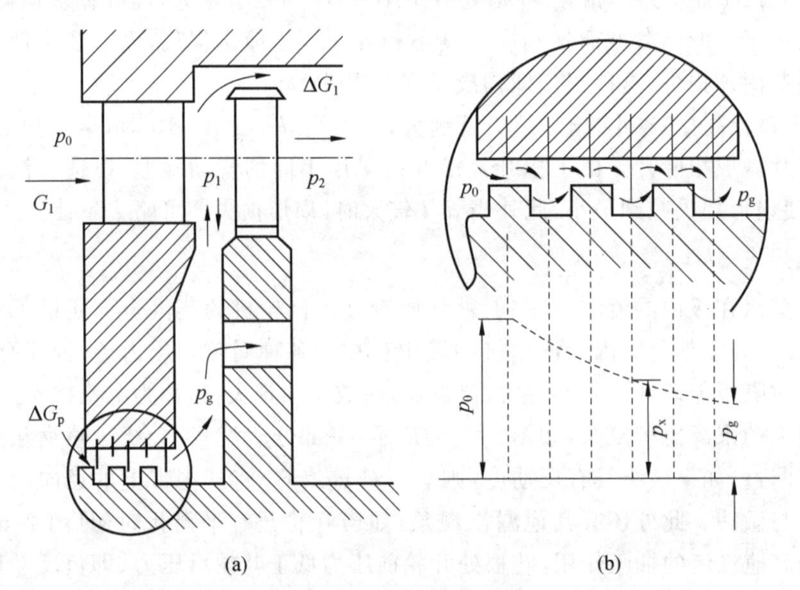

图 2-6　级内漏汽示意图

(a)隔板漏汽和叶顶漏汽;(b)高低齿汽封

2)叶顶漏汽损失

产生叶顶漏汽的原因是动叶顶部与汽缸静子之间存在着径向间隙和轴向间隙,以及级内的反动度。

减小叶顶漏汽损失一般采取如下两项措施:

(1)在围带上安装径向汽封和轴向汽封;

(2)将无围带的动叶顶部削薄以起到封汽的作用。

8. 湿汽损失 δh_x

多级凝汽式汽轮机的最后几级通常在湿蒸汽区域内工作。在湿蒸汽区域内工作的级由于下述原因要产生附加损失。

1)做功的蒸汽量减少

在湿蒸汽区域内工作的级,一部分蒸汽变成了水滴,由于水滴不能在喷嘴内膨胀加速,因此做功的蒸汽量减少了，从而引起损失。

2)使水滴加速而消耗动能

在水、汽两相流动中，由于液态水分子的密度较大，在喷嘴中又不能膨胀加速，故流速远比蒸汽流速小，因此蒸汽分子要消耗部分动能来使水滴加速，从而产生损失。

3)水滴对动叶的制动作用

虽然水滴由于汽流的带动得到了加速，但水滴流出喷嘴的速度仍比蒸汽流速小得多(一般认为前者仅为后者的 10%～13%)，而叶轮的圆周速度 u 却不变，由图 2-7 所示的速度三角形可以看出，水滴进入动叶的进口角要比设计值大很多，从而正好冲击在动叶进口处的叶背上，产生阻止叶轮旋转的制动作用，消耗了叶轮的有用功率。

4)水滴对静叶的冲击作用

在动叶出口水滴流速要比蒸汽流速低，使得水滴绝对速度的方向角比蒸汽的大很多(见图 2-8)，这样当蒸汽按正确方向进入下级喷嘴时，水滴却只能冲击到静叶入口壁面，从而扰乱了汽流，造成损失。

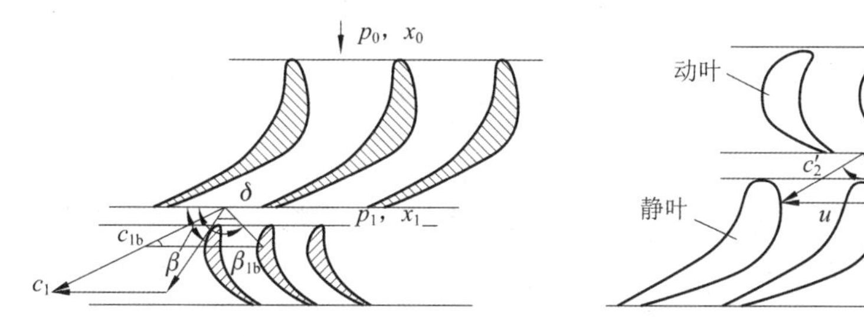

图 2-7　蒸汽的速度三角形　　　　**图 2-8　水滴对静叶的冲击**

5)过饱和现象

湿蒸汽在喷嘴内膨胀时，由于蒸汽通过喷嘴的时间极短，因而汽态变化很快，蒸汽来不及凝结成水滴，即这部分蒸汽未放出其汽化潜热，形成过饱和蒸汽(或过冷蒸汽)，使得蒸汽出口焓值升高，级理想焓降减小，因而蒸汽流速降低，造成动能减小，形成损失。

以上损失总称为湿汽损失。

在湿度相同的情况下，在冲动级中产生的损失要比反动级中产生的损失大，所以在湿蒸汽区域工作的级宜选用反动级。目前大容量机组均采用中间再过热方式，这对限制机组内膨胀终了时的湿度有利。

2.2　级内损失的计算及级内效率的影响分析

级内各项损失中除余速损失可以直接根据原理用公式计算获得外，其他类型损失目前尚难以完全用解析的方法求得，大部分是依靠静态与动态试验(也可以通过数值计算方法)，按照经验系数及半经验公式计算获得。根据损失的来源一般可以将损失分为通流部分和非通流部分损失，仅考察通流部分的损失时可用轮周效率对级内效率进行评价，级内效率则可考察各项损失的影响。

2.2.1　级内各项损失的计算方法

值得指出的是，出于传统使用习惯等原因，下述不同来源的公式中长度同时使用了 m、

cm、mm 等单位，在应用时需要注意。

1. 喷嘴和动叶的能量损失

喷嘴和动叶的能量损失与喷嘴和动叶滞止理想比焓降的比，称为喷嘴和动叶的能量损失系数ξ_n、ξ_b，可以通过速度系数计算：

$$\xi_n = 1 - \varphi^2 \tag{2-1}$$

$$\xi_b = 1 - \psi^2 \tag{2-2}$$

式中：φ 为喷嘴速度系数，ψ 为动叶速度系数。

由于蒸汽在喷嘴流道内的摩擦等而损耗的动能称为喷嘴损失，可以用 δh_n 表示，其计算公式为

$$\delta h_n = \frac{1}{2}(c_{1t}^2 - c_1^2) = \frac{1}{2}(1-\varphi^2)c_{1t}^2 \tag{2-3}$$

式中：c_{1t}为喷嘴出口汽流理想速度；c_1 为喷嘴出口汽流实际速度。

由于蒸汽在动叶流道内的摩擦等而损耗的动能称为动叶损失，可以用 δh_b 表示，其表达式为

$$\delta h_b = \frac{1}{2}(w_{2t}^2 - w_2^2) = \frac{1}{2}(1-\psi^2)w_{2t}^2 \tag{2-4}$$

式中：w_{2t}为动叶出口汽流理想速度；w_2 为动叶出口汽流实际速度。

当蒸汽流出动叶栅时，蒸汽仍然有一定的速度 c_2，这部分速度将带走一部分蒸汽做功的能量，这部分动能称为余速损失：

$$\delta h_{c2} = \frac{c_2^2}{2} \tag{2-5}$$

图 2-9 所示是根据试验数据整理的渐缩喷嘴的速度系数 φ 与喷嘴高度 l_n 的关系曲线。由图 2-9 可见，φ 随喷嘴高度的减小而减小。图中的上限边界对应喷嘴叶栅的宽度 55 mm，下限边界对应喷嘴叶栅的宽度 80 mm。当喷嘴高度小于 12～15 mm 时，φ 急剧下降，因此为了减小喷嘴损失，喷嘴高度应不小于 15 mm。此外，在相同的喷嘴高度下，喷嘴的宽度 B_n 越小，喷嘴速度系数 φ 越大，所以在强度允许的条件下，应尽量采用宽度小的喷嘴。

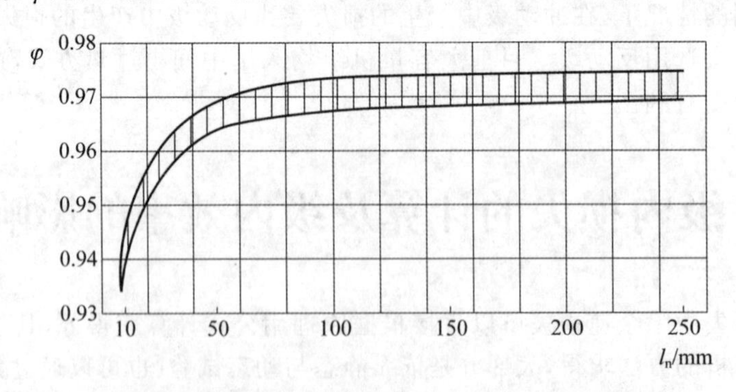

图 2-9　喷嘴的速度系数 φ 与喷嘴高度 l_n 的关系曲线

通常，渐缩喷嘴中的流动损失不大，为计算方便一般取 φ=0.97，而其中与高度有关的损失另用经验公式计算。

动叶速度系数 ψ 与动叶高度、级的反动度、叶型、动叶片的表面粗糙度等因素有关。动叶高度和级的反动度影响尤甚。由于影响因素甚多，ψ 一般通过试验得到，通常 ψ 的取值范

围为 0.85～0.95。

图 2-10 所示为冲动级的动叶速度系数 ψ 与动叶高度 l_b 及进出口几何角 β_{1g}/β_{2g} 的关系曲线，由图可见，当 l_b、β_{1g}/β_{2g} 增加时，ψ 增大。使用该图计算时，由于已考虑了叶片高度的影响，所以不必再计算叶高损失。

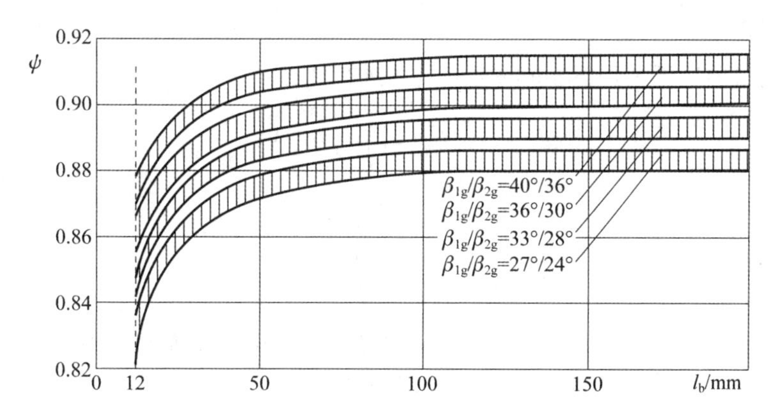

图 2-10　动叶速度系数 ψ 与动叶高度 l_b 的关系

图 2-11 所示为动叶速度系数与反动度的关系曲线，该图仅考虑了不同的反动度对动叶速度系数的影响，随着反动度的增大，动叶速度系数增大。使用该图进行热力计算时，需单独计算动叶高度变化引起的损失。

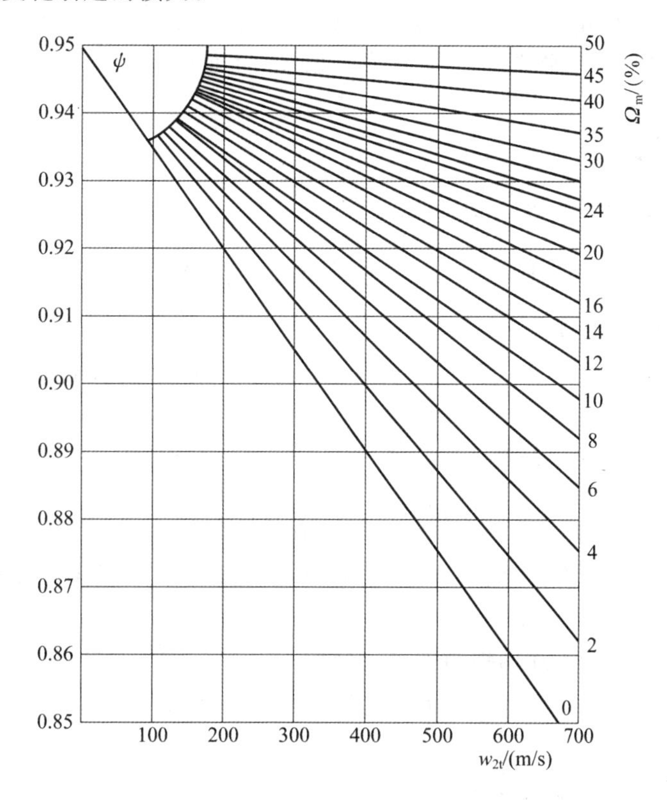

图 2-11　动叶速度系数 ψ 与反动度 w_{2t} 的关系

2. 叶高损失 δh_l

计算叶高损失常用如下半经验公式：

$$\delta h_l = \frac{a}{l_{\mathrm{n}}} \Delta h_u \tag{2-6}$$

式中：l_{n} 为喷嘴高度，mm；Δh_u 为轮周有效比焓降，kJ/kg；a 为经验系数，通常取 1.2，将扇形损失一起计算时取 1.6。

3. 摩擦损失 δh_{f}

摩擦损失目前广泛采用 Stodola 经验公式进行计算：

$$\delta h_{\mathrm{f}} = 1.07 d_{\mathrm{b}}^2 \left(\frac{u}{100}\right)^3 / (G \upsilon_{2\mathrm{b}}) \tag{2-7}$$

或者

$$\delta h_{\mathrm{f}} = \frac{K d_{\mathrm{b}}^2 \left(\frac{u}{100}\right)^3}{G \upsilon'_{2\mathrm{t}}} \tag{2-8}$$

式中：d_{b} 为叶轮平均直径，cm；u 为叶轮的圆周速度，m/s；G 为通过该级的蒸汽流量，kg/h；$\upsilon_{2\mathrm{b}}$为动叶后的理想比容，m^3/kg；$\upsilon'_{2\mathrm{t}}$为级的平均理想比容，m^3/kg；K 为经验系数，一般取 $K=1.0 \sim 1.3$。

或者使用损失系数：

$$\xi_{\mathrm{b}} = K \frac{d_{\mathrm{b}}\, x_{\mathrm{a}}^3}{e l_{\mathrm{n}} \sin\alpha_1\, \mu_{\mathrm{n}} \sqrt{1-\Omega_{\mathrm{m}}}} \tag{2-9}$$

式中：K 为经验系数，在叶轮外缘雷诺数 $Re>10^7$ 时，$K=10^{-3}$；x_{a} 为速度比。

对于双列级，计算结果分别为式(2-7)和式(2-8)的两倍。

4. 部分进汽损失 δh_e

1）鼓风损失 δh_{w}

鼓风损失可按以下经验公式计算：

$$\delta h_{\mathrm{w}} = \frac{1}{e} x_{\mathrm{a}}^3 B_e \left(1 - e - \frac{e^*}{2}\right) \Delta h_{\mathrm{t}}^* \tag{2-10}$$

式中：e 为部分进汽度，全周进汽时 $e=1$；e^* 为护罩的弧度率，若不装护罩，则 $e^*=0$；B_e 为试验系数，对于单列级，$B_e=0.15$，对于双列级，$B_e=0.55$；Δh_{t}^* 为级滞止理想比焓降，kJ/kg。

2）斥汽损失 δh_{s}

斥汽损失可用如下经验公式计算：

$$\delta h_{\mathrm{s}} = \frac{x_{\mathrm{a}} c_e}{e} \frac{z_{\mathrm{k}}}{d_{\mathrm{b}}} \Delta h_{\mathrm{t}}^* \tag{2-11}$$

式中：c_e 为试验系数，对于单列级，$c_e=0.012$，对于双列级，$c_e=0.016$；z_{k} 为喷嘴弧端对数（即喷嘴组数）；d_{b} 为叶轮平均直径，m。

部分进汽损失 δh_e 为上述两项损失之和，即

$$\delta h_e = \delta h_{\mathrm{w}} + \delta h_{\mathrm{s}} \tag{2-12}$$

5. 扇形损失 δh_θ

扇形损失可用以下经验公式计算：

$$\delta h_\theta = 0.7 \left(\frac{l_{\mathrm{b}}}{d_{\mathrm{b}}}\right)^2 \Delta h_{\mathrm{t}}^* \tag{2-13}$$

式中：l_{b} 为动叶高度，m；d_{b} 为叶片平均直径，m；Δh_{t}^* 为级滞止理想比焓降，kJ/kg。

6. 漏汽损失 Δh_l

1)隔板漏汽损失

隔板漏汽损失可按下式计算：

$$\delta h_{lp} = \frac{A_p}{A_n\sqrt{z_p}} \times \Delta h_u \tag{2-14}$$

式中：z_p 为汽封齿数，平齿需修正；A_p 为汽封间隙面积，m^2，$A_p = \pi\,\delta_p d_p$，δ_p 为汽封间隙，d_p 为隔板汽封直径；Δh_u 为级轮周有效比焓降，$\Delta h_u = \Delta h_t^* - \delta h_{n\xi} - \delta h_{b\xi} - \delta h_{c2} - \Delta h_l$。

2)叶顶漏汽损失

叶顶漏汽损失可用以下公式计算：

$$\delta h_{lt} = \frac{\mu_\delta \delta_m\ \psi_t}{\mu_t \sin\alpha_1}\Delta h_u \quad (\text{kJ/kg}) \tag{2-15}$$

式中：μ_δ 为与叶顶轴向间隙 δ_z 和围带边厚度 Δ_s 有关的经验系数，可查图 2-12(a)所示曲线求得；μ_t 为与叶顶轴向间隙和速度比有关的经验系数，可从图 2-12(b)所示曲线查得；ψ_t 为与反动度 Ω_m 及径高比 d_b/l_b 有关的经验系数，可从图 2-12(c)所示曲线查得；δ_m 为叶顶轴向间隙 δ_z 与动叶高度 l_b 之比值，$\delta_m = \delta_z / l_b$。

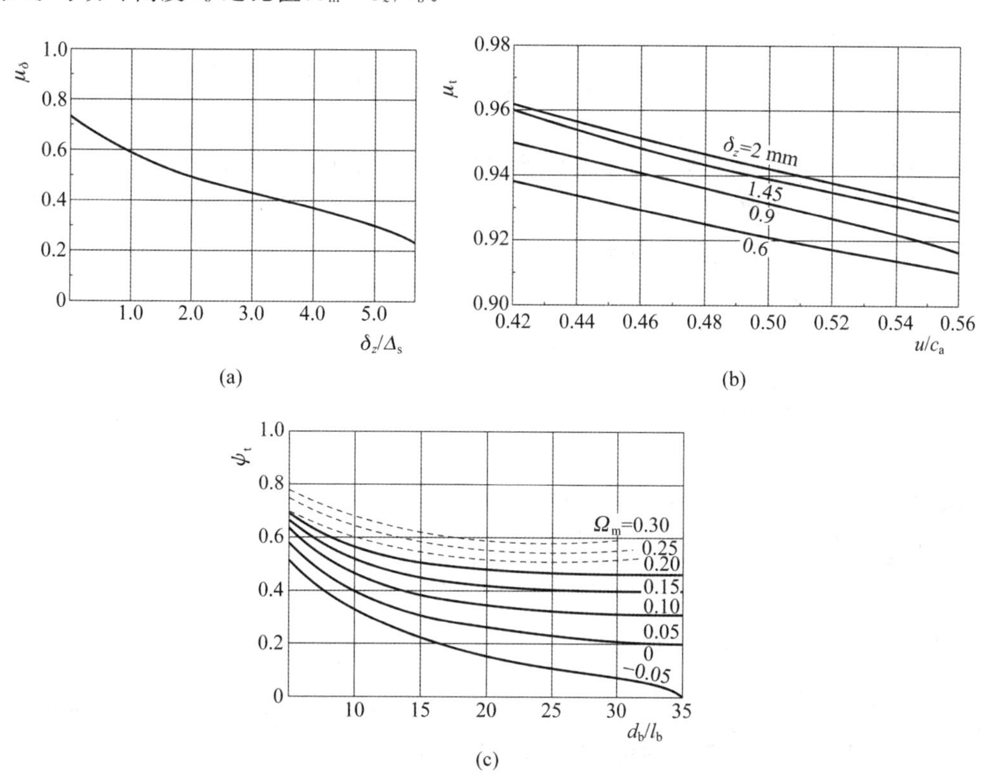

图 2-12　叶顶漏汽损失计算的经验系数曲线

(a)经验系数 μ_δ 曲线；(b)经验系数 μ_t 曲线；(c)经验系数 ψ_t 曲线

反动级叶顶漏汽损失常用下面半经验公式计算：

$$\delta h_{lt} = \xi_\delta E_0 \quad (\text{kJ/kg}) \tag{2-16}$$

式中：ξ_δ 为反动级漏汽能量损失系数，计算公式为

$$\xi_\delta = 1.72\,\frac{\delta_r^{1.4}}{l_b} \tag{2-17}$$

叶顶漏汽损失还可以用以下公式计算：

$$\delta h_{lt} = 0.6\sqrt{\frac{\Omega_t}{1-\Omega_m}}\frac{\upsilon_{1t}}{\upsilon_{2t}}\frac{(d_b+l_b)\delta_t}{d_n l_n \sin\alpha_1}\Delta h_u \tag{2-18}$$

式中：Δh_u 为轮周有效比焓降；υ_{1t}为喷嘴后理想比容，m^3/kg；υ_{2t}为级的理想比容，m^3/kg；d_b、l_b 为动叶平均直径与动叶高度，mm；d_n、l_n 为喷嘴平均直径与喷嘴高度，mm；Ω_m 为平均轮径处的反动度；Ω_t 为叶顶反动度；$\sin\alpha_1$ 为喷嘴出汽角正弦；δ_t 为当量间隙，当围带上装有轴向及径向汽封时，δ_t 的计算公式为

$$\delta_t = \frac{\delta_z}{\sqrt{1-z_r(\delta_z/\delta_r)^2}}$$

式中：δ_z 为叶顶轴向间隙，mm；δ_r 为叶顶径向间隙，mm；z_r 为叶顶径向汽封齿数。

等截面直叶片的叶顶反动度可用下式计算

$$\Omega_t = 1-\left[(1-\Omega_m)\frac{d_b}{d_b+l_b}\right] \tag{2-19}$$

另一种漏汽损失计算方式如下。

1)隔板漏汽损失

首先计算隔板漏汽量：

$$\Delta G_p = \frac{\mu_p A_p c_{1p}}{\mu_{1t}} = \upsilon_p A_p \frac{\sqrt{2\Delta h_n^*}}{\upsilon_{1t}\sqrt{z_p}} \tag{2-20}$$

式中：υ_{1t}为汽封齿出口处的蒸汽理想比容，此处可按喷嘴后热力参数计算；z_p 为汽封齿数；μ_p 为汽封流量系数，一般取0.7～0.8；A_p 为汽封间隙面积，$A_p=\pi d_p\delta_p$，其中δ_p 为汽封间隙，d_p 为隔板汽封直径；c_{1p}为汽封齿出口流速。

在此基础上，得到漏汽损失如下：

$$\delta h_\delta = \frac{\Delta G_p}{G}\Delta h_i \tag{2-21}$$

式中：Δh_i 为级的有效比焓降。

2)动叶顶部漏汽损失

级的反动度决定了动叶顶部漏汽量的大小，随着级反动度的增大，动叶顶部的漏汽量增大。在纯冲动级中，动叶顶部漏汽可以忽略。

动叶顶部漏汽量的计算公式如下：

$$\Delta G_t = \frac{\mu_t A_t c_t}{\upsilon_{2t}} = \frac{e\mu_t\pi(d_b+l_b)\check{\delta}_t\sqrt{2\Omega_t\Delta h_t^*}}{\upsilon_{2t}} \tag{2-22}$$

式中：μ_t 为流量系数；μ_n 为喷嘴流量系数；$\check{\delta}_t$为动叶顶部的当量间隙；Ω_t 为动叶顶部的反动度。如果叶顶同时加装了围带与轴向、径向汽封，$\check{\delta}_t$按下式确定：

$$\check{\delta}_t = \frac{\delta_z}{\sqrt{1-z_r\left(\frac{\delta_z}{\delta_r}\right)^2}} \tag{2-23}$$

式中：δ_z 为动叶顶部的轴向间隙；δ_r 为动叶顶部的径向间隙；z_r 代表汽封齿数。

则动叶顶部漏汽损失可表示为

$$\Delta h_t = \frac{\Delta G_t}{G}\Delta h'_u \tag{2-24}$$

7. 湿汽损失 δh_x

湿汽损失 δh_x 可由以下经验公式计算：

$$\delta h_x = (1 - x_m)\Delta h_i \quad (\text{kJ/kg}) \tag{2-25}$$

式中：x_m 为级的平均干度值，计算公式为

$$x_m = \frac{x_0^* + x_2}{2}$$

其中，$x_0{}^*$ 为喷嘴进口滞止干度；x_2 为动叶出口蒸汽实际干度；Δh_i 为级有效比焓降。

湿汽损失系数ξ_x 可以根据图 2-13 所示的鲍威尔曲线查得。

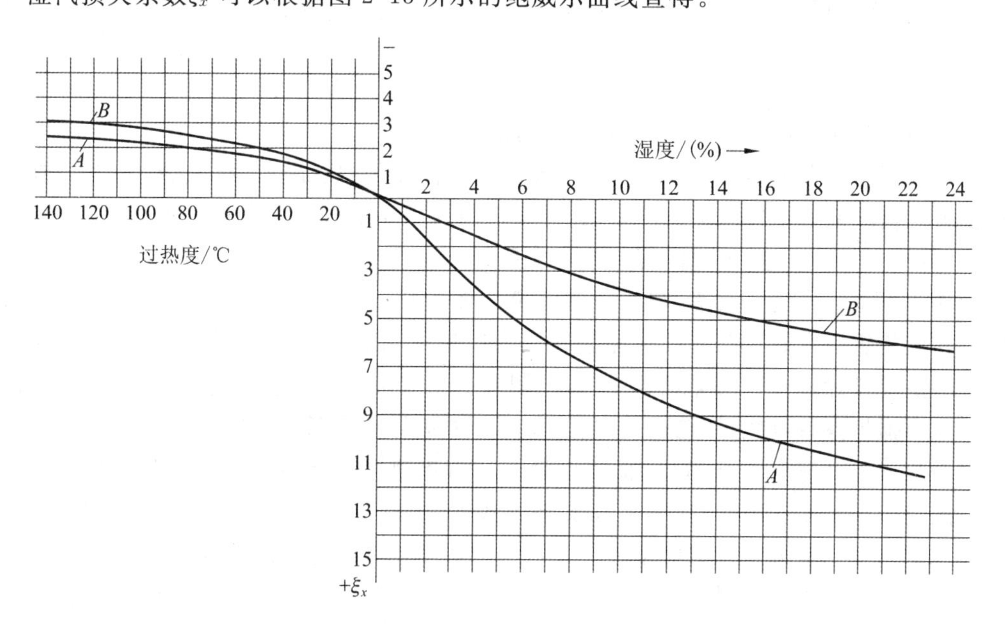

图 2-13 鲍威尔曲线

在图 2-13 中，曲线 A 表示湿度对冲动级损失系数的影响，而曲线 B 则表示湿度对反动级损失系数的影响。

2.2.2 级轮周功率、轮周效率与最佳速度比

根据蒸汽流过动叶前后的速度和蒸汽流的动量方程，可得到轮周功率的计算公式为

$$P_u = u(c_1\cos\alpha_1 + c_2\cos\alpha_2) \tag{2-26}$$

轮周功率的另一个计算式为

$$P_u = \frac{1}{2}[(c_1{}^2 - c_2{}^2) + ((w_2{}^2 - w_1{}^2))] \tag{2-27}$$

蒸汽流过某级时单位质量蒸汽所做的轮周功 P_u（做功能力）与蒸汽在该级所具有的理想能量 E_0 之比称为级的轮周效率，用 η''_u 表示，即

$$\eta''_u = \frac{P_u}{E_0} \tag{2-28}$$

某级的理想能量 E_0 是该级滞止理想比焓降减去被下一级利用的余速动能$\mu_1\delta h_{c2}$。

$$E_0 = \Delta h_{c0} + \Delta h_t - \mu_1\delta h_{c2} = \Delta h_t^* - \mu_1\delta h_{c2} = \frac{c_a^2}{2} - \mu_1\frac{c_2^2}{2} \tag{2-29}$$

式中：c_a 为该级当量喷嘴出口理想速度，$c_a = \sqrt{2\Delta h_t^*}$。

把式(2-26)和式(2-29)代入式(2-28),得

$$\eta''_u = \frac{u(c_1\cos\alpha_1 + c_2\cos\alpha_2)}{\Delta h_t^* - \mu_1 \delta h_{c2}} = \frac{2u(c_1\cos\alpha_1 + c_2\cos\alpha_2)}{c_a{}^2 - \mu_1\ c_2{}^2} \tag{2-30}$$

也可以用能量平衡的形式表示轮周效率:

$$\eta'_u = \frac{\Delta h'_u}{E_0} = 1 - \xi_n - \xi_b - (1-\mu_1)\ \xi_{c2} \tag{2-31}$$

式中:$\Delta h'_u = \Delta h_{c0} + \Delta h_t - \delta h_n - \delta h_b - \delta h_{c2}$;$\xi_n$、$\xi_b$、$\xi_{c2}$分别为喷嘴损失、动叶损失和余速损失与理想能量$E_0$之比,称为喷嘴能量、动叶能量和余速能量损失系数。

用式(2-30)和式(2-31)计算得到的轮周效率应相等,不过常存在误差。其误差要求为

$$\Delta\eta_u = \frac{|\eta'_u - \eta''_u|}{\eta'_u} < 1\%$$

$\Delta\eta_u > 1\%$说明前面计算有误,须重新计算。

轮周效率主要考虑蒸汽在通流部分流动过程中的损失:喷嘴内的损失、动叶内的损失和余速损失。这三部分损失产生在流道内,是流道内的主要损失。考虑这三种损失后,气体在汽轮机流道中的比焓降比理想的等熵比焓降要低。

轮周效率也称为流道效率,它标志着流道内能量转换过程的完善程度。它也定量说明了蒸汽在汽轮机级内所具有的理想能量转变为级轮周功的份额,因此是衡量汽轮机级工作经济性的重要指标之一。根据式(2-31),轮周效率主要取决于ξ_n、ξ_b、ξ_{c2}三项能量损失系数。减小这三项损失系数,就能使轮周效率提高,其中喷嘴与动叶能量损失系数ξ_n和ξ_b的大小与其速度系数φ和ψ值的大小有关,而速度系数与汽流速度c_1与w_2的大小及叶片形状尺寸有关。选定喷嘴和动叶的叶型、尺寸和安装方式后,φ和ψ值基本上只由汽流速度确定,且在一定范围内变化不大。余速能量损失系数ξ_{c2}取决于动叶出口的绝对速度c_2。

在多级汽轮机中,大多数级的余速动能可以被下级部分或全部利用。凡余速能被下级利用的级称为中间级,反之,称为孤立级。通常用余速利用系数μ来表示余速动能被利用的程度。显然,$\mu=0\sim1$。用μ_0表示本级利用上级余速动能的系数,则$\mu_0\frac{c_0{}^2}{2}$就是本级利用的上级的余速动能。用μ_1表示本级的余速动能被下级利用的系数,则$\mu_1\ \frac{c_2{}^2}{2}$就是本级的余速动能被下级利用的份额,而$(1-\mu_1)\frac{c_2{}^2}{2}$为本级余速动能未被下级利用的部分,这部分损失转化为热量加热蒸汽,使级后蒸汽的比焓值升高。

余速利用的一般条件为:

(1)相邻两个级的平均直径接近相等,蒸汽通过两级之间的空间时在半径方向上流动不大;

(2)喷嘴进口的方向与上一级蒸汽的余速方向相符;

(3)相邻两级都是全周进汽;

(4)相邻两个级的蒸汽流量没有变化,即级间无抽汽。

当上述情况都能满足时,可取$\mu_1=1$;当第(3)项不满足时,$\mu_1=0$;当第(4)项不满足时,$\mu_1=0.5$;如果第(1)、(2)项的条件难以判定,则一般可取$\mu_1=0.3\sim0.8$。

通常把圆周速度u与喷嘴出口速度c_1的比值称为列速度比,记为x_1,即$x_1=u/c_1$;把圆周速度u与当量喷嘴出口理想速度c_a的比值称为级速度比,即$x_a=u/c_a$。在设计和实验研

究中，因喷嘴与动叶之间间隙很小，c_1 值不易测得，故实际中往往用 x_a 代替 x_1。两个速度比之间的关系可以由下式确定：

$$x_a = \frac{u}{c_a} = \frac{u}{\sqrt{2\Delta h_t^*}} = \frac{u\varphi\sqrt{1-\Omega_m}}{\varphi\sqrt{1-\Omega_m}\sqrt{2\Delta h_t^*}} = \frac{u\varphi\sqrt{1-\Omega_m}}{c_1} = x_1\varphi\sqrt{1-\Omega_m}$$

由于级结构一定时，速度系数与反动度是一定的，因此在任何情况下，x_a 和 x_1 都成比例关系，两个参数描述的物理规律也是一致的，故在实际使用中往往统称为速度比。

在叶型选定的情况下，欲获得级的最大的轮周效率，应使得余速损失降到最小，也就是排汽的绝对速度 c_2 最小。由速度三角形可知，只有在 $\alpha_2=90°$（轴向排汽）的时候，c_2 才能最小，此时轮周效率最高(即蒸汽在轮周做功方向的速度分量被动叶全部吸收利用)。对应于最高轮周效率的速度比称为最佳速度比，用 $(x_1)_{opt}$ 和 $(x_a)_{opt}$ 表示。设计一个汽轮机的级时，应尽量使得 α_2 接近 90°，从而获得较高的轮周效率。必须指出，这是孤立级的情况。对于多级汽轮机，大多数级的余速可以得到利用，没有必要追求 α_2 准确等于 90°。

纯冲动级的最佳速度比为

$$(x_a)_{opt} = \cos\alpha_1/2$$

反动级的最佳速度比为

$$(x_a)_{opt} = \cos\alpha_1$$

带有一定反动度的冲动级最佳速度比为

$$(x_a)_{opt} = \frac{\cos\alpha_1}{2(1-\Omega_m)}$$

根据有余速利用时轮周效率与速度比的关系规律可知：

(1)余速利用可以提高级的轮周效率。因此，在设计多级汽轮机时，应尽量充分利用各级余速。

(2)余速利用使速度比 x_a 在较大范围对轮周效率的影响显著减弱，速度比与轮周效率曲线顶部呈现一个较大的平坦区域。x_a 偏离最佳值时，余速损失增加，本来轮周效率应该下降，但根据上面的公式，由于余速动能被下级利用，对轮周效率的影响很小，因此在有余速利用时，并不要求 α_2 接近 90°，相反，当 α_2 稍微小于 90°时，还有可能增加级的有效功。

根据有余速利用时轮周效率曲线顶部比较平坦的特点，在汽轮机的设计中，可以把级的最佳速度比选择得小一些，这样并不会使轮周效率下降太多，参见图 2-14。最佳速度比的减小，使得在级的直径一定的情况下级承担的理想比焓降增大，从而使得级的做功能力增大。

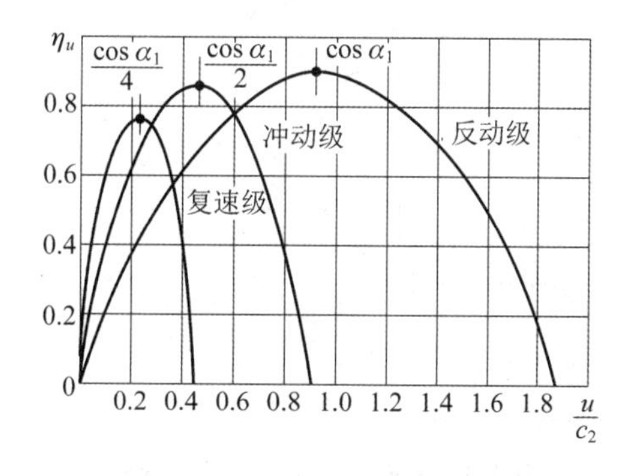

图 2-14　三种级的轮周效率曲线

(3)余速利用使最佳速度比增大。余速利用后，余速损失已经不再是一项损失，而在影响轮周效率的另外两项损失中，喷嘴能量损失系数ξ_n基本不随x_a改变，而动叶损失随着速度比的增加而逐渐减小，因此轮周效率随着x_a的增加而逐渐提高。

反动度也对最佳速度比有较明显的影响。单列孤立级的最佳值是随反动度Ω的增大而增加的。在汽轮机冲动级设计中，一般$\Omega=0.05\sim0.20$，此时最佳速度比$(x_a)_{opt}$可在0.46～0.52之间选取。

对于反动度在0.5的反动级，其轮周效率曲线在最大值附近也存在一个平坦的区域，因此，速度比在一定的范围内变化时即使偏离了最佳值也不会导致轮周效率明显下降，反动级的最佳速度比为0.65～0.7。由于反动级的最佳速度比比冲动级的大，所以在相同圆周速度下反动级承担的比焓降小，其做功能力也小。因此，在相同的初终参数和圆周速度下反动式汽轮机的级数比冲动式的要多。

采用三维气动优化设计后，可采用较小的速度比，在减少级数的同时仍然能保持较高的效率。

2.2.3 级内功率与级内效率

如前所述，影响汽轮机出口蒸汽比焓的除了上述三个产生于流道的损失之外，实际上不可避免还有其他类型的损失。由于蒸汽在能量转换中存在各种附加损失，因此汽轮机级的热能转换成轴上的有效功减小，这些损失的能量重新转换成蒸汽热能，因此蒸汽出口焓值较等熵膨胀点焓值有所增大。图2-15为考虑了级内各项损失和级前后余速利用以后级的实际热力过程曲线（图中$\sum\delta h=\delta h_l+\delta h_\theta+\delta h_f+\delta h_{lp}+\delta h_{lt}+\delta h_e+\delta h_x$）

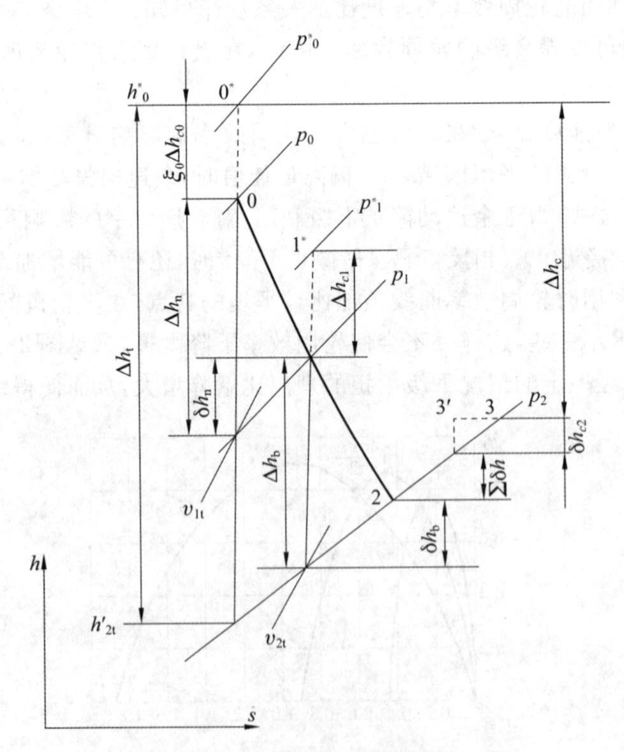

图2-15 级的实际热力过程曲线

级的有效比焓降Δh_i是指1 kg蒸汽在级内最后变成轴上有效功的焓降，可用下式计算：

$$\Delta h_{i} = \delta h_{c0} + \Delta h_{t} - \delta h_{n} - \delta h_{b} - \sum \delta h - \delta h_{c2} \tag{2-32}$$

$$\Delta h_{i}^{*} = \delta h_{c0} + \Delta h_{t} \tag{2-33}$$

级的内功率：

$$N_{i} = G \cdot \Delta h_{i} \tag{2-34}$$

式中：G 为流过该级的蒸汽流量，kg/s；Δh_{i} 为级的有效比焓降，kJ/kg。

级内效率为级的有效比焓降与理想能量 E_{0} 之比，即

$$\eta_{i} = \frac{\Delta h_{i}^{*} - \delta h_{n\xi} - \delta h_{b\xi} - \sum \delta h - \delta h_{c2}}{\Delta h_{i}^{*} - \mu_{1} \dfrac{c_{2}^{2}}{2000}} \tag{2-35}$$

汽轮机生产厂常用下式计算级内效率：

$$\eta_{i} = \frac{\Delta h_{i}}{\Delta h_{t}} \tag{2-36}$$

应该注意，并不是所有级都包含上式中所列的各项损失，计算级有效比焓降和级内效率时，应根据该级的具体情况而定。

级内效率又称级的相对内效率，是衡量汽轮机级性能的重要经济指标，它与所选用的叶型、反动度、速度比和叶高等密切相关，也与蒸汽的性质和级的结构有关，是衡量一个级设计是否合理的重要准则之一，也是级能量转换完善程度的最终指标。

由上面的讨论可知，标志级能量转换完善程度的最终指标是级内效率（而不是轮周效率）。因此，能保证获得最大级内效率的速度比才是真正的最佳速度比。

根据一些经验公式可知，叶轮摩擦损失和鼓风损失与速度比的三次方成比例，叶高损失和速度比的二次方成比例，斥汽损失和速度比的一次方成比例，随着速度比的增大，则这些损失会相应增大。由于级内效率相对于轮周效率考虑了更多的附加损失，因此级内效率的最大值一定低于轮周效率的最大值，而且由于一些损失与速度比的关系，最大级内效率所对应的最佳速度比小于最大轮周效率所对应的最佳速度比。

2.3 单级热力性能的速度三角形设计法

级的热力计算方法有两种：速度三角形法和模拟法。其中速度三角形法比较常用。速度三角形法以均匀一元流动理论为理论基础，以平面叶栅的静吹风试验数据为依据，将平均直径截面上的参数视为整个级的热力参数，通过给定的流量、蒸汽进口温度压力及出口压力，按照基本能量方程和速度三角形，确定级通流部分的主要尺寸、热力参数及内功率和级内效率。

在速度三角形热力计算的基本过程中，给定了进、出口压力及进口比焓，就可以得到级理想比焓降（等熵），然后只要确定了级的反动度就可以分别获得喷嘴和动叶内的比焓降大小，进而通过蒸汽内能和动能之间的能量转换关系及蒸汽速度在绝对坐标系和相对坐标系下的转换关系获得蒸汽在各位置点的速度大小和方向，最后得到该级的功率和效率。

显然，反动度是单级设计的重要参数之一，同时根据最佳速度比的基本原理，要达到较好的轮周效率，轮周速度和喷嘴蒸汽出口速度之间应该满足一定的关系。也就是说一定的单列级比焓降需要和一定的圆周速度相匹配，而这个匹配关系也受到反动度的显著影响，随着反动度的增加，这个圆周速度对应的最优级比焓降会降低。

实际工程设计中，针对给定的总焓降用尽可能少的级数完成焓降转换过程，能极大地降低制造成本和土建成本。因此，对于较小的蒸汽压差，在满足效率的前提下应尽可能只用单列级完成设计。显然，在单列级中纯冲动级可利用的焓降是最大的，同时采用较小的反动度又会较好地降低气动损失，提高效率，因此低反动度的冲动级就成了级类型中较为广泛的选择。对于反动度高达 0.5 的反动级类型，由于其具有动、静叶片型线通用和变工况特性较好等特点，也被经常采用。

由上可知，反动度是保证获得较高的级内效率和理想设计方案的重要条件之一，实际反动度的实现(喷嘴和动叶之间焓降分配)则需要通过控制通流面积的变化来完成，一定的通流面积变化会得到对应的流道压差变化。最关键的通流面积就是流道喉部尺寸关系，即喷嘴和动叶的排汽面积比$F_1\sin\alpha_1/(F_2\sin\beta_2)$，面积比涉及喷嘴和动叶的叶高、根径和排汽角等六个参数。因此，反动度的选择会对级诸多结构特征产生重要的影响，反过来说，结构尺寸的最终设计也会影响反动度是否符合预期。在工况一定时，面积比的大小基本上决定了级的反动度；反过来说，要实现预期的反动度就需要保证一定的面积比。由于大部分气体工质在降压膨胀时其密度都有明显变化，并且随着压力的降低，变化程度不一样(水蒸气的密度在低压区域降低的程度会有所增加)，因此工质密度随压力的变化情况也会影响实际反动度。

一般而言，在同一级内喷嘴和动叶的高度及所在处的平均直径并不会有太大的变化，因此面积比的设计就成了喷嘴和动叶出汽角的选择问题。喷嘴和动叶的出汽角是喷嘴和动叶叶片外形的重要特征数据。叶栅中任意两个相邻叶片之间的凹凸壁面构成了气体工质的流动通道，由于蒸汽在喷嘴和动叶内会发生折转，导致在出汽边处出现蒸汽流道的喉部，出于几何原因出汽角就显著影响了其喉部面积，最终影响了其前后压差及级的做功能力。

不同的叶型有其最优出汽角范围，因此可以认为单级热力性能的速度三角形设计方法中比较重要的部分就是级叶型的选择，叶型及叶栅结构参数设计选择后即可根据 2.2 节的方法计算各项损失和级内效率。

2.3.1　叶型及其选择

1. 叶片型线及特性曲线

蒸汽在流道内流动的顺畅程度，会影响蒸汽在级内工作时的损失大小，因此除了出汽角以外，其他部分的形状也很重要。叶栅中单个叶片的横截面形状称为叶型，其周线称为型线。长叶片由于蒸汽从叶根到叶高的流动状况存在明显差别，因此不同截面处的叶型差异很大。图 2-16 所示为汽轮机叶栅参数示意图。

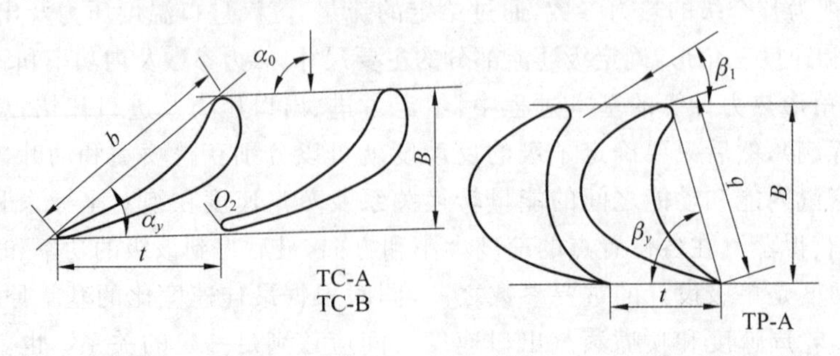

图 2-16　叶栅参数

t—叶栅节距；b—叶栅弦长；α_y、β_y—喷嘴与动叶的安装角；B—叶栅宽度

表 2-1 所示为我国自行研制的两种叶型的几何特性。图 2-17 和图 2-18 分别为这两种叶型的叶片型线及气动特性部分曲线。附录 2 为国产汽轮机中常用的苏字(MЭИ)叶型及其特性曲线。

表 2-1　我国自行研制的叶栅几何特性

部件	叶片型号	出口角 $\alpha_1(\beta_2)$	进口角 $\alpha_0(\beta_1)$	相对节距	安装角	叶片宽度 B/mm
喷嘴	HQ-2	11°～13°	70°～110°	0.6～0.8	32°～36°	25,30,40,50,60,70,80
动叶	HQ-1	18°～21°	22°～35°	0.6～0.75	77°～79°	15,20,25,30,35

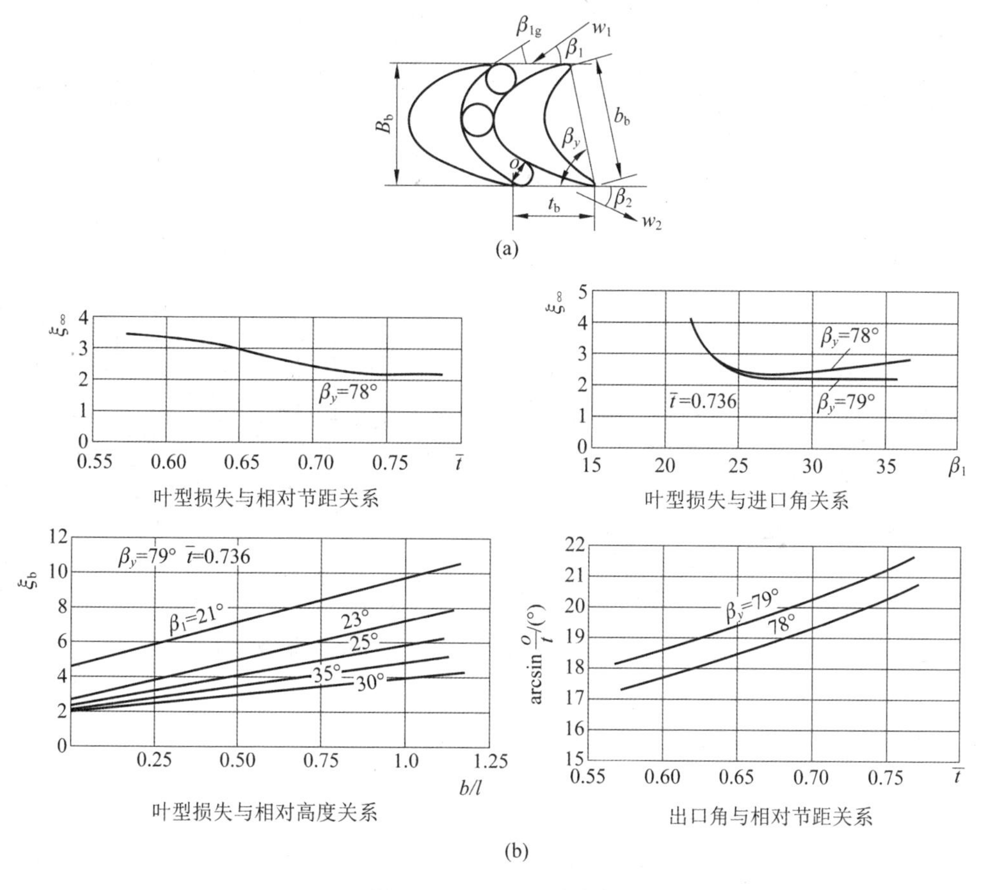

图 2-17　HQ-1 型叶片

(a) HQ-1 型叶片型线；(b) HQ-1 型叶片特性曲线

叶型选定后其各个几何参数及相互关系是不变的，但是由于实际使用时相对节距、安装角和相对高度会不同，而这几个参数对叶型损失、端部损失和出口角的影响比较显著，而且在选用叶栅时，这些因素又可适当地调整以适应汽流参数的要求，因此一般将相对节距、安装角和相对高度作为变量，对每一种型线的叶栅整理三组气动特性曲线，供设计人员选配使用。

1）出口角与相对节距和安装角关系曲线

出口角受相对节距和安装角的影响。将出口角 α_1（或 β_2）作为纵坐标，相对节距 $\bar{t}$ 为横坐标，安装角 α_y（或 β_y）为参变量可组成第一种叶栅特性曲线（见图 2-17、图 2-18）。

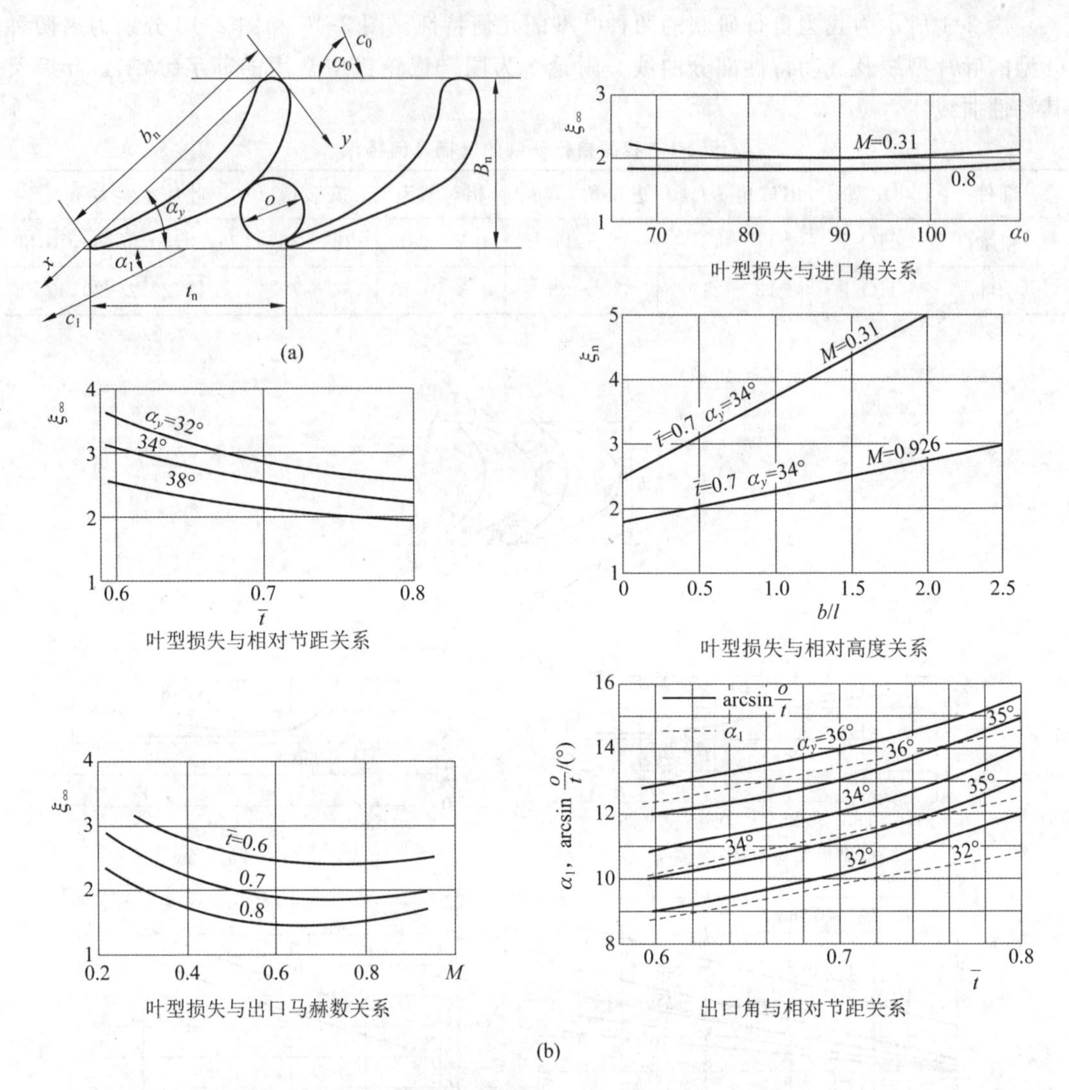

图 2-18　HQ-2 型叶片

(a)HQ-2 型叶片型线；(b)HQ-2 型叶片特性曲线

2)叶型损失与相对节距和安装角关系曲线

在叶型确定后，决定叶型损失的主要因素同样是相对节距和安装角，而进口角 α_0（或 β_1）的影响仅在变工况时才表现出来，在设计工况下不必考虑，因此把相对节距作为横坐标，安装角为参变量，叶型损失作为纵坐标便可组成第二种叶栅特性曲线。

3)端部损失或总损失曲线

在叶型损失确定后，端部损失或总损失的大小主要与叶片的相对高度有关，其次是安装角，因此以相对高度为横坐标，安装角为参变量，以端部损失或总损失为纵坐标便可组成第三种叶栅特性曲线。

4)叶型损失与相对节距、安装角和进口角关系

当变工况时，进口角会偏离设计的角度，也会导致损失，将进口角 α_0（或 β_1）作为横坐标，以相对节距、安装角为参变量，以叶型损失为纵坐标便可组成第四种叶栅特性曲线。

只要有以上前三种叶栅特性曲线就可基本表示一个平面叶栅的气动特性，可用于设计

工况，第四种叶栅特性曲线可在变工况设计时选用。在简化计算或者课程设计时，可以将与叶片高度有关的静、动叶端部损失抽出来，作为叶高损失用经验公式单独计算，喷嘴速度系数则取为常数，这样使用第一种叶栅特性曲线就够了。

2. 叶型及有关几何参数的选择

1)叶型的选择

喷嘴和动叶型线的选择依据是汽流在其喉部（一般是出口处）马赫数 M_n（$M_n=c_1/a$（或 $M_b=w_2/a$））的大小，单列级大多数工作于亚声速范围（$M<0.8$），通常选择苏字叶型中带字母“A”的亚声速叶栅。为提高变工况的效率，双列级尽量不采用缩放喷嘴，当马赫数 $0.8\leqslant M\leqslant 1.4$ 时，通常采用苏字叶型中带字母“Б”的跨声速叶栅（利用斜切部分）；$M>1.5$ 时可采用超声速叶型，参见图 2-19。

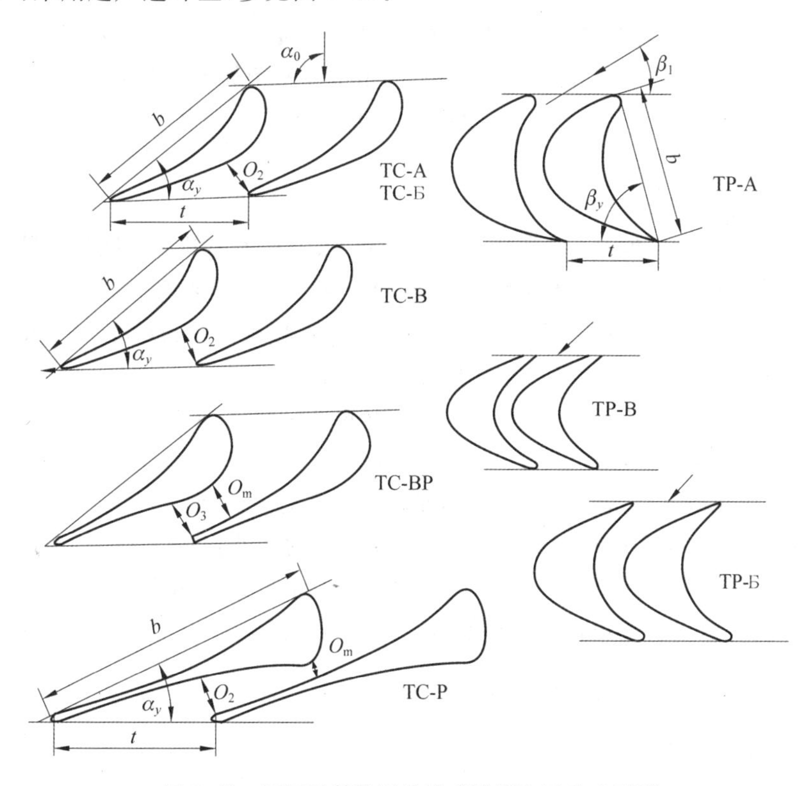

图 2-19　不同马赫数时冲动式叶型和反动式叶型

不同的叶型有其相应的最佳出口角范围，根据损失的基本原理，容积流量较小的级应选择出口角较小的叶栅，以保证该级叶片高度，减小叶高损失；容积流量较大的级可选择出口角较大的叶栅，以免叶片高度过大。因此，在选择动、静叶栅出口角时，应预先评估其容积流量大小。

为便于生产制造、降低成本，同一级组的叶片应尽量选择相同的叶型。

2)叶片宽度 B 和弦长 b 的选择

叶片形状影响叶片的气动性能，尺寸大小则影响其强度和振动性能。叶型大小一般可由叶片弦长 b 描述，而实际上叶片形状近似为“弯曲柳叶形”，因此不同叶片安装角会导致不同叶片轴向宽度，叶片轴向宽度直接影响其轴向抗弯性能。实际中应通过选择喷嘴和动叶叶片宽度 B_n、B_b 来满足叶片强度的要求，宽度过大会造成材料浪费，过小将导致强度不足。

根据叶片制造工艺和通用性的要求，通常一种叶型仅生产几挡宽度（名义）供选择使用。根据叶片强度的估算选取某一挡叶片宽度B_n 和B_b，就得到了叶片弦长 b_n、b_b，然后根据需要在该叶型安装角 α_y 和β_y 的设计指导范围内进行微调（微调安装角会影响出口角），当叶片弦长与安装角确定之后，其实际轴向宽度也就确定了。

安装角的变动会导致进口角、宽度、出口角变化，对强度、气动和蒸汽做功能力都会产生一定影响。

3）相对节距 $\bar{t}$ 和叶片数 z 的确定

在选取喷嘴和动叶出口角 α_1 和 β_2 后，还需选择相对节距$\bar{t}_n$ 和$\bar{t}_b$：$\bar{t}_n=t_n/b_n$，$\bar{t}_b=t_b/b_b$。一定的叶型对应有最佳的相对节距范围，$\bar{t}_n$ 和$\bar{t}_b$ 应在相应的最佳范围内选取。

叶栅的上述各项几何参数选定之后，即可根据平均直径 d_n 和 d_b 确定喷嘴与动叶数：$z_n=\pi d_n e/t_n$，$z_b=\pi d_b e/t_b$，然后取整。从叶片强度考虑，通常叶片数为偶数。

根据取整后的叶片数求出叶片节距 t_n 和 t_b，由于相对节距对实际出口角在一定程度上也有影响，因此需在 α_1-α_y-t_n 和 β_2-β_y-t_b 特性曲线上查出实际 α_1 和 β_2（在简化计算或者课程设计中，可不用考虑这一影响）。

4）汽流出口角 α_1 和 β_2 的选择

喷嘴与动叶汽流出口角 α_1、β_2 对叶栅的通流能力、做功大小及效率高低有较大的影响。

进行级的热力设计时，根据级蒸汽容积流量的大小，通常可考虑在下列范围中选择出口角：高中压级 $\alpha_1=11°\sim14°$，低压级 $\alpha_1=13°\sim17°$。对于容积流量大的级，$\alpha_1=13°\sim24°$。同一级组尽可能采用相同的叶型，即采用相近的汽流出口角。

双列级中，一般 $\alpha_1=13°\sim15°$，其后各列叶栅的出口角可参考下列范围选择：$\beta_2=\beta_1-(3°\sim5°)$，$\alpha'_1=\alpha_2-(5°\sim10°)$，$\beta'_2=\beta'_1-(7°\sim8°)$。

实际结构中，叶栅出口角与相对节距和安装角是联动关系，对应一定的相对节距和安装角，喷嘴与动叶都有一确定的出口角。设计时，先按照初步选择的出口角确定叶型，再根据最佳相对节距范围计算叶片个数（一般不是整数值），然后按照整数要求对叶片个数取整，最后再确定实际出口角和安装角，在此过程中叶型一般不再调整。

2.3.2 速度比与反动度的选择

1. 速度比

速度比是影响汽轮机技术经济的一个重要特性参数，速度比的选择不仅对余速损失的大小有明显影响，而且对叶轮摩擦损失、部分进汽损失、湿汽损失等也有一定程度的影响。在转速和根径相同的条件下，速度比的大小直接影响喷嘴出口速度，也就直接影响级焓降的大小，所以速度比与多级汽轮机中级数的多少有关；如果焓降和转速一定，则速度比与直径成正比，即直接影响汽轮机级直径的大小。

因此速度比是一个既影响热经济性，又影响制造成本的综合技术经济参数，设计时必须合理地选择。

不同级的最高轮周效率所对应的最佳速度比是不相同的，且在最高轮周效率的附近存在着一个较佳的速度比范围，在这个范围内选择速度比，就能使余速损失最小，保证汽轮机级具有较高的效率，在实际应用中，考虑各种损失对效率曲线的影响，以及采用级速度比等原因，设计时常用的速度比范围如下。

复速级：0.22～0.26。

带反动度的冲动级：0.46～0.52。

反动级：0.65～0.70。

一般而言，选用较小的速度比较为合理，因为在一定范围内速度比取得略小对级内效率的影响并不明显，而级的直径却可减小，有利于节约材料，降低制造成本。在实际设计一个新机型时，一般需选择若干个速度比进行不同方案的技术经济性比较，最终确定合理的速度比。

2. 反动度

除了速度比以外，反动度也对级的技术经济性有较大影响。当采用反动级时，可以统一动、静叶的叶型，有利于降低制作成本。但是反动级在最佳速度比限制条件下能利用的焓降较小，因而需要更多的级数，所以也可以采用带一定反动度的冲动级。冲动级的反动度一般在0.05～0.3之间，冲动级动叶采用一定的反动度可以改善动叶流道的气动性能，减少动叶损失。最佳速度比和反动度是同向变化的，且与余速的利用程度有关，余速利用系数越小，最佳速度比随反动度的变化程度越大。冲动级设置过大的反动度，其最佳速度比也会增大，将导致在最佳速度比状态下焓降减小，或者在给定焓降条件下难以达到最佳速度比状态，需要增加级数来利用总焓降。

由于一般设计状态下动叶叶根至叶顶之间的反动度逐渐增加(有半经验公式可描述不同叶高处反动度和根径之间的变化规律关系)，因此叶中处平均反动度大小的确定原则是保证动叶根部处于不吸不漏的状态，一般根部反动度应在0.03～0.05范围内。

设计时，反动度有两种处理方式：

(1)选定一个合适的根部反动度Ω_r，估取动叶高度，然后用下式确定相应的平均直径处的反动度：

$$\Omega_m = 1 - (1 - \Omega_r)\left(\frac{d_b - l_b}{d_b}\right) \tag{2-37}$$

(2)估取一平均反动度Ω_m，待级热力计算完成后再校核根部反动度。

2.3.3　单列级的热力设计计算方法

进行汽轮机级的热力设计计算时，一般给定进汽流量、进汽温度、进汽压力、排汽压力。若进汽速度较高，则设计中不可忽略蒸汽动能(进汽初始速度)，应采用滞止压力和滞止温度。

根据这些参数，使用蒸汽焓熵关系数据可得到整级的理想比焓降值，在选定汽轮机转速、级的平均直径和反动度(级类型)后，则可确定喷嘴和动叶内的焓降，然后据此分别进行喷嘴和动叶的蒸汽参数和尺寸设计计算。

在一定速度比和转速下，平均直径大意味着可以利用的焓降大，因此一般依据给定的焓降水平在经验的基础上预先设定平均直径(这一点在调节级设计中比较重要)，对于转速未确定的机型，应该统筹考虑转速的影响。或者根据反动度依据经验选择合适的速度比(一般选择若干个速度比进行不同方案比较)，通过速度比和转速计算圆周速度及平均直径。

一般单列级的热力计算大致过程如下：

(1)根据焓降水平和经验估计叶栅根径、转速。

(2)根据喷嘴压力比选择喷嘴型线，依据强度选择叶片宽度B_n，根据容积流量选择出口

角 α_1，在叶型的气动特性曲线上查得对应的相对节距，通过叶片数 z_n 保证叶片 α_1 角并确定最终节距 t_n。这是一个反复试凑的过程。

(3)计算喷嘴出口汽流速度，并根据连续方程计算喷嘴出口面积A_n 及叶片高度 l_n。

(4)根据喷嘴高度确定动叶高度 l_b，喷嘴和动叶的高度都应该取整作为实际高度；然后用连续方程计算动叶出口角 β_2；根据动静叶栅的工作条件和配对要求选定动叶型线、叶片宽度B_b，应用叶型的气动特性曲线确定叶片数 z_b 和节距 t_b。

(5)校核无限长叶片的轮周效率，检查计算的正确性。

(6)计算各项能量损失，最终确定该级所能达到的级内效率和内功率。

1. 通流结构主要尺寸的详细确定流程与相关公式

1)喷嘴出口汽流速度及喷嘴损失计算

喷嘴中理想比焓降：

$$\Delta h_n = (1-\Omega_m)\Delta h_t \quad (\text{kJ/kg}) \tag{2-38}$$

初速动能：

$$\Delta h_{c0} = \frac{c_0^2}{2000} \tag{2-39}$$

式中：c_0 为进入喷嘴的蒸汽初速，m/s。

滞止理想比焓降：

$$\Delta h_n^* = \Delta h_n + \Delta h_{c0} \tag{2-40}$$

喷嘴出口汽流理想速度：

$$c_{1t} = 44.72\sqrt{\Delta h_n^*} \quad (\text{m/s}) \tag{2-41}$$

喷嘴出口汽流实际速度：

$$c_1 = \varphi c_{1t} \quad (\text{m/s}) \tag{2-42}$$

喷嘴损失：

$$\delta h_{n\xi} = (1-\varphi^2)\Delta h_n^* \tag{2-43}$$

式中：φ 为喷嘴速度系数，可通过查表得到。

2)喷嘴类型选择与出口面积计算

首先需要根据蒸汽性质计算临界压力比：

$$\varepsilon_{cr} = p_{cr}/p_0^* = \left(\frac{2}{k+1}\right)^{\frac{k}{k-1}} \tag{2-44}$$

式中：ε_{cr}为临界压力比，仅与蒸汽性质有关，对于过热蒸汽，$\varepsilon_{cr}=0.546$，对于饱和蒸汽，$\varepsilon_{cr}=0.577$；k 为气体等熵指数(或者称为绝热指数)，对于过热蒸汽，$k=1.3$，对于湿饱和蒸汽，$k=1.035+0.1x$，对于干饱和蒸汽，$k=1.135$；p_0^* 为喷嘴前汽流滞止压力，MPa；p_{cr}为喷嘴临界压力，MPa。

再根据给定蒸汽参数计算喷嘴压力比：

$$\varepsilon_n = p_1/p_0^* \tag{2-45}$$

式中：ε_n 为喷嘴压力比；p_1 为喷嘴后汽流压力，MPa。

根据两个压力比的大小关系进行选择：

(1)若 $\varepsilon_n > \varepsilon_{cr}$，则汽流工作于亚声速区。

喷嘴采用渐缩喷嘴，喷嘴出口面积A_n为

$$A_n = \frac{Gv_{1t}}{\mu_n c_{1t}} \times 10^4 \quad (\text{cm}^2) \tag{2-46}$$

式中：G 为通过喷嘴的蒸汽流量，kg/s；v_{1t} 为喷嘴出口汽流理想比容，m^3/kg；μ_n 为喷嘴流量系数，对于过热蒸汽，$\mu_n = 0.93 \sim 0.98$，对于饱和蒸汽，$\mu_n > 1$，一般 $\mu_n \approx 1.02$。

（2）若 $0.4 < \varepsilon_n < \varepsilon_{cr}$，则出口汽流速度大于声速。

喷嘴仍可采用渐缩喷嘴，但汽流在喷嘴出口产生偏转，喷嘴出口面积即喷嘴喉部面积通常用下式计算：

$$A_n = A_{cr} = \frac{Gv_{1t}}{0.0648\sqrt{p_0^*/v_0^*}} \quad (\text{cm}^2) \tag{2-47}$$

（3）若 $\varepsilon_n < 0.3 \sim 0.4$，则出口汽流速度大于声速。喷嘴必须采用缩放形式。由于蒸汽轮机中一般不采用，故略述。

3）喷嘴出口高度

根据喷嘴压力比和蒸汽容积流量选择和计算喷嘴型线、叶片宽度 B_n、弦长 b_n、相对节距 $\bar{t}_n$、叶片数 z_n、喷嘴出口角 α_1，然后计算喷嘴出口叶片高度 l_n：

$$l_n = \frac{A_n}{z_n t_n \sin\alpha_1} = \frac{Gv_{1t}}{z_n t_n \mu_n c_{1t} \sin\alpha_1} \tag{2-48}$$

或

$$l_n = \frac{A_n}{e\pi d_n \sin\alpha_1} = \frac{Gv_{1t}}{e\pi d_n \mu_n c_{1t} \sin\alpha_1} \tag{2-49}$$

当部分进汽度 $e < 1$ 时，需确定最有利叶片高度，通常采用作图法：设若干个叶片高度 l_n，由式(2-49)计算出相应的部分进汽度 e，然后分别计算出叶高损失 δh_l 和部分进汽损失 δh_e，按比例画在以 l_n 为横坐标的图上，两条损失曲线之交点所对应的叶高即为最有利叶片高度，如图 2-20 所示。也可采用数学中求导的方法求得最有利叶片高度。

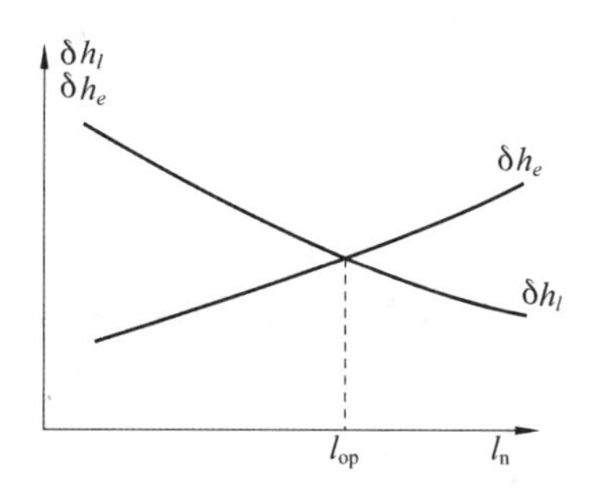

图 2-20　最有利叶片高度图解法

4）动叶进出口速度及能量损失

动叶中理想比焓降

$$\Delta h_b = \Omega_m \Delta h_t \quad (\text{kJ/kg}) \tag{2-50}$$

动叶进口角

$$\beta_1 = \arctan\frac{c_1 \sin\alpha_1}{c_1 \cos\alpha_1 - u} \tag{2-51}$$

动叶进口汽流速度

$$w_1 = \frac{c_1 \sin\alpha_1}{\sin\beta_1} \tag{2-52}$$

动叶进口速度动能

$$\Delta h_{w1}=\frac{w_1^2}{2000} \tag{2-53}$$

动叶滞止比焓降

$$\Delta h_b^*=\Delta h_b+\Delta h_{w1} \tag{2-54}$$

动叶出口汽流理想相对速度

$$w_{2t}=44.72\sqrt{\Delta h_b^*} \tag{2-55}$$

动叶出口汽流实际相对速度

$$w_2=\psi w_{2t} \tag{2-56}$$

式中:ψ 为动叶速度系数。

动叶出口绝对速度(即余速)的方向与大小如下:

$$\alpha_2=\arctan\frac{w_2\sin\beta_2}{w_2\cos\beta_2-u} \tag{2-57}$$

$$c_2=\frac{w_2\sin\beta_2}{\sin\alpha_2} \tag{2-58}$$

动叶进出口汽流速度也可通过速度三角形作图求出。图 2-21 所示为动叶进出口速度三角形。

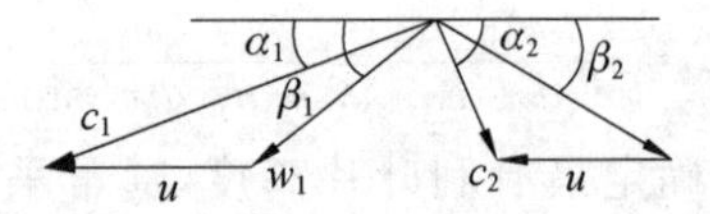

图 2-21　动叶进出口速度三角形

动叶损失

$$\delta h_b=(1-\psi^2)\Delta h_b^* \tag{2-59}$$

余速损失

$$\delta h_{c2}=\frac{c_2^2}{2000} \tag{2-60}$$

根据余速利用和轮周效率的影响规律,如果余速利用系数较高,则级排汽角不一定要接近 90°,当排汽角小于 90°时,可以在一定程度上增加级的有效功。

叶高损失

$$\delta h_l=\frac{a}{l}\Delta h'_u \quad (\mathrm{kJ/kg}) \tag{2-61}$$

单列级系数 $a=1.6$(包括扇形损失),或 $a=1.2$(不包括扇形损失);取 $l=l_n$。

5)动叶出口面积

动叶一般采用渐缩通道,其通道出口面积A_b 的计算方法与喷嘴的相同:

$$A_b=\frac{Gv_{2t}}{\mu_b w_{2t}}\times 10^4 \quad (\mathrm{cm^2}) \tag{2-62}$$

或

$$A_b=\frac{Gv_2}{w_2}\times 10^4 \quad (\mathrm{cm^2}) \tag{2-63}$$

式中:G 为通过动叶的蒸汽流量,通常取喷嘴中流量值,而将叶顶漏汽作为叶顶漏汽损失予以考虑;v_{2t}、v_2 分别为动叶后蒸汽的理想比容与实际比容,$\mathrm{m^3/kg}$。

汽轮机制造厂常用式(2-63)计算动叶出口面积。

6)动叶高度 l_b

根据动叶压力比 $\varepsilon_b = p_2/p_1^*$，选择动叶型线、叶片宽度 B_b、弦长 b_b、相对节距 $\bar{t}_b$，确定动叶个数 z_b 和节距 t_b，然后选择 β_2 就可计算出动叶高度 l_b：

$$l_b = \frac{A_b}{e\pi d_b \sin\beta_2} \tag{2-64}$$

当容积流量不大时，一般认为动叶进出口高度相等，即 $l'_b \approx l_b$，此时往往通过确定动叶进口高度来确定动叶出口高度，然后由上式计算出动叶出口角 β_2。

动叶进口高度 l'_b 通常通过喷嘴出口高度确定，即

$$l'_b = l_n + \Delta \tag{2-65}$$

式中：Δ 为动叶盖度，$\Delta = \Delta_t + \Delta_r$，$\Delta_t$ 为叶顶盖度，Δ_r 为叶根盖度，根据经验可从表 2-2 所推荐的范围内选取。

表 2-2　喷嘴出口高度与盖度之间的关系　　(mm)

喷嘴出口高度	<50	51～90	91～150	>150
叶顶盖度	1.5	2	2～2.5	2.5～3.5
叶根盖度	0.5	1	1～1.5	1.5
直径差	1	1	1	1～2
喷嘴闭式间隙	1～2	2～3	3～4	4～6
动叶闭式间隙	2.5	2.5	2.5	2.5
总轴向间隙	5-6	6～7	7～8	8～10

当容积流量较大时，l_b 较 l'_b 大得多，只能将动叶顶部与根部设计成倾斜形的。此时要求倾斜角 $\gamma < 12° \sim 15°$，如图 2-22 所示。

级的热力过程曲线如图 2-23 所示。

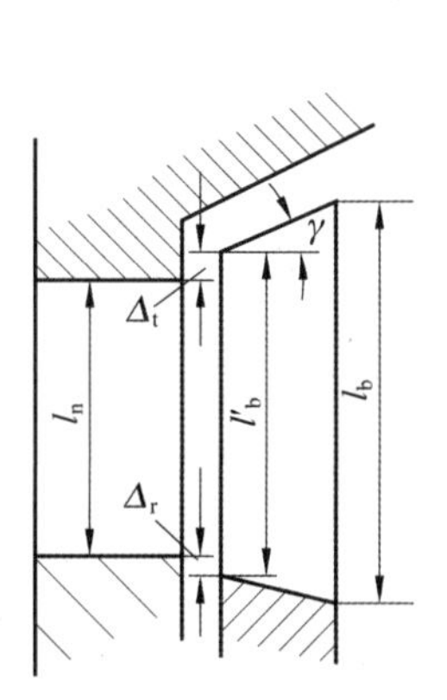

图 2-22　级的通流部分

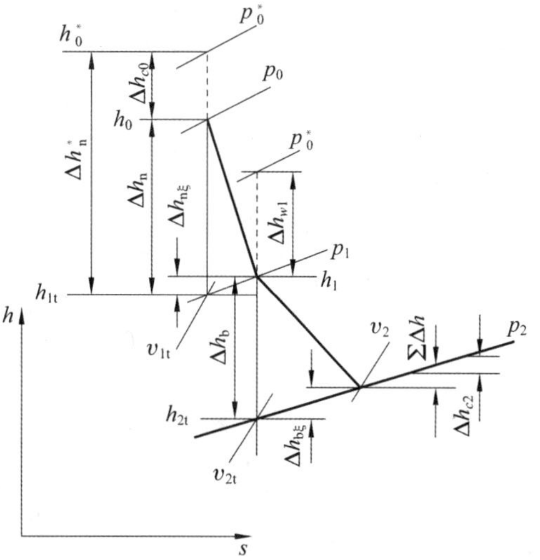

图 2-23　级的热力过程曲线

2. 几个损失系数的确定

1)速度系数 φ 和 ψ

喷嘴的速度系数 φ 和动叶的速度系数 ψ 之值主要与叶片高度、叶型、压力比、进口角、出

口角及通道表面粗糙度等因素有关，ψ 与反动度也有很大关系。一般 $\varphi=0.92\sim0.98$，$\psi=0.85\sim0.95$。由于影响因素复杂，往往通过试验先确定叶型的能量(损失)系数曲线，该曲线是叶片特性曲线(见图 2-17 和图 2-18)的一部分；然后通过能量损失系数与速度系数之间的关系公式 $\varphi=\sqrt{1-\xi_n}$，$\psi=\sqrt{1-\xi_b}$ 计算获得 φ 和 ψ。

能量(损失)系数曲线描述了喷嘴与和叶叶型的能量系数 ξ_n(ξ_b)与节距、马赫数、进口角等之间的关系。

在进行渐缩通道热力计算时，为了简便，喷嘴的速度系数通常取为常数 $\varphi=0.97$，将端部损失以叶高损失的形式用经验公式单独计算，动叶的速度系数仅需考虑反动度 Ω_m 与动叶出口理想速度 w_{2t} 的影响，在图 2-24 中查取。

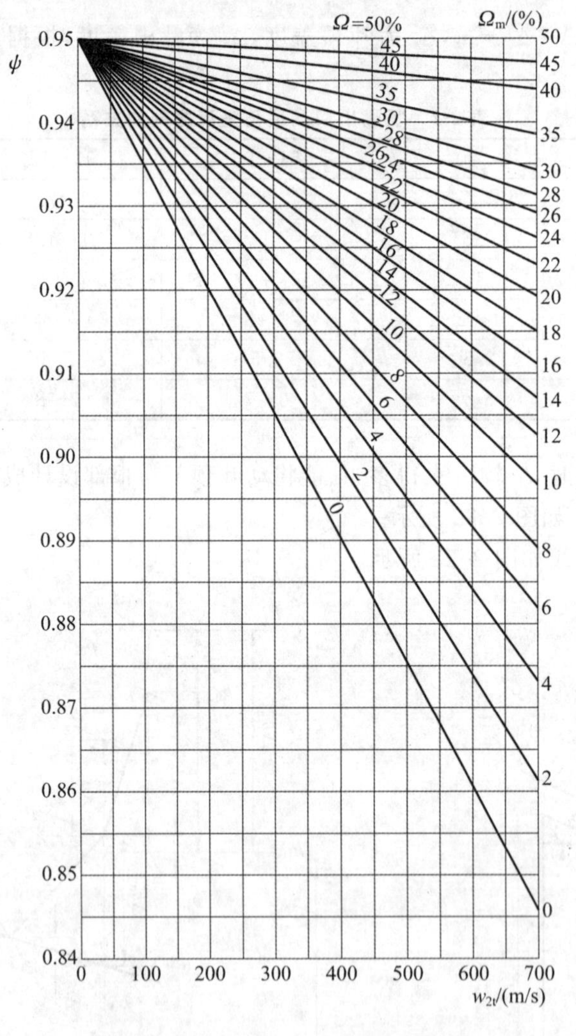

图 2-24 ψ 与 Ω_m 和 w_{2t} 的关系曲线

2)流量系数 μ_n 和 μ_b

喷嘴和动叶的流量系数 μ_n 和 μ_b 与蒸汽性质、比容、汽流在流道内的损失及流道进、出口角等因素有关，其大小一般通过试验获得。图 2-25 是根据试验数据绘制的喷嘴和动叶的流量系数曲线，供选择时参考。

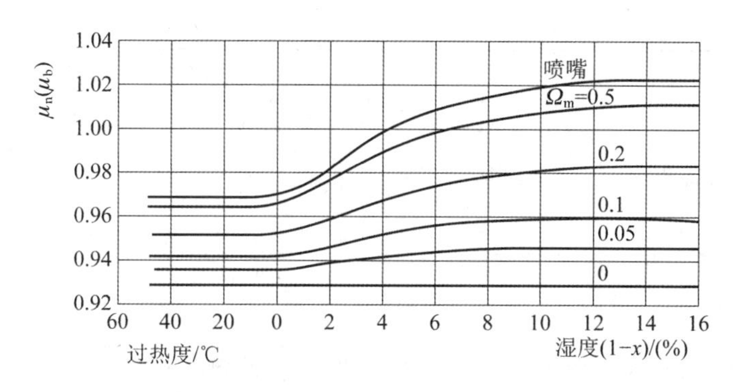

图 2-25　喷嘴和动叶的流量系数

3）余速利用系数μ_0 和μ_2

上级余速动能可被下一级利用的条件是：相邻两级的部分进汽度相同，平均直径变化不大，轴向间隙较小，此时上级余速动能可被下级完全利用，即$\mu_0(\mu_2)=1$。

当相邻两级的部分进汽度不同或平均直径有突变时，上级余速动能不能被下级利用，即$\mu_0(\mu_2)=0$。

当相邻两级部分进汽度相等，平均直径无突变，但在级间有抽汽或旁通调节阀时，余速利用系数通常小于 1，可取$\mu_0(\mu_2)=0.7$。在简便计算或者课程设计中为简单起见，往往将这种情况下的余速利用系数$\mu_0(\mu_2)$取为 1。

2.3.4　双列复速级的热力设计方法

焓降较大时如果采用单列级，为保证高效率，则应设计较高的轮周速度，这样就只能提高转速或者增大根径，这两种措施均会带来较大的离心力从而导致强度方面的问题。采用双列复速级后，结构更紧凑、简化，减小了汽轮机的级数进而降低了整机的轴向长度。

双列复速级能保证在不过多降低级的经济性的条件下实现较大的焓降，对于多级汽轮机，采用复速级作为调节级后蒸汽的温度和压力有较大的降低，有利于机组的安全运行并降低成本(降低金属材料的等级)。因此，双列级在工业透平、船用透平，特别是在中小型汽轮机的调节级中获得了广泛的应用。几种双列复速级叶型组合如表 2-3 所示。

表 2-3　双列复速级叶型组合

名称	级型		
	KC-0A	KC-1A	KC-1Б
喷嘴叶栅	TC -1A	TC-2A 或 TC-2Am	TC-2Б 或 TC-2Бm
第一列动叶栅	TP-0A	TP-1A 或 TP-1Ak	TP-1Б 或 TP-1Бk
转向导叶栅	TP-2Ak	TP-3Ak	TP-3Ak
第二列动叶栅	TP-4A	TP-4A	TP-5A
喷嘴出口角	11°～13°	14°～16°	15°～17°
第一列动叶出口角	14°～18°	17°～19°	17°～20°
转向导叶出口角	20°～22°	23°～25°	23°～25°
第二列动叶出口角	28°～30°	29°～32°	31°～33°

续表

名称	级型		
	KC-0A	KC-1A	KC-1Б
第一列动叶与喷嘴面积比	1.52～1.56	1.48～1.54	1.5～1.56
转向导叶与喷嘴面积比	2.4～2.5	2.40～2.50	2.45～2.55
第二列动叶与喷嘴面积比	3.5～3.6	3.4～3.6	3.5～9.8

单列调节级的内效率一般为0.65～0.8，双列调节级的内效率一般为0.55～0.7。双列复速级的经济性较低的主要原因如下：

(1)双列级所承担的焓降很大，相应的汽流速度较高，而级的容积流量较小，因此双列级的叶高一般都很小，以至于不得不采用部分进汽，带来部分进汽损失；与此同时，双列级处于高温、高负荷下，在强度安全性的要求下，叶片宽度一般都较大，因而通道的相对高度 L/B 就很小，从而端部损失较大；双列级的叶高较小，汽流密度较大，因而漏汽损失也相应增大。

(2)由于双列级的级负荷很大，喷嘴前后压力比相应很小，常低于临界值，这不仅使喷嘴工作在超声速区域，甚至第一列动叶的进口相对速度也处于跨声速或超声速范围内，因此喷嘴损失和第一列动叶损失比一般单列级的要大得多。

(3)双列级在结构上比单列级多了转向导叶和第二列动叶，因而流动损失增大。

为了改善双列级的气动性能，提高双列级内效率，可采取如下措施：

(1)按焓降(压力比)高低、容积流量大小来合理选用双列级。容积流量较小、焓降不大、$0.70>\varepsilon_n>0.45$ 时，可选用 KC-0A 双列级；容积流量较大、焓降不大、$0.75>\varepsilon_n>0.45$ 时，可采用 KC-1A 双列级；当容积流量较大、焓降较大、$0.7>\varepsilon_n>0.35$ 时，可选用 KC-1Б 双列级。

(2)采用适当的反动度以改善双列级的气动性能，通常对于全周进汽的双列级，当 $\varepsilon_n>\varepsilon_{cr}$ 时，总的反动度可在0.08～0.20范围内选取；而当 $\varepsilon_n<0.4$ 时，级的反动度可适当增大，一般在0.14～0.25范围内选取。但对于部分进汽的双列级，为了减少非工作弧段内通过动叶栅的漏汽损失，级的反动度必须明显减小，特别是第一、二列动叶的反动度不能取大值，仅在转向导叶中保持适当的反动度较为有利。

(3)当压力比小于临界值但 $\varepsilon_n>0.4$ 时，虽然汽流已处于超声速范围内，但仍可采用收缩喷嘴，以减少喷嘴损失；当压力比 $\varepsilon_n<0.3\sim0.4$，必须采用缩放喷嘴时，则应选用气动性能较好的超声速叶栅来代替老式叶栅。

(4)在各列静、动叶栅的间隙中采用径向和轴向密封以减少间隙中的漏汽损失。

(5)为了有效地减少端部二次流损失，可采用子午面型线喷嘴和扩散型动叶所组成的通流部分。

(6)可通过级的动态试验，确定静、动叶栅之间的合理配对使用，以保证具有较高的级内效率和安全性。

双列复速级较一般单列级稍微复杂一些，但是其计算方法和所用计算公式与一般单列级的没有本质差别。其热力设计计算一般过程如下。

(1)喷嘴后压力。

根据 $\Omega_m=\Omega_b+\Omega_g+\Omega'_b$ 及理想比焓降计算喷嘴比焓降：

$$\Delta h_n=(1-\Omega_m)\Delta h_t \quad (\mathrm{kJ/kg}) \tag{2-66}$$

由 p_0^*、h_0、Δh_n 在 h-s 图上查得喷嘴后压力 p_1 和比容 v_{1t}。

(2)判断蒸汽在喷嘴出口处流动类型，选择喷嘴型线。

根据压力比 $\varepsilon_n = p_1/p_0^*$ 判断蒸汽在喷嘴出口属亚声速流动还是超声速流动，选择喷嘴叶型，计算出口角 α_1。

(3)喷嘴出口汽流速度：

$$c_{1t} = 44.72\sqrt{\Delta h_n} \quad (\text{m/s}) \tag{2-67}$$

$$c_1 = \varphi c_{1t} \quad (\text{m/s}) \tag{2-68}$$

(4)喷嘴出口面积：

$$A_n = \frac{G v_{1t}}{\mu_n c_{1t}} \times 10^4 \quad (\text{cm}^2) \tag{2-69}$$

式中：μ_n 为喷嘴流量系数。

当 $0.4 < \varepsilon_n < \varepsilon_{cr}$ 时，汽流在斜切部分发生膨胀，产生偏转，则

$$A_{cr} = \frac{G v_{1t}}{0.0648\sqrt{p_0^*/v_0^*}} \quad (\text{cm}^2) \tag{2-70}$$

偏转角可由下式近似计算：

$$\sin(\alpha_1 + \delta_1) = \sin\alpha_1 \frac{v_{1t} c_{cr}}{v_{cr} c_{1t}} \approx \sin\alpha_1 \frac{\left(\frac{2}{k+1}\right)^{\frac{1}{k-1}} \sqrt{\frac{k-1}{k+1}}}{\varepsilon_n^{\frac{1}{k}} \sqrt{1-\varepsilon_n^{\frac{k-1}{k}}}} \tag{2-71}$$

式中：c_{cr} 为临界速度，$c_{cr} = 44.72\sqrt{\Delta h_{cr}}$，m/s，$\Delta h_{cr} = h_0 - h_{cr}$，$h_{cr}$ 为临界比焓值，可根据临界压力在 h-s 图上查得；v_{cr} 为临界比容，m^3/kg，可根据 p_{cr} 与等熵线交点查得。

(5)喷嘴出口高度 l_n 和部分进汽度 e。

当 $\varepsilon_n > \varepsilon_{cr}$ 时，

$$l_n = \frac{A_n}{e\pi d_n \sin\alpha_1} \tag{2-72}$$

当 $0.4 < \varepsilon_n < \varepsilon_{cr}$ 时，

$$l_n = \frac{(A_n)_{min}}{e\pi d_n \sin\alpha_1} \tag{2-73}$$

要求：$l_n > 12 \sim 16$ mm，$e > 0.15 \sim 0.3$。

对于一定级，l_n、e 为一常数，且有一最佳值，即使叶高损失 δh_l 和部分进汽损失 δh_e 之和为最小值时所对应的 l_n、e。设计时应取 l_n、e 为最佳值。

(6)喷嘴损失：

$$\delta h_n = (1-\varphi^2)\Delta h_n^* \quad (\text{kJ/kg}) \tag{2-74}$$

在 h-s 图上可作出喷嘴的热力过程线，确定进入动叶的蒸汽状态点。

(7)动叶进口角和相对速度：

$$\beta_1 = \arctan\frac{c_1\sin(\alpha_1+\delta_1)}{c_1\cos(\alpha_1+\delta_1) - u} \tag{2-75}$$

$$w_1 = \frac{c_1\sin(\alpha_1+\delta_1)}{\sin\beta_1} \tag{2-76}$$

当 $p_1 > p_{cr}$ 时，$\delta_1 = 0$。

作出动叶进口速度三角形：

$$\Delta h_{w1} = \frac{w_1^2}{2000} \quad (\mathrm{kJ/kg}) \tag{2-77}$$

在 h-s 图上可查得 p_1^*。

(8)第一列动叶理想比焓降：

$$\Delta h_b = \Omega_b \Delta h_t \quad (\mathrm{kJ/kg}) \tag{2-78}$$

滞止理想比焓降：

$$\Delta h_b^* = \Delta h_b + \Delta h_{w1} \quad (\mathrm{kJ/kg}) \tag{2-79}$$

(9)动叶出口汽流相对速度：

$$w_{2t} = 44.72\sqrt{\Delta h_b^*} \quad (\mathrm{m/s}) \tag{2-80}$$

$$w_2 = \psi w_{2t} \quad (\mathrm{m/s}) \tag{2-81}$$

式中：ψ 根据 Ω_m 和 w_{2t} 在图 2-24 中查得。

(10)动叶损失：

$$\delta h_b = (1-\psi^2)\Delta h_b^* \quad (\mathrm{kJ/kg}) \tag{2-82}$$

根据 Δh_b 和 δh_b 在 h-s 图中作出动叶热力过程曲线，查得第一列动叶后的蒸汽状态点、参数 p_2 和 υ_2。

(11)动叶出口面积：

$$A_b = \frac{G\upsilon_2}{w_2} \times 10^4 \quad (\mathrm{cm^2}) \tag{2-83}$$

一般动叶由于反动度较小，动叶内汽流膨胀不大，故动叶出口汽流速度均小于声速。但对凝汽式汽轮机末级，由于 Ω_m 接近 0.5 甚至更大，故动叶出口汽流速度可能达到超声速，则同样要进行临界判别，其方法同喷嘴。

(12)动叶出口高度 l_b 和汽流出口角 β_2。

动叶进口高度一般取 $l'_b = l_n + \Delta$，其中，$\Delta = \Delta_t + \Delta_r$（$\Delta_t$ 和 Δ_r 见表 2-2），对于短叶片级，一般 $l_b = l'_b$，对长叶片级，要求 $\gamma < 15° \sim 20°$，见图 2-22。

$$\beta_2 = \arcsin\frac{A_b}{e\pi d_m l_b} \tag{2-84}$$

(13)动叶出口汽流速度 c_2 和出口角 α_2：

$$c_2 = \frac{w_2 \sin\beta_2}{\sin\alpha_2} \quad (\mathrm{m/s}) \tag{2-85}$$

$$\alpha_2 = \arctan\frac{w_2 \sin\beta_2}{w_2 \cos\beta_2 - u} \tag{2-86}$$

可作出动叶出口速度三角形。

(14)导叶的理想比焓降：

$$\Delta h_g = \Omega_g \Delta h_t \tag{2-87}$$

$$\Delta h_g^* = \Omega_g \Delta h_t + \frac{c_2^2}{2000} \tag{2-88}$$

在 h-s 图上查得导叶出口汽流理想状态点，得 p'_1。

(15)导叶出口理想速度和实际速度：

$$c'_{1t} = 44.72\sqrt{\Delta h_g^*} \quad (\mathrm{m/s}) \tag{2-89}$$

$$c'_1 = \psi_g c'_{1t} \quad (\mathrm{m/s}) \tag{2-90}$$

(16)导叶内损失：

$$\delta h_g = (1-\psi_g^2)\Delta h_g^* \quad (\mathrm{kJ/kg}) \tag{2-91}$$

在 h-s 图上作出导叶热力过程曲线，得出导叶出口汽流状态点、压力 p'_1 和比容 v'_1。

(17)导叶出口截面积：

$$A_g = \frac{Gv'_1}{c'_1} \times 10^4 \quad (\mathrm{cm}^2) \tag{2-92}$$

导叶进口高度：

$$l'_g = l_b + \Delta \tag{2-93}$$

(18)导叶出口角：

$$\alpha'_1 = \arcsin \frac{A_g}{e\pi d_m l_g} \tag{2-94}$$

(19)第二列动叶进口相对速度 w'_1 和方向：

$$w'_1 = \frac{c'_1 \sin \alpha'_1}{\sin\beta'_1} \quad (\mathrm{m/s}) \tag{2-95}$$

$$\beta'_1 = \arctan \frac{c'_1 \sin \alpha'_1}{c_1' \cos \alpha'_1 - u} \tag{2-96}$$

可作出第二列动叶进口速度三角形。

(20)第二列动叶理想比焓降：

$$\Delta h'_b = \Omega'_b \Delta h_t \quad (\mathrm{kJ/kg}) \tag{2-97}$$

$$\Delta h_b^{*\prime} = \Delta h'_b + \Delta h'_{w1} = \Omega'_b \Delta h_t + \frac{w_1'^2}{2000} \quad (\mathrm{kJ/kg}) \tag{2-98}$$

(21)动叶出口汽流理想相对速度：

$$w'_{2t} = 44.72\sqrt{\Delta h_b^{*\prime}} \quad (\mathrm{m/s}) \tag{2-99}$$

动叶出口汽流实际相对速度

$$w'_2 = \psi' w'_{2t} \quad (\mathrm{m/s}) \quad (\psi' \text{ 查法同前}) \tag{2-100}$$

(22)第二列动叶损失：

$$\delta h'_b = (1-\psi'^2)\Delta h_b^{*\prime} \quad (\mathrm{kJ/kg}) \tag{2-101}$$

由 $\Delta h'_b$ 和 $\delta h'_b$ 在 h-s 图上查得第二列动叶出口汽流压力p'_2 和比容v'_2，作出第二列动叶的热力过程曲线，并得到第二列动叶的出口蒸汽状态点。

(23)第二列动叶出口截面积：

$$A'_b = \frac{Gv'_2}{w'_2} \times 10^4 \quad (\mathrm{cm}^2) \tag{2-102}$$

动叶进口高度 $l''_b = l_g + \Delta = l'_g$。

动叶出口高度 $l'_b = l''_b$。

(24)动叶出口汽流角：

$$\beta'_2 = \arcsin \frac{A'_b}{e\pi d_m l'_b} \tag{2-103}$$

(25)动叶出口汽流绝对速度方向：

$$\alpha'_2 = \arctan \frac{w'_2 \sin \beta'_2}{w'_2 \cos \beta'_2 - u} \tag{2-104}$$

(26)余速损失：

$$\delta h_{c2} = \frac{c_2'^2}{2000} \quad (\mathrm{kJ/kg}) \tag{2-105}$$

其中，$c'_2=\dfrac{w'_2\sin\beta'_2}{\sin\alpha'_2}$。

(27)轮周有效比焓降 $\Delta h'_u$(不计叶高损失)：

$$\Delta h'_u = \Delta h_t - \delta h_n - \delta h_b - \delta h_g - \delta h'_b - \delta h'_{c2} \quad (\text{kJ/kg}) \tag{2-106}$$

(28)轮周效率及校核：

$$\eta'_u = \frac{\Delta h'_u}{E_0} \quad (\text{调节级 } E_0 = \Delta h_t)$$

$$\eta''_u = \frac{u(c_1\cos\alpha_1 + c_2\cos\alpha_2) + u(c'_1\cos\alpha'_1 + c'_2\cos\alpha'_2)}{E_0} \tag{2-107}$$

$$\Delta\eta_u = \frac{|\eta'_u - \eta''_u|}{\eta'_u}$$

若 $\Delta\eta_u<1\%$则合格。

若 $\Delta\eta_u>1\%$，则说明计算有错，必须予以修正。

(29)叶高损失：

$$\delta h_l = \frac{a}{l}\Delta h'_u \quad (\text{kJ/kg}) \tag{2-108}$$

复速级系数 $a=2$，叶片高度 $l=\dfrac{l_n+l_b+l_g+l'_b}{4}$。

(30)轮周有效比焓降和轮周功率：

$$\Delta h_u = \Delta h'_u - \delta h_l \quad (\text{kJ/kg}) \tag{2-109}$$

$$P_u = G\cdot\Delta h_u \quad (\text{kW}) \tag{2-110}$$

(31)部分进汽损失和叶轮摩擦损失：

摩擦叶轮损失、部分进汽损失根据 2.2 节公式计算。

(32)级有效比焓降和内功率：

$$\Delta h_i = \Delta h_u - \delta h_f - \delta h_e \quad (\text{kJ/kg}) \tag{2-111}$$

$$P_i = G\cdot\Delta h_i \quad (\text{kW}) \tag{2-112}$$

(33)级内效率：

$$\eta_i = \frac{\Delta h_i}{E_0} \tag{2-113}$$

(34)叶栅几何参数的选择：

叶片宽度B_n、B_b 应按强度计算结果决定，也可参考同类型机组选取，一般$B_n=30\sim70$ mm，$B_b=25\sim30$ mm。

在选取动静叶出口角 α_1、β_2 及动静叶宽度的同时，还需选取相对节距$\bar{t}_n=t_n/b_n$，$\bar{t}_b=t_b/b_b$，对于一定的叶型，$\bar{t}$ 具有最佳的变动范围，应在此范围内选择。式中 b_n、b_b 为叶栅的弦长，可根据相似变换计算得到。

叶片型线决定后，以上各参数均已知，则可确定喷嘴数与动叶片数：$z_n=\pi d_n e/t_n$，$z_b=\pi d_b e/t_b$。然后取整。

一般从强度方面考虑将叶片数取为偶数。计算出准确节距 t_n、t_b，并校核$\bar{t}_n$、$\bar{t}_b$ 是否在最佳范围。

(35)绘制出调节级热力过程曲线。

2.3.5　级热力计算示例

1. 单列级根部反动度

已知某汽轮机级平均直径 $d_m=1040$ mm，动叶高度 $l_b=60$ mm，级理想比焓降 $\Delta h_t=55$ kJ/kg，初速动能 $\Delta h_{c0}=1.5$ kJ/kg，喷嘴出口角 $\alpha_1=12°$，速度系数 $\varphi=0.97$。选取平均反动度 $\Omega_m=15\%$，根据热力计算得喷嘴出口速度 $c_1=300$ m/s。试求根部反动度 Ω_r。

解　首先确定汽流速度沿叶高的变化规律，设 $c_{1u}r=$常数，$c_{1z}=$常数，然后计算根部反动度。

根部直径：

$$d_r=d_m-l_b=(1040-60)\text{mm}=980\ \text{mm}$$

轴向分速度：

$$c_{1z}=c_1\sin\alpha_1=300\times\sin12°\ \text{m/s}=62.37\ \text{m/s}$$

圆周分速度：

$$c_{1u}=c_1\cos\alpha_1=300\times\cos12°\ \text{m/s}=293.44\ \text{m/s}$$

根部圆周分速度：

$$c_{1u}^r=\frac{d_m}{d_r}c_{1u}=\frac{1040}{980}\times293.44\ \text{m/s}=311.4\ \text{m/s}$$

根部出口角

$$\alpha_1^r=\arctan\frac{c_{1z}}{c_{1u}^r}=\arctan\frac{62.37}{311.4}=11.33°$$

根部汽流速度：

$$c_1^r=\frac{c_{1u}^r}{\cos\alpha_1^r}=\frac{311.4}{\cos11.33°}\ \text{m/s}=317.6\ \text{m/s}$$

根部理想速度：

$$c_{1t}^r=\frac{c_1^r}{\varphi}=\frac{317.6}{0.97}\ \text{m/s}=327.42\ \text{m/s}$$

喷嘴根部滞止比焓降：

$$(\Delta h_b^*)^r=\frac{(c_{1t}^r)^2}{2000}=\frac{327.42^2}{2000}\ \text{kJ/kg}=53.6\ \text{kJ/kg}$$

根部理想比焓降：

$$\Delta h_n^r=(\Delta h_b^*)^r-\Delta h_{c0}=(53.6-1.5)\ \text{kJ/kg}=52.1\ \text{kJ/kg}$$

根部反动度：

$$\Omega_r=\frac{\Delta h_t-\Delta h_n^r}{\Delta h_t}=\frac{55-52.1}{55}=0.0527$$

根部反动度也可用下式近似计算：

$$\Omega_r=1-(1-\Omega_m)\left[\left(\frac{d_m}{d_r}\right)^2\cos^2\alpha_1+\sin^2\alpha_1\right]$$

则根部反动度为

$$\Omega_r=1-(1-0.15)\left[\left(\frac{1040}{980}\right)^2\cos^2 12°+\sin^2 12°\right]=0.0474$$

需要说明的是，汽流速度 c_1 沿叶高的变化规律不同，所计算的反动度不相同。若所设汽流速度沿叶高的变化规律 $c_{1u}\sqrt{r}$=常数和 c_{1z}=常数，则根部反动度可用下述公式计算：

$$\Omega_r = 1-(1-\Omega_m)\left(\frac{d_m}{d_r}\right) = 1-(1-0.15)\left(\frac{1040}{980}\right) = 0.0979$$

2. 双列级热力计算

已知数据：级流量 $G=23.9$ kg/s，级前参数 $p_0=3305$ kPa，$h_0=3304.2$ kJ/kg，$\upsilon_0=0.0955$ m^3/kg，级后压力 $p_2=1226$ kPa，转速 $n=3000$ r/min。试对该级进行热力设计计算。

解 由 p_0、h_0 及 p_2 在 h-s 图上查得级理想比焓降 $\Delta h_t=279.67$ kJ/kg。压力比 $\varepsilon=\frac{p_2}{p_0}=\frac{1.226}{3.305}=0.37$，容积流量 $G\upsilon_0=23.9\times0.0955=2.28$，选择双列级叶型组合（见表 2-3）。

根据叶栅面积比确定各列叶栅的反动度：

$$\Omega_m = \Omega_b+\Omega_g+\Omega'_b = 0.1642+0.01794+0.03436 = 21.65\%$$

喷嘴理想比焓降：

$$\Delta h_n = (1-\Omega_m)\Delta h_t = (1-0.2165)\times 279.67 \text{ kJ/kg} = 219.12 \text{ kJ/kg}$$

在 h-s 图上查得喷嘴后压力 $p_1=1549.71$ kPa，喷嘴压力比 $\varepsilon_n=\frac{p_1}{p_0}\approx0.47<0.546$，其出口汽流在渐缩喷嘴斜切部分产生偏转，出汽角为

$$\alpha_1+\delta_1 \approx \arcsin\left[\frac{\left(\frac{2}{k+1}\right)^{\frac{1}{k-1}}\sqrt{\frac{k-1}{k+1}}}{\varepsilon_n^{\frac{1}{k}}\sqrt{1-\varepsilon_n^{\frac{k-1}{k}}}}\sin\alpha_1\right] = 14.62°$$

喷嘴出口面积为

$$A_n = \frac{G}{0.0648\sqrt{p_0^*/\upsilon_0^*}} = 62.58$$

选取平均直径 $d_m=1150$ mm，可计算并确定各列叶片的几何参数，如表 2-4 所示。图 2-26 所示为本例双列级的剖面示意图。

表 2-4 双列级叶栅几何参数

名称	符号	单位	喷嘴	第一列动叶	导叶	第二列动叶
叶片型线			30TC-2B	38TP-1B	32TP-3A	38TP-5A
叶片高度	l	mm	20	24	28	32
弦长	b	mm	49.56	38.46	32.505	38.896
节距	t	mm	30.9	23.75	19.61	22.86
叶片数	z		42	152	66	158
相对节距	$\bar{t}$		0.624	0.618	0.6035	0.5888
安装角	$\alpha_y(\beta_y)$	(°)	39	81	80	79
出口角	$\alpha_1(\beta_2)$	(°)	14.5	18.2	24.8	35
出口角正弦	$\sin\alpha_1(\sin\beta_2)$		0.25	0.312	0.42	0.573
面积比	A/A_n		1	1.49	2.35	3.64

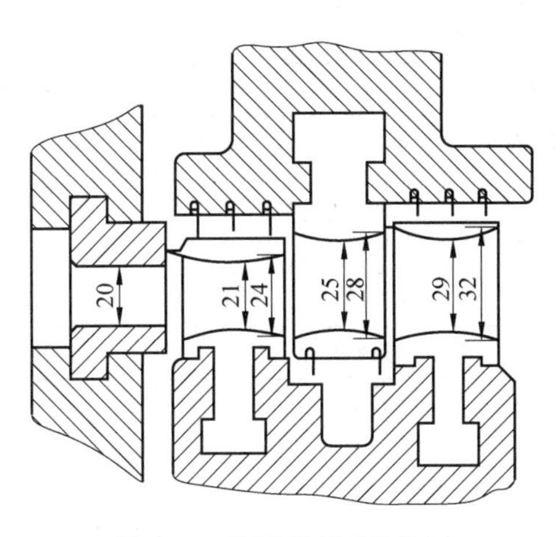

图 2-26　双列级剖面示意图

部分进汽度为

$$e=\frac{t_{\mathrm{n}} z_{\mathrm{n}}}{\pi d_{\mathrm{m}}}=0.359$$

取喷嘴组数 $z_{\mathrm{k}}=4$。

本例热力计算数据如表 2-5 所示。图 2-27 和图 2-28 分别为本例双列级的热力过程曲线及速度三角形示意图。

表 2-5　双列级热力计算数据

序号	名称	符号	单位	喷嘴	第一列动叶	导叶	第二列动叶
1	蒸汽流量	G	kg/s	23.9			
2	级前压力	p_0	kPa	3305			
3	级前蒸汽比焓	h_0	kJ/kg	3304.2			
4	级前蒸汽比容	v_0	$\mathrm{m^3/kg}$	0.0955			
5	级平均直径	d_{m}	mm	1150			
6	级后压力	p_2	kPa	1226			
7	级理想比焓降	Δh_{t}	kJ/kg	279.67			
8	级假想速度	c_{a}	m/s	747.87			
9	圆周速度	u	m/s	180.64			
10	速度比	x_{a}		0.24			
11	部分进汽度	e		0.359			
12	进口蒸汽比焓	$h_0(h_1)$	kJ/kg	3304.2	3097.8	3074.29	3079.68
	进口蒸汽压力	$p_0(p_1)$	kPa	3305	1549.71	1301.48	1276.85
	进口蒸汽比容	$v_0(v_1)$	$\mathrm{m^3/kg}$	0.10	0.17	0.20	0.21
13	进口蒸汽温度	$t_0(t_1)$	℃	434.01	327.61	314.16	316.36
	进口蒸汽比熵	$s_0(s_1)$	kJ/(kg·K)	6.99	7.01	7.05	7.06
14	进口汽流初速	$c_0(w_1)$	m/s	0.00	470.00	352.00	190.00
15	初速动能	$\Delta h_{c0}(\Delta h_{w1})$	kJ/kg	0.00	110.45	61.95	18.05

续表

序号	名称	符号	单位	喷嘴	第一列动叶	导叶	第二列动叶
16	反动度	$\Omega_b(\Omega_g)$		0.00	0.16	0.02	0.03
17	叶栅理想比焓降	$\Delta h_n(\Delta h_b)$	kJ/kg	219.12	45.92	5.02	9.61
18	叶栅后理想比焓	$h_{1t}(h_{2t})$	kJ/kg	3085.08	3052.11	3069.55	3070.35
19	滞止理想比焓降	$\Delta h_n^*(\Delta h_b^*)$	kJ/kg	219.12	156.37	66.97	27.66
20	进口滞止比焓	h_{0t}^*	kJ/kg	3304.20	3208.48	3136.52	3098.01
21	叶栅前滞止压力	$p_0^*(p_1^*)$	kPa	3304.98	2297.07	1637.08	1366.37
22	叶栅前滞止比容	$v_0^*(v_1^*)$	m^3/kg	0.10	0.13	0.17	0.20
23	叶栅后压力	$p_1(p_2)$	kPa	1549.71	1301.48	1276.85	1231.09
24	叶栅后比容	$v_1(v_2)$	m^3/kg	0.17	0.20	0.21	0.21
25	叶栅压力比	$\varepsilon_n(\varepsilon_b)$		0.47	0.84	0.98	0.96
26	出口汽流理想速度	$c_{1t}(w_{1t})$	m/s	661.98	559.22	365.97	235.19
27	速度系数	$\varphi(\psi)$		0.97	0.93	0.92	0.95
28	出口汽流实际速度	$c_1(w_2)$	m/s	642.12	517.50	336.32	223.43
29	流量系数	μ_n		0.97			
30	出口面积	$A_n(A_b)$	cm^2	62.58	87.30	138.11	223.08
31	叶栅损失	$\Delta h_{n\xi}(\Delta h_{b\xi})$	kJ/kg	12.95	22.46	10.41	2.70
32	排汽速度	c_2	m/s	128.1			
33	余速方向	α_2	(°)	89.07			
34	余速损失	Δh_{c2}	kJ/kg	8.20			
35	轮周有效比焓降	$\Delta h'_u$	kJ/kg	222.95			
36	轮周效率	η'_u		0.80			
37	单位蒸汽轮周功	W_u	kJ/kg	224.7			
38	轮周效率	η''_u		0.80			
39	相对误差	$\Delta\eta_u$	%	0.79(<1%)			
40	叶高损失	δh_l	kJ/kg	17.15			
41	轮周有效比焓降	Δh_u	kJ/kg	205.80			
42	轮周效率	η_u		0.74			
43	扇形损失	Δh_θ	kJ/kg	0.10			
44	叶轮损失	Δh_f	kJ/kg	3.28			
45	部分进汽损失	Δh_e	kJ/kg	2.79			
46	级有效比焓降	Δh_i	kJ/kg	199.63			
47	级内效率	η_i		0.71			
48	内功率	P_i	kW	4771.07			

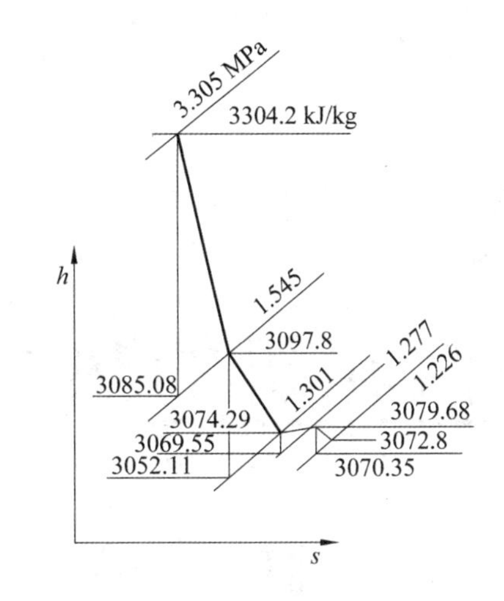

图 2-27　双列级热力过程曲线

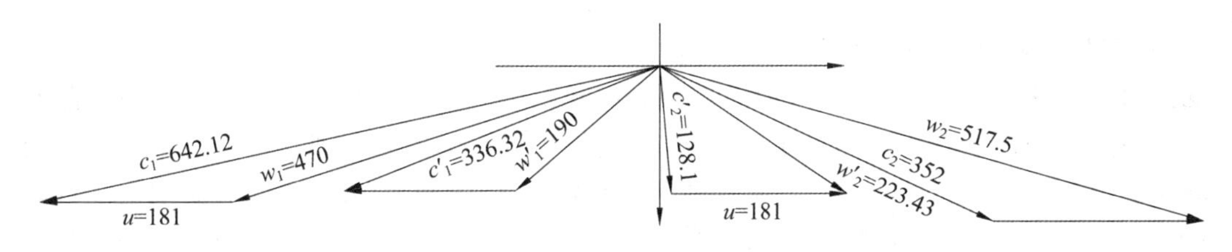

图 2-28　双列级速度三角形

参考文献

[1] 王乃宁. 汽轮机热力设计[M]. 北京:水利电力出版社,1987.

[2] 石道中. 汽轮机设计基础[M]. 哈尔滨:哈尔滨工业大学出版社,1990.

[3] 冯慧雯. 汽轮机课程设计参考资料[M]. 北京:水利电力出版社,1992.

[4] 中国动力工程学会. 火力发电设备技术手册第二卷:汽轮机[M]. 北京:机械工业出版社,2000.

[5] 机械工程手册电机工程手册编辑委员会. 机械工程手册第 72 篇:汽轮机(试用本)[M]. 北京:机械工业出版社,1997.

[6] 蔡颐年. 蒸汽轮机[M]. 西安:西安交通大学出版社,1988.

[7] 黄树红. 汽轮机原理[M]. 北京:中国电力出版社,2008.

多级汽轮机的热力设计计算

3.1 概 述

多级轴流涡轮机与单级轴流涡轮机相比，并非简单的“串联”关系，设计良好的多级轴流涡轮机中，前面级的余速可以被后面级有效利用起来，因而级内效率明显提高。同时，前面级内产生的各种损失相当于加热了工质自身，使得各级焓降的累积值大于初终状态的直接焓降，这就是重热效应，重热效应对提高效率也有好处；由于采用多级方式，较高的焓降可以多次被利用，在很大程度上避免了冲波损失，也给多排汽口带来可能，有利于解决结构、强度设计上的难题。另外，多级涡轮机也天然存在设计参数多(大型汽轮机级数达几十级之多)、系统复杂的缺点。目前大型汽轮机中广泛存在回热系统，回热需要从部分级间抽取一定量的蒸汽对给水进行加热(部分大型汽轮机各级回热抽汽量之和已超过进汽量的40%)，还有少数汽轮机系统不仅包括回热系统，还设计有一次甚至二次再热系统，回热抽汽点、抽汽量、再热点等热力参数也会对整个系统的热力效率产生显著影响。现代大型1000 MW凝汽式汽轮机(26.25 MPa，600 ℃)进汽参数高，排汽参数低，蒸汽比容由进口处约0.013 m^3/kg增大到28.2 m^3/kg，容积流量差异达到两千倍以上(末级排汽属于湿饱和蒸汽态，实际容积流量没这么大)，对结构和气动设计均带来挑战。因此，多级轴流涡轮机的热力设计已经不仅仅是一个简单结构与热力过程的设计计算，而是一个带三维流场的复杂热力系统的综合设计。

3.1.1 多级汽轮机热力设计的内容及主要要求

多级汽轮机热力设计的任务是：按给定的设计条件确定整个通流部分的关键几何尺寸，力求获得高的相对内效率。汽轮机的通流部分即汽轮机本体中汽流的通道，包括调节阀、级的通流部分和排汽部分。汽轮机课程设计的任务通常是各级几何尺寸的确定及级内效率和内功率的计算。

汽轮机热力设计的主要内容与设计程序大致包括：

(1)分析与确定汽轮机热力设计的基本参数，这些参数包括汽轮机容量、进汽参数、转速、排汽压力或冷却水温、回热级数及给水温度、供热汽轮机的供热蒸汽压力等；

(2)分析并选择汽轮机的形式、配汽机构形式、通流部分形状及有关参数；

(3)拟定汽轮机近似热力过程曲线和原则性回热系统，进行汽耗量及热经济性的初步计算；

(4)根据汽轮机运行特性、经济要求及结构强度等因素，比较和确定调节级的形式、比焓降、叶型及尺寸等；

(5)根据通流部分形状和回热抽汽点要求，确定压力级即非调节级的级数和排汽口数，进行各级焓降分配，并得到各级压力点参数；

(6)对各级进行详细的热力计算，求出各级通流部分的几何尺寸、相对内效率和内功率，确定汽轮机实际的热力过程曲线。

(7)根据各级热力计算的结果，修正各回热抽汽点压力以符合实际热力过程曲线的要求，并修正回热系统的热平衡计算结果；

(8)根据需要修正汽轮机热力计算结果；

(9)初步确定汽封直径和轴封系统，计算轴封漏汽量；

(10)初步计算轴向推力；

(11)绘制通流部分方案图及纵剖面方案图。

设计流程图如图 3-1 所示。

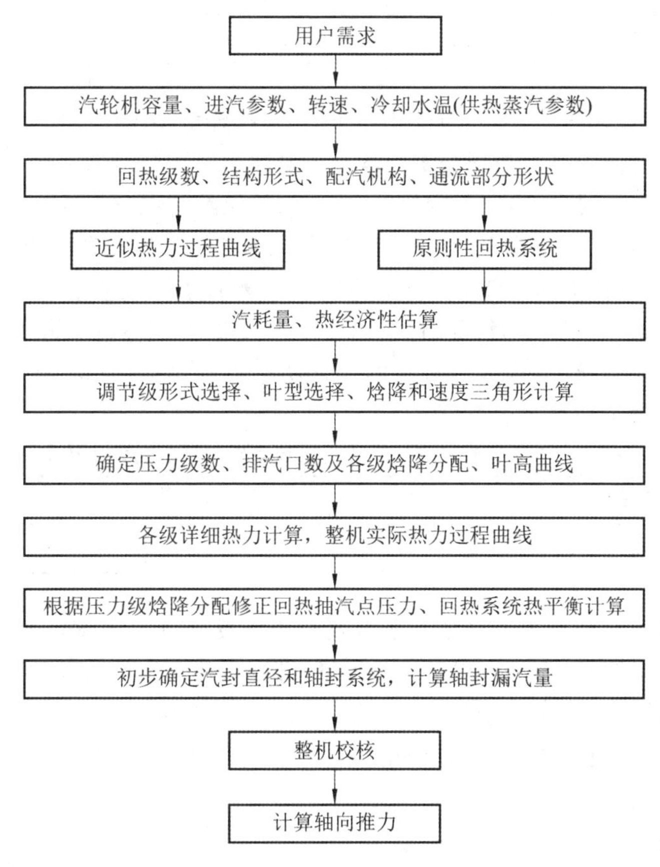

图 3-1　汽轮机热力设计流程图

在进行汽轮机热力设计时，所设计的汽轮机应满足经济性兼顾安全性要求，同时也要考虑工艺、安装、维护等方面的要求，具体如下：

(1)运行时具有较高的经济性；

(2)不同工况下工作时均有高的安全性和可靠性；

(3)在满足经济性和可靠性要求的同时，还应使汽轮机的结构紧凑、系统简单、布置合理、成本低廉、安装与维修方便，并考虑零件的通用化和系列化等因素。

基于上述原则，比较稳妥可行的策略一般是在进行多级汽轮机热力设计时选择既有机型及参数作为参照。

3.1.2　国产汽轮机基本参数

汽轮机热力设计的基本参数就是热力设计的原始数据，除用户提出的要求外，应按照电力部门明确规定的系列规范选取。对既未形成系列规范、用户又未提出要求的参数，需要进行技术经济比较后选择最佳方案予以确定。

1. 汽轮机容量

汽轮机的容量通常是指汽轮机的额定功率，也称铭牌功率。国产发电用汽轮机容量系列如表 3-1 所示。

表 3-1　国产发电用汽轮机容量系列

汽轮机形式	低压汽轮机	中压汽轮机	高压汽轮机、超高压汽轮机	亚临界汽轮机	超临界汽轮机
额定功率/MW	0.75,1.53	6,12,25	50,100,125,200	300,600	＞600

汽轮机设计时所依据的功率称为设计功率P_e，又称经济功率，在此条件下机组往往具有最高的热经济性。设计功率大小根据机组本身容量大小及运行时所承担负荷的变化情况而定，对高参数、大容量、承担基本负荷的机组，由于汽轮机经常在额定功率或接近额定功率下运行，可使设计功率等于额定功率；对于负荷变化范围较大的中小功率机组及承担调峰负荷的机组，它们在额定负荷下的全年运行小时数不多，设计功率可选得低些，一般为额定功率的 75％～90％，从而使汽轮机的尺寸(包括辅助设备)、重量、成本得到降低，而全年的平均运行经济性却可提高。同样道理，调峰机组的设计功率可以稍低一些。表 3-2 给出了国产汽轮机的设计功率与额定功率之比率。

表 3-2　不同容量国产汽轮机的设计功率与额定功率之比率

汽轮机容量/MW	≤6	12～25	50	≥100
设计功率/额定功率/(％)	75	80	90	100

为了保证汽轮机在初参数下降或背压升高时仍能发出额定功率，在设计调节阀和喷嘴组进汽能力及结构强度时，需要考虑适当的余量。因此，在正常参数及初参数提高或背压降低时，汽轮机发出的功率可能大于额定值，此功率称为最大功率。一般中、低压汽轮机可增大出力 20％～30％，甚至更大些，高压以上汽轮机可增大出力 10％～20％或者小一些，视汽轮机的具体条件分析确定。

2. 汽轮机转速

汽轮机的转速不同会影响圆周速度的大小，一方面会改变最佳的级焓降利用水平，另一方面对叶片离心力的影响也非常明显，限制了最大叶片高度。在蒸汽参数和机组容量相同的条件下，提高汽轮机转速具有以下好处。

(1)当级的平均直径相同时，可增大每级的理想焓降(正比于转速平方)，减少汽轮机的级数；或者，当汽轮机级数不变时，可减小每级的直径(反比于转速)，使汽轮机的尺寸、重量均有所减小，成本降低。某老式 50 MW 机型转速由 1500 r/min 改为 3000 r/min 后，转子质量由32.9 t 降为 6.5 t，总质量由 240 t 下降为 161 t，级数由 40 级下降为 12 级，全长由 12 m

降为7.38 m，叶片数由12716个减少为1888个。

(2)转速提高使级的直径降低后，相同容积流量下喷嘴和动叶的高度增大，使叶栅的端部损失及级内各间隙的漏汽损失相对减小，提高了汽轮机的内效率，这一点当机组功率较小时表现得比较突出。因此小功率发电用汽轮机常常采用比3000 r/min更高的转速，经齿轮减速后再和发电机相连，但是这样会增加齿轮箱的摩擦功耗及加工制造和安装、运维方面的难度和复杂性。国产发电用汽轮机，在功率小于6 MW后，才考虑采用比3000 r/min更高的转速。

电站用汽轮机的转速是由电网频率决定的。我国电网频率为50 Hz，故我国生产的大、中容量直联式汽轮机均采用3000 r/min的高转速。在材料强度允许的条件下，由于降低转速可以采用更大叶片高度，使汽轮机通流部分的尺寸增大，因此对于功率很大的发电用汽轮机，特别是核电站汽轮机，可以采用1500 r/min的半转速。

对其他驱动高速回转机械用的工业汽轮机，即使功率达到了数万千瓦等级，仍力争把汽轮机转速设计为高于3000 r/min，并与被驱动机械直接相连，这样不仅省去了中间齿轮箱，而且可使汽轮机和被驱动机械都设计得既紧凑、轻巧，又有较高效率。

3. 进汽参数

1)新汽参数

汽轮机的新汽参数是指主汽门前的蒸汽压力和蒸汽温度，通常又称初压、初温。

在实际汽轮机中，提高初温后，由于蒸汽比热容增加和排汽湿度减小，汽轮机的相对内效率有所提高，从而进一步提高了汽轮机的热经济性，参见图3-2。初温主要受耐热钢性能的限制，提高初温会使汽轮机成本和运行维护的难度增加。

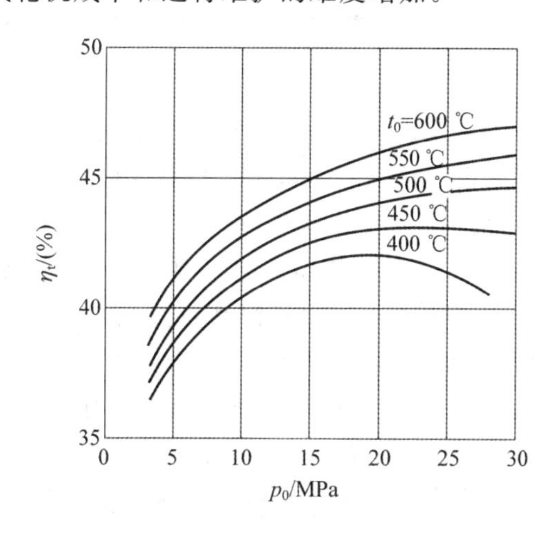

图3-2　蒸汽初参数对理想(朗肯)循环热效率的影响(背压5 kPa)

对于初压，由于进汽比热容减小和排汽湿度增加，汽轮机的相对内效率有所降低。在一定的初温下，初压的提高程度主要受汽轮机末级容许湿度(不大于12%～14%)的限制，大功率汽轮机采用中间再热方式，有利于蒸汽初压的提高。

针对汽轮机的蒸汽参数，各国制定了压力和温度相匹配的标准系列，按机组容量的大小，在比较技术经济性的基础上予以选定。我国不同参数和容量等级的实际汽轮机的绝对电效率及热耗水平如表3-3和表3-4所示，更多的数据可参见附表3-2、附表3-3。

表 3-3　国内不同容量等级汽轮机主要参数和效率

功率/MW	50	100	200	300	600	600	600	1000
主蒸汽压力/MPa(a)	8.83	8.83	12.75	16.67	16.67	24.2	25	25
主蒸汽温度/℃	535	535	535	537	537	566	600	600
再热温度/℃	—	—	535	537	537	566	6000	600
给水温度/℃	223	227	243	273.6	272.5	275.1	285.7	295.9
背压/kPa(a)	4.9	4.9	4.9	4.9	4.9	4.9	4.9	4.9
给水泵拖动方式	电动机	电动机	电动机	汽轮机	汽轮机	汽轮机	汽轮机	汽轮机
发电机效率	0.984	0.985	0.986	0.988	0.988	0.988	0.989	0.989
机械效率	0.9926	0.9967	0.9974	0.995	0.9946	0.9967	0.997	0.997
汽耗率/(kg/(kW·h))	3.66	3.54	2.95	3.00	2.98	2.77	2.70	2.74
热耗率/(kJ/(kW·h))	9211	8981	8205	7871	7825	7522	7428	7366
绝对电效率/(%)	39.08	40.09	43.54	45.74	46.01	47.86	48.47	48.87

表 3-4　国产中、小发电用汽轮机蒸汽参数

额定功率P_r/MW	0.75,1.5,3	6,12,25	50,100	125,200
新汽压力 p_0/MPa	1.27(2.35)	3.43	8.83	12.75～13.23
新汽温度 t_0/℃	340(390)	435	535	535～550

2)再热蒸汽参数

再热蒸汽参数包括再热温度和再热压力。再热温度是指蒸汽经中间再热后在汽轮机中压缸阀门前的温度。一般选取再热温度与新汽温度相等或接近。

再热压力一般指中间再热汽轮机高压缸的排汽压力。在初、终参数及再热温度一定的条件下,存在一个最有利的再热压力值。通常当再热温度等于新汽温度时,一次再热循环最有利的再热压力为初压的18%～26%。当高压缸在再热前有一个回热抽汽点时,再热压力取低值(18%～22%),反之取高值(22%～26%)。合理的中间再热压力还应考虑汽轮机结构、中间再热管道的布置、汽轮机最终排汽温度、回热抽汽压力及高中压功率分配、有关设备的材料消耗和投资费用等因素,在最佳值附近选择。

我国目前已投运的具有一次中间再热汽轮机的再热参数如表 3-5 所示。

表 3-5　部分国产汽轮机再热参数

汽轮机型号	再热温度/℃	再热压力/MPa	汽轮机型号	再热温度/℃	再热压力/MPa
N125-12.74/550/550	550	2.60/2.25	N300-16.17/550/550	550	3.46/3.16
N200-12.23/535/535	535	2.42/1.98	N300-16.66/537/537	537	3.76/3.68

根据国内外超超临界机组发展趋势,再热参数仍将进一步提高,当新蒸汽温度达到650～720 ℃、压力超过25 MPa时,可以采用二次再热。燃煤机组采用二次再热可以在相同初参数(压力、温度)下,使热经济性相对一次再热机组提高2%左右。

对于二次中间再热，第一次最佳中间再热压力为蒸汽初压的 25%～30%，第二次最佳中间再热压力为第一次中间再热压力的 25%～30%，即蒸汽初压的 6%～9%。

随着二次再热的采用，电厂热力系统越来越复杂，一、二次最佳再热压力也需要考虑众多因素进行综合优化选择，有如下建议。

（1）在主蒸汽压力为 25～35 MPa、主蒸汽温度为 600 ～ 630 ℃的范围下，当超高压缸排汽为第一级抽汽时，优化的压力取值范围为：p_1/p_0 为 0.5～0.55，p_2/p_1 为0.25～0.3。

（2）当超高压缸存在抽汽时，最佳再热压力分配为：p_1/p_0 为 0.29～0.31，较一次最佳再热压力取值范围稍高；p_2/p_1 为 0.15～0.17，较一次最佳再热压力取值范围稍低。

4. 排汽压力

凝汽式汽轮机的排汽压力需综合考虑汽轮机运行地点的气候条件、供水方式、末级叶片尺寸和凝汽器造价等因素，经过全面的技术经济比较后确定。我国电站凝汽式汽轮机常用的排汽压力和冷却水温如表 3-6 所示。

表 3-6　国产凝汽式汽轮机常用的排汽压力与冷却水温

冷却水温/℃	10	15	20	25	27	30
排汽压力/MPa	0.003～0.004	0.004～0.005	0.005～0.006	0.006～0.007	0.007～0.008	0.008～0.01

背压式汽轮机的排汽压力主要根据用户要求并结合产品系列确定，目前我国背压式汽轮机常用的排汽压力即背压如表 3-7 所示。

表 3-7　背压式汽轮机常用排汽压力

额定排汽压力/MPa	0.3	0.5	1.0	1.3	2.5	3.7
调整范围/MPa	0.2～0.4	0.4～0.7	0.8～1.3	1.0～1.6	2.2～2.6	3.5～3.9

5. 调节抽汽式汽轮机的抽汽压力

调节抽汽式汽轮机除了能满足供电需求外，其抽汽还能满足生产和生活的用热需要。调节抽汽式汽轮机的抽汽量往往是由热用户的需要决定的。其抽汽压力一般要综合用户要求和产品系列规范合理确定。表 3-8 列出了国产调节抽汽式汽轮机常用的抽汽压力。

表 3-8　国产调节抽汽式汽轮机常用的抽汽压力

额定抽汽压力/MPa	0.12	0.50	1.00	1.39
调整范围/MPa	0.07～0.25	0.40～0.70	0.80～1.30	1.00～1.60

6. 给水温度与回热级数

大型汽轮机采用回热抽汽加热锅炉给水，这是提高循环热效率的一个有效措施（对初参数为 9 MPa/500 ℃、背压为 4 kPa 的蒸汽动力循环，采用给水回热循环后，热效率相对纯冷凝式循环的提高约 12%）。而且采用回热抽汽后，进汽量可适量增加，末级流量减小，对改善汽轮机内效率、提高汽轮机功率非常有利。新参数越高，给水温度最佳值越高，对应的最佳回热级数也越多。当给水温度和回热级数一定时，级间加热量（给水焓升）存在着一个最佳分配，使循环热效率达到最大。常用的给水焓升分配方法有等焓升分配和几何级数分配两种。

由于各加热器给水出口温度主要取决于各级抽汽的压力，因此在实际的给水回热系统中，各加热器的给水焓升分配必须根据汽轮机通流部分的分级情况进行，一般不可能完全符合理论上的最佳分配原则，但是理论计算表明，在10%～20%的范围内偏离等焓分配原则对循环热效率的影响很小。

对于非再热机组，给水回热系统多采用近似于等焓升（温升）的分配原则，高压加热器的平均温升比低压加热器的略大一些。对于除氧器，为了获得较好的除氧效果，温升要小一些，当采用定压除氧运行方式（即除氧器内的压力在机组负荷变化时保持不变）时，则温升要更小一些，以保证机组在低负荷时的除氧效果。

对于中间再热机组，由于中间再热后抽汽过热度提高，适当增加再热前的回热抽汽量对提高循环热经济性是有利的。为此，常使某一级加热器的回热抽汽来自再热冷端（进入再热器之前），并使这一级加热器给水焓升为下一级（再热后的一级）加热器给水焓升的1.5～1.8倍。再热后各级给水焓升的分配原则与非再热机组的相同，至于再热冷端抽汽之前是否再放置一级回热抽汽和该级加热器的具体给水焓升，需结合中间再热压力和给水温度进行技术经济性比较后确定。一些制造厂还把蒸汽压力最低的那个加热器的给水焓升取得稍大些，这主要是考虑到等焓升分配原则使这一级的抽汽压力太低，抽汽的容积流量太大，有时难以把蒸汽从汽轮机的级中抽出；而且，当机组负荷降低时，该级加热器的焓升还要减小。

工程实际中，给水焓升分配方案归结为抽汽口的布置，还要受结构和强度的约束，可供选择的方案不多。

回热循环中的回热抽汽级数与给水温度需根据循环的热经济性和装置的技术经济性进行综合分析比较后确定。通常给水温度选为蒸汽初压下饱和温度的65%～75%较为经济。表3-9所示为不同回热级数和给水温度下循环热效率的增益。

表3-9　不同回热级数和给水温度下循环热效率的增益

新汽压力/MPa	2.35	3.43	8.82	12.74～13.23	16.17～16.66	23.5
新汽温度/℃	390	435	535	535/535	535/535	565/565
回热级数	1～3	3～5	6～7	7～8	7～8	8～9
给水温度/℃	105～150	150～170	210～230	220～250	245～270	270～300
相对效益 $\Delta\eta/\eta_i$/(%)	6～7	8～9	11～13	14～15	15～16	17～18

3.2　近似过程线与回热系统的初步估算

给定了汽轮机容量、蒸汽参数、回热抽汽参数等基本数据后，就可进行汽轮机总进汽量的估算与回热系统热平衡计算，同时拟定汽轮机近似热力过程曲线。

3.2.1　近似热力过程曲线的拟定

1. 进排汽机构及连接管道的各项损失

蒸汽流过各阀门及连接管道时，会产生节流损失和压力损失。表3-10列出了这些损失的估算范围。表中各损失在 h-s 图上的表示如图3-3所示。

表 3-10　汽轮机各阀门及连接管道中节流损失和压力损失估算范围

损失名称	符号	估算范围(或公式)	说明
主汽门和调节阀中节流损失	Δp_0	$\Delta p_0=(0.03\sim0.05)p_0$	p_0 为新汽压力(用于调节阀全开时)
排汽管中压力损失	Δp_c	$\Delta p_c=(0.02\sim0.06)p_c$ 或 $\Delta p_c=\lambda\left(\frac{c_{ex}}{100}\right)^2 p_c$	p_c 为排汽压力(凝汽器喉部压力),c_{ex}为排汽管中汽流速度,λ 为阻力系数
中间再热器及连接管道中压力损失	Δp_r	$\Delta p_r=(0.08\sim0.12)p_r$	p_r 为中间再热压力
中压快速截止阀和调节阀中节流损失	$\Delta p'_r$	$p'_r=0.02p_r$	用于中压调节阀全开时
中、低压连通管中压力损失	Δp_s	$\Delta p_s=(0.02\sim0.03)p_s$	p_s 为连通管中(即高压或中压缸排汽)压力
回热抽汽管中压力损失	Δp_e	$\Delta p_e=(0.04\sim0.08)p_e$	p_e 为抽汽压力。通常,对于大型机组取(4%～6%)p_e,对中、小型机组取(6%～8%)p_e,高、中压排汽部分抽汽时还可取得小一些

(1)通常凝汽式汽轮机取 $c_{ex}=80\sim100$ m/s,背压式汽轮机取 $c_{ex}=40\sim60$ m/s。

(2)通常取 $\lambda=0.05\sim0.1$,其值与排汽管结构及排汽管中汽流速度有关。

(3)回热抽汽管中的压力损失 Δp_e 在近似热力过程曲线上并不能被反映出来,需列于表内以便于使用。

调节级前压力为

$$p'_0 = p_0 - \Delta p_0$$

末级动叶后压力为

$$p_z = p'_c = p_c + \Delta p_c$$

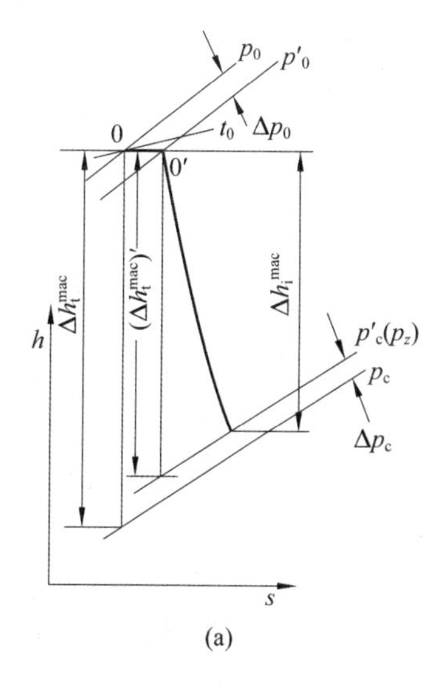

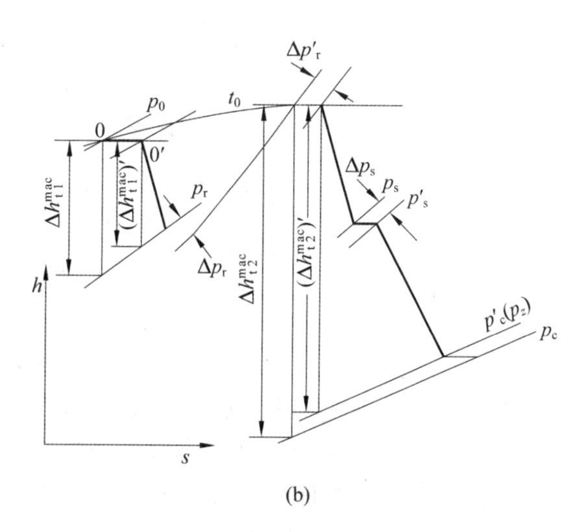

图 3-3　考虑进排汽机构损失的热力过程曲线

(a)非中间再热;(b)中间再热

2. 汽轮机相对内效率的估算

汽轮机相对内效率 η_{ri} 是指蒸汽热能转换成轴上机械功的有效比焓降 Δh_i^{mac} 与整机理想比焓降 Δh_t^{mac} 之比，即 $\eta_{ri}=\Delta h_i^{mac}/\Delta h_t^{mac}$。其中理想比焓降是指主汽门前的蒸汽状态点0至凝汽器喉部压力 p_c 间的等比熵比焓降（见图3-3）。在汽轮机制造厂的热力计算说明书中，整机理想比焓降往往是指通流部分的理想比焓降，即调节级前工况点0′至末级排汽压力 p_z（$p_z=p'_c$）间的等比熵比焓降（Δh_t^{mac}）′。因此，汽轮机的相对内效率 $\eta_{ri}=\eta'_{ri}=\Delta h_i^{mac}/(\Delta h_t^{mac})'$。本书中采用后一种计算方式。

在汽轮机制造厂进行汽轮机热力设计时，常用下述方法进行相对内效率的估算；先估取汽轮机近似进汽量 D_0，计算出当量喷嘴面积 A_{en}，进而求出相对内效率。

当量喷嘴面积 A_{en} 是假设全部进汽量在临界状态下通过调节级所需的喷嘴当量面积，可按下式求得：

$$A_{en}=\frac{D_0}{3.6\times0.06485\sqrt{p_0/v_0}}\quad(\mathrm{cm^2})\tag{3-1}$$

式中：D_0 为汽轮机近似进汽量，t/h，对于用于做功的汽轮机，即其工质产生量可以设计调整的情况，其流量根据功率大小以及效率估算给出，对于以利用余热余能为目的的级，由于余热余能大小是给定值不可改变，因此其流量只能在给定余热余能数据基础上根据传热效率或能效转换效率计算得到；p_0 为主汽门前蒸汽压力，MPa；v_0 为主汽门前蒸汽比容，$\mathrm{m^3/kg}$。

相对内效率与当量喷嘴面积之间的关系为

$$\eta_{ri}=K_r\eta'_{ri}-\Delta h_{c2}/\Delta h_t^{mac}\tag{3-2}$$

$$\eta'_{ri}=0.892-\frac{2.74}{A_{en}}\tag{3-3}$$

式中：Δh_{c2} 为末级余速损失，通常 $\Delta h_{c2}=(0.015\sim0.025)\Delta h_t^{mac}$，对于大、中型汽轮机，$\Delta h_{c2}=(0.015\sim0.02)\Delta h_t^{mac}$；$K_r$ 为考虑新汽过热度对末几级蒸汽干度影响的修正系数，可从图3-4中查得。

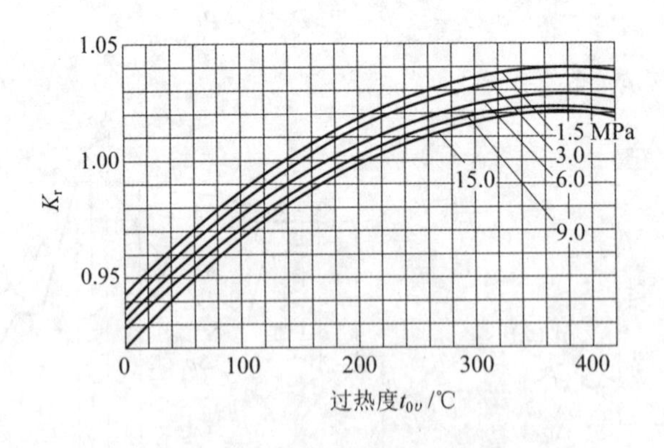

图 3-4　相对内效率修正系数

汽轮机相对内效率除采用上述近似法估算外，还可根据蒸汽平均容积流量 $G\sqrt{v_0v_{2t}}$，利用图3-5查得。此处 v_0、v_{2t} 分别为初态及等比熵终态蒸汽比容；G 为蒸汽流量，kg/s。图3-5中两条曲线之间的区域为选择区域。一般认为，级数较少且未采用三维设计的机组和中小容量汽轮机的高压缸或加工水平一般的级组可取低值；大容量机组的中低压缸，且加工水平较高的级组可取高值，也可取平均值。应该注意，曲线中的效率一般针对热力过程截至末级排汽，不包含末级的余速损失。

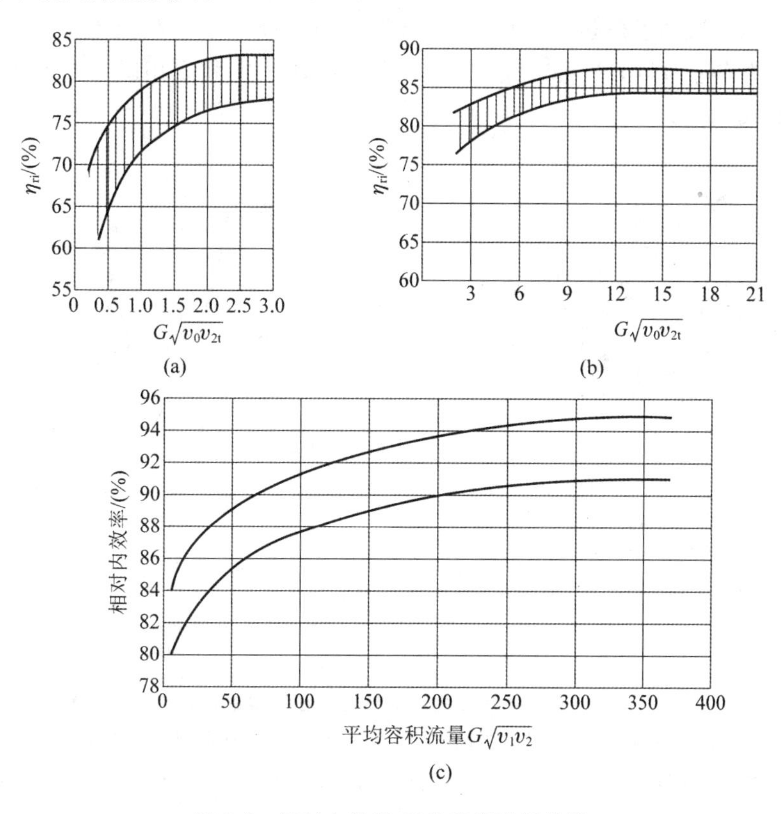

图 3-5　相对内效率-平均容积流量曲线

在估取汽轮机相对内效率时，也可参考同类型、同容量汽轮机选取（见附录 3），或根据表 3-11 估取各种效率。

表 3-11　汽轮发电机组的各种效率范围

额定功率/MW		0.75～6	12～25	50～100	>125
机械效率		0.965～0.985	0.985～0.990	0.990～0.995	0.995
发电机效率	全负荷	0.930～0.960	0.965～0.975	0.980～0.985	0.985～0.990
	半负荷	0.910～0.940	0.945～0.960	0.965～0.980	0.980～0.985
相对内效率		0.760～0.820	0.820～0.850	0.850～0.870	>0.870

3. 汽轮机近似热力过程曲线的拟定

1）凝汽式汽轮机近似热力过程曲线

根据经验，对于一般非中间再热凝汽式汽轮机，可近似地按图 3-6 所示方法拟定近似热力过程曲线。

由已知的新汽参数 p_0、t_0 可得汽轮机进汽状态点 0，考虑进汽机构的节流损失 Δp_0 后，得到调节级前的蒸汽状态点 1。在 h-s 图上查得凝汽器压力 p_c，考虑排汽管中的压力损失 Δp_c 后，可得末级的排汽压力 p_z。过 0 点作等比熵线交 p_c 于点 3′，得到整机的理想比焓降 Δh_t^{mac}，根据前述方法估取相对内效率 η_{ri}，求出整机的有效比焓降（$\Delta h_i^{mac}=\eta_{ri}\Delta h_t^{mac}$），在 h-s 图中得到排汽点 3。考虑末级余速损失 Δh_{c2}，可得动叶后蒸汽状态点 4。用直线连接点 1 和点

4，在该直线的中点 2′处，沿等压线下移 12～15 kJ/kg 求得点 2。过点 1、2、4 作光滑曲线即为一般凝汽式汽轮机的近似热力过程曲线，如图 3-6(a)所示。一般汽轮机制造厂常采用图 3-6(b)所示方法作近似热力过程曲线，在本书后面的例题中，将采用图 3-6(b)所示的方法拟定热力过程曲线。

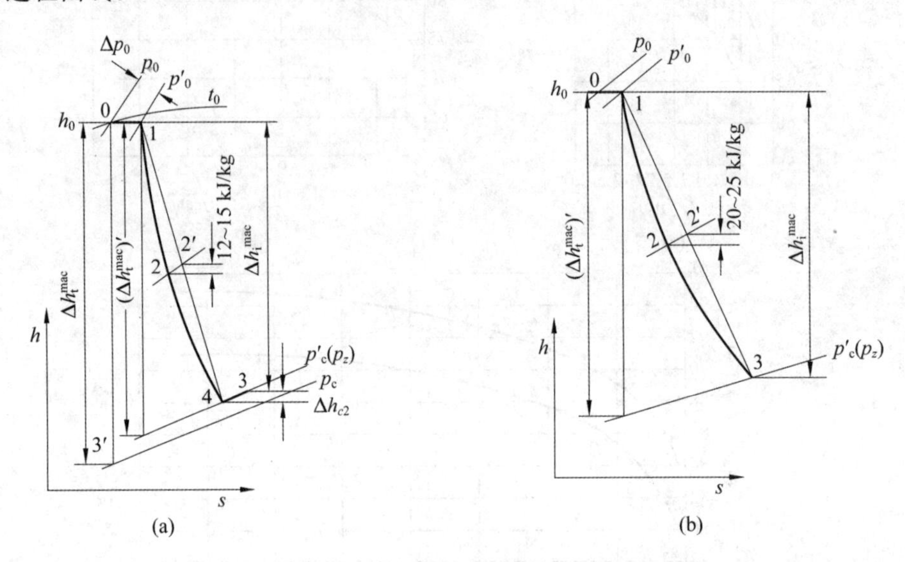

图 3-6　凝汽式汽轮机热力过程曲线的拟定

若要得到较精确的热力过程曲线，可如图 3-7 所示，作出分段拟定的汽轮机热力过程曲线。在作出调节级前蒸汽状态点 1 和末级动叶后状态点 4 后，根据选定的调节级比焓降，估计调节级内效率(可参考同类型汽轮机)，定出调节级后状态点 2，用直线连接 2、4 两点；将该直线与饱和线之交点以下部分作为低压部分，将压力为 0.8～1.0 MPa 以上部分作为高压部分，分别定出点 7 和点 8，然后分别沿等压线向下和向上移动 10 kJ/kg，求得点 5 和点 6，将 6、5、4、3 连成折线，此即为通流部分的较精确的热力过程曲线。用此法所得的热力过程曲线与实际的热力过程曲线比较接近。

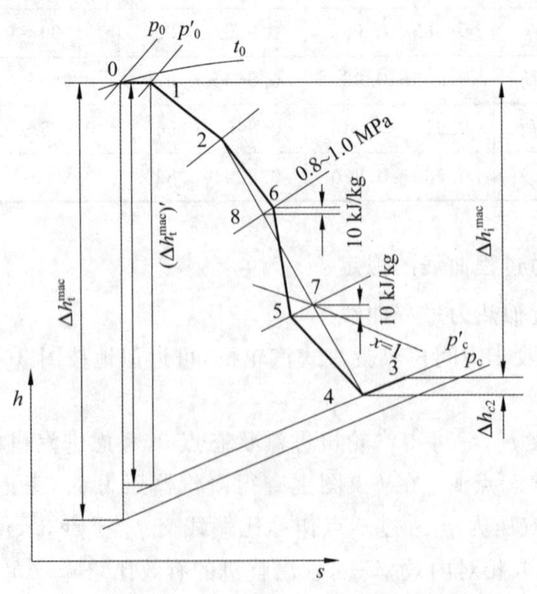

图 3-7　分段拟定热力过程曲线

2)背压式汽轮机近似热力过程曲线

由于背压式汽轮机的排汽压力高于大气压力，且无低压级组，其各级的级内效率相近，故可用连接 1、4 两点的直线近似表示整机的热力过程曲线，如图 3-8 所示。

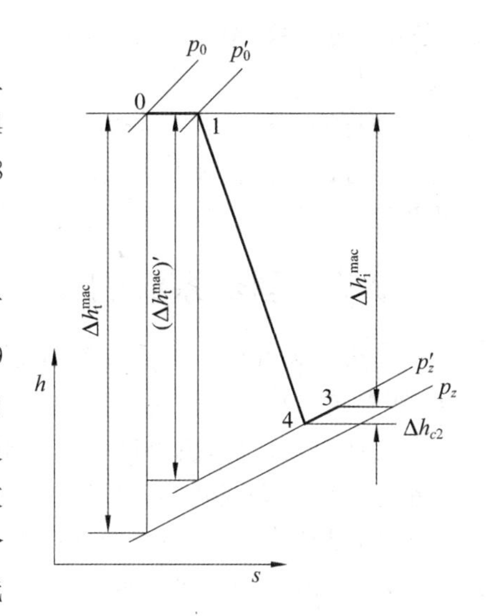

图 3-8　背压式汽轮机近似热力过程曲线的拟定

3)中间再热式汽轮机近似热力过程曲线

拟定中间再热式汽轮机近似热力过程曲线时，可将过程曲线分为高压部分与中低压部分两段，如图 3-9 所示。图中 1-2 直线段表示高压部分的膨胀过程，由于该段理想比焓降较小，约为总理想比焓降的 1/5，又全部位于高压过热区，其各级的级内效率变化不大，故与背压式汽轮机类似，可用直线段近似表示高压部分的热力过程曲线。再热后的中低压部分热力过程曲线可用与凝汽式汽轮机类似的方法拟定，其初压与中压凝汽式汽轮机的初压相近，但初始温度与最终干度都较中压汽轮机的高，所以其效率也较中压汽轮机的高，可在 4-5 连线的中点沿等压线下移约 7 kJ/kg，然后连成光滑曲线。

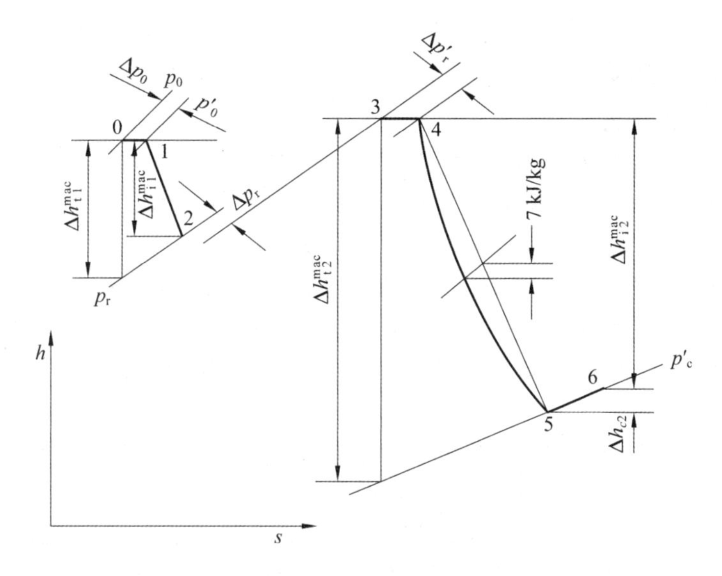

图 3-9　中间再热式汽轮机近似热力过程曲线的拟定

3.2.2　汽轮机总进汽量的初步估算

一般凝汽式汽轮机的总进汽量可由下式估算：

$$D_0 = \frac{3.6P_e}{(\Delta h_t^{mac})' \eta_{ri} \eta_g \eta_m} m + \Delta D \quad (t/h) \tag{3-4}$$

式中：P_e 为汽轮机的设计功率，kW；$(\Delta h_t^{mac})'$ 为通流部分的理想比焓降(见图 3-3(a))，kJ/kg；η_{ri} 为汽轮机通流部分相对内效率的初步估计值；η_g 为机组的发电机效率；η_m 为机组的机械效率；ΔD 为考虑阀杆漏汽和前轴封漏汽及保证在初参数下降或背压升高时仍能发出设计功率的蒸汽余量，通常约取 $\Delta D/D_0 = 3\%$，t/h；m 为考虑回热抽汽引起进汽量增大的系数，它与回热级数、给水温度、汽轮机容量及参数有关，通常取 $m=1.08\sim1.25$，背压式汽轮机取 $m=1$。

在进行调节抽汽式汽轮机通流部分设计时，要考虑到调节抽汽工况及纯凝汽工况。一般高压部分的进汽量及几何尺寸以调节抽汽工况作为设计工况进行计算，低压部分的进汽量及几何尺寸以纯凝汽工况作为设计工况进行计算。

3.2.3 回热系统的热平衡初步计算

提高机组循环效率的重要措施是采用回热循环，即在汽轮机中采用多级抽汽，逐级加热给水，使凝结水在进入锅炉以前先加热到一定的温度。汽轮机进汽量估算及汽轮机近似热力过程曲线拟定以后，就可进行回热系统的热平衡计算。

在分析回热系统时，需要确定给水温度、抽汽级数，以及加热器端差和抽汽管道压力损失。通常，提高给水温度、增加抽汽级数、降低加热器的端差和抽汽管道的压力损失，均能提高循环效率，但由于增加回热加热器、管道、阀门及水泵等设备，不仅使热力系统更加复杂，也增大了投资费用，循环效率的提高也具有明显的边际衰减效应。因此，必须从成本投入、效率提升、系统复杂度等多个方面综合进行技术经济性比较，合理确定这些参数。

对于给水温度，较高的给水温度会使锅炉排烟温度相应升高而降低锅炉效率。因此给水温度的选取要同时将循环热效率、锅炉效率及投资联系起来综合考虑。回热抽汽级数主要与蒸汽参数、给水温度及机组容量有关。

1. 回热抽汽压力的确定

1）除氧器的工作压力

给水温度 t_{fw} 和回热抽汽级数 z_{fw} 确定之后，应根据机组的初参数和容量确定除氧器的工作压力。除氧器的工作压力与除氧效果关系不大，一般根据技术经济性和实用条件来确定。通常在中、低参数机组中采用大气式除氧器，高参数机组中采用高压除氧器并以凝汽器作为辅助除氧装置（过去也曾采用大气式除氧器和高压除氧器两级除氧）。

大气式除氧器的工作压力一般选择为略高于大气压力，即 0.118 MPa；高压除氧器的工作压力一般为 0.343～0.588 MPa；我国定压运行的高压除氧器工作压力为 0.588 MPa。

2）抽汽管道压力损失 Δp_e

在确定加热器端差与各加热器的出口给水温度后，就可确定各加热器内抽汽凝结水的温度，继而可查得该温度下的饱和蒸汽压力，即各加热器内抽汽压力 p'_e，以及汽轮机各抽汽室的压力 $p_e=p'_e+\Delta p_e$。Δp_e 主要与管道内蒸汽流速和管道长度有关，除此之外，管道形状设计不合理也会增大管道压力损失。在进行热力设计时，要求 Δp_e 不超过抽汽压力 p_e 的 10%，常取 $\Delta p_e=(0.04\sim0.08)p_e$，级间抽汽时取较大值，高中压排汽时取较小值。抽汽管道直径应按汽流速度引起的压降不超过 $5\%p_e$ 来选取，通常汽流速度在 45～60 m/s 范围内，下限适用于高压级抽汽，上限适用于低压级抽汽。

3）表面式加热器出口传热端差 δt

由于金属壁的传热阻力，表面式加热器的给水出口温度 t_{w2} 与回热抽汽在加热器中凝结的饱和水温 t'_e 间存在着温差，此温差 $\delta t=t'_e-t_{w2}$ 称为加热器的出口端差，又称上端差。减小 δt 可以提高热经济性，但会使加热器的面积增大，投资增加，因此要比较技术经济性后确定。大功率机组 δt 一般在 1～3 ℃之间，中等功率机组 δt 可取 3～6 ℃，随着机组功率的下降，加热器端差可进一步增大。一般无蒸汽冷却段的加热器取 $\delta t=3\sim6$ ℃，有蒸汽冷却段

的取 $\delta t=-1\sim2$ ℃。

4)回热抽汽压力的确定

在确定了给水温度 t_{fw}、回热抽汽级数 z_{fw}，上端差 δt 和抽汽管道压力损失 Δp_e 等参数后，可根据除氧器的工作压力，确定除氧器前的低压加热器数和除氧器后的高压加热器数，同时确定各级加热器的比焓升 Δh_{fw}或温升 Δt_w。在结构可能的条件下，对于非再热机组，通常采用接近于等比焓升(等温升)的分配原则，每级加热器中给水的比焓升 Δh_{fw}和温升 Δt_w 分别为

$$\Delta h_{fw} = (h_{fw} - h'_c)/ z_{fw}$$
$$\Delta t_w = (t_{fw} - t'_c)/z_{fw}$$

式中：h_{fw}为给水的比焓值；h'_c 为凝汽器中凝结水的比焓值；z_{fw} 为选择的回热抽汽级数。如果按照等温升分配原则，一般的 Δt_w 为 25 ± 5 ℃；t'_c 和 h'_c 分别为凝汽器中凝结水的饱和温度和比焓值。

这样，各级加热器的给水出口温度 t_{w2} 也就确定了。根据上端差 δt 可确定各级加热器内的疏水温度 t'_e，$t'_e=t_{w2}+\delta t$。从水和水蒸气热力性质图表中可查得 t'_e 所对应的饱和蒸汽压力、各加热器的工作压力 p'_e。考虑回热抽汽管中的压力损失，可求出汽轮机的抽汽压力 p_e，$p_e=p'_e+\Delta p_e$。在汽轮机近似热力过程曲线中分别找出各抽汽点的比焓 h_e，并将上述参数列成表格。

对于中间再热机组，由于再热后其蒸汽的过热度大大增加，针对这一情况，不能直接套用等温升的原则，要尽量调节加热器比焓升以降低再热后第一次抽汽压力，从而使得这股抽汽可以多做功以提高机组效率。

2. 回热系统的热平衡初步估算

汽轮机回热系统热平衡计算的目的是确定汽轮机在设计工况下的汽耗量、各级回热抽汽量、汽轮机各级组的蒸汽流量及汽轮机装置的热经济性。

在完成上述参数选择后，就可以开始回热系统热平衡的初步估算。回热系统热平衡计算常用如下方法：在初步求得汽轮机进汽量D_0 的基础上，从高压加热器开始，依次对每个加热器列出热平衡方程，求出每个加热器的抽汽量 ΔD，然后计算出通过汽轮机各级组的蒸汽流量，最后计算出装置热经济性，并绘制原则性热力系统图。此外，也可对 n 个加热器列出 n 个热平衡方程，再补充两个流量平衡方程，联立求解求得结果。只是当加热器数目较多时，这种方法不及前种方法简便。

3.2.4 计算示例

试对某 25 MW 凝汽式汽轮机的回热系统进行热平衡估算。基本数据：额定功率 $P_r=$ 25000 kW，设计功率 $P_e=20000$ kW，新汽压力 $p_0=3.43$ MPa，新汽温度 $t_0=435$ ℃，排汽压力 $p'_c=p_z=0.0049$ MPa，给水温度 $t_{fw}=159.17$ ℃，给水泵压头 $p_{fp}=6.27$ MPa，凝结水泵压头 $p_{cp}=1.18$ MPa，射汽抽汽器耗汽量 $\Delta D_{ej}=0.5$ t/h，抽汽冷却器内蒸汽比焓降 $\Delta h_{ej}=$ 2302.7 kJ/kg。

回热系统如图 3-10 所示，图中 H_1、H_2 为高压加热器，H_3、H_4 为低压加热器，H_d 为除氧器，共 5 级回热抽汽。

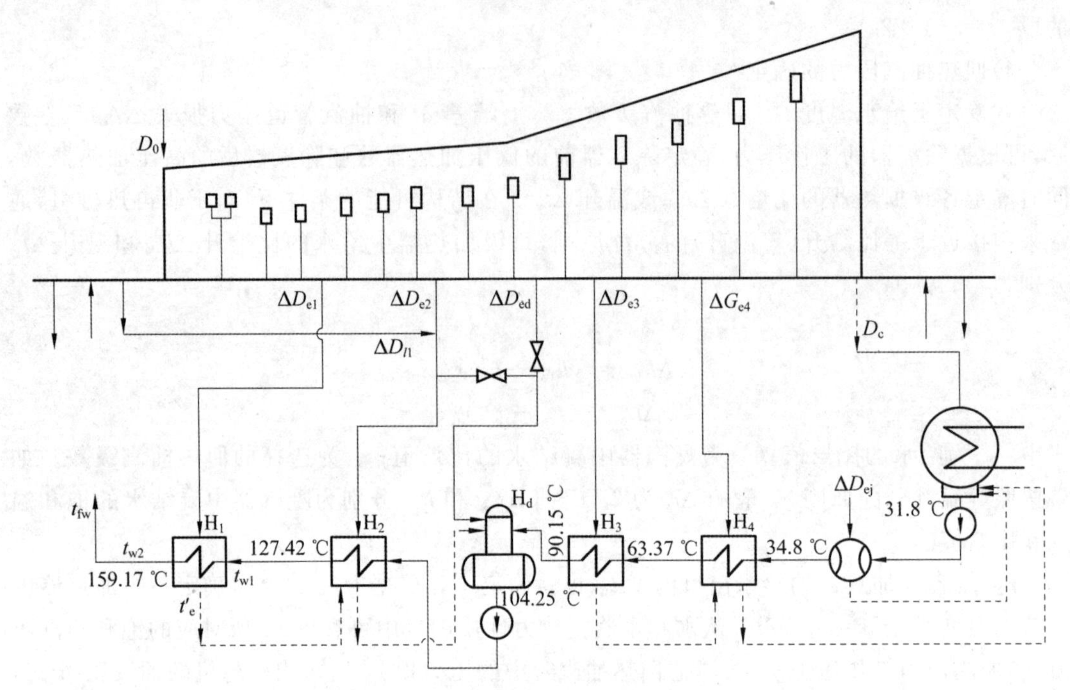

图 3-10　25 MW 凝汽式汽轮机回热系统

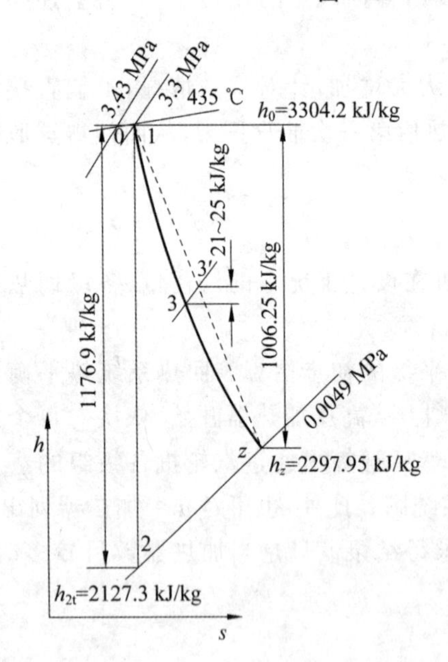

图 3-11　25MW 凝汽式汽轮机近似热力过程曲线

解

1. 拟定近似热力过程曲线

在 h-s 图上，由 p_0、t_0 可确定汽轮机进汽状态点 0 并查得初始比焓 $h_0=3304.2$ kJ/kg。

设进汽机构的节流损失 $\Delta p_0=0.04p_0$，得调节级前压力 $p_0{}'=p_0-\Delta p_0=3.3$ MPa，并确定调节级前蒸汽状态点 1。过点 1 作等比熵线向下交于 p_z 线于点 2，查得 $h_{2t}=2127.3$ kJ/kg，整机的理想比焓降 $(\Delta h_t^{mac})'=h_0-h_{2t}=(3304.2-2127.3)$ kJ/kg $=1176.9$ kJ/kg。

估计汽轮机相对内效率 $\eta_{ri}=85.5\%$，有效比焓降 $\Delta h_i^{mac}=(\Delta h_t^{mac})'\eta_{ri}=(1176.9\times0.855)$ kJ/kg $=1006.25$ kJ/kg，排汽比焓 $h_z=h_0-\Delta h_i^{mac}=(3304.2-1006.25)$ kJ/kg $=2297.95$ kJ/kg，在 h-s 图上得排汽点 z，用直线连接 1、z 两点，在中间 3′ 点处沿等压线下移 21～25 kJ/kg 得 3 点，光滑连接 1、3、z 点，得该机设计工况下的近似热力过程曲线，如图 3-11 所示。

2. 估算汽轮机进汽量 D_0

设 $m=1.12$，$\Delta D=2.5$ t/h，$\eta_m=0.99$，$\eta_g=0.97$，则

$$D_0=\frac{3.6P_e}{(\Delta h_t^{mac})'\eta_{ri}\eta_g\eta_m}m+\Delta D=\left(\frac{3.6\times20000}{1006.25\times0.99\times0.97}\times1.12+2.5\right)\ \mathrm{t/h}$$

$= 86\ \text{t/h}$

蒸汽量 ΔD_0 包括前轴封漏汽 $\Delta D_l=1.000$ t/h(其中 $\Delta D_{l1}=0.77$ t/h,漏入 H_2 高压加热器中),ΔD_l 待汽轮机通流部分有关尺寸确定后才能计算,计算方法见3.5节。

3. 确定抽汽压力

该机采用大气式除氧器,除氧器压力为0.118 MPa,对应的饱和水温度 $t'_{ed}=104.25$ ℃。考虑到非调节抽汽随负荷变化的特点,为了维持所有工况下除氧器定压运行,供给除氧器的回热抽汽压力一般比除氧器工作压力高0.2~0.3 MPa。本机采用70%负荷以下除氧器与 H_2 高压加热器共汽源的运行方式,故除氧器回热抽汽压力仅比除氧器工作压力高出0.024 MPa。

根据给水温度 $t_{fw}=159.17$ ℃,可得 H_1 高压加热器给水出口温度为159.17 ℃,且除氧器出口水温 $t_{wd}=104.25$ ℃,根据等温升(等比焓升)分配原则得 H_2 高压加热器给水出口温度 $t_{w2}\approx104.25+[(159.17-104.25)/2\pm5]$ ℃,取127.42 ℃。采用同样方法可选取各低压加热器的出口水温 t_{w2}(见表3-12)。

根据各加热器的出口水温 t_{w2} 及出口端差 δt,可得加热器疏水温度 $t'_e=t_{w2}+\delta t$。查得 t'_e 对应的饱和压力 p'_e——加热器的工作压力。考虑抽汽管道压力损失后可确定各级回热抽汽压力 p_e(见表3-12)。

表3-12　某25 MW凝汽式汽轮机加热器汽水参数

加热器号	抽汽压力 p_e/MPa	抽汽比焓 h_e/(kJ/kg)	抽汽管道压力损失 $\Delta p_e/p_e$/(%)	加热器工作压力 p'_e/MPa	饱和水温度 t'_e/℃	饱和水比焓 h'_e/(kJ/kg)	出口端差 δt/℃	给水出口温度 t_{w2}/℃	给水出口比焓 h_{w2}/(kJ/kg)
H_1	0.745	2996.7	8	0.686	164.17	693.5	5	159.17	675.2
H_2	0.316	2832.4	8	0.290	132.42	556.6	5	127.42	539.3
H_d	0.142	2703.4	17	0.118	104.25	437.0	0	104.25	437.0
H_3	0.085	2629.6	8	0.079	93.15	390.2	3	90.15	378.4
H_4	0.029	2482.8	3	0.027	66.37	277.8	3	53.37	266.1

在拟定的近似热力过程曲线上求出各回热抽汽比焓值 h_e,如图3-12所示。

4. 各级加热器回热抽汽量计算

1) H_1 高压加热器

其给水量为

$$\begin{aligned}D_{fw} &= D_0-\Delta D_l+\Delta D_{l1}+\Delta D_{ej}\\ &=(86-1+0.77+0.5)\ \text{t/h}\\ &=86.27\ \text{t/h}\end{aligned}$$

式中:ΔD_l 为高压端轴封漏汽量,t/h;ΔD_{l1} 为漏入 H_2 高压加热器中的轴封漏汽量,t/h;ΔD_{ej} 为射汽抽汽器耗汽量,t/h。

该加热器热平衡方程为

$$\Delta D_{e1}(h_{e1}-h'_{e1})\eta_h = D_{fw}(h_{w2}-h_{w1})$$

式中:η_h 为加热器效率,一般取=0.98(下同)。

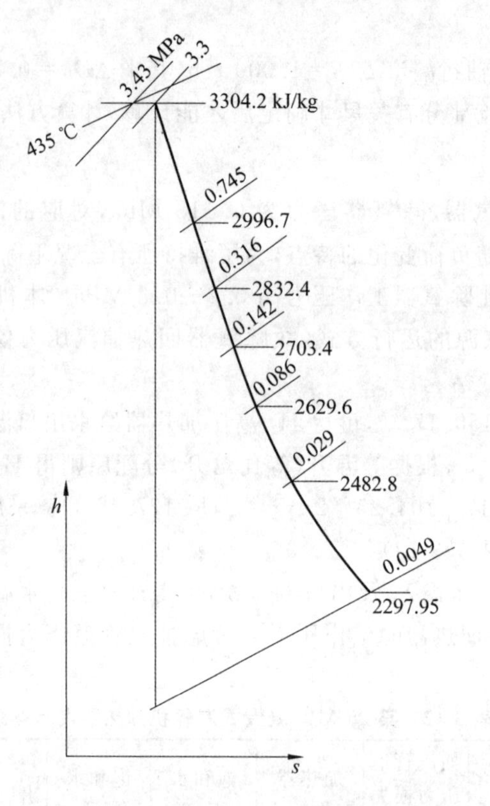

图 3-12　25 MW 凝汽式汽轮机回热抽汽点参数

该级回热抽汽量为

$$\Delta D_{e1} = \frac{D_{fw}(h_{w2} - h_{w1})}{(h_{e1} - h'_{e1})\eta_h}$$

$$= \frac{86.270 \times (675.2 - 539.3)}{(2996.7 - 693.6) \times 0.98} \text{ t/h} = 5.194 \text{ t/h}$$

式中有关符号的意义及数值如表 3-12 至表 3-15 所示。

H_1 高压加热器热平衡图如图 3-13(a)所示。

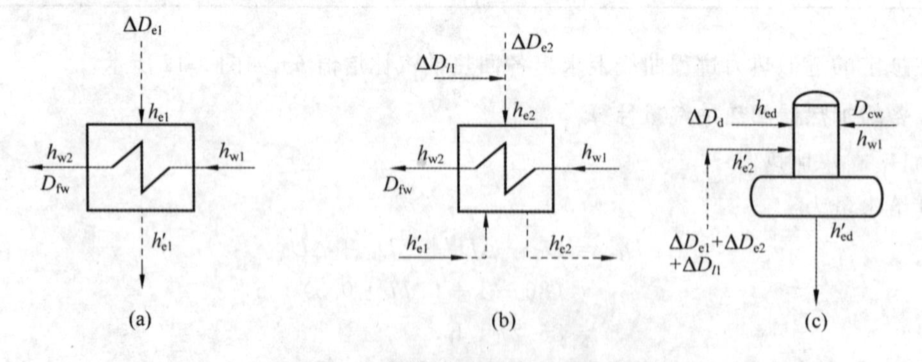

图 3-13　加热器热量、流量平衡示意图

2) H_2 高压加热器

其热平衡图如图 3-13(b)所示。先不考虑漏入 H_2 高压加热器中的那部分轴封漏汽量 ΔD_{l1} 及上级加热器 H_1 流入本级加热器的疏水量 ΔD_{e1}，则该级加热器的计算抽汽量为

$$\Delta D'_{e2} = \frac{D_{fw}(h_{w2} - h_{w1})}{(h_{e2} - h'_{e2})\eta_h} = \frac{86.270 \times (539.3 - 437.0)}{(2832.4 - 556.6) \times 0.98}\ \text{t/h} = 3.957\ \text{t/h}$$

考虑上级加热器疏水流入 H_2 高压加热器并放热可使本级抽汽量减少的相当量为

$$\Delta D_{e1_e} = \Delta D_{e1}\frac{h'_{e1} - h'_{e2}}{h_{e2} - h'_{e2}} = 5.194 \times \frac{693.6 - 556.6}{2832.4 - 556.6}\ \text{t/h} = 0.313\ \text{t/h}$$

考虑前轴封一部分漏汽量 ΔD_{l1} 漏入本级加热器并放热可使本级回热抽汽量减少的相当量为

$$\Delta D_{l1_e} = \Delta D_{l1}\frac{h_l - h'_{e2}}{h_{e2} - h'_{e2}}$$

$$= 0.770 \times \frac{3098.1 - 556.6}{2832.4 - 556.6}\ \text{t/h} = 0.860\ \text{t/h}$$

式中：h_l 为轴封漏汽比焓值，相当于调节级后汽室中的蒸汽比焓，$h_l = 3098.1$ kJ/kg。

本级高压加热器 H_2 实际所需回热抽汽量为

$$\Delta D_{e2} = \Delta D'_{e2} - \Delta D_{e1_e} - \Delta D_{l1_e} = (3.957 - 0.313 - 0.860)\ \text{t/h} = 2.784\ \text{t/h}$$

3) H_d（除氧器）

除氧器为混合式加热器，其热平衡图如图 3-13(c)所示。除氧器的热平衡方程与质量平衡方程分别为

$$\Delta D_{ed}h_{ed} + (\Delta D_{e1} + \Delta D_{e2} + \Delta D_{l1})h'_{e2} + D_{cw}h_{w1} = D_{fw}h'_{ed}$$

$$D_{cw} + \Delta D_{l1} + \Delta D_{ed} + \Delta D_{e1} + \Delta D_{e2} = D_{fw}$$

将已知数据代入上两式，整理后可得

$$2703.4\Delta D_{ed} + 378.4D_{cw} = 32830.8532 \qquad (a)$$

$$D_{cw} + \Delta D_{ed} = 77.522 \qquad (b)$$

将式(a)、式(b)联立求解得

除氧器抽汽量　　$\Delta D_{ed} = 1.504$ t/h

凝结水量　　$D_{cw} = 76.018$ t/h

4) H_3 低压加热器

其热平衡图与 H_1 加热器的热平衡图相同。回热抽汽量 ΔD_{e3} 为

$$\Delta D_{e3} = D_{cw}\frac{h_{w2} - h_{w1}}{(h_{e3} - h'_{e3})\eta_h} = 76.018 \times \frac{378.4 - 266.1}{(2629.6 - 390.2) \times 0.98}\ \text{t/h} = 3.89\ \text{t/h}$$

5) H_4 低压加热器

其凝结水进口温度 t_{w1} 与凝汽器压力及凝结水流经抽汽冷却器的温升有关。当 $p'_c = p_z = 0.0049$ MPa，凝汽器压力 $p_c = 0.0047$ MPa 时，对应的凝结水饱和温度 $t_c = 31.8$℃，比焓值 $h'_c = 133.1$ kJ/kg。

凝结水流经抽汽冷却器的温升 Δt_{ej} 可根据冷却器的热平衡方程求得。其比焓升 δh_{ej} 为

$$\delta h_{ej} = \frac{\Delta D_{ej}\Delta h_{ej}}{D_{cw}} = \frac{0.5 \times 2302.7}{76.018}\ \text{kJ/kg} = 15.1\ \text{kJ/kg}$$

式中：$\Delta h_{ej} = 2302.7$ kJ/kg，为抽汽冷却器中蒸汽比焓降，与抽汽器耗汽量同为已知数据。

根据比焓升 δh_{ej} 在水和水蒸气热力性质图表中查得压力 $p_{cp} = 1.18$ MPa 的水在 30～40 ℃之间、比焓升为 15.1 kJ/kg 时对应的温升 $\Delta t_{ej} \approx 3.6$ ℃。考虑传热效率等因素，取 $\Delta t_{ej} \approx 3$ ℃。

H_4 低压加热器凝结水进口温度 $t_{w1} = (31.8 + 3)$ ℃ $= 34.8$ ℃，对应的比焓值 $h_{w1} =$

146 kJ/kg。

H_4 的计算抽汽量为

$$\Delta D'_{e4}=D_{cw}\frac{h_{w2}-h_{w1}}{(h_{e4}-h'_{e4})\eta_h}=76.018\times\frac{266.1-146}{(2482.8-277.8)\times 0.98}\ \text{t/h}=4.225\ \text{t/h}$$

H_3 的疏水流入 H_4 引起末级回热抽汽量减少的相当量为

$$\Delta D_{e3_e}=D_{e3}\frac{h'_{e3}-h'_{e4}}{h_{e4}-h'_{e4}}=3.89\times\frac{390.2-277.8}{2482.8-277.8}\ \text{t/h}=0.198\ \text{t/h}$$

H_4 的实际回热抽汽量为

$$\Delta D_{e4}=\Delta D'_{e4}-\Delta D_{e3_e}=(4.225-0.198)\ \text{t/h}=4.027\ \text{t/h}$$

5. 流经汽轮机各级组的蒸汽流量及其内功率计算

调节级：

$$D_0=86\ \text{t/h}$$

$$P_{i0}=D_0(h_0-h_2)/3.6=86\times(3304.2-3098.1)/3.6\ \text{kW}=4924\ \text{kW}$$

（调节级后压力为 1.226 MPa，比焓值 $h_t=3098.1$ kJ/kg，比焓值的实际值待调节级形式选定及热力计算后求得。在第一次估算时，调节级后比焓值可通过估取调节级理想比焓降及级内效率在 h-s 图的近似热力过程曲线上查得。）

第一级组：

$$D_1=D_0-\Delta D_l=(86-1)\ \text{t/h}=85\ \text{t/h}$$

$$P_{i1}=D_1\frac{h_l-h_{e1}}{3.6}=85\times(3098.1-2996.7)/3.6\ \text{kW}=2394\ \text{kW}$$

第二级组：

$$D_2=D_1-\Delta D_{e1}=(85-5.194)\ \text{t/h}=79.806\ \text{t/h}$$

$$P_{i2}=D_2\frac{h_{e1}-h_{e2}}{3.6}=79.806\times(2996.7-2832.4)/3.6\ \text{kW}=3642\ \text{kW}$$

第三级组：

$$D_3=D_2-\Delta D_{e2}=(79.806-2.784)\ \text{t/h}=77.022\ \text{t/h}$$

$$P_{i3}=D_3\frac{h_{e2}-h_{ed}}{3.6}=77.022\times(2832.4-2703.4)/3.6\ \text{kW}=2760\ \text{kW}$$

第四级组：

$$D_4=D_3-\Delta D_{ed}=(77.022-1.504)\ \text{t/h}=75.518\ \text{t/h}$$

$$P_{i4}=D_4\frac{h_{ed}-h_{e3}}{3.6}=75.518\times(2703.4-2629.6)/3.6\ \text{kW}=1548\ \text{kW}$$

第五级组：

$$D_5=D_4-\Delta D_{e3}=(75.518-3.890)\ \text{t/h}=71.628\ \text{t/h}$$

$$P_{i5}=D_5\frac{h_{e3}-h_{e4}}{3.6}=71.628\times(2629.6-2482.8)/3.6\ \text{kW}=2921\ \text{kW}$$

第六级组：

$$D_6=D_5-\Delta D_{e4}=(71.628-4.027)\ \text{t/h}=67.601\ \text{t/h}$$

$$P_{i6}=D_6\frac{h_{e4}-h_z}{3.6}=67.601\times(2482.8-2297.95)/3.6\ \text{kW}=3471\ \text{kW}$$

整机内功率：

$$P_{\mathrm{i}} = \sum_{j=0}^{6} P_{\mathrm{ij}} = (4924 + 2394 + 3642 + 2760 + 1548 + 2921 + 3471)\ \mathrm{kW}$$
$$= 21660\ \mathrm{kW}$$

6. 计算汽轮机装置的热经济性

机械损失：

$$\Delta P_{\mathrm{m}} = P_{\mathrm{i}}(1 - \eta_{\mathrm{m}}) = 21660 \times (1 - 0.99)\ \mathrm{kW} = 217\ \mathrm{kW}$$

汽轮机轴端功率：

$$P_{\mathrm{a}} = P_{\mathrm{i}} - \Delta P_{\mathrm{m}} = (21660 - 217)\ \mathrm{kW} = 21443\ \mathrm{kW}$$

发电机功率：

$$P_{\mathrm{e}} = P_{\mathrm{a}}\eta_{\mathrm{g}} = 21443 \times 0.97\ \mathrm{kW} = 20800\ \mathrm{kW}$$

发电机功率符合设计工况 $P_{\mathrm{e}}=20000\ \mathrm{kW}$ 的要求，说明原估计的蒸汽量 D_0 正确。若功率达不到设计要求，则需修正进汽量 D_0 并重新计算。

汽耗率：

$$d = D_0 \times 1000/P_{\mathrm{e}} = 86000/20800\ \mathrm{kg/(kW\cdot h)} = 4.135\ \mathrm{kg/(kW\cdot h)}$$

不抽汽时(回热抽汽停用)估计汽耗率：

$$d' = \frac{D_0 \times 1000}{\left[\dfrac{D_0(h_0 - h_z)}{3.6} - \Delta p_{\mathrm{m}}\right]\eta_{\mathrm{g}}}$$
$$= \frac{86000 \times 1000}{\left[\dfrac{86 \times (3304.2 - 2297.95)}{3.6} - 217\right] \times 0.97}\ \mathrm{kg/(kW\cdot h)}$$
$$= 3.722\ \mathrm{kg/(kW\cdot h)}$$

汽轮机装置的热耗率：

$$q = d(h_0 - h_{\mathrm{fw}}) = 4.135 \times (3304.2 - 674.8)\ \mathrm{kg/(kW\cdot h)} = 10871\ \mathrm{kg/(kW\cdot h)}$$

汽轮机装置的绝对电效率：

$$\eta_{\mathrm{el}} = 3600/q = 3600/10871 \times 100\% = 33.12\%$$

本例计算结果列于表 3-13 至表 3-15。

表 3-13　25 MW 凝汽式汽轮机热平衡计算基本数据

参数	符号	单位	数值	参数	符号	单位	数值	参数	符号	单位	数值
汽轮机初压	p_0	MPa	3.43	射汽抽汽器耗汽量	ΔD_{ej}	t/h	0.5	汽轮机背压	$p'_{\mathrm{c}}/p_{\mathrm{c}}$	MPa	0.0049/0.0047
汽轮机初温	t_0	℃	435	射汽抽汽器比焓降	Δh_{ej}	kJ/kg	2302.7	凝汽器出口水温	t_{c}	℃	31.80
汽轮机初比焓	h_0	kJ/kg	3304.2	汽轮机总进汽量	D_0	t/h	86	抽汽冷却器出口水温	t_{ej}	℃	34.80
工作转速	n	r/min	3000	前轴封漏汽量	ΔD_l	t/h	1	给水泵压头	p_{fp}	MPa	6.27
冷却水温	t_{c1}	℃	20	流入凝汽器蒸汽量	D_{c}	t/h	67.601	凝结水泵压头	p_{cp}	MPa	1.18

表 3-14　热平衡计算数据

加热器				H_1	H_2	H_d	H_3	H_4
加热抽汽	抽汽压力	p_{ei}	MPa	0.745	0.316	0.142	0.006	0.029
	抽汽比焓	h_{ei}	kJ/kg	2996.7	2832.4	2703.4	2629.6	2482.8
	加热器压力	p'_{ei}	MPa	0.686	0.290	0.118	0.079	0.027
	p'_e 下饱和水温	t'_{ei}	℃	164.17	132.42	104.25	93.15	66.37
	p'_e 下饱和水比焓	h'_{ei}	kJ/kg	693.6	556.6	437.0	390.2	277.8
	1 kg 蒸汽的放热量	Δh_e	kJ/kg	2303.1	2275.8	2266.4	2239.4	2205.0
凝结水	被加热的凝结水量	D_w	t/h	86.270	86.270	76.018	76.018	76.018
	加热器进口水温	t_{w1}	℃	127.42	104.25	90.15	63.37	34.80
	加热器进口水比焓	h_{w1}	kJ/kg	539.3	437	378.4	266.1	146.0
	加热器出口端差	δt	℃	5	5	0	3	3
	出口水温	t_{w2}	℃	159.17	127.42	104.25	90.15	63.37
	出口水比焓	h_{w2}	kJ/kg	675.2	539.3	437.0	378.4	266.1
	给水比焓增	Δh_w	kJ/kg	135.9	102.3	58.6	112.3	120.1
抽汽量	计算抽汽量	$\Delta D'_{ei}$	t/h	5.194	3.957	(1.967)	3.89	4.225
	前轴封回收相当量	$\Delta D'_l$	t/h		0.860			
	上级加热器疏水相当量	$\Delta D'_{e(i-1)}$	t/h		0.313	(0.463)		0.198
	实际抽汽量	ΔD_{ei}	t/h	5.194	2.784	1.504	3.89	4.027

表 3-15　汽轮机装置的热力特性数据

参数	符号	单位	数值	参数	符号	单位	数值	参数	符号	单位	数值
排汽比焓	h_z	kJ/kg	2207.9	机械损失	ΔP_m	kW	217	不抽汽时汽耗率	d'	kg/(kW·h)	3.722
等比熵排汽比焓	h_{2t}	kJ/kg	2127.3	联轴器端功率	P_a	kW	21443	给水温度	t_{fw}	℃	159.17
理想比焓降	$(\Delta h_t^{mac})'$	kJ/kg	1176.9	发电机效率	η_g	%	97	给水比焓	h_{fw}	kJ/kg	675.2
有效比焓降	Δh_i^{mac}	kJ/kg	1006.3	发电机端功率	P_e	kW	20800	热耗率	q	kJ/(kW·h)	10071
汽轮机内效率	η_{ri}	%	85.5	汽轮机总进汽量	D_0	t/h	86.000	绝对电效率	η_{el}	%	33.12
汽轮机内功率	P_i	kW	21660	汽耗率	d	kg/(kW·h)	4.135				

回热系统热平衡初步计算得到的抽汽压力与压力级比焓降分配后所确定的各级压力往往不能完全吻合，此时必须进行调整，通常需反复几次。本例题中所有数据为经过调整确定的热平衡计算数据。

通过回热系统热平衡计算可以全面算得机组的热经济性。当机组的效率、级数、抽汽点位置以及回热系统布置有变化时，系统的热平衡及机组的热经济性均相应变化，必须重新计算。

附录4中，附表4-1至附表4-4为国产N50-8.82/535型汽轮机热平衡计算数据，附图4-1和附图4-2分别为该汽轮机的回热系统简图和设计工况热力过程曲线。

3.3　通流部分选型

为了提高通流级的做功效率并降低透平机械的内部损失，合理的通流级设计是十分有必要的。

3.3.1　排汽口数和末级叶片

凝汽式汽轮机的汽缸数和排汽口数是根据其功率和单排汽口凝汽式汽轮机的极限功率确定的。当汽轮机的功率大于单排汽口凝汽式汽轮机的极限功率时，需要采用多缸和多排汽口，但很少采用五个以上的汽缸。

当转速和初、终参数一定时，排汽口数主要取决于末级通道的排汽面积。末级通道的排汽面积需结合末级长叶片特性、材料强度、汽轮机背压、末级余速损失大小及制造成本等因素，进行综合比较后确定。通常可按下式估算排汽面积：

$$A_b^z = \frac{P_{el}}{3162 p_c} \quad (m^2) \tag{3-5}$$

式中：P_{el}为机组电功率，kW；p_c为汽轮机排汽压力，kPa。

汽缸数增加，轴承数也增加，机组的总长度增长，远离推力轴承的汽缸、转子和静子的热膨胀差值也相应增大，这既增加了机组的造价又不利于机组的安全经济运行。目前为减少汽缸数常采用高、中压部分合缸和采用较先进的低压长叶片两种方法。附表3-4为部分国产汽轮机末级长叶片数据，附表3-5、附表3-6为国外某些制造厂设计制造的末级长叶片数据。

背压式汽轮机因其排汽容积流量不太大，因此末级叶片可按凝汽式汽轮机中间级处理。

根据总体设计决定排汽口数时要尽量在已有的叶片系列中选择与排汽面积相近的末级叶片或一组叶片，并需进行蒸汽弯曲应力的校核。新设计的末级叶片一般应使径高比$\theta = d/l > 2.5$，轴向排汽速度$c_{za}^x \leqslant 300$ m/s。

3.3.2　配汽方式和调节级选型

电站用汽轮机的配汽方式又称调节方式，与机组的运行要求密切相关。通常有喷嘴配汽、节流配汽、变压配汽及旁通配汽四种方式。旁通配汽通常与节流配汽或喷嘴配汽联合使用。

节流配汽通常只在国产辅助性小功率汽轮机中采用。国产大功率带基本负荷的汽轮机在低负荷运行时也有采用节流配汽方式的，如125 MW汽轮机在负荷高于两调节阀全开负荷时，采用喷嘴配汽，第三、四调节阀顺序开启；当汽轮机负荷低于两调节阀全开负荷时，采用节流配汽，第一、二调节阀同时关闭与开启。

变压配汽仅用于单元机组，其经济性取决于新汽参数的高低，初参数越高变压配汽的优越性越显著。分析计算表明，初压在12.3 MPa以下的汽轮机采用变压配汽并无好处，只有亚临界或超临界参数汽轮机采用变压配汽才显示出优越性。如引进美国技术的国产 N300-16.66/537/537 亚临界、一次中间再热、反动凝汽式汽轮机的配汽方式为:在头 20 年中机组承担基本负荷,采用喷嘴配汽;第二个 20 年中机组带尖峰负荷,负荷大于 85%额定负荷时采用喷嘴配汽,负荷在 18%～85%额定负荷时采用变压配汽,负荷低于 18%额定负荷时保持初压为 4.1 MPa 的喷嘴配汽。

喷嘴配汽是大多数国产汽轮机所采用的配汽方式。采用喷嘴配汽的汽轮机,其蒸汽流量的改变主要是通过改变第一级喷嘴的工作面积来实现的,所以该机的第一级又称调节级。调节级各喷嘴组的通道面积及通过其内的蒸汽流量不一定相同。调节级形式与参数的选择在热力设计中是相当重要的,与汽轮机的容量大小、运行方式等因素有关。

1. 调节级选型

目前常用的调节级有单列级与双列级两种,主要根据设计工况下调节级理想比焓降的大小来决定其形式。两种调节级的主要特点如下。

(1)承担的理想比焓降　双列级能承担较大的理想比焓降,一般为 160～500 kJ/kg;单列调节级能承担的理想比焓降较小,一般为 70～125 kJ/kg。

(2)级内效率　双列级的级内效率及其整机效率较低,在工况变动时其级内效率变化较单列级小;单列调节级在设计工况下级内效率较高,但在工况变动时级内效率变化较大。

(3)结构特点　采用单列调节级的汽轮机级数较多,投资费用较大;采用双列调节级的汽轮机级数较少,结构紧凑,因为其调节级后的蒸汽压力与温度下降较多,所以除调节汽室及喷嘴组等部件需采用较好的材料外,汽缸与转子的材料等级可适当降低,从而降低机组造价,提高机组运行的可靠性。

由此可知,对于参数不高、在电网中承担尖峰负荷的中、小型汽轮机,宜采用双列调节级,如国产 100 MW 以下的汽轮机绝大多数采用双列调节级;对于高参数、大容量、在电网中承担基本负荷的汽轮机,如国产中间再热汽轮机组,宜采用单列调节级。

2. 调节级参数的选择

1)理想比焓降的选择

现代汽轮机大多数采用喷嘴配汽,影响其经济性的主要因素之一是调节级理想比焓降值的大小。在选择调节级理想比焓降值时,应充分考虑该机组在变工况下的工作条件,正确地选择调节级的尺寸和形式,使它能保证在给定的蒸汽参数和功率的各个持久工况下,具有较高的经济性。调节级比焓降的大小也涉及强度和结构方面的问题,若采用较大比焓降的调节级,则需要考虑调节级强度的问题。确定调节级理想比焓降是汽轮机初步设计的主要任务之一。

调节级形式的选择,即采用单列级还是复速级,须根据机组承担的负荷情况而定。单列级在设计工况下有较高的效率,但能承担的理想比焓降较小,机组投资费用较大,因此大容量机组及带基本负荷的机组采用单列级作为调节级。复速级能承担的理想比焓降较大,在变工况下其效率变化较小,可减小机组级数、转子长度和尺寸,使结构简化;还可降低调节汽室压力和温度,减少轴封漏汽。

调节级理想比焓降的选择:

复速级一般在 195～300 kJ/kg 之间,当功率较大时可选用较小值;

单列级一般在 80～130 kJ/kg 之间。

除此之外还要求最大工况下调节汽室的最高温度符合材料要求，对于套装叶轮，不超过350 ℃，对于整锻转子，不超过530 ℃。

选择设计工况下调节级理想比焓降时，还需考虑工况变动后的一些因素，如第一组调节阀全开时调节级叶片的强度。此外，为了保证一定的给水温度，调节级后压力至第一级回热抽汽压力之间的比焓降在保证压力级平均直径平滑变化的条件下，应能分为整数级。当第一级抽汽位于调节级后时，调节级级后压力需根据给水温度选取。

2)调节级速度比 $x_a=u/c_a$ 的选择

为了保证调节级的级内效率，应该选取适当的速度比，它与所选择的调节级形式有关。通常单列调节级速度比选择的范围为 $x_a=0.35\sim0.44$，双列调节级速度比选择的范围为 $x_a=0.22\sim0.28$。低的反动度和小的部分进汽度对应较低的速度比。

3)调节级反动度的选择

为提高调节级的级内效率，一般调节级都带有一定的反动度。由于调节级大都采用部分进汽，为了减少漏汽损失，反动度不宜选得过大。双列调节级各列叶栅反动度之和 Ω_m（$\Omega_m=\Omega_b+\Omega_g+\Omega'_b$）一般不超过13%～20%，并在级内采用严密的顶部和轴向汽封，尽量减小漏汽量；当压力比 $\varepsilon<0.4$ 时，Ω_m 可在0.14～0.25范围内选取；根部反动度为0%～5%。反动度在各列叶栅中的分配以各列叶栅通道光滑变化为原则。反动度的大小由调节级各列叶栅的出口面积保证。表3-16所示为经过试验证明的具有较高级内效率的双列级各列叶栅的出口面积比。

表3-16　双列级各列叶栅面积比范围

理想比焓降 Δh_t/(kJ/kg)	压力比 ε	第一列动叶出口面积比 A_b/A_n	导叶出口面积比 A_g/A	第二列动叶出口面积比 A_b/A_n
<210	>0.55	1.50～1.55	2.35～2.50	3.40～3.80
210～299	0.55～0.35	1.53～1.59	2.40～2.60	3.45～3.80

4)调节级平均直径的选择

由于调节级承担了较大的比焓降，根据最佳速度比的要求，其平均直径一般要高于普通压力级。选择调节级平均直径时通常也要考虑制造工艺、调节级叶片的高度及第一压力级的平均直径。调节级平均直径一般在下列范围内选取：中低压汽轮机（套装叶轮）取 $d_m=1000\sim1200$ mm；高压汽轮机（整锻转子）取 $d_m=900\sim1100$ mm；单列调节级为选取较大理想比焓降可取平均直径的上限值。

5)调节级叶型组合及其性能

调节级的叶型，尤其是双列调节级的叶型，通常是成组配套选择使用的。除了根据实际情况选择匹配的叶型外，喷嘴与动叶汽流出口角 α_1 和 β_2 对做功能力、通流能力和叶栅效率都有重要的影响，因此选择合适的角度大小也十分必要。

国产汽轮机调节级最常用的叶型组合为苏字叶型，在中小型汽轮机的双列调节级中，也曾用过西字叶型与捷字叶型组合。表2-3所示为常用的苏字双列调节级叶型特性数据。附表3-9和附表3-10分别为部分国产汽轮机单列与双列调节级主要数据。

在生产中广泛采用的单列调节级型线组合如表3-17所示。

表 3-17 单列调节级型线组合

叶栅	型线	$\alpha_1(\beta_2)$	叶高/mm	型线	$\alpha_1(\beta_2)$	型线	$\alpha_1(\beta_2)$
喷嘴	TC-1A	12°55′	22.9	TC-1A	10°～13°	TC-2A	14°～16°
动叶	TP-2A	19°43′	24.7	TP-1A	16°～17°	TP-2A	18°～21°

在生产中广泛采用,并具有较高效率的双列调节级型线组合如表 2-3 所示,一般 $\Delta h_t=210\sim280$ kJ/kg,$d_m=1150$ mm。

调节级的计算过程可参见 2.3 节。

3.3.3 压力级设计特点

压力级一般是指调节级后各非调节级。当调节级选定之后,所有压力级前后的压力及理想比焓降也就确定了。由于凝汽式汽轮机进、排汽的热力参数点分别处于汽液两相区域,随着蒸汽的流动做功,蒸汽压力不断降低,其容积流量变得越来越大,且越靠近排汽侧变化越大。根据这一特点,一般把凝汽式汽轮机中的各个级按其蒸汽容积流量的大小和变化情况分成三个不同的级组,每个级组具有不同的特点。高压级组的蒸汽容积流量较小且变化缓慢;中压级组的容积流量已达一定数值但变化还不太急剧;低压级组容积流量最大,并且变化急剧。前面提及,蒸汽容积流量是影响汽轮机级内效率的主要因素之一。

需要指出,对不同类型的汽轮机,三个级组并不是都同时存在的。对于蒸汽初参数较低的凝汽式汽轮机,可以认为它的通流部分只由中压和低压级组组成,而背压式汽轮机则没有低压级组。

各级组之间应根据各自热力、气动损失特性进行有针对性的选择与设计。

1. 高压级组

高压级组中蒸汽的容积流量很小,其变化也较小。级组通流部分的高度不大,几何尺寸变化平缓,其各级的能量损失中叶高损失和漏汽损失所占比例较大,如表 3-18 所示。

表 3-18 高压级组内某级损失及相对比例

名称	绝对值/(kJ/kg)	占级焓降比值	占总损失比值
喷嘴损失	2.89	5.45	19.7
动叶损失	1.97	3.72	13.4
余速损失	1.3	2.75	8.8
高度损失	4.02	7.59	27.4
摩擦损失	1.17	2.22	8.0
围带漏汽损失	1.97	3.72	13.4
隔板漏汽损失	1.38	2.61	9.3
各项损失之和 14.7			
级的理想焓降 51.71+1.21=52.92			
级的内效率(52.92−14.7)/51.71×100%=74%			

为增大叶片高度,减少叶高损失,从而提高级组各级的内效率,常采用较小的平均直径

d_m 和较小的喷嘴出口角 α_1，通常 $\alpha_1=11°\sim14°$（角度过小，喷嘴损失会明显增加）。为使叶片高度 l_n 不小于 12～20 mm，有时需要采用部分进汽。此时叶片高度和部分进汽度的选择原则是，叶高损失和部分进汽损失之和最小，对应的叶片高度称为最有利叶片高度。

对于大容量汽轮机，为保证必要的刚度和强度，高压隔板和喷嘴往往较厚，导致喷嘴相对高度较小，端部损失较大。为增加叶栅的相对高度，我国汽轮机制造厂广泛采用窄喷嘴结构，并配以加强筋来满足叶栅刚度与强度的要求。

2. 低压级组

低压级组一般指包括最末级在内的末几个压力级。为适应蒸汽容积流量急剧增大的要求，可增大低压级组的叶片出汽角、叶高和平均直径，甚至采用多分流方式（多排汽）。该级组设计中应考虑的主要因素是，力求将叶片高度控制在合理范围，尽量使通道形状保持光滑变化。通常综合采取下列措施控制叶高，保证通道的光滑性及提高效率。

(1)加大喷嘴与动叶的出口角，但这会使级内效率降低，因此只在末级采用（末级喷嘴出口角可达 18°～20°）。

(2)增大叶栅平均直径不仅可限制叶片高度过分增加，又可增大级的理想比焓降，这同时有利于级数的减少和加大级内的汽流速度，使级的通流能力增大。由于级的理想比焓降随速度比与平均直径的增大而增加，因此凝汽式汽轮机末级的理想比焓降可为高压级的 3～4 倍，末级的余速损失也相应增大。为了保证汽轮机具有一定的效率，目前要求基本负荷级组末级余速损失不超过全机总理想比焓降的 1.5%～2.5%，一般控制在 24～32 kJ/kg 范围内；中间负荷级组的末级余速损失则应控制在 40 kJ/kg 左右。

(3)选用较大的速度比。一般冲动式汽轮机速度比 x_a 在 0.48～0.52 范围内选取，有时末级速度比可达 0.6。

(4)当径高比 $d/l\leqslant 8\sim10$ 时选用扭叶片级。

(5)为使通流部分平滑变化，并且避免采用缩放喷嘴，应逐级提高平均直径处的反动度。当根部反动度为 0%～5%时，末级平均反动度可达 30%～50%或更大。

(6)低压级组一般工作于湿蒸汽区，为减少湿汽损失及其给叶片带来的水蚀破坏，要求非中间再热式汽轮机最终的蒸汽湿度不超过 12%。在设计时还需考虑设置去湿装置和采取相应的去湿措施。

3. 中压级组

中压级组工作于过热蒸汽区，故不产生湿汽损失，同时蒸汽流过高压级组膨胀后容积流量较大，各级的叶高损失和漏汽损失相对较小，因此级组中各级的级内效率都较高，比较容易设计成有适中高度、变化光滑的通道形状。

同时，为保证级组有较高的效率，各级组都应重视以下几点：

(1)合理选择反动度。　实际运行证明，反动度（平均轮径处）Ω_m 选择得过大或过小，都会带来附加损失。根据试验资料，建议在设计工况下选择反动度 Ω_m 的原则是：为保证设计工况下叶片根部不吸汽不漏汽，使叶片根部处的反动度在 3%～5%之间。

(2)合理选取速度比 x_a。　速度比 x_a 与反动度 Ω_m、部分进汽度 e 有密切的关系。一定的 Ω_m、e，有一 x_a 与之对应。一般说来，最佳的 x_a 值随反动度 Ω_m、部分进汽度 e 的增大而增大，随 Ω_m、e 的减小而减小。

另外，喷嘴与叶片出口截面积之比 $f=A_b/A_n$ 主要取决于反动度 Ω_m 和速度比 x_a，Ω_m 越小，x_a 越小，f 就越大。Ω_m 与 f 之间是相互对应的，选定其中一个参数，另一个参数也就确定了。

设计多级冲动式汽轮机时，通常选取高、中压非调节级的速度比 $x_a=0.46\sim0.50$。

(3)合理地选择通流部分的各项间隙，这些几何参数选择得合理与否，直接影响到机组运行的经济性与可靠性。

叶顶径向间隙 $\delta_r=0.5\sim1.5$ mm；围带厚度 $\delta_s=2.0\sim4.0$ mm；喷嘴闭式间隙 δ_2、动叶闭式间隙 δ_3、叶顶盖度 Δ_t、叶根盖度 Δ_r，可根据叶片高度及其他数据查表 2-2。

3.4 压力级比焓降分配及级数确定

3.4.1 蒸汽通道的合理形状

由于蒸汽在膨胀过程中压力降低比容增加，蒸汽的容积流量可能变化很大，这在凝汽式汽轮机中尤为显著。所以在设计汽轮机时，蒸汽通流部分的形状应满足蒸汽流动的这一特性，通流部分，特别是压力级的通流部分平滑地变化极为重要，必须以此为出发点。当然，要使设计的汽轮机有较高的效率，还须使各压力级的速度比 $x_a=u/c_a$ 为最佳值，各级的喷嘴、动叶片有足够的高度，选择最好的型线、合理的间隙和反动度等，但最终须保证通流部分平滑变化，不然以上措施就会失去其积极意义。一般机组的通流部分轮廓的锥角不超过 30°。

由于叶栅所形成的环形通流面积与叶片出汽角、叶高及叶片节圆直径均有关系，因此可采用改变各级的理想比焓降分配、直径、喷嘴和动叶片的型号、出汽角及反动度等多种方法，来保证通流部分平滑变化，从而保证全部或部分利用前级余速损失。

为保持较高的轮周效率，高压级的汽流出口角希望选取较小的数值，只是随着蒸汽容积流量的增大，为了不使叶高过分增大，造成通道急剧扩张，才在末几级中选用了较大的 α_1 值。

常用的通道形状有以下三种。

(1)等根径。图 3-14(a)所示为根部直径相等的蒸汽通道形状。这种通道形状最宜被整锻转子采用。其各级的平均直径是逐渐增加的。国产高参数汽轮机的高压转子及大功率中间再热汽轮机的中压转子都是等根径的。背压式汽轮机由于排汽压力较高，容积流量变化较小，其通道形状通常也设计成等根径的。等根径通道形状加工制造比较方便。

(2)根径增大。图 3-14(b)所示为根部直径逐渐增大的蒸汽通道形状。此种通道形状可使高压级叶片加长，低压级叶片减短，能充分满足容积流量增加较快的要求。适用于套装叶轮的转子或低压焊接转子。为控制低压部分由于叶片顶部扩张严重而导致的流动损失，一般应使顶部扩张角不超过 40°。这种通道形状常用于冲动式单缸汽轮机、反动式多缸汽轮机的高中压级组。

(3)根径减小。图 3-14(c)所示为根部直径逐渐减小的蒸汽通道形状。其平均直径虽然仍旧逐级增加，但根部直径却逐级减小。这种形状的通道可以在保持合适的末级径高比条件下，使前几级承担的焓降适当增大，有利于减小通流部分顶部扩张角，同时末级根部产生向下的压力梯度，末级静动叶根部流线下凹，提高了根部反动度，减缓了低负荷时根部脱流，有利于变工况运行，主要用于低压级组末两级。

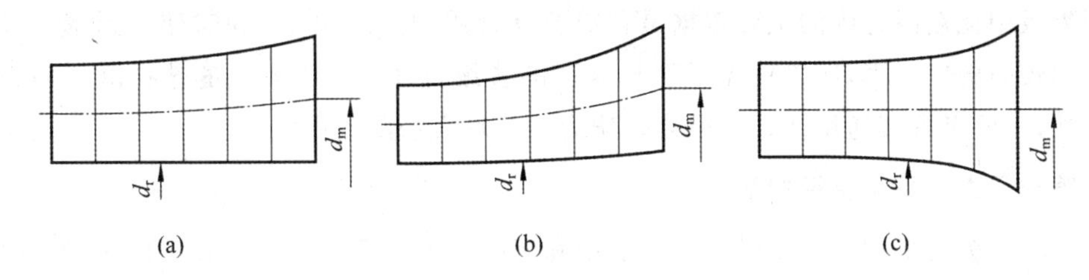

图 3-14　蒸汽通道形状

由于同样的整机焓降条件下，反动式汽轮机级数要多于冲动式汽轮机级数，且反动式汽轮机一般为全周进汽，平均直径较小，因此这两种汽轮机的蒸汽通道形状也有所不同。

1）冲动式汽轮机

蒸汽流过汽轮机各级组时其容积流量的变化程度是不相同的，所以整台汽轮机的通道形状通常为上述几种形式的组合，如图 3-15 所示。

2）反动式汽轮机

反动式汽轮机每级的做功能力较冲动式的小，为保证高压部分全周进汽，其平均直径选择较小值，所以高压部分级数和整机总级数一般较冲动式汽轮机的多，这就使反动式汽轮机的比焓降分配和通道形状选择均较复杂。图 3-16 所示为反动式汽轮机的三种通道形状。其中，图 3-16(a)表示各级平均直径和比焓降逐级递增的通道形状；图 3-16(b)表示由三个不同等根径级组形成的通道形状，图 3-16(c)表示前三个级组为各列叶栅高度相同的等根径通道形状，末一级组为根径增大与等根径两部分组成的通道形状。

反动式汽轮机因必须全周进汽，故仅适用于大功率机组。

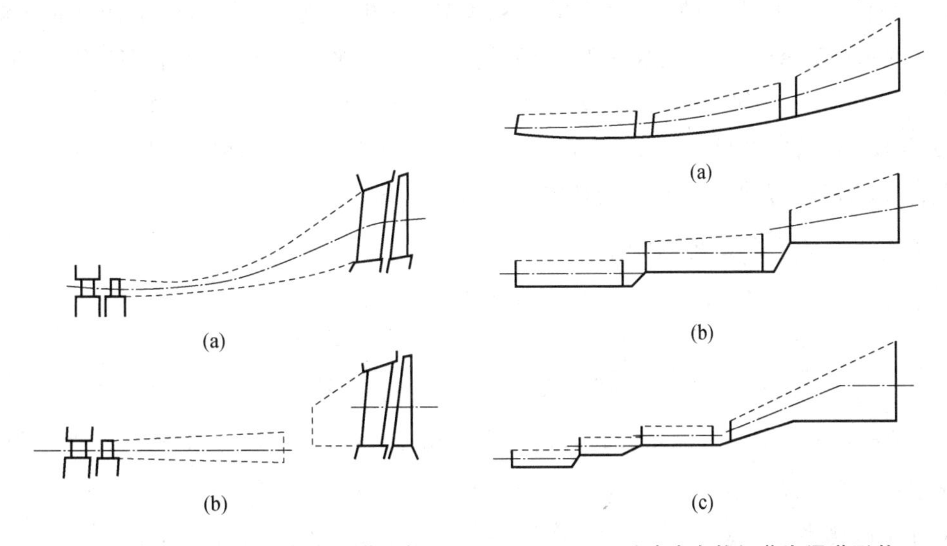

图 3-15　冲动式汽轮机蒸汽通道形状　　图 3-16　反动式汽轮机蒸汽通道形状

3.4.2　各级平均直径的确定

由上可知，通流部分的变化曲线主要取决于第一级和最末一级的几何尺寸，为了保证通流部分平滑过渡，在设计时首先需要估计这两级的平均直径，再根据这两级的平均直径拟合出全机通流部分的变化规律，并估计全机级数，初步给出各级比焓降，最后再进行各级详细计算。

压力级中比焓降分配的主要依据是各级要有合适的速度比 x_a，同时使通道形状光滑变化以达到较高的内效率，所以首先要选择合适的各级直径。各级直径的选择既要考虑通道的光滑性，还要考虑其通用性。其中第一压力级平均直径影响最大。

1. 第一压力级平均直径的估算

第一压力级的平均直径可以根据调节级和末级的平均直径适当估算。由于调节级的部分进汽度在工况变动时是变化的，与第一压力级的进汽度不同，因此两级直径是不相同的，一般两级平均直径之差不小于 50～100 mm。对单缸汽轮机来说，首末两级平均直径之比不小于 0.46～0.6。所以当末级为通用叶型级时，第一压力级的平均直径就可根据末级直径估取。

第一压力级的平均直径可按下式估算：

$$d_m^1 = \sqrt{\frac{60Gv_{1t}x_a}{\pi^2 nl_n e\mu_n \sqrt{1-\Omega_m}\sin\alpha_1}} \quad (\mathrm{m}) \tag{3-6a}$$

上式可根据喷嘴的流量方程、速度与速度比关系推导得出。

用下面简化公式也可进行第一压力级平均直径的估算：

$$d_m^1 = \frac{60x_a 44.72\sqrt{\Delta h_t}}{\pi n} = \frac{854x_a\sqrt{\Delta h_t}}{n} \quad (\mathrm{m}) \tag{3-6b}$$

或

$$d_m^1 = 0.2847x_a\sqrt{\Delta h_t} \quad (\mathrm{m})(n = 3000\ \mathrm{r/min}) \tag{3-6c}$$

式中：G 为通过第一压力级的蒸汽流量，kg/s；n 为汽轮机转速，r/min；Δh_t 为级理想比焓降，可先假设 $\Delta h_t \approx 50$ kJ/kg；x_a 为第一压力级速度比；l_n 为第一压力级喷嘴高度，估取时 $l_n >$ 0.012～0.02 m；Ω_m 为第一压力级平均反动度；μ_n 为喷嘴流量系数，对于过热区通常取 $\mu_n =$ 0.97；e 为第一压力级部分进汽度，尽量使 $e=1$，需与叶高 l_n 相应估取；α_1 为第一压力级喷嘴出口角；v_{1t} 为第一压力级喷嘴出口汽流理想比容，$\mathrm{m^3/kg}$。

2. 凝汽式汽轮机末级直径的估算

当末级不为通用级时，最后一级的平均直径可用下式估算：

$$d_m^z = \sqrt{\frac{G_c v_z \theta}{\pi\sqrt{2000\xi\Delta h_t^{mac}}\sin\alpha_z}} = \sqrt{\frac{G_c v_z \theta}{140\sqrt{\xi\Delta h_t^{mac}}\sin\alpha_z}} \quad (\mathrm{m}) \tag{3-7}$$

式中：G_c 为通过末级的蒸汽流量，kg/s；α_z 为末级动叶出口角，一般取 $\alpha_z \approx 90°$；ξ 为末级余速损失系数，$\xi\Delta h_t^{mac} = \Delta h_{c2}^z$ kJ/kg，一般 $\xi = 0.015$～0.025，也可以在 25～42 kJ/kg 间估取；v_z 为末级动叶排汽比容，$\mathrm{m^3/kg}$；θ 为末级径高比，$\theta = d_m^z/l_b^z$，对于小功率汽轮机尽量使 $\theta \geqslant 8$～12，以避免采用扭叶片，大容量汽轮机可取较小值，但一般 $\theta > 2.5$～3。

3. 确定压力级平均直径的变化

根据前述的蒸汽通道形状，确定压力级平均直径的变化规律。通常采用作图法，现介绍如下（见图 3-17）：

在横坐标上任取长度为 a 的线段 BC（一般 $a = 25$ cm），用以表示第一压力级至末级动叶中心之轴向距离，在 BC 两端分别按比例画出第一压力级与末级的平均直径值，如图 3-17

中的 AB 与 CD（一般 $AB=d_m^1/10$，$CD=d_m^z/10$）。根据所选择的通道形状，用光滑曲线将 A、D 两点连接起来，AD 曲线即为压力级各级直径的变化规律。

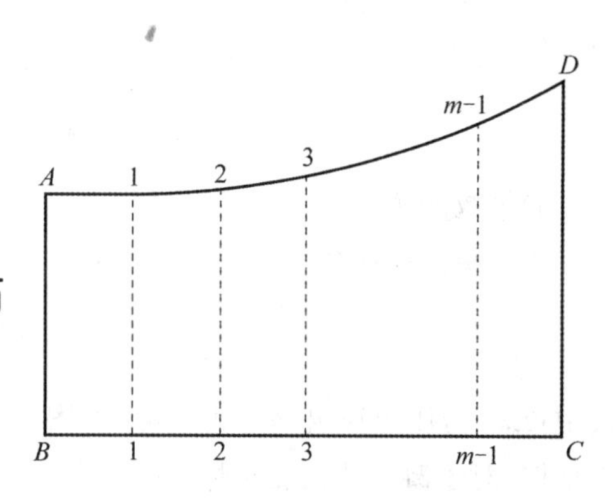

图 3-17　压力级平均直径变化规律

3.4.3　级各主要热力参数的分布规律

1）级的理想焓降

由于级的平均直径逐级增大，在保持最佳速度比的情况下，各级理想焓降逐级增大（一般第一压力级的理想焓降约为 50 kJ/kg，最末级可达 150 kJ/kg）。

2）级的平均截面反动度

由于叶高不断增大，为使根部保持一不大的正反动度（0.03～0.05），平均截面处的反动度需逐级增大。对于汽轮机的末几级，由于蒸汽的容积流量迅速增加，为了保持合理的动、静叶片超高，并尽量避免在喷嘴中出现超声速流速，往往选用较大的反动度（部分甚至超过0.5）。

3）级的速度比

随着平均截面反动度的增加，级的速度比也逐级增大，以保持较好的级内效率（以 200 MW 机组为例，第一级速度比为 0.408，最末级速度比为 0.563）。

4）级的压力比 ε（$\varepsilon=p_2/p_1$）和汽流速度 c_1、w_1

随着级理想焓降的增大和级前温度的降低，级的压力比逐渐减小。喷嘴和动叶的出口速度 c_1、w_1 不断增大，这对提高末几级的通流能力以适应容积流量的增大是十分必要的。

5）声速和马赫数

随着蒸汽温度的下降，各级声速不断减小，但级内汽流速度却不断增大，使马赫数相应增大，以致有可能在汽轮机的末级、次末级中达到临界值。

3.4.4　级数的确定及比焓降的分配

1. 级数的确定

1）压力级平均直径 $\overline{d}_m$

在图 3-17 上将 BC 线段分为 m 等份，如图中 1，2，…，($m-1$) 点（对于大、中型汽轮机，$m>5$），从图中量出各段长度，求出平均直径为

$$\overline{d}_m=\frac{AB+(1\text{-}1)+(2\text{-}2)+\cdots+CD}{m+1}\times 10 \tag{3-8}$$

2）压力级平均理想比焓降 $\Delta\overline{h}_t$

在图上画出速度比 x_a 的变化曲线，速度比 x_a 的数值应与各级的最佳速度比相符合。然后求出平均理想比焓降。每级的理想比焓降可由下式确定：

$$\Delta h_t=\frac{c_a^2}{2000}=\frac{1}{2000}\left(\frac{u}{x_a}\right)^2=\frac{1}{2000}\left(\frac{\pi d_m n}{60x_a}\right)^2=12.337\,\frac{d_m^2}{x_a^2} \tag{3-9}$$

则

$$\Delta \bar{h}_{\mathrm{t}} = 12.337 \frac{\bar{d}_{\mathrm{m}}^{2}}{x_{\mathrm{a}}^{2}} \tag{3-10}$$

3)级数的确定

压力级组的级数可由下式求得：

$$z = \frac{\Delta h_{\mathrm{t}}^{\mathrm{p}}(1+\alpha)}{\Delta \bar{h}_{\mathrm{t}}}\text{（取整）} \tag{3-11}$$

式中：$\Delta h_{\mathrm{t}}^{\mathrm{p}}$ 为压力级组理想比焓降（见图 3-18）；α 为重热系数。重热系数 α 可先从下述范围中估取：对于凝汽式汽轮机取 $\alpha=0.03\sim0.08$，对于背压式汽轮机取 $\alpha=0.01\sim0.04$。待级数确定之后再用下式校核：

$$\alpha = K_{\mathrm{a}}(1-\eta''_{\mathrm{ri}})\frac{\Delta h_{\mathrm{t}}^{\mathrm{p}}}{419}\frac{z-1}{z} \tag{3-12}$$

式中：K_{a} 为与蒸汽状态相关的修正系数，级组在过热区工作时 $K_{\mathrm{a}}=0.2$，级组在饱和蒸汽区工作时 $K_{\mathrm{a}}=0.12$，级组跨两区工作时 $K_{\mathrm{a}}=0.14\sim0.18$；$\eta''_{\mathrm{ri}}$ 为压力级组的内效率，$\eta''_{\mathrm{ri}}=\dfrac{\Delta h_{\mathrm{i}}^{\mathrm{p}}}{\Delta h_{\mathrm{t}}^{\mathrm{p}}}$。

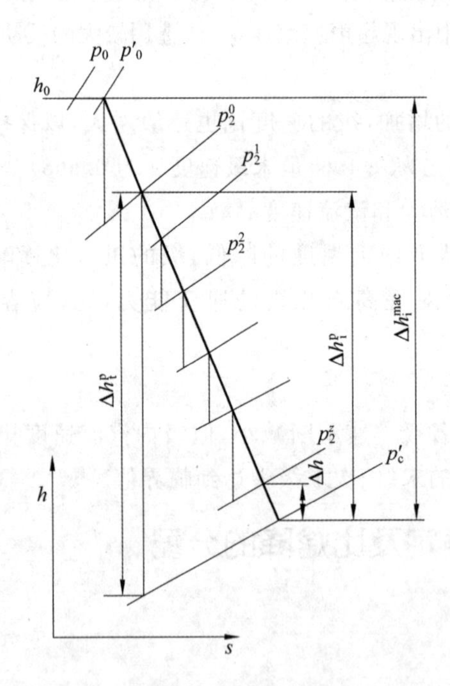

图 3-18 分配比焓降用的热力过程曲线

2. 比焓降分配

1)各级平均直径的求取

求得压力级的级数后，再将图 3-17 中的线段 BC 重新分为 $(z-1)$ 等份，在原拟定的平均直径变化曲线 AD 上求出各级的平均直径。

2)各级比焓降分配

根据求出的各级平均直径，选取相应的速度比，根据式(3-9)求出各级的理想比焓降。为了便于比较与修正，常常将上述参数列成表，其格式如表 3-19 所示。

表 3-19　比焓降分配辅助用表格

级号		1	2	……	z	总和
平均直径	d_m					
速度比	x_a					
试算理想比焓降	$\Delta h_t=(\Delta h_t)=12.337\dfrac{d_m{}^2}{x_a{}^2}$					$\sum\Delta h_t$
确定的理想比焓降	$\Delta h_t=(\Delta h_t)+\dfrac{\Delta H}{z}$					$\sum\Delta h_t$

表中 $\Delta H=(1+\alpha)\Delta h_t^p-\sum(\Delta h_t)$，$\Delta H$ 也可不平均分配给每一级，对不能利用前一级余速的级可适当多分配一点。

3)各级比焓降的修正

在拟定的热力过程曲线上逐级作出各级理想比焓降 Δh_t，当最后一级的背压 p_2^z 与排汽压力 p'_c(即 p_z)不能重合时(见图 3-18)，必须对分配的比焓降进行修正。图中 Δh 为 p_2^z 与 p'_c 两压力差间的理想比焓降，根据其大小分为若干份，分配给若干级(部分级或全部级)。

将经过修正的各级比焓降 Δh_t 分配在拟定的热力过程曲线上，并找出相应的各级回热抽汽压力。将此抽汽压力与回热系统计算所得的抽汽点压力相比较，看是否相等。一般两者很难完全吻合，需进行适当调整。调整时应注意如下几点：

(1)除氧器的抽汽压力应大于其额定值，以免负荷变小时不能保证除氧效果；

(2)除氧器前一级抽汽压力不可过高，否则容易引起给水在除氧器内自沸腾；

(3)应满足给水温度要求。

调整好抽汽压力后，还需对回热系统重新进行计算，以便最后确定各级抽汽量和通过汽轮机各级组的蒸汽量。

3.4.5　背压式汽轮机的比焓降分配

1. 背压式汽轮机平均直径的确定

背压式汽轮机第一压力级平均直径的确定方法与凝汽式汽轮机的相同，末级平均直径的确定方法因其结构特点而有所不同。

一般背压式汽轮机通道形状制成等根径的形式，其末级平均直径可由下式求得：

$$d_m^z=d_r+l_b^z+\Delta l_r \tag{3-13}$$

式中：d_r 为第一压力级轮缘直径；l_b^z 为末级动叶高度；Δl_r 为叶根的高度，常取 10～12 mm。

当背压式汽轮机无回热抽汽时，由于通过末级与第一压力级的蒸汽流量相等，根据流量连续方程可近似地用下式计算末级动叶高度：

$$l_b^z\approx l'_b\frac{\upsilon_2^z}{\upsilon_2^1} \tag{3-14}$$

式中：υ_2^1、υ_2^z 分别为第一压力级与末级动叶后的实际比容，可在拟定的热力过程曲线上查得；l'_b 为第一压力级动叶高度。

根据经验，用式(3-14)算得的末级动叶高度 l_b^z 一般偏大 3～5 mm。

2. 比焓降分配

背压式汽轮机压力级比焓降分配的程序与凝汽式汽轮机的类似。由于背压式汽轮机排汽压力高，蒸汽容积流量在整个流道中变化不大，故其各级的平均直径、速度比及理想比焓降也变化不大，可用直线表示这些参数的变化规律，如图 3-19 所示。

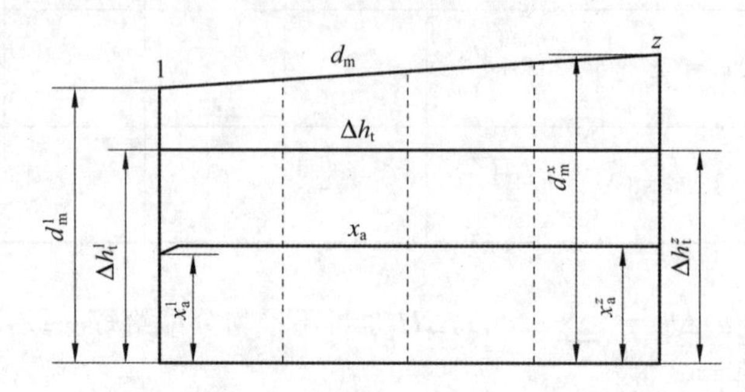

图 3-19　背压式汽轮机 d_m 和 Δh_t 的变化规律

3.4.6　反动式汽轮机的比焓降分配

反动式汽轮机比焓降分配的主要依据仍为各级应有合适的速度比，同时使蒸汽通道光滑过渡。

反动式汽轮机首末两压力级平均直径的计算公式与冲动式汽轮机的类似，只是它采用轮鼓式转子，两级平均直径比冲动式汽轮机的小，一般 $d_m^1/d_m^z=0.37\sim0.45$。

确定反动式汽轮机级数和分配比焓降可用上述图解与计算方法，但由于反动式汽轮机各级的理想比焓降小、级数多，用上述方法分配比焓降既费时又不准确，故采用图 3-20 所示图解法较为简便。

1)级有效比焓降的简化计算

根据反动式汽轮机的特点，蒸汽在级内流动时仅产生喷嘴与动叶损失、余速损失和漏汽损失，所以级的有效比焓降可由下述简化公式求得，当 $\Omega_m=0.5$ 时，

$$\Delta h_i \approx c_1^2\left[1-\left(\frac{w_1}{c_1}\right)^2\right](1-\xi_\delta)=c_1^2 x_1[2\cos\alpha_1-x_1](1-\xi_\delta) \tag{3-15}$$

$$\xi_\delta = 1.72\,\frac{\delta_r^{1.4}}{l_b} \tag{3-16}$$

式中：c_1 为喷嘴出口汽流实际速度，m/s；w_1 为动叶进口汽流相对速度，m/s；ξ_δ 为反动级漏汽能量损失系数；δ_r 为动叶顶部径向间隙；l_b 为动叶高度。

2)比焓降分配及级数确定

(1)将压力级分成若干级组，按前述方法分别求出每一级组的首末两级平均直径 d_m^1 和 d_m^z，以及各级组中各级平均直径的变化曲线，如图 3-20(a)所示。

(2)在拟定的整机近似热力过程曲线上，估计各级组的有效比焓降，并在图 3-20(b)的横坐标上按比例表示出各级组的有效比焓降，图中 oc 为第一级组有效比焓降 Δh_i^{I} 。

(3)估计级组各级速度比 x_1 和静叶出口角 α_1 的变化规律，在级组内任取 n 个中间点，分别取出这些点的 d_m、x_1 和 α_1，计算出各点的有效比焓降 Δh_i。

(4)将各 Δh_i 值按比例绘于图 3-20(b)相应点的纵坐标上，得到各级的有效比焓降 Δh_i 的变化规律曲线，如图 3-20(b)中的 ab 曲线所示。

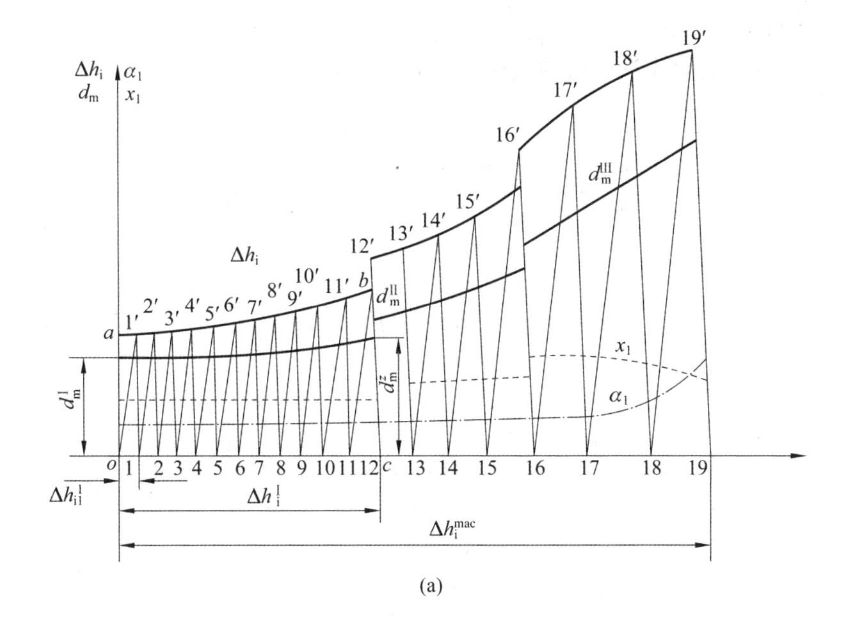

(a)

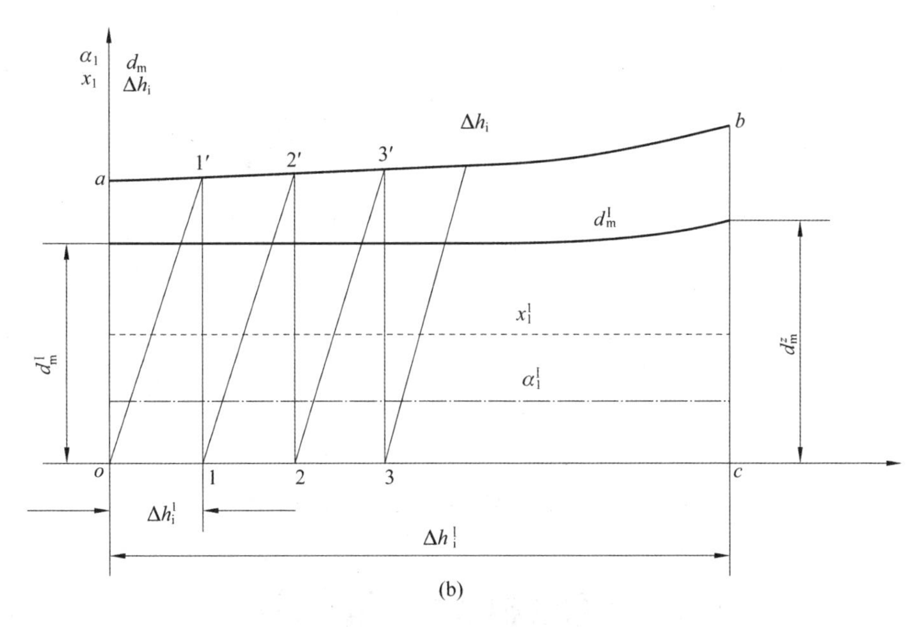

(b)

图 3-20　反动式汽轮机级数图解法

(a)整机级数图解法；(b)第一级组级数图解法

(5)从坐标原点 o 起，按比例在横坐标上画出第一级有效比焓降 Δh_i^1，得 1 点，过 1 点作垂线交 ab 曲线于 $1'$点，连接 o、$1'$，过 1 点作 $o1'$的平行线交 ab 曲线于 $2'$点，过 $2'$点作垂线交横坐标于 2 点，则 1-2 为第二压力级的有效比焓降，以此类推，直到该级组有效比焓降的终点 c。如果第一次作图未能将该级组的有效比焓降 Δh_i^{I} 分尽，则需修改平均直径 d_m 的变化规律，直至分尽。

(6)以此类推，作出三个级组的比焓降分配，即确定了整机的级数。

各级详细热力计算后，可得到整机的实际热力过程曲线。如果这条曲线与近似热力过程曲线相差很大，需以这条实际热力过程曲线为依据，进行第二次比焓降分配，直至两次热力过程曲线十分接近为止。

图 3-21 所示为某反动式汽轮机的实际热力过程曲线。

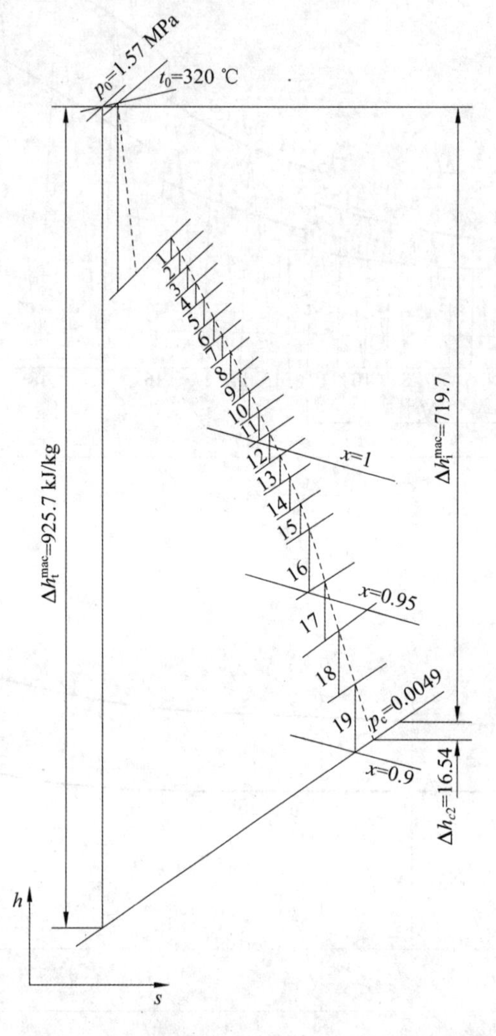

图 3-21 某反动式汽轮机实际热力过程曲线

3.5 汽轮机漏汽量的计算

3.5.1 阀杆漏汽量计算

1. 计算公式

阀杆漏汽量 ΔD_v 常按下式计算：

$$\Delta D_v = 0.240\mu_v A_{v1}\sqrt{\frac{p_0}{v_0}} \tag{3-17}$$

$$A_{v1} = \pi d_{vi}\delta_r$$

式中：p_0 为阀杆每一分段前蒸汽压力，MPa；v_0 为阀杆每一分段前蒸汽比容，m^3/kg；A_{v1} 为阀杆间隙面积，cm²；μ_v 为阀杆漏汽流量系数；d_{vi} 为阀杆直径，cm；δ_r 为阀杆周围径向间隙，通常取 $\delta_r=(0.004\sim0.005)d_{ei}$，cm。

2. 阀杆漏汽流量系数的确定

阀杆漏汽流量系数 μ_v 与阀杆分段前后压力比及蒸汽流动状况（层流或紊流）有关。一般可按下述步骤确定：

(1)确定 R_e^*　R_e^* 的计算公式为

$$R_e^* = \frac{3350\delta_r \sqrt{p_0/v_0}}{\eta_0 \times 10^6} \tag{3-18}$$

式中：η_0 为蒸汽的动力黏度，Pa·s，可根据 p_0、t_0 查水和水蒸气热力性质图表得出。

(2)查紊流流量系数 μ_{tu}　先计算系数 $K_1=\dfrac{l}{\delta_r\sqrt[4]{R_e^*}}$（$l$ 为每一分段长度）然后查图 3-22(b)得 μ_{tu}。

(3)确定流量系数 μ_v　当 $\mu_{tu}R_e^*<1$ 时，说明阀杆间隙中漏汽流动为层流状态，则 $\mu_v=\mu_{la}$，μ_{la} 可根据 $K_2=\dfrac{l}{\delta_r R_e^*}$ 查图 3-22(a)得到；当 $\mu_{tu}R_e^*>1$ 时，$\mu_v=\mu_{tu}$。

一般用上述方法计算阀杆漏汽时，不考虑光杆或车槽阀杆的影响。

附表 4-5 为 N50-8.82/535 型汽轮机主汽门与调节汽阀在额定工况下的漏汽量计算数据。附图 4-3 为 N50-8.82/535 型汽轮机的轴封系统。

3.5.2　轴封漏汽量计算

1. 轴封系统

汽轮机前后轴封加上与之相连的管道及附属设备，称为汽轮机的轴封系统。应在确定汽封结构的情况下选择合理的轴封系统，恰当地安排齿数，合理地选择轴封各段腔室的压力，尽量简化系统，减少漏汽量，并设法回收漏汽以提高机组效率。常用的轴封系统有闭式与开式两种。

闭式系统虽然较为复杂，但漏汽封闭在系统中，有利于安全、经济运行。其特点如下。

(1)回收泄漏蒸汽。高中压汽缸中漏出的蒸汽与相当压力的回热抽汽接通，其热量可用于加热给水。

(2)设有均压箱向汽封供汽。由压力调整器维持送汽腔室的压力恒为 0.101～0.127 MPa；

(3)设有真空腔室。真空腔室的压力为 9.5 kPa，靠汽封系统中轴封冷却器维持，用以防止高温蒸汽漏入轴承或外界空气漏入汽缸。漏入真空母管的漏汽和空气，被回收到轴封冷却器加热给水，如附图 4-3 所示。

开式系统用于小机组，系统简单，不设抽汽设备，通常用冒汽管把轴封漏汽排入机房，如图 3-23 所示。

2. 轴封漏汽量计算

计算轴封漏汽量的方法很多，常采用下述方法：

(1)判别轴封末齿中漏汽流动状态的公式为

$$k_l = \frac{0.85}{\sqrt{z_l + 1.5}} \tag{3-19}$$

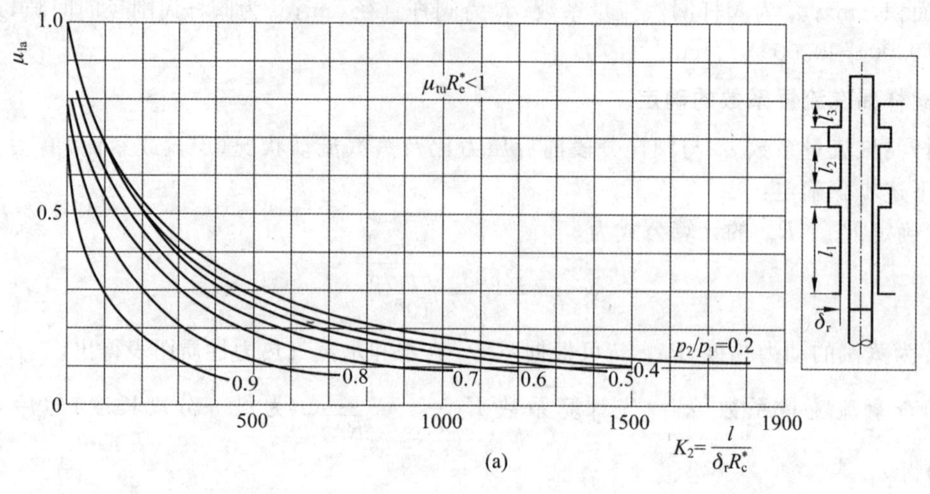

(a)

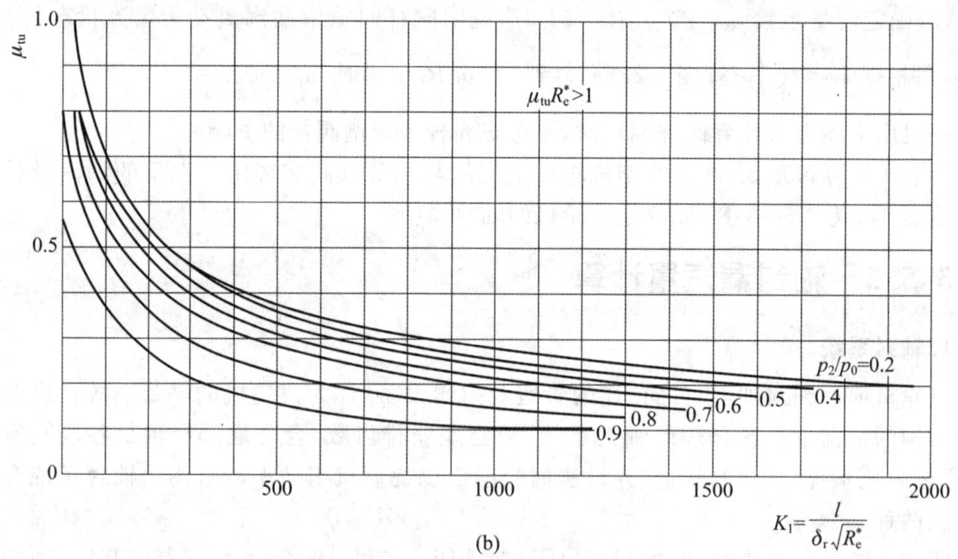

(b)

图 3-22　阀杆漏汽流量系数曲线

(a)层流流量系数曲线；(b)紊流流量系数曲线

大气　大气

供汽

去回热抽汽

图 3-23　开式轴封系统

式中：z_l 为轴封段汽封齿数。

(2)计算漏汽量 ΔD_l　当 $k_l \geqslant \dfrac{p_z}{p_0}$ 时，轴封末齿中汽流速度已达到临界速度，应用下式计算轴封漏汽量：

$$\Delta D_l = 0.360 \mu_l A_l \sqrt{\frac{1}{z_l + 1.5} \frac{p_0}{v_0}} \quad (\text{t/h}) \tag{3-20}$$

当 $k_l < \dfrac{p_z}{p_0}$ 时，汽流在汽封中为亚声速流动，可用下式计算轴封漏汽量：

$$\Delta D_l = 0.360\mu_l A_l \sqrt{\frac{1}{z_l}\frac{p_0{}^2 - p_z{}^2}{p_0 v_0}} \quad (\text{t/h}) \tag{3-21}$$

式中：p_0、p_z 为轴封段前后汽室压力，MPa；v_0 为轴封段前蒸汽比容，m^3/kg；A_l 为轴封段的间隙面积；$\mu_l = \pi d_l \delta_l$，d_l 为该段轴封直径，δ_l 为该段轴封径向间隙，一般取 $\delta_l = 0.03 \sim 0.04$ cm，刚性转子间隙还可小，计算时考虑汽轮机长期运行间隙会加大，一般取名义间隙的 1.5～2 倍，cm^2；μ_l 为轴封漏汽流量系数，与轴封齿形结构有关，不同结构齿形的流量系数如图 3-24 所示，不过设计时通常取 $\mu_l = 1$，当采用平齿轴封时，上两式的计算结果还需乘以修正系数 k'_l，k'_l 可查图 3-25 得到。

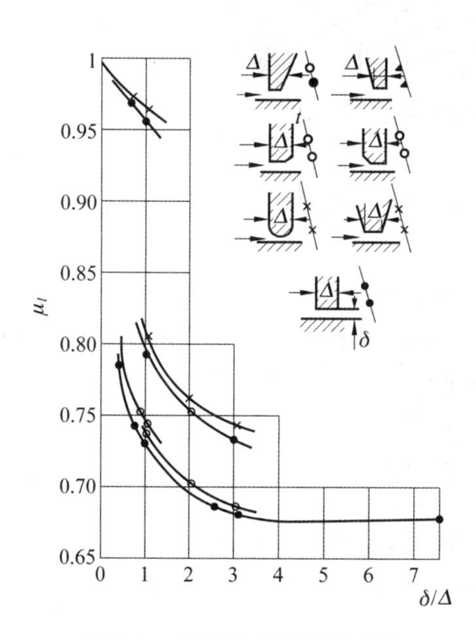

图 3-24　齿形轴封的流量系数

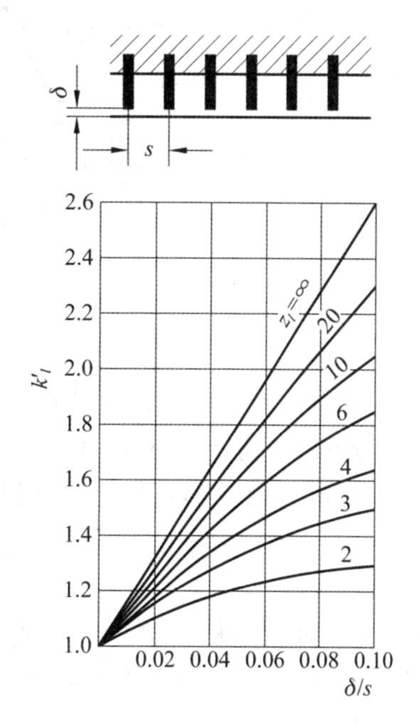

图 3-25　平齿轴封的修正系数

某些汽轮机制造厂采用下式计算轴封漏汽量：

$$\Delta D_l = 0.240\mu_l \beta_l A_l \sqrt{\frac{p_0}{v_0}} \quad (\text{t/h}) \tag{3-22}$$

式中：β_l 为轴封中漏汽量与同一初参数下临界漏汽量之比，$\beta_l = \Delta D_l / (\Delta D_l)_{cr}$。其值可查图 3-26得出，$\beta_l$ 也可用下面公式进行计算：

当末齿未达到临界状态时，

$$\beta_l = 1.499\sqrt{\frac{1}{z_l}\left[1 - \left(\frac{p_z}{p_0}\right)^2\right]} \tag{3-23}$$

当末齿达到临界状态时，

$$\beta_l = 1.499\sqrt{\frac{1}{z_l + 1.5}} \tag{3-24}$$

附表 4-6 为国产 N50-8.82/535 型汽轮机在设计工况下的轴封漏汽量计算数据。

3.5.3　汽封直径的确定

对于整锻转子，汽封直径即为转子直径。对于红套叶轮转子，叶轮轮毂直径为汽封直径，主轴直径通常要比叶轮轮毂直径小 80～120 mm，所以要确定红套叶轮转子的汽封直径

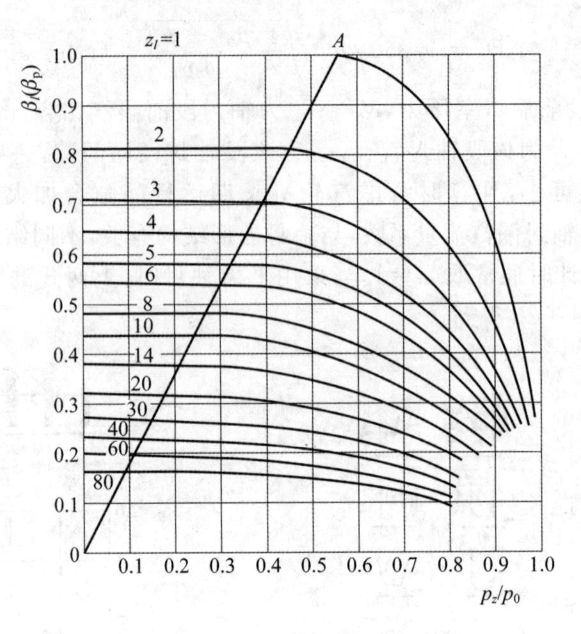

图 3-26　相对漏汽量曲线

必须首先确定主轴直径 d_a。主轴直径主要是从主轴的强度及振动角度出发，根据主轴临界转速来确定的。一般中压凝汽式汽轮机临界转速 n_{cr} 小于工作转速 n，当 $n=3000$ r/min 时，$n_{cr}=1600\sim2200$ r/min，可用下式近似计算临界转速：

$$n_{cr}\approx 7.5\frac{(d_a/L)^2}{\sqrt{m/L}} \tag{3-25}$$

式中：d_a 为主轴最大直径，mm；L 为两轴承间距离，m；m 为转子质量，kg。

对于整锻转子，可用下式近似计算临界转速：

$$n_{cr}\approx 8.1\frac{(d_p/L)^2}{\sqrt{m/L}} \tag{3-26}$$

式中：d_p 为汽封直径。

在设计时可参考同类型汽轮机先估计 L 和 m 的值，给定临界转速范围，然后由以上二式近似求得汽封直径。

表 3-20 所示为低中压凝汽式汽轮机 L、m、d_a 及 d_p 的设计经验数据。

表 3-20　低中压凝汽式汽轮机轴封直径数据

机组容量/kW	轴承距离 L/m	转子质量 m/kg	d_a/m	d_p/m
2500	1.6～2.0	1500～25000	0.16～0.20	0.25～0.30
6000	2.0～2.5	25000～40000	0.19～0.24	0.27～0.36
12000	2.5～3.0	40000～70000	0.25～0.32	0.34～0.44
25000	3.2～4.0	70000～110000	0.32～0.42	0.40～0.54

在确定前轴封直径时，还要考虑整个转子的轴向推力。一般第一段前轴封的直径就是平衡活塞的直径。

若整机的轴向推力为 F_z（轴向推力计算见 3.7 节），推力轴承所能承受的力为 F_b，则平衡活塞所需平衡的轴向推力为 $F=F_z-F_b$。所选择的平衡活塞直径 d_x 和活塞低压侧蒸汽

压力 p_x 须满足下式：

$$F=\frac{\pi}{4}[d_x^2(p_1-p_x)-d_2^2p_1+d_1^2p_x]>0 \tag{3-27}$$

式中：d_1、d_2 分别为平衡活塞两侧汽室中的转子直径，m；p_1 为平衡活塞高压侧汽室压力，通常是调节汽室压力，Pa；p_x 为平衡活塞（见图 3-27）低压侧汽室压力，Pa。

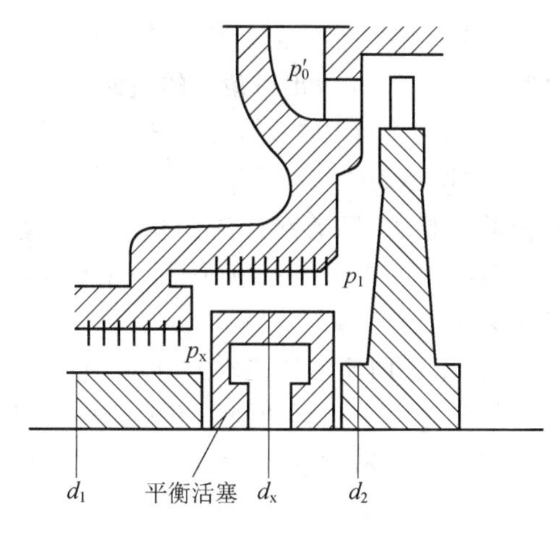

图 3-27　平衡活塞

3.6　整机计算、校核及调整

依据前述各节相关介绍，首先选定调节级，并对其进行详细计算；然后确定汽轮机各级比焓降；之后根据各级压力差等对各压力级逐级进行详细计算。这往往不可能一次完成，需要进行校核及反复调整才能确定最终方案。

在整个计算和调整过程中需注意以下几点。

（1）各级蒸汽量：由于存在前轴封漏汽和回热抽汽，因此通过各级的蒸汽量不会都相等。

（2）为方便汽轮机制造，降低成本，应尽量使大多数级的喷嘴和叶片型线相同，并尽量与已有产品通用。

（3）余速利用系数：当相邻级的部分进汽度相同，平均直径变化不大，轴向间隙也不大时，余速利用系数 μ_2 可取 0.8～1。当相邻级的部分进汽度不等，或平均直径有突变时，则前级余速不能为下级所利用，$\mu_2=0$。

（4）在进行热力计算的同时，应绘制出通流部分草图，随时检查通流部分是否光滑。若需在高度上做少量改变，可以通过改变级的反动度和角度 α_1 或 β_2 来实现。如果要做较大改变，则必须改变平均直径。

（5）额定功率的保证：在选定经济功率下调节级的进汽度时，应考虑留有足够余量，以备增加喷嘴数来保证额定功率下所需的蒸汽流量。

（6）调节级的喷嘴通流面积要比额定功率时所需值大，以保证由于制造误差，初参数降低或背压升高时仍能发出额定功率。所以在正常参数下，机组出力可提高。对于中、低压机组可提高出力 20%～30%，对于高压机组可提高出力 10%～20%。

（7）压力级可直接依据级焓降分配值计算，也可以根据前级焓值和级前后压力差进行计算。如果根据级焓降分配值直接计算各压力级，则由于在各项损失计算后难以保证最终级后压力和焓降分配时通过过程线拟合的压力一致，此差异会随着逐级计算不断累积，最终导致最后一级级后压力值与设计给定值存在较大误差，需要再次调整各级焓降分配值，此过程仍然需要协调回热抽汽压力。所以，直接按照焓降初次分配后对应的各级前后压力值进行各压力级设计计算，理论上可减少后续工作量。

在检查核算过程中，可参考如下各项损失及级内效率规律。

(1)余速损失：随各级动叶出口速度 w_2 及出口角β_2 的增加，c_2 及余速损失也相应增加，对于凝汽式机组的最末级，余速损失可达到相当大的数值，甚至有可能超过本级理想焓降的10%。

(2)叶高损失：随叶片高度的增加而逐级减小。

(3)叶顶漏汽损失及隔板漏汽损失：随着级通流面积的逐级增加，围带和隔板轴封漏汽面积的相对值不断减小，故这两项损失在级损失中所占的比例不断下降，对于凝汽式机组的末几级，隔板漏汽损失常可略去不计。

(4)摩擦损失：摩擦损失正比于圆周速度的三次方，但反比于蒸汽比容，综合结果是摩擦损失逐级下降，凝汽式机组的末几级由于比容达到相当大的数值，常可略去不计。

(5)部分进汽损失和湿汽损失：部分进汽损失随部分进汽度的增加而减小；湿汽损失随湿度的增加而逐级增大，并在汽轮机的最末级达到最大值。

(6)级内效率：汽轮机级内效率与容积流量的数值大小密切相关，一般情况下，高压级由于通流部分高度较小，叶高损失和漏汽损失(部分进汽时，还有部分进汽损失)较大，级内效率不够高；随着通流部分尺寸逐渐增大，这两项损失减小，级内效率随之提高；但末几级工作于湿蒸汽区，级内出现湿汽损失，余速损失也增加很多，级内效率又下降。因此，对于常规电站汽轮机，一般中间各级有着较高的级内效率(某 200 MW 机组第一压力级内效率为 81.9%，最末级为76.3%，而中间各级可达 88%～90%)。

每次整机计算和调整后，应对整机的相对内效率、内功率及蒸汽流量进行校核。

详细计算所得内功率和内效率与原设计要求的内功率和估计的内效率的相对误差应分别小于 1%。有时为了弥补计算中的误差，内功率可考虑 2%的保险值。

根据实际计算的相对内效率、抽汽量、漏汽量及设计工况下内功率进行总蒸汽流量的校核，相对误差小于 1%为合格；误差在 1%与 3%之间时，可根据计算所得流量与原先估计值按比例修正喷嘴和动叶的高度，级内效率和全机效率可不修正；若相对误差大于 3%，则应根据计算所得流量进行第二次计算。考虑到在制造、安装过程中难免出现误差，最终确定的方案可以考虑修正为比设计要求值大 2%，以保证机组的实际出力。全机设计功率计算完毕后，还应计算该汽轮机在额定功率下所需蒸汽量，并保证通道能通过此蒸汽流量。

3.7　轴向推力的计算

3.7.1　轴向推力的计算公式

轴流式汽轮机所受蒸汽的轴向推力由以下四部分组成：①作用在全部动叶片上的轴向力 F_{z1}；②作用在叶轮面和轮毂部分的轴向力 F_{z2}；③作用在转子凸肩上的轴向力 F_{z3}；④作用在轴封凸肩上的轴向力 F_{z4}，因轴封凸肩很小，故这一部分的轴向力也很小，在实际计算中往

往不予考虑。其他三部分轴向力的计算公式分别为

$$F_{z1} = G(c_1\sin\alpha_1 - c_2\sin\alpha_2) + e\pi d_b l_b (p_1 - p_2) \tag{3-28a}$$

或

$$F_{z1} \approx e\pi d_b l_b \Omega_m (p_1 - p_2)\text{(冲动式)} \tag{3-28b}$$

$$F_{z2} = \frac{\pi}{4}\{[(d_b - l_b)^2 - d_1^2]p_d - [(d_b - l_b)^2 - d_2^2]p_2\} \tag{3-29a}$$

或

$$F_{z2} = \frac{\pi}{4}\{[(d_b - l_b)^2 - d^2](p_d - p_2)\}(d_1 = d_2 = d) \tag{3-29b}$$

或

$$F_{z2} = \left\{\frac{\pi}{4}[(d_b - l_b)^2 - d^2] + (1+e)\pi d_b l_b\right\}(p_d - p_2)(d_1 = d_2 = d) \tag{3-29c}$$

式中：d_1、d_2 分别为叶轮两侧轮毂直径；p_d 为叶轮前蒸汽压力。

$$F_{z3} = \frac{\pi}{4}(d_1^2 - d_2^2)p_x \tag{3-30}$$

式中：d_1、d_2 分别为计算面上的外径和内径；p_x 为计算面上的蒸汽静压力。

汽轮机总的轴向推力为

$$F_z = \sum_1^z (F_{z1} + F_{z2}) + \sum_1^m F_{z3} \tag{3-31}$$

式中：z 为汽轮机级数；m 为轴的凸肩数。

3.7.2　叶轮前压力 p_d 的确定

叶轮前压力 p_d 与动叶根部轴向间隙的漏汽或吸汽有关，其计算方法如下：

令

$$A'_p = A_p / \sqrt{z_p} \tag{3-32}$$

叶轮反动度

$$\Omega_d = \frac{\Delta h_d}{\Delta h_t} \approx \frac{p_d - p_2}{p_0 - p_2} = \frac{\Delta p_d}{\Delta p_t} \tag{3-33}$$

叶根反动度

$$\Omega_r = \frac{\Delta h_b}{\Delta h_t} \approx \frac{p_{1r} - p_2}{p_0 - p_2} = \frac{\Delta p_b}{\Delta p_t} \tag{3-34}$$

式中：A_p、z_p 分别为隔板汽封间隙面积及汽封齿数；Δh_d 为叶轮前后理想比焓降；Δh_b 为动叶根部前后理想比焓降。

当略去平衡孔、叶片根部和隔板间隙中汽流的密度变化时，可用流量平衡方程计算叶轮反动度 Ω_d，将式(3-32)、式(3-33)、式(3-34)代入流量方程式得

叶根漏汽时

$$\mu_4 A_4 \sqrt{\Omega_d} = \mu_5 A_5 \sqrt{\Omega_r - \Omega_d} + \mu_p A'_p \sqrt{1 - \Omega_d} \tag{3-35}$$

叶根吸汽时

$$\mu_4 A_4 \sqrt{\Omega_d} = \mu_p A'_p \sqrt{1 - \Omega_d} - \mu_5 A_5 \sqrt{\Omega_d - \Omega_r} \tag{3-36}$$

根部不吸不漏时

$$\mu_4 A_4 \sqrt{\Omega_d} = \mu_p A'_p \sqrt{1 - \Omega_d} \tag{3-37}$$

式中：A_4、A_5 分别为平衡孔及叶根轴向间隙面积；μ_p、μ_4、μ_5 分别为隔板、平衡孔及叶根轴向间隙的流量系数，通常取 $\mu_p=1$、$\mu_4=\mu_5=0.3$。

当 $\Omega_d<0.1$ 时，$\sqrt{1-\Omega_d}\approx 1$，可对式(3-35)、式(3-36)进行简化：

设 $q=\dfrac{\Omega_d}{\Omega_r}\approx\dfrac{\Delta p_d}{\Delta p_b}$，令 $\alpha=\dfrac{\mu_4 A_4}{\mu_p A'_p}\sqrt{\Omega_r}$，$\beta=\dfrac{\mu_5 A_5}{\mu_p A_p'}\sqrt{\Omega_r}$，将 α、β、q 代入式(3-35)和(3-36)得

叶根漏汽时

$$q=\left(\frac{\alpha+\beta\sqrt{\alpha^2+\beta^2-1}}{\alpha^2+\beta^2}\right)^2 \tag{3-38}$$

叶根吸汽时

$$q=\left(\frac{\alpha-\beta\sqrt{\beta^2-\alpha^2+1}}{\beta^2-\alpha^2}\right)^2 \tag{3-39}$$

叶轮反动度为

$$\Omega_d=q\Omega_r \tag{3-40}$$

根据式(3-38)和式(3-39)绘出计算图线，q 可从图线(见图 3-28)中查得。

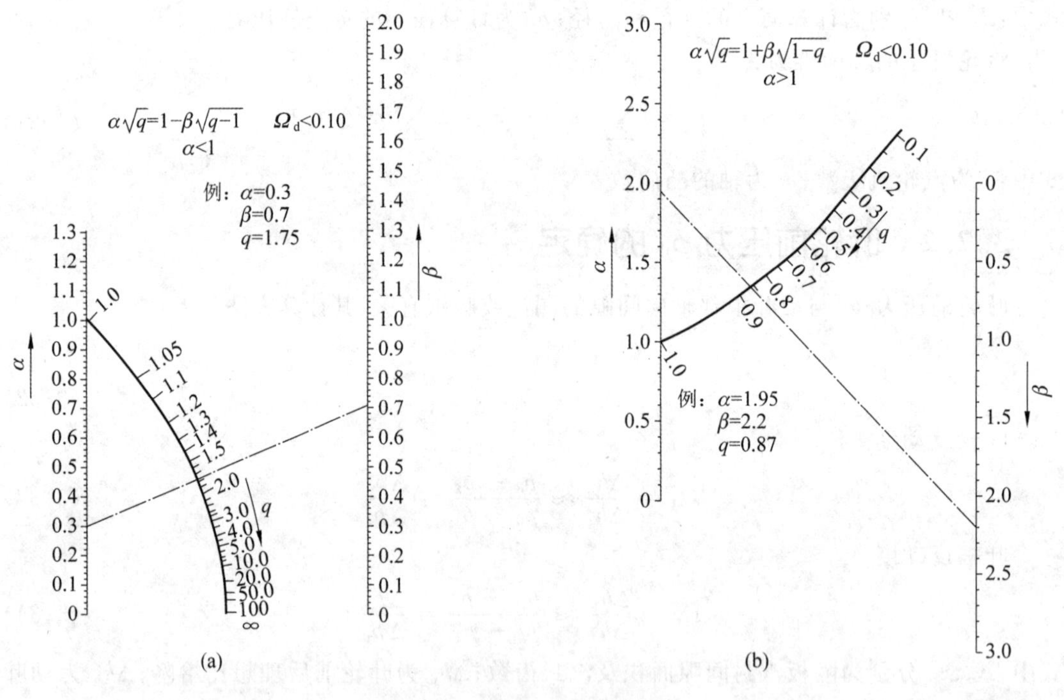

图 3-28　叶轮反动度计算图线

(a) $\alpha<1$；(b) $\alpha>1$

叶轮前压力

$$p_d=p_2+\Omega_d(p_0-p_2) \tag{3-41}$$

3.7.3　推力轴承的安全系数

推力轴承的安全系数必须满足下述条件：

$$n=\frac{pA-\sum F_{z3}}{\sum F_{z1}+\sum F_{z2}}>1.5\sim 1.7 \tag{3-42}$$

式中：p 为推力瓦块所能承受的总压力，Pa，摇摆式瓦块通常取 $p=2\sim2.5$ MPa；A 为推力瓦块的承压面积，m^2。

附表 4-7 为 N50-8.82/535 型汽轮机设计工况下轴向推力计算数据。附图 4-4 为该机轴向推力图。

参考文献

[1] 王乃宁. 汽轮机热力设计[M]. 北京：水利电力出版社，1987.
[2] 石道中. 汽轮机设计基础[M]. 哈尔滨：哈尔滨工业大学出版社，1990.
[3] 冯慧雯. 汽轮机课程设计参考资料[M]. 北京：水利电力出版社，1992.
[4] 中国动力工程学会. 火力发电设备技术手册第二卷：汽轮机[M]. 北京：机械工业出版社，2000.
[5] 机械工程手册电机工程手册编辑委员会. 机械工程手册第 72 篇：汽轮机（试用本）[M]. 北京：机械工业出版社，1997.
[6] 邓建玲，杨志平，陶新磊，等. 二次再热机组再热压力的选取[J]. 汽轮机技术，2013，55(06)：465-468，414.
[7] 程钧培. 中国电气工程大典第 4 卷：火力发电工程[M]. 北京：中国电力出版社，2009.
[8] 蔡颐年. 蒸汽轮机[M]. 西安：西安交通大学出版社，1988.
[9] 黄树红. 汽轮机原理[M]. 北京：中国电力出版社，2008.

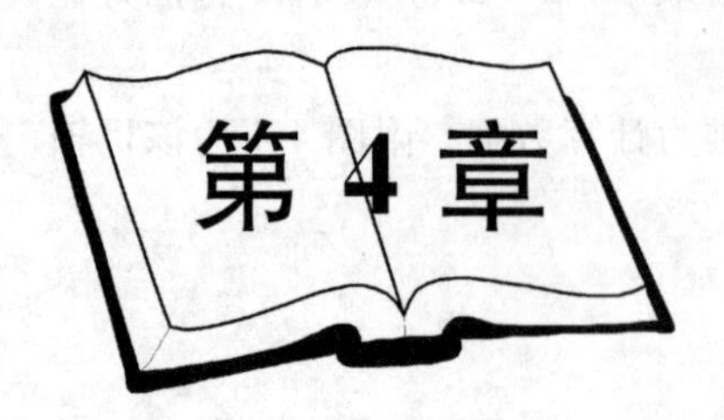

第4章 汽轮机变工况热力核算

汽轮机运行工况改变时,通过汽轮机的蒸汽流量或蒸汽参数将发生变化,汽轮机的某些级或全部级的反动度、级内效率也随之发生变化。为了估计汽轮机在新工况下的经济性和可靠性,有必要对新工况进行热力核算。

汽轮机变工况下热力核算的方法很多,当汽轮机的新工况偏离设计工况不远时,可以采用近似的核算方法;当汽轮机的新工况偏离设计工况较远,或者工况特殊(如真空恶化、蒸汽流量变化较大等)需要详细了解零件的强度、轴向推力等安全性问题时,就需进行逐级核算求取级的各项参数。无论是近似方法还是逐级详细核算方法,它们与级的热力设计计算本质上是一致的,都是根据已知的、部分的热力数据将各级前后热力数据完整推算出来。对于级的热力设计计算而言,就是已知初参数和级前后的压力差或者级的理想比焓降,依据损失模型估算出级后温度、速度,并在过程中设计通流部分的结构参数。对于变工况热力核算,则是已知蒸汽流量和级前或者级后部分热力参数,以及通流部分的结构参数,推算其他热力参数并核算损失和效率。

4.1 变工况核算的理论基础和基本步骤

4.1.1 变工况核算的理论基础

变工况核算的主要理论基础,是对于给定的通流流道,其前后压力、温度与蒸汽流量之间的关系可以用弗留格尔(Flugel)公式描述:

$$\frac{G_1}{G}=\sqrt{\frac{p_{01}^2-p_{21}^2}{p_0^2-p_2^2}}\sqrt{\frac{T_0}{T_{01}}} \tag{4-1a}$$

式中:G_1、G 分别是工况变化前后蒸汽的流量;p_0、p_2、p_{01}、p_{21}、T_0、T_{01} 分别是通流流道在流量变化前后的压力和温度。

弗留格尔公式的适用条件是未出现超声速流动,这一点要予以注意。

当 $T_{01}\approx T_0$ 时,该公式可以简化成

$$\frac{G_1}{G}=\sqrt{\frac{p_{01}^2-p_{21}^2}{p_0^2-p_2^2}} \tag{4-1b}$$

当工况变动前后蒸汽在级组内同一级均为超声速流动时,流量与级组前压力之间的关系为

$$\frac{G_1}{G} = \frac{p_{01}}{p_0}\sqrt{\frac{T_0}{T_{01}}} \tag{4-2a}$$

当$T_{01} \approx T_0$时，

$$\frac{G_1}{G} = \frac{p_{01}}{p_0} \tag{4-2b}$$

对于凝汽式汽轮机，一般除最后一、二级外，无论是否出现超声速流动都可用式(4-2a)或式(4-2b)表示流量与级组前压力的关系。

应用上述公式的基本前提是通流结构不发生改变，因此需要注意下列两种情况。

(1)因长期运行中结垢、腐蚀，级组中通道面积发生明显变化。

这种情况下，通道面积与设计状态有一定的差异，不能直接利用设计状态作为新工况的计算参照点，需对上式进行修正：

$$\frac{G_1}{G} = a\sqrt{\frac{p_{01}^2 - p_{21}^2}{p_0^2 - p_2^2}}\sqrt{\frac{T_0}{T_{01}}} \text{ 或}\left(\frac{G_1}{G} = a\sqrt{\frac{p_{01}^2 - p_{21}^2}{p_0^2 - p_2^2}}\right) \tag{4-3a}$$

$$\frac{G_1}{G} = a\frac{p_{01}}{p_0}\sqrt{\frac{T_0}{T_{01}}} \text{ 或}\left(\frac{G_1}{G} = a\frac{p_{01}}{p_0}\right) \tag{4-3b}$$

式中：a为通道变化前后面积比，$a = A_1/A$，A_1为变化后通道面积，A为原通道面积。

(2)多排汽口的分组问题。

一般，对于多级汽轮机，可以将通流结构和流动特征相近的级作为一个级组看待，回热抽汽一般不影响分组结果，但是对于有调整抽汽或者存在旁通调节阀的汽轮机，则需以抽汽点进行分组。

4.1.2　变工况前后理想比焓降、速度比及反动度的变化规律

变工况前后级的理想比焓降与级前后压力比有如下关系：

$$\Delta h_t = \frac{k}{k-1}RT_0\left[1 - \left(\frac{p_2}{p_1}\right)^{\frac{k-1}{k}}\right] \tag{4-4}$$

式中：R为气体常数。

上式说明级的理想比焓降Δh_t主要取决于级前后压力比，由于各压力级的压力比不随工况变化，所以各级理想比焓降也不发生变化，因此变工况前后流量的变化主要引起调节级与末一、二级理想比焓降的变化。当然，这一关系规律只适用于工况变化不大的情况，当汽轮机工况变化较大时，理想比焓降发生变化的级将逐渐向高压方向扩延、增多。

当级理想比焓降发生变化时，级的速度比和级内反动度也将发生变化。级反动度的变化一般可用下式近似计算：

$$\frac{\Delta\Omega_m}{1-\Omega_m} = A\frac{\Delta x_a}{x_a} \tag{4-5a}$$

式中：

$$A = \frac{2\varphi\cos(\beta_1 - \alpha_1)\dfrac{\sqrt{1-\Omega_m}}{\cos\beta_1} - 2x_a - \Delta x_a}{\dfrac{1}{\cos^2\beta_1} + x_a{}^2 - \varphi\dfrac{\cos(\beta_1 - \alpha_1)}{\cos\beta_1}\sqrt{1-\Omega_m}(x_a - \Delta x_a)}x_a$$

$$\Delta\Omega_m = \Omega_{m1} - \Omega_m$$

$$\Delta x_a = x_{a1} - x_a$$

$$\frac{\Delta x_{\mathrm{a}}}{x_{\mathrm{a}}}=\sqrt{\frac{\Delta h_{\mathrm{t}}}{\Delta h_{\mathrm{t1}}}}-1$$

当级理想比焓降变化不大时，可采用简化公式计算：

当$-0.1<\frac{\Delta x_{\mathrm{a}}}{x_{\mathrm{a}}}<0.2$时，

$$\frac{\Delta\Omega_{\mathrm{m}}}{1-\Omega_{\mathrm{m}}}=0.4\frac{\Delta x_{\mathrm{a}}}{x_{\mathrm{a}}} \tag{4-5b}$$

否则

$$\frac{\Delta\Omega_{\mathrm{m}}}{1-\Omega_{\mathrm{m}}}\approx 0.5\frac{\Delta x_{\mathrm{a}}}{x_{\mathrm{a}}}-0.3\left(\frac{\Delta x_{\mathrm{a}}}{x_{\mathrm{a}}}\right)^{2} \tag{4-5c}$$

式(4-5a)未考虑动静叶轴向间隙中吸汽与漏汽的影响，考虑吸、漏汽影响后，反动度的实际变化值较计算值小，也未考虑比容、通道面积的变化对反动度的影响。值得注意的是：当动叶已出现超声速流动而级后压力继续下降时，反动度与速度比的变化方向相反，式(4-5a)不再适用。

4.1.3 级核算的一般步骤

进行级核算时，一般已知新工况下的蒸汽流量，或者根据新工况下拟发的功率，近似估计新工况下汽轮机的相对内效率，求出汽轮机的进汽量。至于估计的效率是否正确，待核算完毕后再进行校核。若计算出的相对内效率与原估计值相差较远，则需根据计算出的相对内效率重新估计汽轮机进汽量，再次进行核算。

非设计工况下级核算的方法有两种：已知进汽参数，核算排汽参数和效率；或者先估计排汽参数，再核算进汽参数。两种方法的实质都是先假定某一侧参数，然后用流量连续方程进行校核。就具体级而言，两种核算方法的步骤如下。

1)由级前向级后核算

已知级前初参数，先假设新工况下喷嘴后压力为p_{11}，在h-s图上查出相应的喷嘴理想比焓降Δh_{n1}，计算出喷嘴出口汽流速度$c_{1\mathrm{t1}}$，然后用喷嘴的流量连续方程进行校核，若计算的蒸汽流量与已知流量不符，则重新假设p_{11}进行计算，直至满足流量要求。级动叶的核算方法与上述类同。

2)由级后向级前推算

已知级后压力，先假设新工况下排汽比焓及级后各项损失，求出动叶后参数，并对前面假设的余速损失进行校核及修正；继而假定动叶进口相对速度，求出动叶前参数及喷嘴后参数，再对动叶进口相对速度进行校核并修正；最后确定喷嘴前蒸汽状态点，并对最初估计的各项损失进行校核及修正；待各项假设都校核通过，即可求出新工况下级的反动度、级内效率和内功率。当级内出现超声速流动时，还需确定临界状态点并计算出口汽流偏转角。

4.1.4 整机的热力核算

由于多级汽轮机一般采用回热系统，因此各级流量有所差异，在进行级核算时需要注意这一点。

与级核算类似，整机的热力核算可以从已知新汽参数开始，由高压级逐级向低压级核算，也可由排汽点逐级向初参数靠拢。

究竟采用哪种方式核算，要根据给定的新工况的条件及要求的精确程度来确定。当新

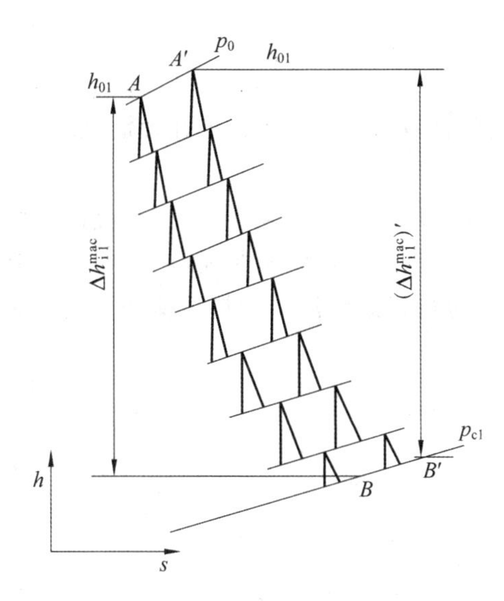

图 4-1　整机热力核算的 h-s 图

工况与设计工况下各级均未出现超声速流动时，可采用流量比公式或流量网确定各级喷嘴后压力，或采用流量与压力关系式，先确定各级前后压力，再根据各级反动度与比焓降的变化规律确定各级喷嘴后压力，进行核算。当工况变化不大时，仅调节级与末一、二级的热力过程曲线有较大变化，可仅对末级和调节级进行详细核算，中间级通过流量与压力关系式确定级前压力，然后逐级平移热力过程曲线。当工况变化很大或级由亚声速流动转变为超声速流动，或相反时，必须进行逐级核算。当调节阀全开时，从高压级向低压级逐级核算比较简便，否则常用从低压级向高压级逐级推算的方法。

采用后一种方法核算时，由于排汽比焓是在排汽压力基础上初步估计的，因此逐级计算得到的进汽比焓一般与进汽参数有差异。当预估的初比焓值（对于喷嘴调节汽轮机，一般为第一压力级前比焓值）与已知的初比焓值不符时（如图 4-1 中 A' 点），需对末级排汽比焓进行修正；当计算的初比焓高于已知初比焓时，说明估计值过高，反之，说明末级排汽比焓假设得过低。当预估值与实际值相差不大时，可采用平移热力过程曲线的方法使整机过程曲线重合，若二者相差较大，则需重新假设末级排汽比焓值，并进行核算，直至满足要求。

4.2　末级从排汽参数推算进汽参数的基本步骤

从级前进汽参数推算级后排汽参数相对较为简单，其关键在于确定喷嘴后压力 p_{11}。由前述可知，当工况变动前后级内均为亚声速流动时，可采用流量比关系式计算 p_{11}；当汽流在通道内发生超声速流动和亚声速流动转换时，则需要采用假设 p_{11} 的方法确定 p_{11}。对于一般的压力级而言，基本不涉及亚声速流动状态和超声速流动状态的改变，因而压力级采用从前往后的计算方法是比较方便的。

多级汽轮机采用从后向前的计算方法时，由于最后一级排汽与凝汽器密切相关，因而需要先估计出凝汽器的工作压力，才能推算末级的排汽参数，因而末级是比较特别的级。

末级由排汽参数推算进汽参数的方法与步骤如下。

4.2.1　末级排汽参数的估算

1. 末级流量的初步估算

对于采用回热方式的汽轮机而言，末级流量与主蒸汽流量存在较大差别，但是对仅有回热抽汽的凝汽式汽轮机，可以认为不同工况下主蒸汽流量的变化与末级排汽流量的变化成线性关系，因此可近似地用下式估算新工况下的末级排汽流量：

$$\frac{D_{c1}}{D_c}=\frac{D_{01}}{D_0} \tag{4-6}$$

式中：D_0、D_{01} 分别为设计工况与新工况下汽轮机进汽流量；D_c、D_{c1} 分别为设计工况与新工况下汽轮机的排汽流量。

2. 末级排汽压力的计算

末级排汽压力可由凝汽器压力推算，凝汽器压力的计算方法可分为以下几种情况。

1）根据汽轮机或者凝汽器的负荷曲线计算

若新工况与设计工况下凝汽器的冷却水量 D_w 及冷却面积 A_w 不发生变化，则凝汽器内的压力 p_{c1} 可根据凝汽器变工况特性曲线查取，如图 4-2 所示。利用该曲线，可根据不同流量、不同冷却水进口温度，查得对应的凝汽器压力值。也可根据凝汽器的热负荷查询类似曲线获得凝汽器压力值，如图 4-3 所示。

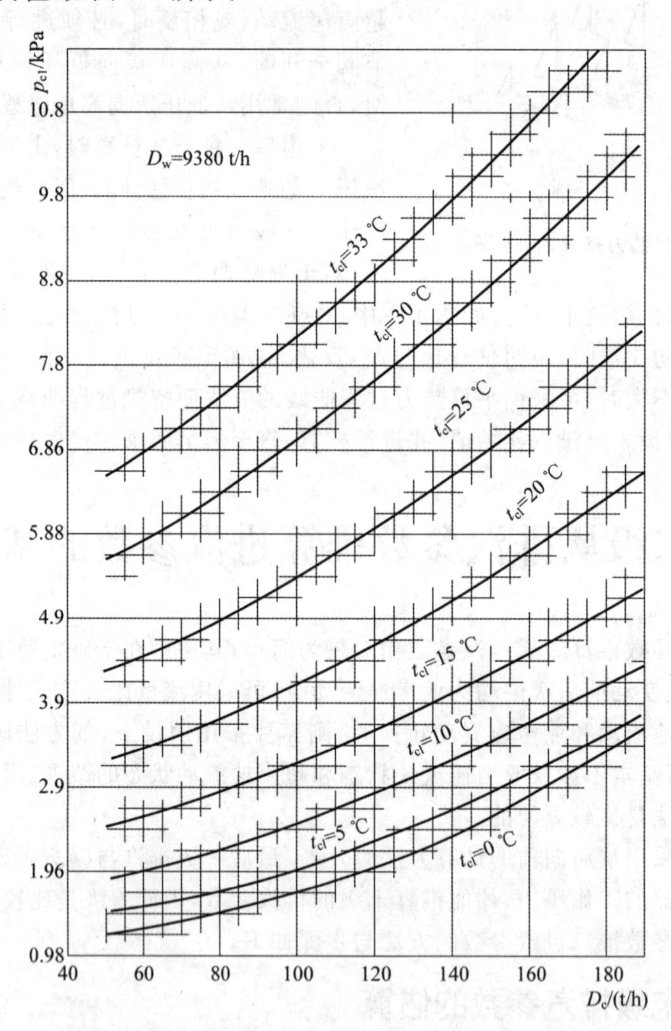

图 4-2　N50-8.82/535 型汽轮机的凝汽器变工况特性曲线

当缺少机组凝汽器特性曲线时，可用下述公式近似估算凝汽器内压力：

$$\frac{D_{c1}}{D_c}=\frac{t_{s1}-t_{c11}}{t_s-t_{c1}} \tag{4-7}$$

式中：t_s、t_{s1} 分别为设计工况与新工况下凝汽器内凝结水饱和温度；t_{c1}、t_{c11} 分别为设计工况与新工况下凝汽器内冷却水进口温度。

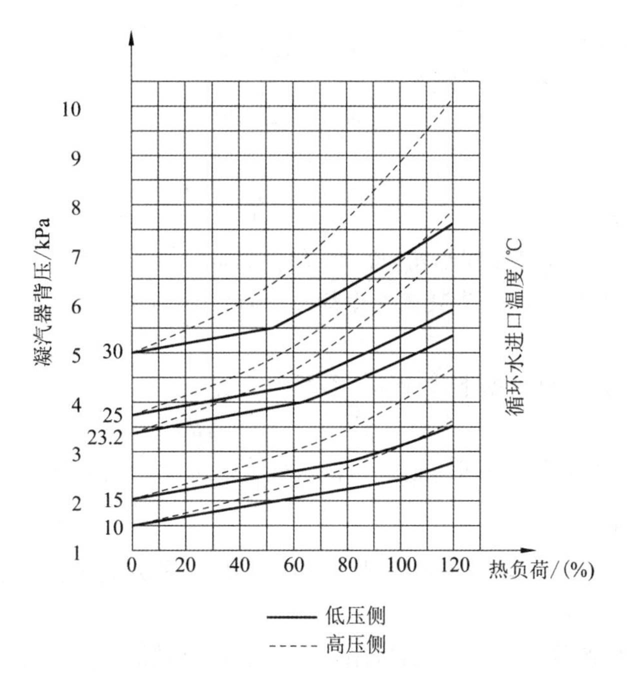

图 4-3　某 660 MW 双压凝汽器热负荷-背压特性曲线

新工况下凝汽器内压力 p_{c1} 即为由上式计算的凝结水饱和温度 t_{s1} 所对应的饱和压力。

2)根据循环水量与背压的特性曲线计算

若汽轮机的循环水量在变工况过程中发生变化，则可根据循环水量与背压的特性曲线进行计算，参见图 4-4，该图是某 660 MW 汽轮机组的双背压凝汽器特性曲线。也可以根据冷却水进口温度 t_{cl1} 和冷却倍率 m_1 计算凝汽器内凝结水饱和温度 t_{s1}：

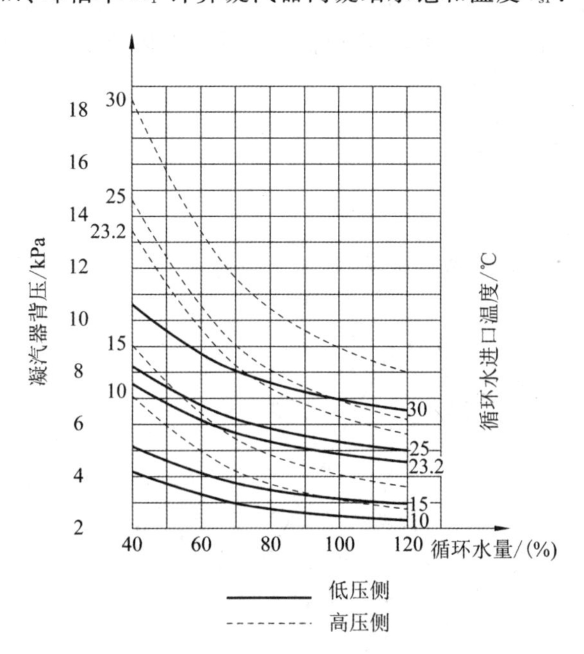

图 4-4　凝汽器循环水量-背压特性曲线

$$t_{s1} = t_{cl1} + \Delta t_1 + \delta t_1 \tag{4-8}$$

$$m_1 = \frac{D_{w1}}{D_{c1}} \tag{4-9}$$

$$\Delta t_1 = \frac{525 \pm 5}{m_1} \tag{4-10}$$

$$\delta t_1 = \frac{n}{31.5 + t_{c11}}\left(\frac{D_{c1}}{A_w} + 7.5\right) \tag{4-11}$$

式中：D_{w1}为新工况下凝汽器冷却水量，kg/h；Δt_1 为新工况下冷却水温升，℃；δt_1 为新工况下凝汽器铜管传热端差，℃；A_w 为凝汽器冷却面积，m^2；n 为系数，一般 $n=5\sim7$，清洁、空气严密性好时取小值。

得到凝汽器压力后，可根据下式计算末级排汽压力：

$$p_{z1} = p'_{c1} = p_{c1} + \Delta p_{c1}$$

式中：Δp_{c1}为汽轮机排汽管中的压力损失，可根据表 3-10 中的公式估算。

3. 末级排汽比焓的估算

只有末级排汽压力并不能确定末级排汽比焓，可用两种方法估算。

1)经验公式法

对于真空度较高的凝汽式汽轮机，可用下面的经验公式估算末级排汽比焓：

$$h_{21} = h'_{c1} + (2198 \pm 62.8) \quad \text{kJ/kg} \tag{4-12}$$

式中：h'_{c1}为凝汽器内凝结水比焓，kJ/kg。

2)假设法

先假设新工况下汽轮机的相对内效率 η_{ri1}，计算出新工况下整机的有效比焓降$\Delta h_{i1}^{mac} = \Delta h_{t1}^{mac}\eta_{ri1}$，然后根据排汽压力 p_{z1}及有效比焓降Δh_{t1}^{mac}在 h-s 图上确定出新工况下的排汽状态点 2 及相应的排汽比焓 h_{21}（见图 4-5）。点 2 是否正确，待通流部分核算完毕后，根据求出的相对内效率进行校核。若误差太大，则需根据计算的相对内效率重新确定点 2 并进行核算。

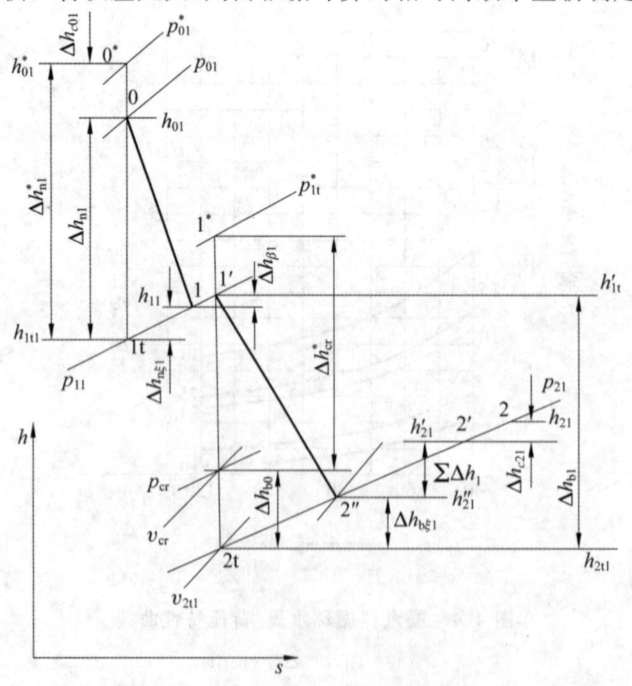

图 4-5 已知终参数级热力核算过程曲线

4.2.2　末级动叶的热力核算

当级后参数 p_{21}、h_{21} 确定之后，即可进行动叶的热力核算。

1. 动叶出口状态点的确定

在初次试算时，可首先根据下面的公式进行该级各项损失的近似估算。

叶轮摩擦损失：

$$\Delta h_{f1} \approx \Delta h_f \frac{G_c v_2}{G_{c1} v_{21}} \tag{4-13}$$

漏汽损失：

$$\Delta h_{\delta 1} \approx \Delta h_\delta \frac{\Delta h_{f1}}{\Delta h_f} \tag{4-14}$$

湿汽损失：

$$\Delta h_{x1} \approx \Delta h_x \frac{\Delta h_{t1}}{\Delta h_t} \frac{1-x_{21}}{1-x_2} \tag{4-15}$$

当叶高损失单独列出计算时，也应估计此项损失：

$$\Delta h_{l1} \approx \Delta h_l \frac{\Delta h_{t1}}{\Delta h_t} \tag{4-16}$$

余速损失：

$$\Delta h_{c21} \approx \Delta h_{c2} \left(\frac{G_{c1} v_{21}}{G_c v_2}\right)^2 \tag{4-17}$$

式中：新工况的理想比焓降 Δh_{t1} 可由式(4-2b)估算出级前的压力 p_{01} 后在 h-s 图上查得。

$$\sum \Delta h_1 = \Delta h_{f1} + \Delta h_{\delta 1} + \Delta h_{x1} + \Delta h_{l1} \tag{4-18}$$

在 h-s 图上，由点 2 沿等压线向下移 Δh_{c21} 得 $2'$ 点，再向下移 $\sum \Delta h_1$ 得动叶后状态点 $2''$，如图 4-5 所示。

末级的叶轮摩擦损失、漏汽损失及叶高损失均较小，初次计算时可直接用设计工况数据或忽略这些损失。

2. 动叶出口速度 w_{21} 的计算

动叶出口速度可根据连续方程求得：

$$w_{21} = \frac{G_{c1} v_{21}}{A_b} \tag{4-19}$$

式中：A_b 为动叶出口通道面积，m^2。

动叶出口理想速度

$$w_{2t1}{}^* = \frac{w_{21}}{\psi} \tag{4-20}$$

动叶损失

$$\Delta h_{b\xi 1} = (1-\psi^2)\frac{w_{2t1}{}^2}{2000} \tag{4-21}$$

第一次试算时 ψ 可选用设计值。

在 h-s 图上从 $2''$ 点沿等压线下移 $\Delta h_{b\xi 1}$，得动叶出口理想状态点 2t。该点的声速 w_s 为

$$w_s = \sqrt{k p_{21} v_{2t1}} \tag{4-22}$$

$w_{2t1} < w_s$，说明汽流在动叶内为亚声速流动，由连续方程(4-19)计算得到的动叶出口速度成立，可进行余速损失的校核；否则需确定动叶内的临界状态点。

3. 超声速流动时动叶出口速度的计算

末级有可能进入超声速流动状态，需要进行判别。求临界压力的方法有两种，一种是用公式计算，另一种是用作图法求解。

1)作图法

在 h-s 图上由 2t 点向上作等比熵线，如图 4-6(a)中 2t -1′线，在该线上任取若干点 3、3′、3″、…，找出相应的压力 p、p'、p''、…及比容 v、v'、v''、…，假设这些点均可能为临界点，按临界条件求出声速，且有

$$\frac{G}{\mu_b\ (A_b)_{\min}} = \sqrt{kpv} \tag{4-23}$$

以 p 为横坐标，$\frac{G}{\mu_b\ (A_b)_{\min}}$为纵坐标，绘制曲线，如图 4-6(b)所示。根据新工况下的流量及动叶出口面积，求出$\frac{G_1}{\mu_b\ (A_b)_{\min}}$，再在图 4-6(b)曲线中查出相应的压力 p，此即为新工况下动叶的临界压力。

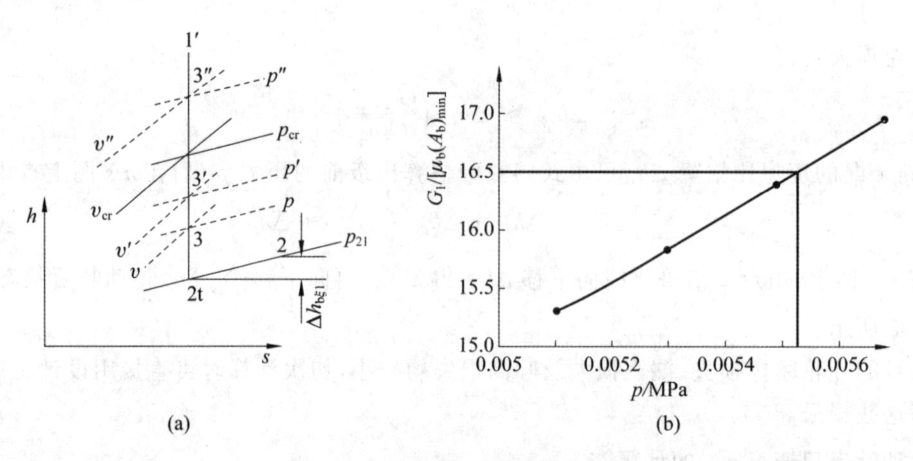

图 4-6 计算动叶临界压力辅助图

(a)确定动叶临界压力的热力过程曲线；(b)辅助曲线

2)公式计算法

根据动叶内出现超声速流动时动叶喉部截面的马赫数为 1，以及等比熵过程方程，可得临界压力与出口压力的关系式：

$$p_{cr} = p_{21}\left[\frac{G_{c1}}{\mu_b\ A_b\ \sqrt{kp_{21}/v_{2t1}}}\right]^{\frac{2k}{k-1}} \tag{4-24}$$

根据设计工况下的A_b、μ_b 值及新工况下的 G_1、p_{21}、k、v_{2t1}值即可求出 p_{cr}。

根据所求出的临界压力 p_{cr}，在 h-s 图的 2t -1′线上查出相应的临界比容 v_{cr}，可计算出临界速度 w_{cr}，即

$$w_{cr} = \sqrt{kp_{cr}/v_{cr}} \tag{4-25}$$

动叶的临界理想比焓降

$$\Delta h_{cr}{}^* = \frac{w_{cr}{}^2}{2000} \tag{4-26}$$

在 h-s 图上查得临界点到 2t 点的理想比焓降 Δh_{b0}，则动叶内的滞止理想比焓降为

$$\Delta h_b^* = \Delta h_{cr}^* + \Delta h_{b0} \tag{4-27}$$

根据 4.2 节公式可求出动叶出口理想速度 w_{2t1} 及实际速度 w_{21}。汽流在动叶出口产生偏转，偏转后的出汽角为

$$\beta_2 + \delta_2 = \arcsin\left(\sin\beta_2 \frac{w_{cr} v_{2t1}}{w_{2t1} v_{cr}}\right) \tag{4-28}$$

4. 余速损失的校核

根据动叶出口速度 w_{21}、动叶出汽角($\beta_2+\delta_2$)，以及圆周速度 u，可求出排汽速度 c_{21} 及余速损失 Δh_{c21}，与原估计的余速损失相比较，若两者相差较小，则只需在 h-s 图上沿等压线移动 2′、2″、2t 点，其他数据无须计算；若相差较大，则需重复上述计算过程重新核算，直至校核通过。

5. 动叶前状态点的确定

动叶内理想比焓降可由下式估取：

$$\Delta h_{b1} = \Delta h_{b1}^* - \frac{w_{11}^2}{2000} = \frac{w_{2t1}^2}{2000}\left[1 - \left(\frac{w_{11}}{w_{2t1}}\right)^2\right] \tag{4-29}$$

初次试算时 $\frac{w_{11}}{w_{2t1}}$ 可取设计值。

根据校正后的 2t 点，沿等比熵线向上画 Δh_{b1}，得动叶进口状态点 1′，查得动叶前压力 p_{11}、比焓 h'_{11}。

4.2.3 喷嘴热力核算

1. 确定喷嘴出口状态点

在 h-s 图上由点 1′沿等压线向下估取撞击损失 $\Delta h_{\beta 1}$，得喷嘴出口汽流实际状态点 1。撞击损失的计算公式为

冲角

$$\theta = \beta_1 - \beta_{11} \tag{4-30}$$

撞击损失

$$\Delta h_{\beta 1} = \frac{(w_{11}\sin\theta)^2}{2000} \tag{4-31}$$

2. 喷嘴出口汽流速度的核算

在 h-s 图上查出喷嘴出口汽流比容 v_{11}，根据连续方程可计算出喷嘴出口汽流速度 c_{1t1} 及 c_{11}。

与计算动叶出口参数的步骤相同，先对喷嘴出口速度进行声速判别。若为亚声速流动，则可根据连续方程计算汽流速度 c_{1t1} 及 c_{11}；否则与动叶超声速流动核算方法相同，先确定喷嘴的临界状态点、汽流偏转后的出汽角($\alpha_1+\delta_1$)，然后计算出汽流速度 c_{1t1} 及 c_{11}。

3. $\frac{w_{11}}{w_{2t1}}$ 值的校核

根据 c_{11}、($\alpha_1+\delta_1$)及 u 求出动叶进口相对速度 w_{11}。将计算出的 $\frac{w_{11}}{w_{2t1}}$ 值与原估计值相

比，若两者相符，则核算通过；否则将计算值代入式(4-29)中重复该式以下的计算步骤，直至满足要求。

4. 喷嘴进口滞止状态点的确定

与动叶热力核算方法相同，求出喷嘴损失 $\Delta h_{n\xi 1}$、在 h-s 图中由点 1 沿等压线向下截取 $\Delta h_{n\xi 1}$，得喷嘴出口理想状态点 1t，由 c_{1t1} 求得喷嘴中滞止理想比焓降$\Delta h_{n1}{}^*$，由点 1t 向上等比熵截取$\Delta h_{b1}{}^*$得喷嘴前滞止状态点 0^* 及其参数$p_{01}{}^*$、$h_{01}{}^*$ 等。

4.2.4 级内效率与内功率的计算

1. 级后损失的计算与校核

级前后蒸汽状态点及其参数确定之后，根据级的热力计算公式，分别求出新工况下各项级后损失：Δh_{f1}、$\Delta h_{\delta 1}$、Δh_{l1}、Δh_{x1}，求出 $\sum \Delta h_1$ 并与原估算值相比较，若偏差较小，则只需平移级热力过程曲线，其他参数不需再算；若偏差较大，则应根据计算所得 $\sum \Delta h_1$ 对动叶后状态点 2″进行修正，从 4.2.2 节动叶出口速度 w_{21} 的计算起重复计算，直至校核通过。

2. 反动度、级内效率与内功率的计算

待上述校核通过之后，就可计算出下列参数：

反动度

$$\Omega_{m1} = \frac{\Delta h_{b1}}{\Delta h_{n1}{}^* + \Delta h_{b1}} \tag{4-32}$$

级内效率

$$\eta_{i1} = \frac{\Delta h_{i1}}{E_{01}} \tag{4-33}$$

级内功率

$$p_1 = \Delta h_{i1} G_{c1} \tag{4-34}$$

其中，

$$E_{01} = \Delta h_{n1}{}^* + \Delta h_{b1} + \mu_2 \Delta h_{c2}$$

$$\Delta h_{i1} = h_{01}{}^* - h_{21}$$

3. 级前参数的确定

当本级利用上级余速时，根据初速动能 Δh_{c01} 可求出喷嘴进口状态点 0 及其参数 h_0、p_0 等。初次试算时 Δh_{c01} 可取设计值，待前一级热力核算中余速损失校核通过后再修正本级级前状态点及其参数。

该级的初参数 p_0、$h_0{}^*$ 即为前一级的级后状态点 2 的参数，由此可以对前一级进行倒推核算。

由上述可知，已知终参数由级后向级前倒推核算的方法比较复杂，整个计算过程包括多次参数假设及校核，而且由 h-s 图查取的各参数值的精确性对计算结果有较大影响。可采用计算机编程计算，目前已有很多基于水和水蒸气热力性质公式的开源或自由软件代码可供使用，具有计算精确性高、运算速度快、数据稳定的优点。

4.3　调节级变工况核算

调节级与其他压力级或者末级的不同之处在于，调节级在工况变动时，参加工作的调节阀数目及其开度不一定相同（与变工况调节方式有关，如单阀调节还是多阀调节），调节级通道面积有可能随蒸汽流量的改变而变化，这就使调节级变工况核算工作较其他级复杂。

4.3.1　调节阀全开的变工况核算

调节阀全开时，调节级通道面积不发生改变，进汽流量和进汽参数直接决定了汽轮机负荷，此时各阀所控制的喷嘴组前压力均相等（$p'_0=p_0-\Delta p_0$），且新工况下的蒸汽流量 G_{01} 及参加工作的喷嘴数、通道面积A_n 也已知。这种情况下调节级与压力级本质上是一样的，可采用已知初参数由级前向级后进行热力核算的方法对调节级进行核算（参考4.4节压力级算例）。

4.3.2　调节阀部分开启的变工况核算

当工作的调节阀有的部分开启，有的全部开启时，流过全开阀与部分开启阀的蒸汽受到不同程度的节流，产生不同程度的压力损失，两种开度阀后的压力是不同的，即调节级不同弧段的压力（p'_0，p''_0）也不相同，而调节级后经过充分混合的压力（p_2）是相同的，如图4-7所示。

图中上标Ⅰ、Ⅱ分别表示蒸汽流过全开调节阀与部分开启调节阀所控制级的热力参数（以下类同）。

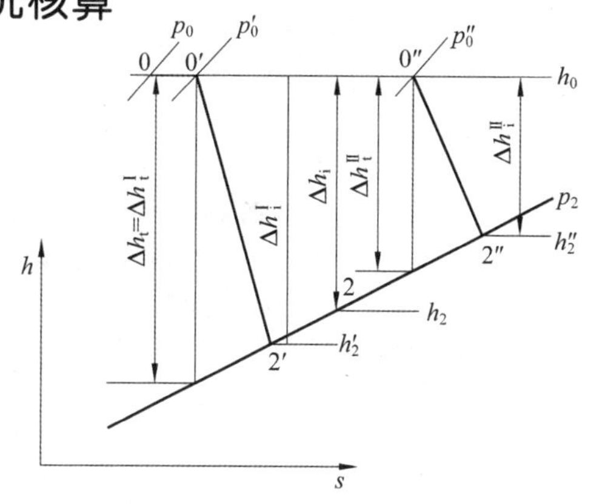

图4-7　调节级热力过程曲线

调节级的终点2及比焓 h_2 取决于流过两种开度调节阀的蒸汽流量及其级内效率，即

$$h_2=h_0-\left(\frac{D^{\mathrm{I}}}{D}\Delta h_i^{\mathrm{I}}+\frac{D^{\mathrm{II}}}{D}\Delta h_i^{\mathrm{II}}\right)\tag{4-35}$$

调节级的级内效率

$$\eta_i=\frac{D^{\mathrm{I}}}{D}\eta_i^{\mathrm{I}}+\frac{D^{\mathrm{II}}}{D}\eta_i^{\mathrm{II}}\tag{4-36}$$

此时，调节级变工况计算的首要任务是确定通过两种不同开度调节阀的蒸汽流量 D^{I}、D^{II} 及部分开启调节阀后的压力 p_0^{II}。

1. 调节级特性曲线的计算方法

调节级特性曲线包括：流量特性 μ-p_2/p'_0 曲线、反动度特性 Ω_m-p_2/p'_0 曲线或 Ω_p-p_2/p'_0 曲线，效率特性 η_u-x_a 曲线及 λ-p_2/p'_0 辅助曲线，如图4-8所示。如果有可利用的调节级特性曲线，则可直接使用，如果没有，可采用下列方法生成调节级特性曲线。

（1）首先假设调节阀全开，调节阀后压力为p'_0。

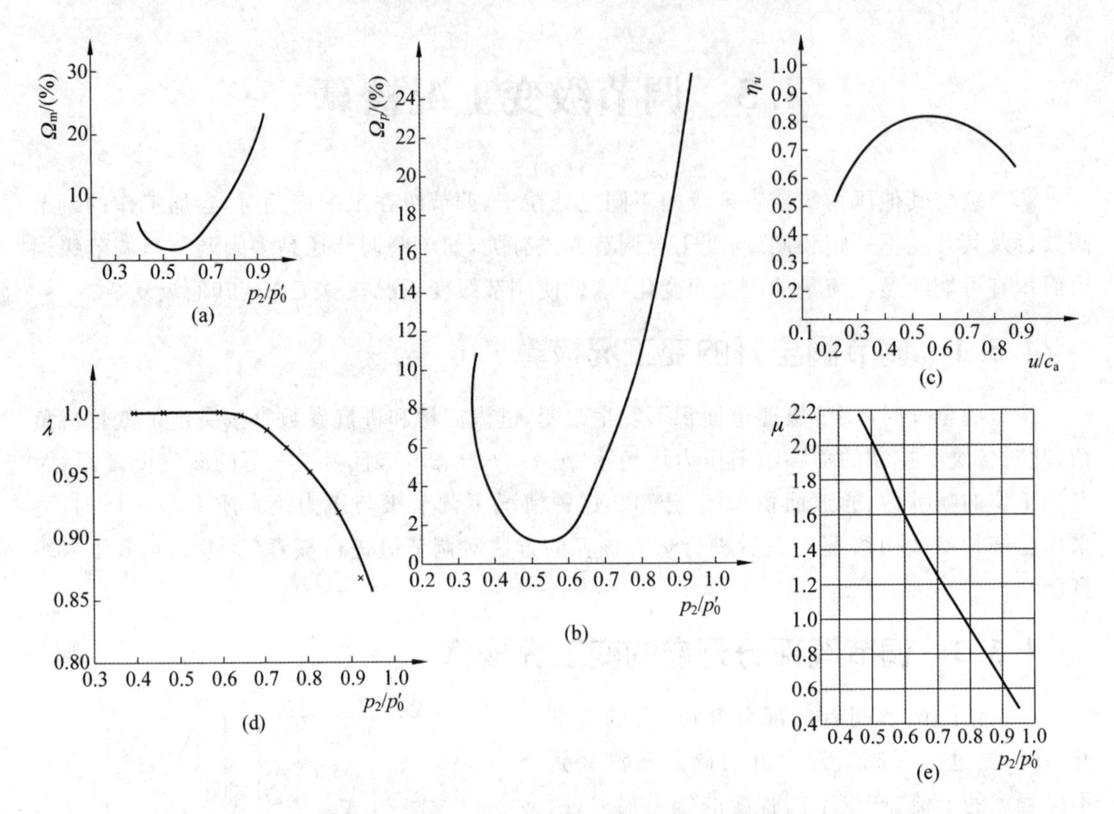

图 4-8 N50-8.82/535 **型汽轮机调节级特性曲线**

(a)调节级比焓降反动度 Ω_m 曲线；(b)调节级压力反动度 Ω_p 曲线；

(c)调节级轮周效率 η_u 曲线；(d)调节级 λ 曲线；(e)调节级 μ 曲线

(2)假设喷嘴后压力为 p_1，计算出单位时间通过喷嘴的蒸汽量：

$$G_1=\frac{0.0648}{\sqrt{p_0 v_0}}\beta_n\ p'_0 \quad (\mathrm{kg/s}) \tag{4-37}$$

式中符号意义同前。

(3)进行喷嘴热力核算。

(4)假设动叶中理想比焓降为 Δh_b，进行动叶热力核算。

(5)校核动静叶面积比。当喷嘴出口汽流速度小于声速时，

$$\frac{A_b}{A_n}=\frac{v_2/w_2}{v_{1t}/(c_{1t}\ \mu_n)}=\frac{v_2/w_2}{v_1/c_1} \tag{4-38a}$$

当喷嘴内出现超声速流动时，

$$\frac{A_b}{A_n}=\frac{v_2/w_2}{v_{1cr}/(c_{1cr}\ \mu_n)} \tag{4-38b}$$

若计算的面积比与原来已知的面积比不相等，则重新假设动叶内理想比焓降 Δh_b，从第(4)步开始重新计算，直至面积比满足要求。

若计算的面积比与原来已知的面积比相等，则假设的 p_1 与 Δh_b 成立，从第(2)步开始假设新的喷嘴后压力 p_1 进行计算。

(6)按表 4-1 的步骤计算出轮周效率 η_u、压力比 p_2/p'_0、λ、μ 及压力反动度 Ω_p 等。

表 4-1　单列调节级特性计算表

项目		符号	单位	数据	项目		符号	单位	数据
喷嘴	喷嘴后压力	p_1			动叶	出口实际相对速度	w_2		
	喷嘴压力比	p_1/p'_0				动叶损失	$\Delta h_{b\xi}$		
	喷嘴流量比	β_n				撞击损失	Δh_β		
	蒸汽流量	G				动叶后压力	p_2		
	喷嘴理想比焓降	Δh_n				动叶后比容	v_2		
	速度系数	φ				动叶压力比	p_2/p_1^*		
	喷嘴损失	$\Delta h_{n\xi}$				面积比	$A_b/(A_n)_{min}$		
	喷嘴出口实际速度	c_1				有效出口角正弦	$\sin\beta_2$		
	面积比	$A_n/(A_n)_{min}$				有效出口角	β_2		
	有效出口角正弦	$\sin\alpha_1$				出口绝对速度	c_2		
	喷嘴有效出口角	α_1				余速损失	Δh_{c2}		
	进口相对速度	w_1				轮周有效比焓降	$\Delta h'_u$		
	进口角	β_1				叶高损失	Δh_l		
动叶	冲角	θ				轮周有效比焓降	Δh_u		
	进口实际速度	$w_1\cos\theta$				轮周效率	η_u		
	相应比焓降	Δh_{w1}				级压力比	p_2/p'_0		
	动叶前滞止压力	p_1^*				级流量比①	β		
	动叶理想比焓降	Δh_b				$\lambda=\beta_n/\beta$			
	级理想比焓降	Δh_t				$\mu=\beta\lambda/\left(\frac{p_2}{p'_0}\right)$			
	比焓降反动度	Ω_m				级假想速度	c_a		
	动叶滞止理想比焓降	Δh_b^*				速度比	x_a		
	出口理论相对速度	w_{2t}				压力反动度	Ω_p		
	速度系数	ψ							

注：①级流量比又称彭台门系数，$\beta=\sqrt{1-\frac{(\varepsilon-\varepsilon_{cr})^2}{(1-\varepsilon_{cr})^2}}$，$\varepsilon=p_2/p'_0$。

(7)将上述结果绘成相应曲线即调节级特性曲线，如图 4-8 所示。

对于双列调节级，需待第一列动叶与静叶面积比校核通过后，假设导叶中理想比焓降为 Δh_g，依照上述第(4)(5)步进行导叶的热力计算，并校核导叶与静叶的面积比，若计算的面积比与原来已知的面积比相等，则再设第二列动叶内的理想比焓降，进行同样的计算与校核。当第二列动叶的计算校核通过后，再从第(2)步开始假设新的喷嘴后压力重复上述过程。

2. 利用特性曲线进行调节级变工况热力核算

利用上述特性曲线进行调节级变工况热力核算既准确又方便，其步骤如下。

(1)根据新工况下的蒸汽流量，求得调节级后的压力：

$$p_{21}=\frac{G_{01}p_2}{G_0}\sqrt{\frac{T_{21}}{T_2}}\text{（初次计算时可不考虑温度变化）}\tag{4-39}$$

(2)求全开调节阀所控制的级蒸汽流量G^{I}。根据该级压力比$\varepsilon_n{}^{\mathrm{I}}=p_{21}/p'_0$，查流量特性$\mu$-$p_2/p'_0$曲线，得到全开调节阀喷嘴组的$\mu^{\mathrm{I}}$值，据此可计算出通过全开调节阀的单个喷嘴的蒸汽流量$G_1{}^{\mathrm{I}}$：

$$G_1{}^{\mathrm{I}}=A\mu^{\mathrm{I}}p_{21}\quad(\mathrm{kg/s})\tag{4-40}$$

式中：$A=\frac{0.0648A_1}{\sqrt{p_0v_0}}$（用于蒸汽流量单位为 kg/s）或 $A=\frac{3.6\times0.0648A_1}{\sqrt{p_0v_0}}$（用于蒸汽流量单位为 t/h），为单个喷嘴的喷嘴组常数，当调节级各喷嘴的结构相同时为一定值；A_1 为单个喷嘴的通道面积，cm^2；p_0、v_0 为主汽阀前蒸汽压力与比容，单位分别为 MPa 与 m^3/kg。

通过全开调节阀的蒸汽流量为

$$G^{\mathrm{I}}=G_1{}^{\mathrm{I}}z_n{}^{\mathrm{I}}\tag{4-41}$$

式中：$z_n{}^{\mathrm{I}}$ 为全开调节阀所控制的喷嘴数。

(3)计算通过部分开启调节阀的蒸汽流量G^{II}：

$$G^{\mathrm{II}}=G_{01}-G^{\mathrm{I}}$$

单个喷嘴所通过的蒸汽流量为

$$G_1{}^{\mathrm{II}}=G^{\mathrm{II}}/z_n{}^{\mathrm{II}}\text{（}z_n{}^{\mathrm{II}}\text{ 为部分开启调节阀所控制的喷嘴数）}$$

(4)计算部分开启调节阀所控制级的μ^{II}值：

$$\mu^{\mathrm{II}}=G_1{}^{\mathrm{II}}/(Ap_{21})$$

然后在μ-p_2/p'_0特性曲线上查出相应的压力比$\mu^{\mathrm{II}}=p_{21}/p''_0$，则部分开启调节阀后的压力为$p''_0=p_{21}/\varepsilon^{\mathrm{II}}$。

(5)求喷嘴后压力 p_{11}。可用三条曲线求取：

用比焓降反动度 Ω_m-p_2/p'_0曲线，由 ε^{I} 及 $\varepsilon^{\mathrm{II}}$ 分别查出两种开度调节阀控制的级的反动度Ω_m^{I}及Ω_m^{II}，分别求出各自的喷嘴理想比焓降与动叶理想比焓降，在 h-s 图上求出各自对应的喷嘴后压力$p_{11}{}^{\mathrm{I}}$和$p_{11}{}^{\mathrm{II}}$。

同样，利用压力反动度 Ω_p-p_2/p_0 曲线，根据各自的压力比 ε^{I} 及 $\varepsilon^{\mathrm{II}}$，分别查出对应的压力反动度$\Omega_p{}^{\mathrm{I}}$及$\Omega_p{}^{\mathrm{II}}$，根据压力反动度定义 $\Omega_p=\frac{p_1-p_2}{p_0-p_2}$，分别求出各自相应的喷嘴后压力$p_{11}{}^{\mathrm{I}}$和$p_{11}{}^{\mathrm{II}}$。

利用 λ-p_2/p'_0辅助曲线，由 ε^{I} 及 $\varepsilon^{\mathrm{II}}$ 分别查出相应的λ^{I}及λ^{II}值，根据 λ 定义（$\lambda=\beta_n/\beta$）求出各自的喷嘴流量比$\beta_n{}^{\mathrm{I}}$及$\beta_n{}^{\mathrm{II}}$，继而求出相应的喷嘴压力比$\varepsilon_n{}^{\mathrm{I}}$及$\varepsilon_n{}^{\mathrm{II}}$，可得各自的喷嘴后压力$p_{11}{}^{\mathrm{I}}=p'_0\varepsilon_n{}^{\mathrm{I}}$和$p_{11}{}^{\mathrm{II}}=p''_0\varepsilon_n{}^{\mathrm{II}}$。

也可用下式直接求喷嘴压力比：

$$\varepsilon_n=\varepsilon_{cr}+(1-\varepsilon_{cr})\sqrt{1-\lambda^2\left[1-\left(\frac{\varepsilon-\varepsilon_{cr}}{1-\varepsilon_{cr}}\right)^2\right]}\tag{4-42}$$

式中：$\varepsilon=p_2/p'_0$。

(6)根据一般的热力计算方法进行级的热力计算，分别求出两种开度调节阀后级的有效比焓降$\Delta h_i{}^{\mathrm{I}}$和$\Delta h_i{}^{\mathrm{II}}$、级内效率$\eta_i{}^{\mathrm{I}}$和$\eta_i{}^{\mathrm{II}}$。根据式(4-35)和式(4-36)计算出两股汽流在调节汽室中混合后的比焓 h_{21}及调节级内效率 η_{i1}，求出内功率：

$$P_i=(\Delta h_i{}^{\mathrm{I}}D^{\mathrm{I}}+\Delta h_i{}^{\mathrm{II}}D^{\mathrm{II}})/3.6\tag{4-43}$$

(7)对级后压力 p_{21} 进行修正。初次试算时调节级后温度变化未考虑,需查出点 2 的温度 t_{21},将其代入式(4-39)中求出 p_{21} 重新进行核算。

缺少特性曲线时,也可直接进行调节级变工况热力核算,参见算例 3。

4.4 算　　例

算例 1　从进汽参数推算排汽参数。

N50-8.82/535 型汽轮机第一压力级的设计参数如下(参见附表 4-4)。喷嘴进汽压力 $p_0=6.01$ MPa,喷嘴排汽压力 $p_1=5.2$ MPa,临界压力比 $\varepsilon_{cr}=0.546$,主蒸汽流量 $D=166$ t/h,动叶前滞止压力 $p_1^*=5.36$ MPa,滞止温度 $t_1^*=474.7$ ℃,动叶进口角 $\beta_1=22.15°$。

新工况下参数:$D_1=203.6$ t/h,$p_{01}=7.37$ MPa,$h_{01}=3447.37$ kJ/kg,$t_{01}=500$ ℃。

试核算新工况下喷嘴后压力、动叶后压力及级内效率。

解　计算步骤如下:

(1)计算喷嘴设计工况和新工况下的压力比 ε_n、ε_{n1},流量比 β_n、β_{n1} 及临界流量比 D_{nr}、D_{nr1}:

$$\varepsilon_n=\frac{p_1}{p_0}=\frac{5.2}{6.01}=0.865$$

$$\beta_n=\sqrt{1-\left(\frac{\varepsilon_n-\varepsilon_{cr}}{1-\varepsilon_{cr}}\right)^2}=\sqrt{1-\left(\frac{0.865-0.546}{1-0.546}\right)^2}=0.7115$$

$$D_{nr}=\frac{D}{\beta_n}=\frac{166}{0.7115}\ \text{t/h}=233\ \text{t/h}$$

$$D_{nr1}=D_{nr}\frac{p_{01}}{p_0}\sqrt{\frac{T_0}{T_{01}}}=233\times\frac{7.37}{6.01}\sqrt{\frac{765}{773}}\ \text{t/h}=284\ \text{t/h}$$

$$\beta_{n1}=\frac{D_1}{D_{nr1}}=\frac{203.6}{284}=0.717$$

$$\begin{aligned}\varepsilon_{n1}&=\sqrt{1-\beta_{n1}{}^2}(1-\varepsilon_{cr})+\varepsilon_{cr}\\&=\sqrt{1-0.717^2}\times(1-0.546)+0.546=0.8625\end{aligned}$$

(2)新工况下喷嘴中各项参数:

喷嘴后压力

$$p_{11}=p_{01}\varepsilon_{n1}=7.37\times0.8625\ \text{MPa}=6.36\ \text{MPa}$$

在 h-s 图上查得喷嘴后理想比焓值 $h_{1t1}=3396.75$ kJ/kg,则喷嘴中理想比焓降为 $\Delta h_{n1}=h_{01}-h_{1t1}=3447.37-3396.75$ kJ/kg$=50.62$ kJ/kg。

根据级内能量和速度关系计算公式与计算步骤,可求出喷嘴出口其他参数:$c_{1t1}=318$ m/s,$c_{1t}=308.6$ m/s,$\varphi=0.97$,$\Delta h_{n\xi1}=2.99$ kJ/kg,$v_{11}=0.0526$ m^3/kg,$w_{11}=157.8$ m/s,$\Delta h_{w1}=12.45$ kJ/kg,$\beta_{11}=21.42°$。

动叶进口冲角:

$$\theta=\beta_1-\beta_{11}=22.15°-21.42°=0.73°$$

撞击损失:

$$\Delta h_\beta=\frac{(w_{11}\sin\theta)^2}{2000}=\frac{(157.8\sin0.73°)^2}{2000}\ \text{kJ/kg}$$

$= 0.0020$ kJ/kg(此撞击损失太小,可略去不计)

进一步可查得喷嘴出口比焓值 $h_{11} = 3399.74$ kJ/kg,动叶进口滞止压力 $p_{11}{}^* = 6.59$ MPa,滞止温度 $t_{11}{}^* = 499$ ℃。

(3)动叶设计工况和新工况下压力比 ε_b、ε_{b1},流量比 β_b、β_{b1} 及临界流量 D_{br}、D_{br1} 的计算过程如下:

$$\varepsilon_b = \frac{p_2}{p_1{}^*} = \frac{5.13}{5.36} = 0.957$$

$$\beta_b = \sqrt{1-\left(\frac{\varepsilon_b - \varepsilon_{cr}}{1-\varepsilon_{cr}}\right)^2} = \sqrt{1-\left(\frac{0.957-0.546}{1-0.546}\right)^2} = 0.425$$

$$D_{br} = \frac{D}{\beta_b} = \frac{166}{0.425}\ \text{t/h} = 390.59\ \text{t/h}$$

$$D_{br1} = D_{br}\frac{p_{11}{}^*}{p_1{}^*}\sqrt{\frac{T_1{}^*}{T_{11}{}^*}} = 390.59 \times \frac{6.59}{5.36}\sqrt{\frac{747.7}{772}}\ \text{t/h} = 472.6\ \text{t/h}$$

$$\beta_{b1} = \frac{D_1}{D_{br1}} = \frac{203.6}{472.6} = 0.431$$

$$\begin{aligned}\varepsilon_{b1} &= \sqrt{1-\beta_{b1}{}^2}(1-\varepsilon_{cr}) + \varepsilon_{cr} \\ &= \sqrt{1-0.431^2}\times(1-0.546)+0.546 = 0.9557\end{aligned}$$

动叶出口压力:

$$p_{21} = p_{11}{}^*\varepsilon_{b1} = 6.59 \times 0.9557\ \text{MPa} = 6.3\ \text{MPa}$$

(4)动叶出口各项参数及级内效率计算:

在 h-s 图中查得:$h_{2t1} = 3396.3$ kJ/kg,$\Delta h_{b1} = 3.44$ kJ/kg,$\Delta h_{t1} = 54.06$ kJ/kg。可计算出 $\Omega_{m1} = 0.0636$,$\Delta h_{b1}{}^* = 15.72$ kJ/kg,$w_{2t1} = 177.3$ m/s,$\psi = 0.933$,$w_{21} = 165.4$ m/s,$\Delta h_{b\xi 1} = 2.04$ kJ/kg,$v_{21} = 0.0534$ m^3/kg,$\alpha_{21} = 99.05°$,$c_{21} = 51.5$ m/s,$\Delta h_{c21} = 1.33$ kJ/kg,$\Delta h_{l1} = 4.63$ kJ/kg,$\Delta h_{u1} = 43.07$ kJ/kg,$\eta_{u1} = 79.6\%$,$\Delta h_{f1} = 1.29$ kJ/kg,$\Delta h_{p1} = 1.31$ kJ/kg,$\Delta h_{\delta 1} = 2.08$ kJ/kg,$\Delta h_{i1} = 38.39$ kJ/kg,$\eta_{i1} = 71\%$,$p_{i1} = 2171$ kW。

查得级后排汽比焓 $h'_{21} = 3396.99$ kJ/kg,$h_{21} = 3395.66$ kJ/kg。

该级的 p_{21}、h_{21}、Δh_{c21} 即为下级的初参数 p_{01}、h_{01}、Δh_{c01},按上述过程可对其他压力级进行核算。

算例 2 应用调节级特性曲线进行调节级变工况计算。

N50-8.82/535 型汽轮机调节级配汽数据如表 4-2 所示,调节级特性曲线如图 4-8 所示。设计工况下通过三个全开调节阀的蒸汽流量为 $D_0 = 170.09$ t/h,调节阀后压力 $p'_0 = 8.38$ MPa,调节级后压力 $p_2 = 6.01$ MPa。

表 4-2 N50-8.82/535 型汽轮机调节级配汽数据

调节阀	部分进汽度		喷嘴出口面积/cm^2		喷嘴数	
	e	$\sum e$	A_n	$\sum A_n$	z_n	$\sum z_n$
1	0.0896	0.0896	15.85	15.85	7	7
2	0.1152	0.2048	20.4	36.25	9	16
3	0.1280	0.3328	22.62	58.87	10	26
4	0.2560	0.5888	45.13	104	20	46

试求当蒸汽初参数保持不变（$p_0=8.826\ \text{MPa}$，$v_0=0.0398\ \text{m}^3/\text{kg}$），流量变为 $D_{01}=190.04\ \text{t/h}$ 时，各调节阀后的压力及通过的蒸汽流量（忽略调节级后温度变化）。

解　(1)计算调节阀全开时通过单个喷嘴的蒸汽流量：

调节级后压力：

$$p_{21}=\frac{p_2 D_{01}}{D_0}=\frac{6.01\times 190.04}{170.09}\ \text{MPa}=6.715\ \text{MPa}$$

压力比：

$$\varepsilon_n{}^{\text{I}}=p_{21}/p'_0=\frac{6.715}{8.38}=0.8013$$

查图4-8得$\mu^{\text{I}}=0.982$。

单个喷嘴通道面积：

$$A_{n1}=\frac{\sum A_n}{z_n}=\frac{104}{46}\ \text{cm}^2=2.26\ \text{cm}^2$$

单个喷嘴的喷嘴组常数：

$$A=\frac{3.6\times 0.0648A_{n1}}{\sqrt{p_0 v_0}}=\frac{0.233\times 2.26}{\sqrt{8.826\times 0.0398}}=0.8896$$

蒸汽流量：

$$D_1{}^{\text{I}}=A\mu^{\text{I}}p_{21}=0.8896\times 0.982\times 6.715\ \text{t/h}=5.866\ \text{t/h}$$

(2)确定通过全开与部分开启调节阀的流量 D^{I}、D^{II}：若四个调节阀全开，则可通过的总流量为

$$\sum_1^4 D=D_1{}^{\text{I}}\sum_1^4 z_n=5.866\times 46\ \text{t/h}=269.8\ \text{t/h}>190.04\ \text{t/h}$$

前三个调节阀全开时可通过的蒸汽流量为

$$D^{\text{I}}=D_1{}^{\text{I}}\sum_1^3 z_n=5.866\times(7+9+10)\ \text{t/h}=152.5\ \text{t/h}<190.04\ \text{t/h}$$

所以第四个调节阀为部分开启的，通过的蒸汽流量为

$$D^{\text{II}}=D_{01}-D^{\text{I}}=(190.04-152.5)\ \text{t/h}=37.54\ \text{t/h}$$

(3)计算部分开启调节阀后压力。

通过单个喷嘴的蒸汽流量：

$$D_1{}^{\text{II}}=\frac{D^{\text{II}}}{z_n}=\frac{37.54}{20}\ \text{t/h}=1.877\ \text{t/h}$$

$$\mu^{\text{II}}=\frac{D_1{}^{\text{II}}}{Ap_{21}}=\frac{1.877}{0.8896\times 6.715}=0.314$$

查μ-p_2/p'_0曲线得

$$\varepsilon^{\text{II}}=p_{21}/p''_0=0.984$$

阀后压力为

$$p''_0=\frac{p_{21}}{\varepsilon^{\text{II}}}=\frac{6.715}{0.984}\ \text{MPa}=6.82\ \text{MPa}$$

算例3　缺少汽轮机调节级特性曲线时的调节级变工况计算。

已知汽轮机有四个调节汽阀，各汽阀控制的喷嘴数分别为17、10、12、21，共60个喷嘴，各喷嘴结构相同，单个喷嘴的出口面积$A_{n1}=3.24\ \text{cm}^2$。设计工况下通过三个全开调节阀的

蒸汽流量 $D_0=355.4$ t/h，调节级前压力 $p'_0=8.38$ MPa，比容 $\upsilon'_0=0.0421$ m^3/kg，调节级后压力 $p_2=6.32$ MPa，级理想比焓降 $\Delta h_t=97$ kJ/kg，反动度 $\Omega_m=0.103$。当初参数（$p_0=8.83$ MPa，$t_0=535$ ℃）不变，蒸汽流量 $D_{01}=390$ t/h 时，试求通过各调节阀的蒸汽流量及阀后压力。

解　(1)计算新工况下调节级后压力（暂忽略温度变化）：

$$p_{21}=\frac{D_{01}p_2}{D_0}=\frac{390\times 6.32}{355.4}\ \text{MPa}=6.94\ \text{MPa}$$

(2)计算设计工况下喷嘴后压力。

喷嘴临界流量：

$$G_{nr}=0.0648A_n\sqrt{\frac{p'_0}{\upsilon'_0}}=0.0648\times 3.24\times 39\sqrt{\frac{8.38}{0.0421}}\ \text{kg/s}=115.52\ \text{kg/s}$$

$$D_{nr}=3.6G_{nr}=3.6\times 115.52\ \text{t/h}=415.9\ \text{t/h}$$

流量比：

$$\beta_n=\frac{D}{D_{nr}}=\frac{355.4}{415.9}=0.855$$

压力比：

$$\varepsilon_n=\varepsilon_{cr}+(1-\varepsilon_{cr})\sqrt{1-\beta_n{}^2}=0.546+0.454\sqrt{1-0.855^2}=0.781$$

喷嘴后压力：

$$p_0=p'_0\varepsilon_n=8.38\times 0.781\ \text{MPa}=6.545\ \text{MPa}$$

(3)计算新工况下全开调节阀的喷嘴后压力。

在 h-s 图上查得调节级理想比焓降 $\Delta h_{t1}{}^{\mathrm{I}}=68$ kJ/kg。

速度比变化量：

$$\left(\frac{\Delta x_a}{x_a}\right)^{\mathrm{I}}=\sqrt{\frac{\Delta h_t}{\Delta h_{t1}{}^{\mathrm{I}}}}-1=\sqrt{\frac{97}{68}}-1=0.194<0.2$$

新工况下反动度：

$$\Omega_{m1}{}^{\mathrm{I}}=\Omega_m+0.4\left(\frac{\Delta x_a}{x_a}\right)^{\mathrm{I}}(1-\Omega_m)=0.103+0.4\times 0.194\times(1-0.103)=0.173$$

喷嘴中理想比焓降：

$$\Delta h_{n1}{}^{\mathrm{I}}=(1-\Omega_m{}^{\mathrm{I}})\Delta h_{t1}=(1-0.173)\times 68\ \text{kJ/kg}=56.24\ \text{kJ/kg}$$

查 h-s 图得喷嘴后压力 $p_{11}{}^{\mathrm{I}}=7.15$ MPa。

(4)计算新工况下通过全开阀的蒸汽流量：

压力比为

$$\varepsilon_n{}^{\mathrm{I}}=\frac{p_{11}{}^{\mathrm{I}}}{p'_0}=\frac{7.15}{8.38}=0.853$$

流量比为

$$\beta_{n1}{}^{\mathrm{I}}=\sqrt{1-\left(\frac{\varepsilon_n{}^{\mathrm{I}}-\varepsilon_{cr}}{1-\varepsilon_{cr}}\right)^2}=\sqrt{1-\left(\frac{0.853-0.546}{1-0.546}\right)^2}=0.737$$

蒸汽流量为

$$D^{\mathrm{I}}=\beta_{n1}{}^{\mathrm{I}}D_{nr}=0.737\times 415.9\ \text{t/h}=306.5\ \text{t/h}$$

(5)通过部分开启调节阀的蒸汽流量：

$$D^{\mathrm{II}}=D_{01}-D^{\mathrm{I}}=(390-306.5)\ \text{t/h}=83.5\ \text{t/h}$$

(6)计算新工况下部分开启调节阀的喷嘴后压力$p_{11}{}^{\text{Ⅱ}}$：假设该组喷嘴前压力$p''_0=7.85$ MPa，查得其理想比焓降$\Delta h_{t1}^{\text{Ⅱ}}=45$ kJ/kg。

速度比变化量为

$$\left(\frac{\Delta x_a}{x_a}\right)^{\text{Ⅱ}}=\sqrt{\frac{\Delta h_t}{\Delta h_{t1}{}^{\text{Ⅱ}}}}-1=\sqrt{\frac{97}{45}}-1=0.468>0.2$$

反动度为

$$\Omega_{m1}{}^{\text{Ⅱ}}=\Omega_m+(1-\Omega_m)\left\{0.5\left(\frac{\Delta x_a}{x_a}\right)^{\text{Ⅱ}}-0.3\left[\left(\frac{\Delta x_a}{x_a}\right)^{\text{Ⅱ}}\right]^2\right\}$$

$$=0.103+(1-0.103)\times(0.5\times0.468-0.3\times0.468^2)=0.254$$

喷嘴理想比焓降为

$$\Delta h_{n1}{}^{\text{Ⅱ}}=(1-\Omega_{m1}{}^{\text{Ⅱ}})\Delta h_{t1}{}^{\text{Ⅱ}}=(1-0.254)\times45\ \text{kJ/kg}=33.57\ \text{kJ/kg}$$

在h-s图上查得喷嘴后压力$p_{11}{}^{\text{Ⅱ}}=7.153$ MPa。

(7)对流量$D^{\text{Ⅱ}}$进行校核：在h-s图上查得级前蒸汽比容$v''_0=0.0449\ \text{m}^3/\text{kg}$，$p''_0$、$v''_0$对应的临界流量$D_{nr}{}^{\text{Ⅱ}}$为

$$D_{nr}{}^{\text{Ⅱ}}=3.6\times0.0648\,A_n\sqrt{\frac{p''_0}{v''_0}}=0.2333\times3.24\times21\sqrt{\frac{7.85}{0.0449}}\ \text{t/h}=209.9\ \text{t/h}$$

压力比为

$$\varepsilon_{n1}{}^{\text{Ⅱ}}=\frac{p_{11}{}^{\text{Ⅱ}}}{p''_0}=\frac{7.153}{7.85}=0.9112$$

流量比为

$$\beta_{n1}{}^{\text{Ⅱ}}=\sqrt{1-\left(\frac{\varepsilon_{n1}{}^{\text{Ⅱ}}-\varepsilon_{cr}}{1-\varepsilon_{cr}}\right)^2}=\sqrt{1-\left(\frac{0.9112-0.546}{1-0.546}\right)^2}=0.594$$

通过部分开启调节阀的流量为

$$D^{\text{Ⅱ}}=\beta_{n1}{}^{\text{Ⅱ}}D_{nr}{}^{\text{Ⅱ}}=0.594\times209.9\ \text{t/h}$$
$$=124.7\ \text{t/h}>83.5\ \text{t/h}$$

重新假设$p''_0=7.55$ MPa，重复第(6)(7)步，可得到$D^{\text{Ⅱ}}=88.1$ t/h，仍大于83.5 t/h，还需再设p''_0进行计算。此时可通过作图法近似求出p''_0，如图4-9所示，得部分开启调节阀后的压力$p''_0=7.51$ MPa。

本例中调节级后压力还需待调节级热力核算求出级后温度后进行修正。限于篇幅此处从略。

若本例采用该机调节级的μ-p_2/p'_0曲线进行计算，则通过全开调节阀的蒸汽流量$D^{\text{Ⅰ}}=311.9$ t/h；通过部分开启调节阀的蒸汽流量$D^{\text{Ⅱ}}=78.1$ t/h，其喷嘴前压力$p''_0=7.45$ MPa。

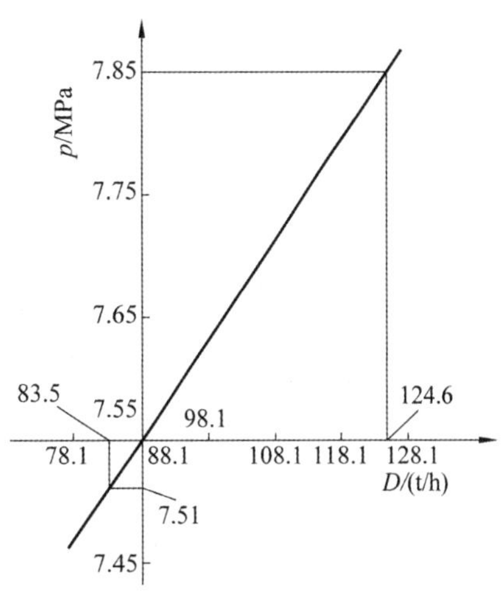

图4-9　p''_0作图法求解图

参考文献

[1] 王乃宁. 汽轮机热力设计[M]. 北京：水利电力出版社，1987.

[2] 石道中.汽轮机设计基础[M].哈尔滨:哈尔滨工业大学出版社,1990.

[3] 冯慧雯.汽轮机课程设计参考资料[M].北京:水利电力出版社,1992.

[4] 中国动力工程学会.火力发电设备技术手册第二卷:汽轮机[M].北京:机械工业出版社,2000.

[5] 机械工程手册电机工程手册编辑委员会.机械工程手册第72篇:汽轮机(试用本)[M].北京:机械工业出版社,1997.

[6] 蔡颐年.蒸汽轮机[M].西安:西安交通大学出版社,1988.

[7] 黄树红.汽轮机原理[M].北京:中国电力出版社,2008.

长叶片的准三维气动设计计算方法

具有优良空气动力特性的叶型，对提高机组的效率，获得经济与环保的双重效益具有十分重大的意义。随着蒸汽初参数的提高，蒸汽体积流量增大，特别是对于汽轮机末几级，通流面积明显增大，叶片高度显著增加，甚至已达到 1200 mm 左右。对于径高比较小的长叶片，若仍在一元流理论的基础上以平均直径处的参数来计算，而不考虑汽流参数沿叶高的变化将其设计成直叶片，必将产生多种附加损失，使级内效率明显下降。因此长叶片的气动设计需要按照特殊的方法，考虑沿叶高方向汽流参数的变化及汽轮机缸内流场的特点，进行针对性的三维设计。

本章首先对三维设计的基本理论和方法进行介绍，其次以 N25-3.5/435 型汽轮机的一维热力设计为基础，选取低压部分三个压力级（第八级至第十级）为研究对象，以第十级为例，对常用的几种环量分布形式（如理想等环量流型、等 α_1 角流型、可控涡流型）进行设计和比较；然后采用“可控涡”理论，对采用流线曲率法求解完全径向平衡方程的 S_2 流面计算程序和“可控涡”法叶片中弧线三维造型程序进行说明并介绍示例；最后，对采用 CAD（计算机辅助设计）软件进行叶片三维造型，并利用 CFD（计算流体力学）软件进行三维流场分析的大致方法进行介绍。

5.1 概　　述

近几十年来，随着计算机技术的飞速发展和以求解全三维 N-S 方程为代表的计算流体力学的成熟，设计手段由主要依靠实验和经验向数值计算转变，气动设计方法由一维经验/二维半经验设计发展到准三维设计、全三维设计，准四维与全四维设计的概念也已经提出。如图 5-1 所示，设计方法的发展也推动了设计体系的变革，近代汽轮机气动设计体系也由第一代发展到第三代，三代气动设计体系的比较如表 5-1 所示。

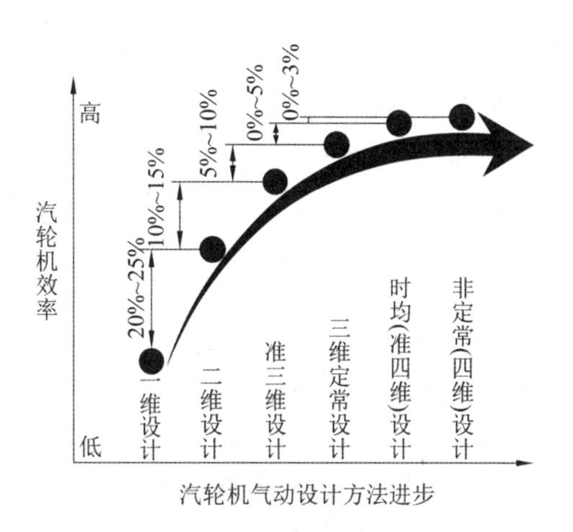

图 5-1　汽轮机效率随气动设计方法进步的变化规律

表 5-1　汽轮机三代气动设计体系比较

<table>
<tr><th colspan="2">设计体系</th><th colspan="2">第一代</th><th>第二代</th><th>第三代</th></tr>
<tr><td colspan="2">应用时期</td><td colspan="2">20 世纪 60 年代前</td><td>20 世纪 60～90 年代</td><td>20 世纪 90 年代至今</td></tr>
<tr><td colspan="2">代表叶型</td><td>直叶片</td><td>简单扭转叶片</td><td>复杂扭叶片</td><td>弯扭联合成形叶片</td></tr>
<tr><td>一维</td><td>平均截面热力计算</td><td colspan="2">√</td><td>√</td><td>√</td></tr>
<tr><td>二维</td><td>简单径向平衡法</td><td>×</td><td>√</td><td>√</td><td>√</td></tr>
<tr><td rowspan="2">准三维</td><td>子午通流 S_2 设计</td><td colspan="2">×</td><td>√</td><td>√</td></tr>
<tr><td>回转面 S_1 设计</td><td colspan="2">选用已有叶型</td><td>选用已有叶型；少量叶栅 S_1 流场分析</td><td>选用已有叶型或按流场要求造型；全部叶栅 S_1 流场分析</td></tr>
<tr><td>全三维</td><td>CFD 技术</td><td colspan="2">×</td><td>×</td><td>√</td></tr>
</table>

5.1.1　叶片设计方法的发展过程

1. 一维经验和二维半经验设计方法

20 世纪 40 年代至 50 年代末，由于受计算能力的限制，当时的设计往往是以一维流量连续性方程、欧拉方程和简单径向平衡方程为主要的物理模型，再配合由实验获得的大量经验关系进行的。所谓一维设计，就是以叶片平均直径处的参数来计算，不考虑汽流参数沿叶高和周向的变化；其中，简单径向平衡法是基于汽流做轴对称的圆柱面流动（忽略汽流参数沿周向的变化）的假设，由于其考虑了汽流参数沿叶高的变化，故属于二维半经验设计范畴。尽管这种设计方法非常粗糙，但是直到今天，一维设计仍然是现代气动设计体系的基础。

2. 准三维设计方法

1952 年，为了简化三元流动的求解，吴仲华院士提出了 S_1、S_2 流面理论，即把三元流场分解为两个流面上的二元流动。通过两类流面相互迭代来求解叶轮机械内部的复杂三维流场，这就是准三维设计方法的理论基础。

S_1 流面，即跨叶片面，它与某轴截面 $z=\text{const}$ 的交线是一个圆环，由此圆环向前后延伸的流线的总和就构成了 S_1 流面；S_2 流面，即子午面，它与某轴截面 $z=\text{const}$ 的交线基本上是一条径向线，由此线向前后延伸的流线的总和就构成了 S_2 流面。当不考虑黏性时，叶片表面就是一个 S_1 流面；而 S_1 流面应该与内外壁面一致，是一个旋成面，如图 5-2 所示。在两个叶片之间，有一个 S_2 流面将两个叶片流道中的流量进行等分，此流面被称为中心 S_2 流面，用符号 S_{2m} 表示。已知流片形状和厚度求解汽流参数分布方程组的是正问题；给定汽流参数，求解与之相适应的流片形状（厚度分布已知）方程组的是反问题。

在 N-S 方程数值求解（全三维设计）实现之前，两类流面相互迭代是求解叶轮机械内部三维流场的唯一途径；即便利用全三维设计方法可以更完美地求解正问题，但在反问题设计中，准三维设计方法依然占据着不可取代的地位。此外，两类相对流面理论与物理过程接近，有长期积累的实验数据库，且从认识上易被接受，因此准三维设计方法在今天仍被广泛应用。

在求解叶轮机械三元无黏流场中，准正交面法应用较广，其原理是：在每个准正交面上

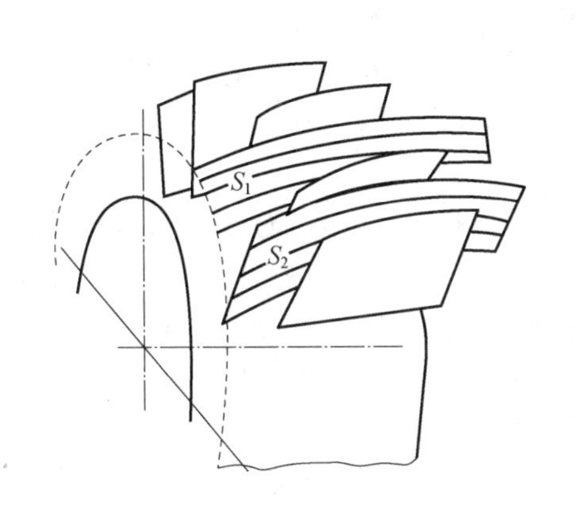

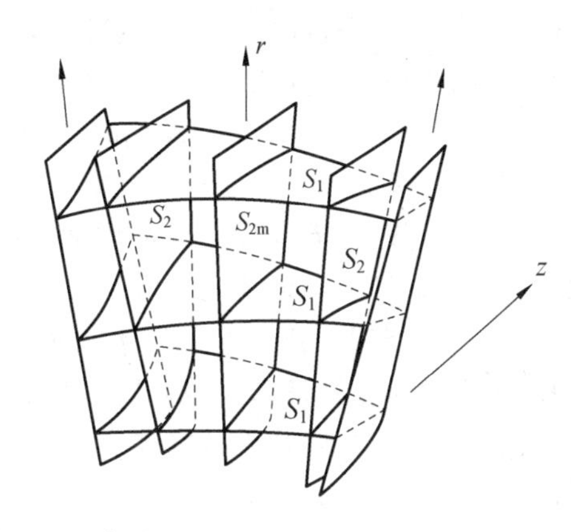

图 5-2　S_1、S_2 流面示意图

沿 S_1、S_2 流面交线两个方向求解速度梯度方程，通过整个准正交面上的流量校核、反插等分流量点，在一次迭代中将若干个 S_1、S_2 流面流动问题同时迭代求解。

3. 全三维设计方法

20 世纪 80 年代中期以来，随着计算机软硬件性能的快速提高和计算流体力学的不断成熟，三维黏性流场的求解成为可能，叶轮机械气动设计方法进入了全三维时代。经过大量的实验测试和长年的经验积累，CFD 软件的准确性逐渐被行业专家所认可，加之其具有使用简单、通用性好等优点，应用越来越广泛。尽管目前叶轮机械三维黏性流场求解已有一定程度的发展，但是在实际使用中全三维设计也有局限性。因为从本质上讲，全三维设计解决的是叶轮机械气动设计中的正问题，是对反问题设计结果的鉴别与校核，也就是说，仅仅依靠全三维设计无法从无到有地“创造”叶片。原始叶型的设计尚依赖于传统的准三维设计，而准三维设计的基础是基元级设计（一维/二维设计）。因此，当今叶轮机械气动设计体系应该是由一维/二维、准三维、全三维所有阶段的设计准则和计算程序组成的完整的设计系统；准三维设计（反问题）与全三维设计（正问题）需要“反-正-反”不断交替进行，直到设计出的叶片的性能满足要求为止。

4. 准四维/四维设计概念

在叶轮机械中，动叶和静叶交错排列，流动具有很强的非定常性。全三维设计方法以定常理论为基础，仅以空间为概念，无法反映存在于叶轮机械内部动静叶之间的相互干扰。引入时间概念，提出叶轮机械时均（准四维）和非定常（四维）气动设计概念，这是提出所谓全四维设计概念的出发点。

5.1.2　长叶片设计存在的问题和基本设计方法

实践证明，采用三维概念设计的扭叶片级与直叶片级相比，当 $\theta=8$ 时，级内效率可以提高 1%～1.5%，当 $\theta=6$ 时，级内效率提高 3%～4%，当 $\theta=4$ 时，级内效率提高可达 7%～8%。可见，θ 越小，效率的提高越显著。现代汽轮机中采用的弯扭联合叶片，更体现了叶型与气动参数相结合的原则，级内效率更高。随着扭叶片加工工艺水平的提高和制造成本的下降，它的使用范围也越来越广。最初扭叶片只用在 $\theta<5$ 的末几级，目前在大功率汽轮机的高中压部分也普遍采用扭叶片，有些机组已经全部采用弯扭联合叶片。

对于短叶片级，根据一维热力理论，只要合理地确定 Ω_m、速度比 x_a、喷嘴和动叶的出口

角 α_2 和 β_2，并选择具有高气动效率的叶型，那么根据级前后参数 p_0、t_0、p_2，就可以获得一个热力效率较高的中径基元级。由于汽流在直叶片级内沿叶身方向参数变化不大，所以气动性能只跟平面叶型有关系，采用各截面相同的直叶片也可确保整个叶片长度上都具有较高的热力和气动效率。

对于长叶片级，随着叶片高度的增加，汽流在叶根和叶顶处的轮周速度差异变得较为突出，相应沿叶片高度方向的反动度和速度比也将存在较大差异，这对保证全叶高范围内的正反动度带来困难；与此同时，由于汽流的圆周速度分量差异会带来离心力差异，给级内沿半径方向的压力分布设计带来挑战，若设计失当，有可能导致级排汽速度场分布紊乱，加大叶片的气动损失，因此长叶片设计需要考虑的因素更为复杂、难度更高。

长叶片的设计方法大致可分为简单径向平衡法和完全径向平衡法两类，两类方法均忽略蒸汽参数沿圆周方向的变化，而将级内流动问题简化假设为一个空间轴对称问题，不同的是前者进一步假设汽流为圆柱面流动，后者汽流速度存在径向分量。汽流流线的不同对应汽流受力径向平衡状态的不同，根据流体力学基本原理可知，流场内任一气体微元需要满足的径向力的平衡方程为

$$\frac{1}{\rho}\frac{\partial p}{\partial r}=\frac{c_u^2}{r}-c_l^2\left(\frac{\cos\varphi_l}{R_l}+\frac{\sin\varphi_l}{c_l}\frac{\partial c_l}{\partial l}\right) \tag{5-1}$$

式中：$c_l\sin\varphi_l\dfrac{\partial c_l}{\partial l}$为单位质量流体由于子午流线方向加速度而产生的惯性力的径向分量；$\dfrac{c_l^2}{R_l}\cos\varphi_l$为单位质量流体因子午流线弯曲而引起的离心力的径向分量；$\dfrac{c_u^2}{r}$为单位质量流体圆周方向分速度 c_u 产生的离心力。

上述径向平衡方程式表明，流体压力沿叶高的变化规律与圆周方向分速度沿叶高的分布和子午流线的形状（即流线的曲率和斜率）均有关系。

5.1.3 简单径向平衡法

在简单径向平衡法中，假定汽流在轴向间隙中做轴对称的圆柱面流动，即其径向分速度 c_r 为零，或流线的倾角 φ_l 为零，曲率半径 R_l 为无穷大。由于轴向间隙中汽流参数沿轴向不变，压力只在径向才有变化，因此$\dfrac{\partial p}{\partial r}=\dfrac{\mathrm{d}p}{\mathrm{d}r}$。这样，根据式(5-1)可以得到简单径向平衡方程：

$$\frac{1}{\rho}\frac{\mathrm{d}p}{\mathrm{d}r}=\frac{c_u^2}{r} \tag{5-2}$$

此式表明了轴向间隙中汽流圆周方向分速度 c_u 所产生的离心力完全被径向静压差所平衡，即压力 p 沿叶高的变化仅仅与 c_u 沿叶高的分布有关，轴向间隙中的压力沿叶高总是增加的。

简单径向平衡方程说明了轴向间隙中汽流做同轴圆柱面流动时参数沿径向变化的一般规律。只要给定了轴向间隙中 c_u 的变化规律，就可以得出参数沿叶高变化的规律，即扭曲规律，称之为流型。

不同的 c_u 变化规律，对应不同的流型。实际中经常应用的是少数几种流型，如理想等环量流型、等 α_1 角流型和等密流流型等。其中，等环量流型又叫自由涡流型(free vortex)。

5.1.4 完全径向平衡法与可控涡流型

实践证明，对于 $\theta>8\sim12$ 的短叶片，一元流设计理论基本上是有效的。对于 $5<\theta<8$ 的

较长叶片级，用简单径向平衡方程计算能较好地克服一元流理论的缺陷，使级内效率有显著的提高，所以简单径向平衡法在设计中得到了广泛的应用。

随着汽轮机的单机容量不断增加，末级叶片的高度也越来越大，有时甚至有 $\theta<2.42$。这时子午面扩张非常迅速，汽流存在较大的径向速度分量，所以对于 $\theta\leqslant3$ 的长叶片级，轴向间隙中汽流流面不能再认为是轴对称的圆柱面，而应为轴对称的任意回转面。再按简单径向平衡法来确定这种长叶片的扭曲规律，就不符合汽流的实际情况，此时应考虑汽流流线弯曲的影响，采用完全径向平衡方程式(5-1)设计，这时该式中的流线曲率半径为一有限值，而不同于简单径向平衡方程中假设的曲率半径为较大值。

同时，根据简单径向平衡法所得出的几种流型有一个共同缺点，就是反动度或动静叶片间轴向间隙内的汽流压力沿叶高增大，而且变化较剧烈。当 $\theta<3$ 时，叶片根部会出现负反动度，有时甚至达到 $\Omega_r=-0.2$。汽流在根部流道中将形成扩压段，引起附面层脱离而形成倒旋涡，使损失显著增大；同时，由于喷嘴出口速度增大，动叶进口的根部马赫数 M_r 增加，易产生冲波，加剧了根部附面层的脱离，致使动叶根部汽流阻塞，流线向上偏移，影响级的通流能力和做功能力。根部出现负反动度也会使隔板汽封的漏汽量增大，动叶根部产生吸汽现象，扰乱主流而使流动损失增大。在负反动度区域内，汽流的热力过程不再是膨胀做功的过程，而是扩压耗功的过程，这将消耗部分叶轮有用功。

当动叶根部反动度设计为正值时，顶部反动度就会过大，有的甚至达到 $\Omega_t=0.8$ 以上，使动叶顶部前后压差增大，漏汽损失增加。同时，也使动叶顶部某些截面的弯曲应力升高，影响安全性。此外，级的平均反动度增大，使级的平均滞止比焓降减小，最佳速度比增大，级的做功能力也因此降低。

综上所述，造成这些问题的根本原因在于二元流流型具有一定的局限性，它首先假定汽流是做轴对称的圆柱面流动，故在简单径向平衡方程的范围内难以通过改变汽流周向分速度沿叶高的分布规律来控制级的反动度沿叶高的变化，因而无法改善动叶顶部和根部的气动特性，所以必须采用三元流流型或完全径向平衡法来设计 $\theta<3$ 的长叶片。

自由涡流型的特征是环量沿叶高相等，故自由涡流型也可理解为“没有涡流的流型”。除此之外，其他任何流型，包括常用流型(如等α_1 角流型、等轴速流型、等速密流流型等)都是一种有涡流的流型，因为这些流型的环量沿叶高非等值分布。从广义的流体力学观点来看，除了自由涡流型之外，其他任意流型都可称为“可控涡流型”(controlled vortex)，或“控制旋涡流型”。

这里所指的“可控涡”或“控制旋涡”包含着这样的意义，即作为设计问题(反问题)，环量沿叶高的分布是事先给定的，就是说，是设计人员可以事先控制的，当设计者给出了不同的环量分布时，那么出口流场就会有不同的旋涡分布和参数分布，故把这种流型统称为“可控涡流型”。但是，这样广义的定义并不能反映目前透平设计中存在的实质性问题，为此，人们常把“等环流流型”称为“自由涡流型”；把由简单径向平衡方程导出的、反动度沿叶高难以控制的常用流型(如等α_1 角流型、等轴速流型和等速密流流型等)称为“受迫涡流型”；而把由完全径向平衡方程导出的、反动度沿叶高可以事先控制的那些流型称为“可控涡流型”。联系到当前长叶片中存在的问题，可以更确切地这样来理解：凡是提高根部反动度，降低顶部反动度，并使反动度沿叶高增加缓慢的那种流型才是当前应用中实际存在的可控涡流型。必须指出，重要的不在于如何定义，而在于实际上如何严格地控制涡流，即控制环量沿叶高的分布，以防止过度的端部损失，改善动叶顶部和根部的气动性能，使透平的级内效率和级功率达到较为理想的状况，这就是可控涡流型所需解决的根本问题。

简单径向平衡方程的前提假设为：在透平的轴向间隙中，流体沿着轴对称的圆柱流面流动时，流体微团仅仅受到切向分速度所产生的离心力的作用，并为流体的径向压力差所平衡。由简单径向平衡方程所确定的流型，其压力和反动度沿叶高迅速增大的趋势是不可改变的，压力和反动度沿叶高的变化规律不仅与切向分速度（或环量）沿叶高的分布有关，而且还与径向分速度沿叶高的分布的流线弯曲情况等有关。因此，设计人员不仅可以通过改变切向分速度（或环量）沿叶高的分布，而且还可以通过改变流线的曲率和斜率来改变压力和反动度沿叶高的变化规律，因此可以事先选择某种流型，根据这种流型得到流线形状的曲率和斜率，使反动度在根部加大，且沿叶高增加缓慢，这样一种流型就是可控涡流型。

可控涡流型是通过控制子午流线的形状来控制反动度的。子午流线的形状一般有图5-3所示的三种情况，当流线在子午面上的形状向下凹且弯曲适度时，如图 5-3(b)所示，就能达到减缓反动度沿叶高迅速增加的作用，可有效控制反动度沿叶高的变化。

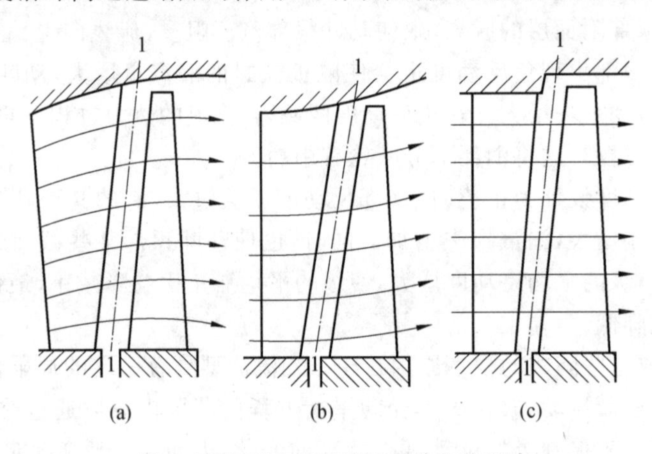

图 5-3　不同流线形状对反动度的影响

(a)子午流线向上凸；(b)子午流线向下凹；(c)子午流线平直

采用可控涡流型的汽轮机级，其流型根据完全径向平衡的规律合理组织了汽流的流动，使汽流的实际流动和叶片的几何角度基本吻合，保证叶片能在较佳的绕流条件下工作，可以避免过度的冲角损失。另外采用可控涡流型能适当提高根部反动度并降低顶部反动度，改善动叶根部的气动性能，使叶根吸汽和叶顶漏汽减少，提高级的效率。在适当提高根部反动度和降低顶部反动度的同时，可控涡流型能使级的平均反动度保持较小值，最佳速度比较小，从而使级的做功能力提高。此外，可控涡流型喷嘴顶部的比焓降较大，使动叶顶部前后压差减小，动叶顶部受力减小，而且动叶顶部的进口角也明显减小，叶型的转折角增大，增加了刚度及抗弯截面系数，改善了顶部的抗弯强度和抗振性能，这一点对改善动叶的强度和工艺性也有利。

可控涡流型也存在一些缺点，主要是增大了余速损失和级后流场不均匀，可控涡流型动叶出口流线上翘比较严重，出口压力 p_2 和出口速度 c_2 沿叶高分布不均匀，对下一级的进口条件和余速利用不太有利，特别是对于多级汽轮机，这种不均匀性的逐级积累更加严重，从而限制了可控涡流型的广泛应用。目前可控涡流型仅在大功率汽轮机的末级和次末级上用得较多。此外，可控涡流型的喷嘴出口角 α_1 是沿叶高逐渐减小的，这样，必须使喷嘴扭曲，从而增大了喷嘴的制造难度。

目前在三维叶片气动设计问题（反问题）中，大多采用“给定涡 rV_θ 分布及厚度分布，求叶片的几何形状"的思路。气体涡 rV_θ 的分布规律直接影响到叶片表面的流速分布和载荷分布，对所设计叶片的形状及性能影响十分明显。可控涡技术，也称为涡量控制技术，不仅控制轴向间隙内环量沿叶高的分布，而且控制整个叶轮内环量沿子午流线的分布；再通过环量分布与叶片几何形状的关联，由流场分布得到叶片的几何型线。该方法数学形式明确，计算方法清楚，20 世纪 70 年代应用于燃气轮机，80 年代中期开始应用于汽轮机，可以明显改善叶栅的气动性能，是一种灵活有效的工程设计方法。它最突出的优势在于能适当提高根部反动度，降低顶部反动度，改善动叶根部的气动性能，降低二次流损失；此外，能够减小隔板和动叶顶部的漏汽损失，提高级的做功能力，改善叶栅的抗弯强度及抗振性能等，在汽轮机的优化设计和技术改造中得到了广泛的应用。

可控涡的理论基础是完全径向平衡方程，与准三维设计方法的本质是相同的。尽管在 S_2 子午通流设计中普遍采用准三维设计方法，但在初始环量给定（可控涡流型）及叶片造型方面，可控涡技术可以发挥独到的作用。

5.2　准三维气动设计的基本理论

准三维反问题设计包括 S_2 子午通流设计和叶片造型设计两部分，且 S_2 子午通流设计是叶片造型设计的基础。完成 S_2 子午通流设计，在宏观上组织子午流道内蒸汽的流动形式，对汽轮机级内效率的影响至关重要，甚至在一定程度上决定了气动设计的结果。经国内外同行多年的不懈努力，两类相对流面理论数学基础已十分严格，数值计算方法也十分丰富，应用场合和适用范围不断细化。

在 S_2 流面方程中，通常需要首先给出环量的分布形式，基于环量分布形式，在一维设计结果的基础上沿叶高方向进行速度三角形与热力参数的计算。环量分布为准三维设计提供了初参数，因此环量可视为联系一维与准三维的桥梁。

在通流设计完成后，"可控涡"法建立了流场与叶片几何形状的关联，可用于叶片造型。

5.2.1　S_2 子午通流设计理论

1. 两类相对流面理论的基本假设

透平机械内部流动是一个极其复杂的有黏、非定常、可压的真实气体流动。两类相对流面理论基于如下五个假设，将三元流场分解为两个流面上的二元流动问题来求解，简化计算。五个基本假设如下。

(1) 流动是定常的。

(2) 流动是绝热的，即流动过程与外界无热交换。

(3) 运动方程中，忽略黏性力。

在流线曲率法中，①实际流动中黏性引起的损失可由损失模型或经验方法确定；②在固体壁面附近，由于忽略了黏性力计算得到的流速将偏高，从而导致计算得到的流量将大于实际值，可用流量系数 k_{SJ} 进行修正，有 $k_{SJ}=G_{计算}/G_{实际}$。

(4) 忽略流体体积力的作用。

以上假设忽略了完全三元运动方程组中的一些次要项，包含一定程度的近似，但实验表明,基于这种方法的流动与叶轮内实际流动特点相一致,忠实于原有的物理模型,能够很好地预测流动。

(5) 流体为理想气体。

2. S_2 流面的基本方程

为建立 S_2 流面的基本方程,采用转速为 ω 的旋转圆柱坐标系,各速度分量与角度间的关系如图 5-4 所示。

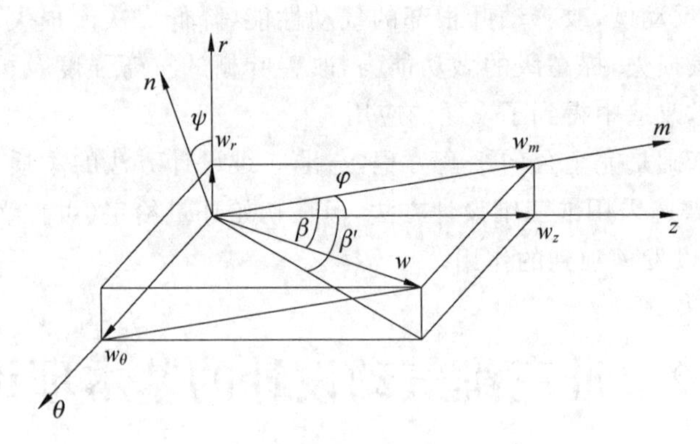

图 5-4　各速度分量与角度间的关系

其中:

$$w_z = w_m \cos\varphi \tag{5-3}$$

$$w_r = w_m \sin\varphi \tag{5-4}$$

$$w_\theta = w_m \tan\beta \tag{5-5}$$

$$w_m = w\cos\beta \tag{5-6}$$

$$c_\theta = w_\theta + r\omega \tag{5-7}$$

1) 连续方程

$$\frac{\partial(r\rho w_r B)}{\partial r} + \frac{\partial(r\rho w_z B)}{\partial z} = 0 \tag{5-8}$$

其中,角厚度 $B=B(r,z)$,是相邻两个流面之间的角距离。按两类相对流面理论,B 应该在迭代中不断修正,但在本书反问题设计中,由于主要目的不在于提高流面的精确度,为减少工作量,根据叶片应力等因素所要求的叶片厚度对 B 进行估计。

2) 能量方程

$$w_r \frac{\partial \widetilde{h}_w^*}{\partial r} + w_z \frac{\partial \widetilde{h}_w^*}{\partial z} = 0 \tag{5-9}$$

其中,相对滞止转焓 $\widetilde{h}_w^*$ 的定义式为

$$\widetilde{h}_w^* = h + \frac{w^2}{2} - \frac{\omega^2 r^2}{2}$$

3) 动量方程

$$w_r \frac{\partial w_r}{\partial r} + w_z \frac{\partial w_r}{\partial z} - \frac{c_\theta^2}{r} = -\frac{1}{\rho}\frac{\partial p}{\partial r} + F_r \tag{5-10}$$

$$\frac{w_r}{r}\frac{\partial(c_\theta r)}{\partial r} + \frac{w_z}{r}\frac{\partial(c_\theta r)}{\partial z} = F_\theta \tag{5-11}$$

$$w_z \frac{\partial w_z}{\partial z} + w_r \frac{\partial w_z}{\partial r} = -\frac{1}{\rho}\frac{\partial p}{\partial z} + F_z \tag{5-12}$$

4）正交方程

$$F_r w_r + F_\theta w_\theta + F_z w_z = 0 \tag{5-13}$$

5）完全气体状态方程

$$p = \rho RT \tag{5-14}$$

6）熵联系方程

$$T\mathrm{d}S = \mathrm{d}h - \frac{\mathrm{d}p}{\rho} \tag{5-15}$$

7）S_2 流面约束方程

由于 S_2 流面是一个连续光滑曲面，为满足“可积性条件”，则有

$$\frac{\partial}{\partial r}\left(\frac{F_z}{rF_\theta}\right) = \frac{\partial}{\partial z}\left(\frac{F_r}{rF_\theta}\right) \tag{5-16}$$

未知数有 10 个——w_r、w_θ、w_z、F_r、F_θ、F_z、ρ、T、S、$\widetilde{h}_w^*$，方程有 9 个，需要补充一个环量分布方程：$c_\theta r = f(r,z)$。方程组封闭后，给定合适的初始条件和边界条件即可求解。

3. 常用的环量分布形式

在一元设计完成后，需要给定初始流线上动、静叶栅出汽角（S_2 流面计算程序的初参数），这就要求给出每一级的环量分布。在汽轮机设计的工程实践中，环量的分布形式经常采用的流型有理想等环量流型（也称为自由涡流型）、等 α_1 角流型、等密流流型和可控涡流型，其中前三者的理论基础是简单径向平衡方程。

当采用简单径向平衡方程确定级的流型时，必须在动叶栅前后各补充一个条件，给定不同的补充条件可以得到不同的流型，之后用表格来计算不同叶高截面的气动热力参数，参见 5.3 节。图 5-5 所示为叶片通道的三个特征截面，下面就所用到的理想等环量流型、等 α_1 角流型和可控涡流型的基本假设和补充条件进行汇总说明。

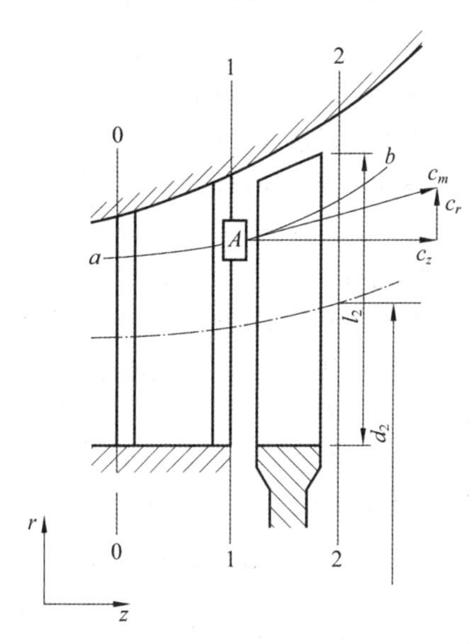

图 5-5　叶片通道的三个特征截面

1）理想等环量流型

基本假设如下：

(1) 忽略喷管的流动损失对等环量流型的汽流特性的影响；如需考虑，可参考文献[5]。

(2) 蒸汽满足理想气体状态方程 $p=\rho R_g T$。

(3) 简单径向平衡法的假定——汽流在轴向间隙中做轴对称的圆柱面流动，即其径向分速度 $c_r=0$（从“密流”角度考虑，其流面并非圆柱面，这个假定不能正确地反映实际流动情况，具有一定的相似性）。

补充条件如下：

(1) 在 1-1 截面上，汽流的轴向分速度沿叶高保持不变，即$\partial c_{1z}/\partial r=0$。

(2) 汽轮机级的滞止比焓降沿叶高不变，即$\dfrac{\partial h_s}{\partial r}=0$。

$$\begin{cases} c_{1z} = \text{const}, & c_{1u}r = \text{const} \\ c_{2z} = \text{const}, & c_{2u}r = \text{const} \end{cases}$$

如图 5-5 所示，在 0-0 截面上汽流保持均匀的条件（特定的起始条件）下，即$\partial p_0/\partial r=0$、$c_{0u}=0$、$c_0=c_{0z}=\text{const}$，则 2-2 截面上的汽流也必定是均匀的，即$\partial p_2/\partial r=0$、$c_{2u}=0$、$c_2=c_{2z}=\text{const}$，否则就违反了 $h_s=\text{const}$ 这个补充条件。此时，动叶出口圆周速度 c_{2u} 沿半径处处等于0，汽流角 $\alpha_2=90°$，气体自动叶片流道轴向排出，余速损失最少。

等环量级参数沿径向的特点：等环量级在轴向间隙中保持了汽流的径向平衡，避免了汽流由于径向流动所产生的附加损失；扭叶片各截面型线与各相应的汽流速度三角形相适应，汽流角沿叶高的变化规律和动叶几何角沿叶高的变化规律相适应，且各基元级的气动特性与相对节距都处于较佳的范围内，从而避免了动叶进口的撞击损失和相对节距变化较大的损失；等环量级后汽流参数分布均匀，避免了级后汽流弯曲所引起的损失。由于以上这些因素，等环量级内效率较高。

由理想等环量流型的公式推导，可得出以下规律：①喷嘴出口汽流角 α_1 沿叶高逐渐增大；②动叶进口汽流角 β_1 沿叶高逐渐增大，且 β_1 角的增大量比 α_1 角的大得多，说明动叶进口边比静叶出口边扭曲得更强烈，使叶片加工较为复杂，制造成本较高；③动叶出口汽流角 β_2 沿叶高逐渐减小；④反动度 Ω 沿叶高增大，易引起额外损失，当 $\theta<5$ 时，这个缺点较为突出；⑤轮周功沿叶高是不变的。在级的几何尺寸和根径处轮周功相同的条件下，等环量级的轮周功率比其他流型的小。

一般认为等环量流型用于叶片不太长的中间扭叶片级较为适宜，在 $\theta<5$ 时，采用其他流型更合适。

2）等 α_1 角流型

为了避免等环量流型叶片扭曲过大，特别是喷嘴的扭曲过大的问题，提出了等 α_1 角流型，该流型下喷嘴出口的汽流角度沿叶片高度不变化。

基本假设如下：

(1) 忽略喷管的流动损失对等 α_1 角流型的汽流特性的影响；如需考虑可参考文献[5]。

(2) 蒸汽满足理想气体状态方程 $p=\rho R_g T$。

(3) 简单径向平衡法的假定——汽流在轴向间隙中做轴对称的圆柱面流动，即其径向分速度 $c_r=0$（从“密流”角度考虑，其流面并非圆柱面，这个假定不能正确地反映实际流动情况，具有一定的相似性）。

补充条件如下：

(1) $\partial\alpha_1/\partial r=0$（或 $\alpha_1=\text{const}$）；

(2) 对于动叶出口 2-2 截面，存在着几种不同的扭曲方法，如

$$\begin{cases} \left.\begin{array}{l} \text{按等功条件扭曲}(h_u = \text{const}) \\ \text{按等出汽角条件扭曲}(\beta_2 = \text{const}) \end{array}\right\} \quad c_{2u} \neq 0 \\ \text{按等背压条件扭曲}(p_2 = \text{const}) \quad \Rightarrow \quad c_{2u} = 0, c_2 = c_{2z} = \text{const} \end{cases}$$

等 α_1 角流型的反动度沿叶高的变化规律为

$$\Omega = 1 - (1 - \Omega_r)\left(\frac{r_r}{r}\right)^{2\cos^2\alpha_1} \tag{5-17}$$

当级前汽流参数均匀，动叶出口 2-2 截面按等背压条件扭曲时，级的焓降 h_s 沿半径不变。由简单径向平衡方程式(5-2)，有动叶出口圆周分速度 $c_{2u}=0$，$c_2=c_{2z}=\text{const}$。

显然，这种流型的级中轴向间隙里的汽流沿叶高的流速 c_{1u} 比理想等环量级的大，而 c_{1z} 是沿叶高减小的。等 α_1 角流型的轮周功沿叶高是增加的。在级的尺寸、叶片高度和叶根轮周功相同的情况下，等 α_1 角流型的轮周功比理想等环量流型的大，但它的级内效率却较理想等环量流型的低。当 α_1 数值很小时，$\cos^2\alpha_1$ 接近于 1，与 $c_{1u}r$ = 常数的扭曲规律相差不大。实际上，等 α_1 角流型由于扇形关系，角沿叶高还是略有增加的。

3）等密流流型

在汽轮机级中，蒸汽质量密度 ρ 与轴向分速度 c_z 的乘积 ρc_z 称为密流，表示通过单位面积的蒸汽流量。等密流流型就是级的密流沿径向不变。等密流流型可以实现最小的径向流动。等环量流型和等 α_1 角流型均不能保证汽轮机级通流部分各横截面上的密流沿径向不变。

在等密流的特定条件下，汽流在喷嘴和动叶的轴向间隙中可以保持同轴的圆柱面流动，即各条子午线都是平行于轴线的；同时也保证了同一截面上喷嘴和动叶的流量相等，因而流道内的流动损失较小。但汽流沿叶高的出口速度 c_{1z} 不是常数，由根部向顶部逐渐减小，从而使喷嘴出口速度场不均匀，会在轴向间隙中引起流动损失。

基本假设如下：

（1）忽略喷管的流动损失对流型的汽流特性的影响；如需考虑，可参考文献[5]。

（2）蒸汽满足理想气体状态方程 $p=\rho R_g T$。

（3）简单径向平衡法的假定——汽流在轴向间隙中做轴对称的圆柱面流动，即其径向分速度 $c_r=0$。

补充条件如下：

（1）$\rho_1 c_{1z}=\text{const}$（即$\dfrac{\partial(\rho_1 c_{1z})}{\partial r}=0$）；

（2）$c_{2z}=\text{const}$，$c_{2u}=0$，由简单径向平衡条件，有 $\rho_2 c_{2z}=\text{const}$（即$\dfrac{\partial(\rho_2 c_{2z})}{\partial r}=0$）。

理想等环量流型与等 α_1 角流型流面并非圆柱面，并非严格遵循简单径向平衡假设，理论上等密流流型更为合理，但由于理想等环量流型和等 α_1 角流型采用较早，积累了大量的生产经验，同时实验表明，当径高比不太小时，按这三种方法设计的长叶片级具有大致相同的级内效率，所以，目前工厂尚未广泛采用等密流流型进行长叶片的设计。

4）可控涡流型

基本假设如下：

（1）忽略喷管的流动损失对流型的汽流特性的影响；如需考虑，可参考文献[5]。

（2）蒸汽满足理想气体状态方程 $p=\rho R_g T$。

（3）完全径向平衡法的假定——汽流在轴向间隙中做轴对称流动，径向分速 $c_r\neq0$。

补充条件如下：

$$\begin{cases}2\pi\,(c_u r)_1=k(r)\Gamma\\(c_u r)_2=0\end{cases}$$

式中：Γ 是设计工况下的环量，m^2/s；$k(r)$ 是与叶高 r 对应的环量分布系数，$k(r)=Ar^2+Br+C$。可通过调整控制点 $(r_i,k(r_i))$ 的位置和当地值来调整整个环量沿叶高的分布。

4. 特征截面的参数计算

在 S_2 流面计算程序中，需给定初始流线上各叶片排的出汽角，这依赖于各级叶栅特征截面参数的计算。理想等环量流型、等 α_1 角流型各级叶栅特征截面参数的计算参见文献[6,7]，可控涡流型各级叶栅特征截面参数的计算如表 5-2 所示。

表 5-2 可控涡流型叶栅特征截面参数计算

特征截面半径 r	选取		
设计工况下环量	$\Gamma=2\pi/[\omega(r_s-r_h)]\int_{r_h}^{r_s}h\mathrm{d}r$		
系数 A	选定		
系数 B	选定		
系数 C	选定		
静叶出口环量	$(c_ur)_1=k(r)\Gamma$	动叶出口环量	$(c_ur)_2=0$
静叶出口周向速度	$c_{1u}=(c_ur)_1/r$	动叶出口周向速度	$c_{2u}=0$
静叶出口蒸汽密度 ρ_1	查取水蒸气热力性质表	动叶出口蒸汽密度 ρ_2	查取水蒸气热力性质表
静叶出口轴向速度	$c_{1z}=G_1/[\pi\rho_1(r_s^2-r_h^2)]$	动叶出口轴向速度	$c_{2z}=G_2/[\pi\rho_2(r_s^2-r_h^2)]$
静叶出口绝对速度	$c_1=\sqrt{c_{1u}^2+c_{1z}^2}$	动叶出口绝对速度	$c_2=c_{2z}$
动叶进口相对速度	$w_1=\sqrt{(c_{1u}-u)^2+c_{1z}^2}$	动叶出口相对速度	$w_2=\sqrt{u^2+c_2^2}$
静叶出口绝对汽流角	$\alpha_1=\arcsin(c_{1z}/c_1)$	动叶出口绝对汽流角	$\alpha_2=90°$
动叶进口相对汽流角	$\beta_1=\arctan[c_{1z}/(c_{1u}-u)]$	动叶出口相对汽流角	$\beta_2=\arctan(c_2/u)$
级反动度	$\Omega=1-\dfrac{c_1^2-c_2^2}{2(c_{1u}u-c_{2u}u)}$		

5.2.2 "可控涡"的造型方程

在完成 S_2 子午通流设计后，采用"可控涡"法对叶片进行造型。假定叶轮机械内部是无黏、绝热、相对定常流动，在准正交坐标系(m-q)下，"可控涡"的基本方程为

$$\frac{\mathrm{d}w_m}{\mathrm{d}q}=Aw_m+B+\frac{C}{w_m} \tag{5-18}$$

式中：

$$A=\frac{\cos(\varphi-\psi)}{r_c}$$

$$B=\frac{\mathrm{d}(rV_\theta)}{\mathrm{d}m}\frac{\mathrm{d}\theta}{\mathrm{d}q}-\frac{\mathrm{d}(rV_\theta)}{\mathrm{d}q}\frac{rV_\theta-\omega r^2}{r^2w_m}+\frac{\mathrm{d}w_m}{\mathrm{d}m}\sin(\varphi-\psi)$$

$$C=\frac{\mathrm{d}h_{\mathrm{in}}^*}{\mathrm{d}q}-\omega\frac{\mathrm{d}\ (rV_\theta)_{\mathrm{in}}}{\mathrm{d}q}-T\frac{\mathrm{d}S}{\mathrm{d}q}$$

则有

$$\theta=\int_{m_{\mathrm{out}}}^{m}\frac{rV_\theta-\omega r^2}{r^2w_m}\mathrm{d}m+\theta_{\mathrm{out}} \tag{5-19}$$

式中：θ_{out}表示出口角；m 表示子午流线长度；m_{out}表示叶片出口子午流线长度。

在用"可控涡"法造型过程中，决定成功与否的关键是子午流面上气体涡 rV_θ 分布的

给定是否合理。如果不能给出合理的涡分布，则不仅设计出的叶型不能满足要求，甚至可能导致计算发散或终止。涡分布的确定，一方面依赖于丰富的设计经验，另一方面需要在设计过程中不断调整涡分布以使叶片的气动性能最佳。本章中，S_2 子午通流设计完成后，可得出各子午流线上各叶片排的环量分布，在每条流线上分别对这些离散的环量分布点进行曲线拟合，可得到各流线所对应的涡分布曲线，这些涡分布曲线即可用于叶片造型。

5.3　基于简单径向平衡方程的设计方法

基于简单径向平衡法的少数几种流型在实际中经常应用，如理想等环量流型、等 α_1 角流型等，这两种方法都比较适合采用表格的方式进行设计计算。

1. 基于等环量流型的设计计算

等环量流型的设计计算相关关系式可参见 5.2 节相关内容，根据动叶出口角的选取方法，等环量流型设计计算有两种方法。方法 1 是在基元级的计算中，为获得最大的轮周效率，按经验选取 $\beta_{2m}=\beta_{1m}-(3°\sim5°)$，可得 $\alpha_{2m}=76.94°\neq90°$、$\alpha_2\neq90°$，具体过程参见表 5-3、表 5-4；方法 2 是参考文献[6]，令 $\alpha_2=90°$ 且沿半径不变，具体过程参见表 5-5、表 5-6。

由两种方法得到的速度三角形沿叶高的变化趋势可参见图 5-6。

由表 5-7 至表 5-8，可知等环量方法 1 中 $c_{2u}\neq0$，而等环量方法 2 中 $c_{2u}=0$，显然方法 2 是理想等环量流型的"典型应用"，而方法 1 是理想等环量流型的近似应用，在误差许可的范围内是可以接受的。

表 5-3　方法 1 节径截面计算

序号	名称	符号	单位	计算公式或来源	结果				
1	额定转速	n	r/min	已知	3600				
2	级的节径	d_m	mm		1150				
3	级的理想比焓降	Δh_t	kJ/kg		99				
4	级的平均反动度	Ω_m	—		0.375				
5	圆周速度	u_m	m/s	$u_m=\pi d_m n/60$	216.8				
6	级的滞止理想比焓降	Δh_t^*	kJ/kg	$\Delta h_t^*\approx\Delta h_t$	99				
7	喷嘴的滞止理想比焓降	Δh_n^*	kJ/kg	$\Delta h_n^*=(1-\Omega_m)\Delta h_t^*$	61.88				
8	喷嘴出口汽流理想速度	c_{1tm}	m/s	$c_{1tm}=\sqrt{2\Delta h_n^*}$	351.8				
9	喷嘴出口汽流实际速度	c_{1m}	m/s	$c_{1m}=\varphi c_{1tm}$，取 $\varphi=0.97$	341.2				
10	喷嘴出口汽流角	α_{1m}	(°)	选取	13	14	15	16	17

续表

序号	名称	符号	单位	计算公式或来源	结果				
11	喷嘴出口相对速度	w_{1m}	m/s	$w_{1m}=\sqrt{c_{1m}^2+u_m^2-2u_m c_{1m}\cos\alpha_{1m}}$	138.9	141.0	143.3	145.7	148.2
12	w_{1m}的方向角	β_{1m}	(°)	$\beta_{1m}=\arcsin\frac{c_{1m}\sin\alpha_{1m}}{w_{1m}}$	33.56	35.83	38.05	40.22	42.32
13	动叶理想比焓降	Δh_{bm}	kJ/kg	$\Delta h_{bm}=\Omega_m\Delta h_t^*$	37.13	37.13	37.13	37.13	37.13
14	动叶滞止比焓降	Δh_{bm}^*	kJ/kg	$\Delta h_{bm}^*=\Delta h_{bm}+\frac{w_{1m}^2}{2000}$	46.77	47.07	47.39	47.74	48.10
15	动叶出口汽流理想速度	w_{2tm}	m/s	$w_{2tm}=\sqrt{2\Delta h_{bm}^*}$	305.8	306.8	307.9	309.0	310.2
16	动叶出口汽流实际速度	w_{2m}	m/s	查表取ψ_m	0.945	0.945	0.945	0.945	0.945
				$w_{2m}=\psi_m w_{2tm}$	289.0	289.9	290.9	292.0	293.1
17	动叶出口汽流绝对速度	c_{2m}	m/s	通常取$\beta_{2m}=\beta_{1m}-(3°\sim5°)$	30	32	34	36	38
				$c_{2m}=\sqrt{w_{2m}^2+u_m^2-2u_m w_{2m}\cos\beta_{2m}}$	148.3	156.4	164.5	172.7	181.0
18	c_{2m}的方向角	α_{2m}	(°)	$\alpha_{2m}=\arcsin\frac{w_{2m}\sin\beta_{2m}}{c_{2m}}$	76.94	79.27	81.46	83.53	85.50
19	轮周效率	η_u	(%)	$\eta_u=\frac{2u_m(c_{1m}\cos\alpha_{1m}+c_{2m}\cos\alpha_{2m})}{c_a^2-\mu_1 c_{2m}^2}$ 其中，取$c_a^2=2\Delta h_t^*$，取余速利用系数$\mu_1=0.3$	82.90	81.90	80.83	79.68	78.46

表 5-4　等环量方法 1 计算过程

序号	名称	符号	单位	计算公式或来源	计算结果				
1	直径	d	mm	已知	1030	1090	1150	1210	1270
2	叶高	l	mm	$l=(d-d_r)/2$	0	30	60	90	120
3	喷嘴出口汽流角	α_1	(°)	$\tan\alpha_1=\frac{r}{r_m}\tan\alpha_{1m}$	11.68	12.34	13.00	13.65	14.30
4	动叶进口汽流角	β_1	(°)	$\tan\beta_1=\tan\alpha_{1m}\frac{\frac{r}{r_m}}{1-\frac{u_m}{c_{1um}}\frac{r}{r_m}^2}$	23.44	27.84	33.56	41.12	51.22
5	动叶出口角	β_2	(°)	$\tan\beta_2=\frac{r_m}{r}\tan\beta_{2m}$	32.81	31.35	30.00	28.75	27.60
6	动叶出口汽流角	α_2	(°)	$\tan\alpha_2=\frac{r}{r_m}\tan\alpha_{2m}$	75.48	76.25	76.94	77.57	78.14
7	级的反动度	Ω	—	$\Omega=1-(1-\Omega_m)\left[\left(\frac{r_m}{r}\right)^2\cos^2\alpha_{1m}+\sin^2\alpha_{1m}\right]$	0.229	0.308	0.375	0.432	0.482
8	圆周速度	u	m/s	$u=\pi dn/60$	194.2	205.5	216.8	228.1	239.4
9	动叶进口绝对速度	c_1	m/s	$c_1=c_{1m}\sin\alpha_{1m}/\sin\alpha_1$	379.0	359.1	341.2	325.2	310.7

续表

序号	名称	符号	单位	计算公式或来源	计算结果				
10	动叶进口相对速度	w_1	m/s	$w_1=\sqrt{c_1^2+u^2-2c_1u\cos\alpha_1}$	193.0	164.3	138.8	116.7	98.4
11	动叶理想比焓降	Δh_b	kJ/kg	$\Delta h_b=\Omega\Delta h_t^*$	22.64	30.48	37.13	42.81	47.70
12	动叶出口理想速度	w_{2t}	m/s	$w_{2t}=\sqrt{2\Delta h_b+w_1^2}$	287.3	296.6	305.8	315.0	324.2
13	动叶速度系数	ψ	—	选取	0.94	0.945	0.945	0.945	0.95
14	动叶出口相对速度	w_2	m/s	$w_2=\psi w_{2t}$	270.0	280.3	289.0	297.7	308.0
15	动叶出口绝对速度	c_2	m/s	$c_2=\sqrt{w_2^2+u^2-2uw_2\cos\beta_2}$	149.9	149.7	148.3	146.9	146.6
16	流量	G	kg/s	$G=\pi(r_t^2-r_h^2)\rho_{1m}c_{1z}$	8.548				

表 5-5　方法 2 节径截面计算

序号	名称	符号	单位	计算公式或来源	结果				
1	额定转速	n	r/min	已知	3600				
2	级的节径	d_m	mm	已知	1150				
3	级的理想比焓降	Δh_t	kJ/kg	已知	99				
4	级的平均反动度	Ω_m	—	已知	0.375				
5	圆周速度	u_m	m/s	$u_m=\pi d_m n/60$	216.8				
6	级的滞止理想比焓降	Δh_t^*	kJ/kg	$\Delta h_t^*\approx\Delta h_t$	99				
7	喷嘴的滞止理想比焓降	Δh_n^*	kJ/kg	$\Delta h_n^*=(1-\Omega_m)\Delta h_t^*$	61.88				
8	喷嘴出口汽流理想速度	c_{1tm}	m/s	$c_{1tm}=\sqrt{2\Delta h_n^*}$	351.8				
9	喷嘴出口汽流实际速度	c_{1m}	m/s	$c_{1m}=\varphi c_{1tm}$，取 $\varphi=0.97$	341.2				
10	喷嘴出口汽流角	α_{1m}	(°)	选取	13	14	15	16	17
11	喷嘴出口相对速度	w_{1m}	m/s	$w_{1m}=\sqrt{{c_{1m}}^2+{u_m}^2-2u_m c_{1m}\cos\alpha_{1m}}$	138.9	141.0	143.3	145.7	148.2
12	w_{1m}的方向角	β_{1m}	(°)	$\beta_{1m}=\arcsin\frac{c_{1m}\sin\alpha_{1m}}{w_{1m}}$	33.56	35.83	38.05	40.22	42.32
13	动叶理想比焓降	Δh_{bm}	kJ/kg	$\Delta h_{bm}=\Omega_m\Delta h_t^*$	37.13	37.13	37.13	37.13	37.13
14	动叶滞止比焓降	Δh_{bm}^*	kJ/kg	$\Delta h_{bm}^*=\Delta h_{bm}+\frac{{w_{1m}}^2}{2000}$	46.77	47.07	47.39	47.74	48.10

续表

序号	名称	符号	单位	计算公式或来源	结果				
15	动叶出口汽流理想速度	w_{2tm}	m/s	$w_{2tm}=\sqrt{2\Delta h_{bm}^*}$	305.8	306.8	307.9	309.0	310.2
16	动叶出口汽流实际速度	w_{2m}	m/s	查表取ψ_m	0.945	0.945	0.945	0.945	0.945
				$w_{2m}=\psi_m\ w_{2tm}$	289.0	289.9	290.9	292.0	293.1
17	c_{2m}的方向角	α_{2m}	(°)	蔡颐年关于等环量法的“典型应用”	90	90	90	90	90
18	动叶出口角	β_{2m}	(°)	$\cos\beta_{2m}=u_m/w_{2m}$	41.41	41.61	41.83	42.06	42.31
19	动叶出口汽流绝对速度	c_{2m}	m/s	$c_{2m}=u_m\tan\beta_{2m}$	191.1	192.5	194.0	195.6	197.3
20	轮周效率	η_u	%	$\eta_u=\dfrac{2u_m(c_{1m}\cos\alpha_{1m}+c_{2m}\cos\alpha_{2m})}{c_a{}^2-\mu_1\ c_{2m}{}^2}$ 其中，取$c_a{}^2=2\Delta h_t^*$，取余速利用系数$\mu_1=0.3$	77.07	76.81	76.54	76.24	75.93

表 5-6　等环量方法 2 计算过程

序号	名称	符号	单位	计算公式或来源	计算结果				
1	直径	d	mm	已知	1030	1090	1150	1210	1270
2	叶高	l	mm	$l=(d-d_r)/2$	0	30	60	90	120
3	喷嘴出口汽流角	α_1	(°)	$\tan\alpha_1=\dfrac{r}{r_m}\tan\alpha_{1m}$	11.68	12.34	13.00	13.65	14.30
4	动叶进口汽流角	β_1	(°)	$\tan\beta_1=\tan\alpha_{1m}\dfrac{\dfrac{r}{r_m}}{1-\dfrac{u_m}{c_{1um}}\dfrac{r}{r_m}^2}$	23.44	27.84	33.56	41.12	51.22
5	动叶出口角	β_2	(°)	$\tan\beta_2=\dfrac{r_m}{r}\tan\beta_{2m}$	44.55	42.93	41.41	39.97	38.61
6	动叶出口汽流角	α_2	(°)	$\tan\alpha_2=\dfrac{r}{r_m}\tan\alpha_{2m}$	90.00	90.00	90.00	90.00	90.00
7	级的反动度	Ω	—	$\Omega=1-(1-\Omega_m)\left[\left(\dfrac{r_m}{r}\right)^2\cos^2\alpha_{1m}+\sin^2\alpha_{1m}\right]$	0.229	0.308	0.375	0.432	0.482
8	圆周速度	u	m/s	$u=\pi dn/60$	194.2	205.5	216.8	228.1	239.4
9	动叶进口绝对速度	c_1	m/s	$c_1=c_{1m}\sin\alpha_{1m}/\sin\alpha_1$	379.0	359.1	341.2	325.2	310.7
10	动叶进口相对速度	w_1	m/s	$w_1=\sqrt{c_1^2+u^2-2c_1u\cos\alpha_1}$	193.0	164.3	138.8	116.7	98.4
11	动叶出口绝对速度	c_2	m/s	$c_2=c_{2z}=u\tan\beta_2$	191.1	191.1	191.1	191.1	191.1
12	动叶出口相对速度	w_2	m/s	$w_2=c_{2z}/\sin\beta_2$	272.5	280.6	289.0	297.6	306.3
13	流量	G	kg/s	$G=\pi(r_t^2-r_h^2)\rho_{1m}c_{1z}$	8.548				

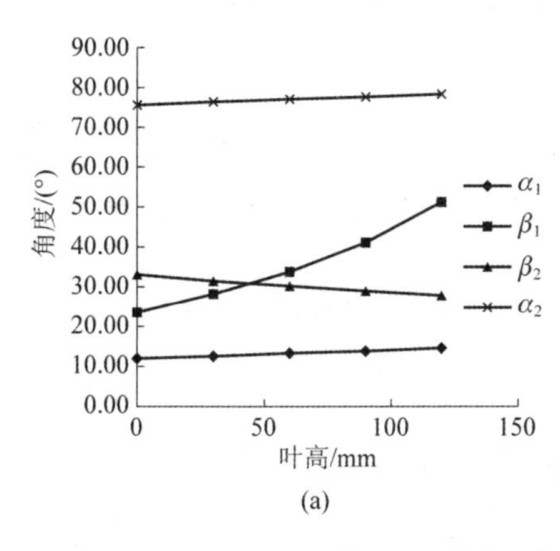

(a)

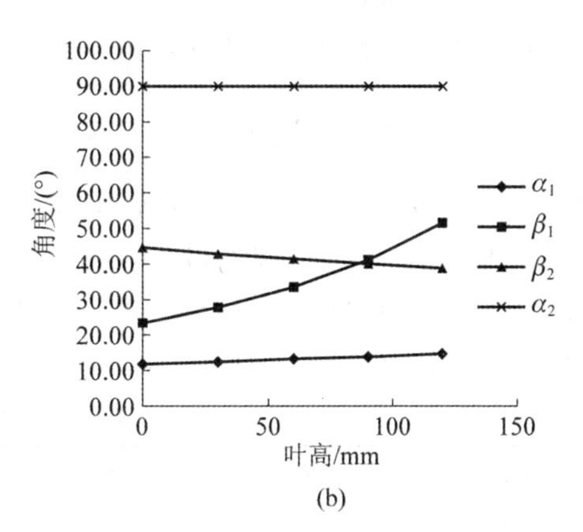

(b)

图 5-6 速度三角形各角度沿叶高的变化

(a) 等环量方法 1;(b) 等环量方法 2

表 5-7 等环量方法 1 验证计算

名称	符号	单位	计算公式	计算结果					验证结果
叶高	l	mm	—	0	30	60	90	120	—
1-1 截面的轴向速度	c_{1z}	m/s	$c_{1z}=c_1\sin\alpha_1$	76.8	76.8	76.8	76.8	76.8	$c_{1z}=\mathrm{const}$
	$c_{1u}r$	m²/s	$c_{1u}r=c_1\cos\alpha_1 d/2$	191.2	191.2	191.2	191.2	191.2	$c_{1u}r=\mathrm{const}$
2-2 截面的圆周速度	c_{2u}	m/s	$c_{2u}=c_2\cos\alpha_2$	37.6	35.6	33.5	31.6	30.1	$c_{2u}\neq0$
2-2 截面的轴向速度	c_{2z}	m/s	$c_{2z}=c_2\sin\alpha_2$	145.1	145.4	144.5	143.5	143.4	$c_{2z}\neq\mathrm{const}$
	$c_{2u}r$	m²/s	—	19.36	19.39	19.27	19.14	19.13	$c_{2u}r\neq\mathrm{const}$

表 5-8 等环量方法 2 验证计算

名称	符号	单位	计算公式	计算结果					验证结果
叶高	l	mm	—	0	30	60	90	120	—
1-1 截面的轴向速度	c_{1z}	m/s	$c_{1z}=c_1\sin\alpha_1$	76.8	76.8	76.8	76.8	76.8	$c_{1z}=\mathrm{const}$
	$c_{1u}r$	m²/s	$c_{1u}r=c_1\cos\alpha_1 d/2$	191.2	191.2	191.2	191.2	191.2	$c_{1u}r=\mathrm{const}$
2-2 截面的圆周速度	c_{2u}	m/s	$c_{2u}=c_2\cos\alpha_2$	0.0	0.0	0.0	0.0	0.0	$c_{2u}=0$
2-2 截面的轴向速度	c_{2z}	m/s	$c_{2z}=c_2\sin\alpha_2$	191.1	191.1	191.1	191.1	191.1	$c_{2z}=\mathrm{const}$
	$c_{2u}r$	m²/s	—	0.00	0.00	0.00	0.00	0.00	$c_{2u}r=\mathrm{const}$

2. 基于等 α_1 角流型的设计计算

等 α_1 角流型计算的说明:

(1) 文献[5]中采用等 α_1 角流型的透平级大都是大功率机组的末级,为了减小叶片高度，α_1 一般取比较大的值（20°～25°）；文献[6]在中低压部分，往往选用出口角较大的叶型，通常 $\alpha_1=13°\sim17°$，本计算中按此选用。

（2）文献[6]中反动度的计算公式为 $\Omega=1-(1-\Omega_r)\left(\frac{r_r}{r}\right)^{2\cos^2\alpha_1}$。级的几何尺寸确定后，如果是粗略地估算反动度沿叶高的分布，则不管动叶出口是按哪种扭曲规律设计的（等功、等出汽角、等背压），此公式均适用。

为了便于和等环量流型比较，计算中采用蔡颐年的假设，即假定 $c_{2u}=0$，$c_2=c_{2z}=\text{const}$。具体计算过程如表 5-9 所示。

表 5-9　等 α_1 角流型

序号	名称	符号	单位	计算公式或来源	计算结果				
1	直径	d	mm	已知	1030	1090	1150	1210	1270
2	叶高	l	mm	$l=(d-d_r)/2$	0	30	60	90	120
3	喷嘴出口汽流角	α_1	(°)	$\alpha_1=\alpha_1$	13	13	13	13	13
		$\cos^2\alpha_1$	—	—	0.9494	0.9494	0.9494	0.9494	0.9494
4	喷嘴出口绝对速度	c_1	m/s	$c_1=c_{1m}r_m^{\cos^2\alpha_1}/r^{\cos^2\alpha_1}$	378.9	359.0	341.2	325.1	310.5
5	圆周速度	u	m/s	$u=\pi dn/60$	194.2	205.5	216.8	228.1	239.4
6	喷嘴出口相对速度	w_1	m/s	$w_1=\sqrt{c_1^2+u^2-2uc_1\cos\alpha_1}$	194.7	165.4	138.9	115.0	94.2
7	w_1 的方向角	β_1	(°)	$\beta_1=\arcsin\frac{c_1\sin\alpha_1}{w_1}$	25.97	29.22	33.56	39.50	47.87
8	c_{2m} 的方向角	α_2	(°)	蔡颐年关于等 α_1 角流型的假设	90	90	90	90	90
9	动叶出口绝对速度	c_2	m/s	$c_2=c_{2z}$，$c_{2u}=0$	191.1	191.1	191.1	191.1	191.1
10	动叶出口角	β_2	(°)	$\tan\beta_2=c_{2z}/u$	44.55	42.93	41.41	39.97	38.61
11	动叶出口相对速度	w_2	m/s	$w_2=c_{2z}/\sin\beta_2$	272.5	280.6	289.0	297.6	306.3
12	级的反动度	Ω	—	$\Omega=1-(1-\Omega_r)\left(\frac{r_r}{r}\right)^{2\cos^2\alpha_1}$	0.230	0.308	0.375	0.433	0.482
13	流量	G	kg/s	$G=\pi(r_t^2-r_h^2)\rho_{1m}c_{1z}$	8.548				

等环量方法 2 与等 α_1 角流型采用相同的节径截面计算，只是长叶片的扭曲方法不同，两者的对比能代表两种流型的对比。等环量方法 2 中速度三角形各角度沿叶高的变化如图 5-6所示，等 α_1 角流型速度三角形各角度沿叶高的变化如图 5-7 所示。

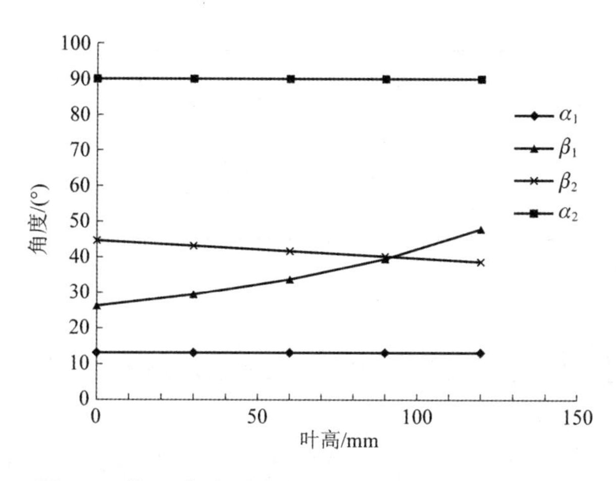

图 5-7　等 α_1 角流型速度三角形各角度沿叶高的变化

由表 5-10 可知，在等环量方法 2 中，$\alpha_1=11.68°\sim14.30°$、$\beta_1=23.44°\sim51.22°$，等 α_1 角流型中，$\alpha_1=13°$、$\beta_1=25.97°\sim47.87°$。显然无论是静叶还是动叶，等环量流型较等 α_1 角流型的叶片扭曲更剧烈。因此，一般认为等环量流型用于叶片不太长的中间扭叶片级较为适宜，而大功率机组的末级一般采用等 α_1 角流型进行设计。

表 5-10　等环量方法 2 与等 α_1 角流型的对比

名称	单位	方法	计算结果				
			1030	1090	1150	1210	1270
α_1	(°)	等环量方法 2	11.68	12.34	13.00	13.65	14.30
		等 α_1 角流型	13.00	13.00	13.00	13.00	13.00
β_1	(°)	等环量方法 2	23.44	27.84	33.56	41.12	51.22
		等 α_1 角流型	25.97	29.22	33.56	39.50	47.87
β_2	(°)	等环量方法 2	44.55	42.93	41.41	39.97	38.61
		等 α_1 角流型	44.55	42.93	41.41	39.97	38.61
α_2	(°)	等环量方法 2	90.00	90.00	90.00	90.00	90.00
		等 α_1 角流型	90.00	90.00	90.00	90.00	90.00
c_1	m/s	等环量方法 2	379.0	359.1	341.2	325.2	310.7
		等 α_1 角流型	378.9	359.0	341.2	325.1	310.5
w_1	m/s	等环量方法 2	193.0	164.3	138.8	116.7	98.4
		等 α_1 角流型	194.7	165.4	138.9	115.0	94.2
w_2	m/s	等环量方法 2	272.5	280.6	289.0	297.6	306.3
		等 α_1 角流型	272.5	280.6	289.0	297.6	306.3
c_2	m/s	等环量方法 2	191.1	191.1	191.1	191.1	191.1
		等 α_1 角流型	191.1	191.1	191.1	191.1	191.1

续表

名称	单位	方法	计算结果				
			1030	1090	1150	1210	1270
Ω	—	等环量方法 2	0.229	0.308	0.375	0.432	0.482
		等 α_1 角流型	0.230	0.308	0.375	0.433	0.482

5.4 基于完全径向平衡方程的准三维程序设计

基于完全径向平衡方程的设计方法和过程更加复杂，比较适合采用程序编程的方式完成。

5.4.1 基于完全径向平衡方程设计程序的总体架构

本程序主要基于 S_2 流面理论和“可控涡”法开发，可实现汽轮机多级子午流道设计、叶片造型等功能。

程序主要包括 S_2 子午通流设计子程序和叶片造型设计子程序两个部分。S_2 子午通流设计子程序是叶片造型设计子程序的先导，可为其提供初始数据。

1. S_2 子午通流设计程序的架构

在蒸汽透平的 S_2 子午通流计算中，流线曲率法把一个二元问题简化为一元问题来求解，具有程序思路清晰、编写简单、占用内存少、总体计算精度高等优点。

首先，需要在 S_2 子午流道内建立计算网格。按设计要求选定流量分布形式（如将总流量均分为 N 份），一般按流量和通流面积成正比的原则确定各分点，将流量相同的点用光滑曲线连接起来，就得到了初始流线。在两排叶栅间隙中与子午流线大致垂直的位置画一条直线，称为计算站。因为计算站与子午流线并非严格垂直的，因此图 5-4 中，$\varphi \neq \psi$。

在标准的汽轮机低压缸通流设计中，对于结构上紧密连在一起的级，应尽可能做多级联算；考虑到流动的连续性及参数的相互影响，计算至少要包括三级叶片。同时，为提高数值计算的精度，特别是提高利用曲线拟合计算流线导数、曲率等几何参数的精确性，在数量有限的计算站前后各增加几站，即增加插值点的个数，这是一种行之有效的方法。这些附加计算站可视为固定不动的，无损失流道，设置出口角、绝热效率分别为 90°和 1。这样，初始计算网格就形成了，如图 5-8 所示。在整个程序的计算中，计算站是固定不变的，而流线位置将在流线迭代中不断得到修正，因此计算网格一直在变化。

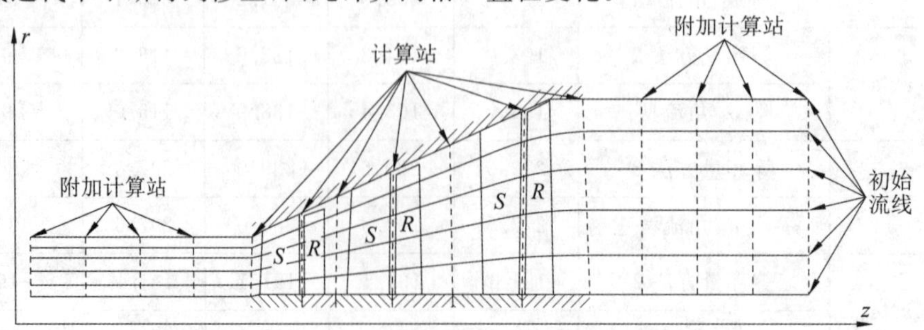

图 5-8 计算网格示意图

流线曲率法通流计算的核心是三个迭代层：流速迭代（内层循环）、流量迭代（中层循环）和流线迭代（外层循环），计算程序框图如图 5-9 所示，其中计算站序号为 m，流线序号为 K。

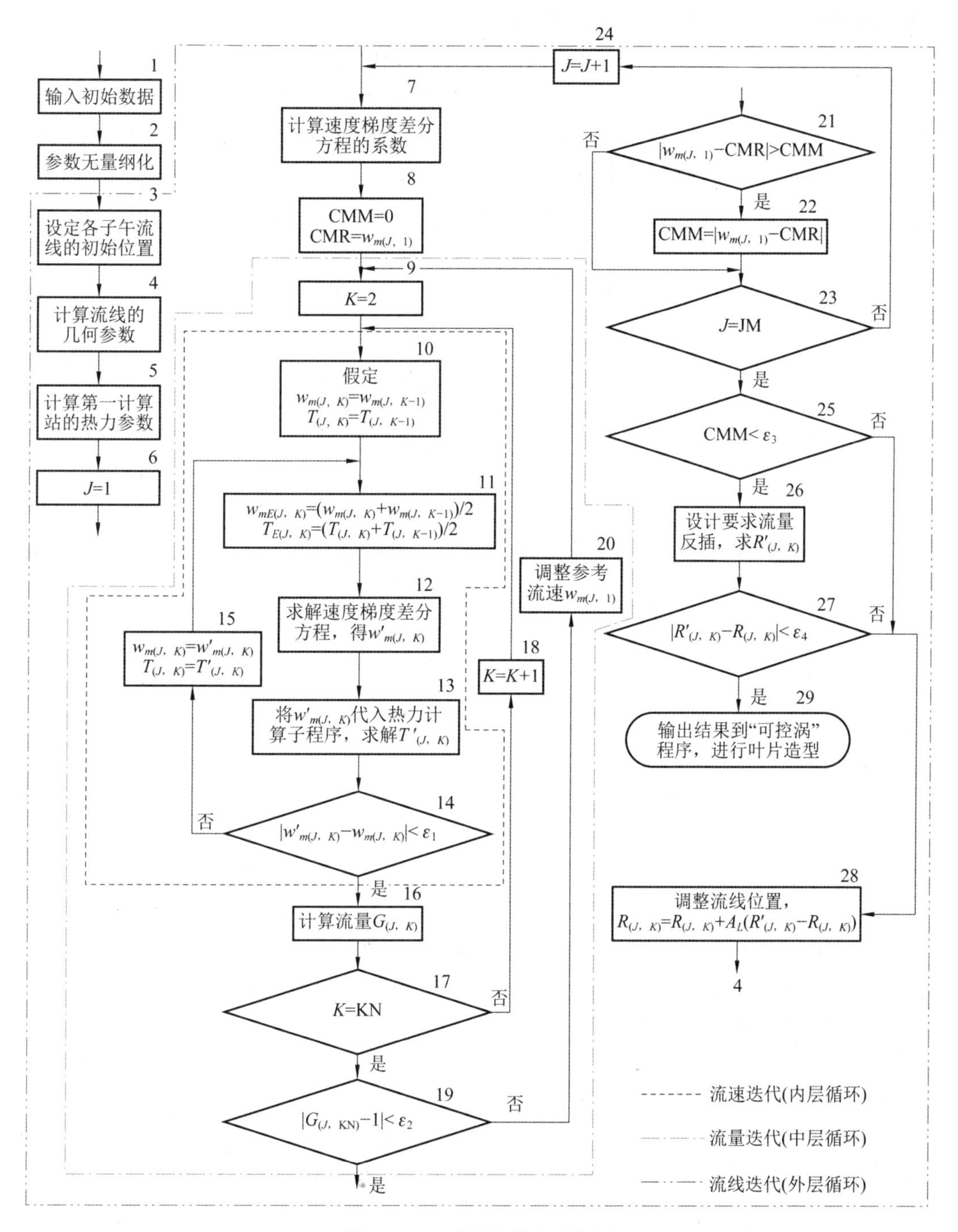

图 5-9　S_2 流面计算程序框图

1）流速迭代（内层循环）

根据参考流线上的速度 $w_{m(J,K)}$（已知），利用速度梯度差分方程式(5-20)，迭代计算出该站下一条流线上的速度 $w_{m(J,K+1)}$ 和相应的热力参数，这个迭代计算过程即为流速迭代。这样逐条流线推出去，可依次计算出该站各流线上的速度和热力参数。

程序实现步骤：

(1) 从第一计算站开始，逐站计算各流线的几何参数（如计算站的方向角 ψ、曲率 $\mathrm{d}\varphi/\mathrm{d}m$ 等）和速度梯度差分方程式(5-20)的系数 $A_{1E}\sim A_{7E}$。

(2) 先假设 $w_{m(J,K)}=w_{m(J,K-1)}$、$T_{(J,K)}=T_{(J,K-1)}$，代入方程式(5-20)后求出 $w'_{m(J,K)}$、$T'_{(J,K)}$，如果 $|w'_{m(J,K)}-w_{m(J,K)}|$ 小于允许误差 ε_1，则求解结束；否则，需将 $w'_{m(J,K)}$、$T'_{(J,K)}$ 作为新的假设值代入差分方程中再次计算，直到前后两次流速差值的绝对值小于 ε_1 为止。

沿计算站走向的速度梯度差分方程为

$$w_{mK}=w_{m(K-1)}+\left\{-\frac{\Delta n_K w_{mE}}{1-M_{mE}^2}(A_{1E}+A_{2E}M_{\theta E}^2)+\Delta n_K w_{mE}A_{3E}-\Delta n_K w_{mE}A_{4E}\right.$$
$$\left.-\Delta r_K A_{5E}+\Delta n_K A_{6E}/w_{mE}-T_E\Delta S_k/w_{mE}\right\}/A_{7E} \tag{5-20}$$

其中，

$$A_{1E=}A_{2E}-\left[\frac{\sin^2(\varphi-\psi)}{\cos(\varphi-\psi)}\frac{\partial\varphi}{\partial m}\right]_E+\left[\frac{\sin(\varphi-\psi)}{\cos(\varphi-\psi)}\right]_E\frac{\Delta\varphi_K}{\Delta n_K}$$

$$A_{2E}=[\sin(\varphi-\psi)\sin\varphi]_E/r_E$$

$$A_{3E}=\left[\cos(\varphi-\psi)\frac{\partial\varphi}{\partial m}\right]_E$$

$$A_{4E}=\left(\frac{\tan\beta}{r}\right)_E\frac{\Delta\ (r\tan\beta)_K}{\Delta n_K}$$

$$A_{5E}=2\omega\ (\tan\beta)_E$$

$$A_{6E}=\frac{\Delta h_{wK}^*}{\Delta n_K}$$

$$A_{7E}=1+(\tan^2\beta)_E$$

2) 流量迭代（中层循环）

对于第 J 站，将已求出的流速代入流量公式式(5-21)中，逐条流线计算流量。根据连续方程的要求，轮盖处流线的流量 $G_{(J,KN)}$ 应为给定流量（无量纲化后为 1）。记($G_{(J,KN)}-1$)为流量偏差 V_{GG}，若 $|V_{GG}|$ 小于允许误差 ε_2，则该站求解结束；否则，说明参考流线上的流速 $w_{m(J,K)}$ 假定不合理，需调整 $w_{m(J,K)}$ 的大小，重新进行流速的迭代计算和流量计算，直到 $|V_{GG}|<\varepsilon_2$ 为止，此即为流量迭代。显然，流量偏差 V_{GG} 随参考流速 $w_{m(J,K)}$ 的增加而增加，可视为 $w_{m(J,K)}$ 的增函数，有 $V_{GG}=f(w_{m(J,K)})$，则流量的迭代问题就是求使 $V_{GG}=0$ 的 $w_{m(J,K)}$，可采用对分区间法，如图 5-10 所示。

流量公式：

$$G_K=G_{K-1}+\pi[(r_K-r_{K-1})/\cos\psi][\rho_K r_K w_{mK}\cos(\varphi-\psi)_K+\rho_{K-1}r_{K-1}w_{m(K-1)}\cos(\varphi-\psi)_{K-1}]/k_{sJ} \tag{5-21}$$

式中：G_K 为流线 K 的流量；ρ_K 为流线 K 的密度；w_{mK} 为计算站 m 流线 K 上的速度。

3) 流线迭代（外层循环）

当完成所有计算站的计算后，初始流线位置的流量不一定能满足设计要求的流量分布形式。可将设计要求的流量分布进行线性反插，插值求出其流线在计算上对应的位置 $R'_{(J,K)}$，若 $\max(|R'_{(J,K)}-R_{(J,K)}|)<\varepsilon_4$，说明假定流线位置合理，计算结束；否则需调整流线位置，再次计算流线的几何参数、热力参数等，进行下一轮迭代计算，直到 $\max(|R'_{(J,K)}-R_{(J,K)}|)<\varepsilon_4$ 为止，此即为流线迭代。

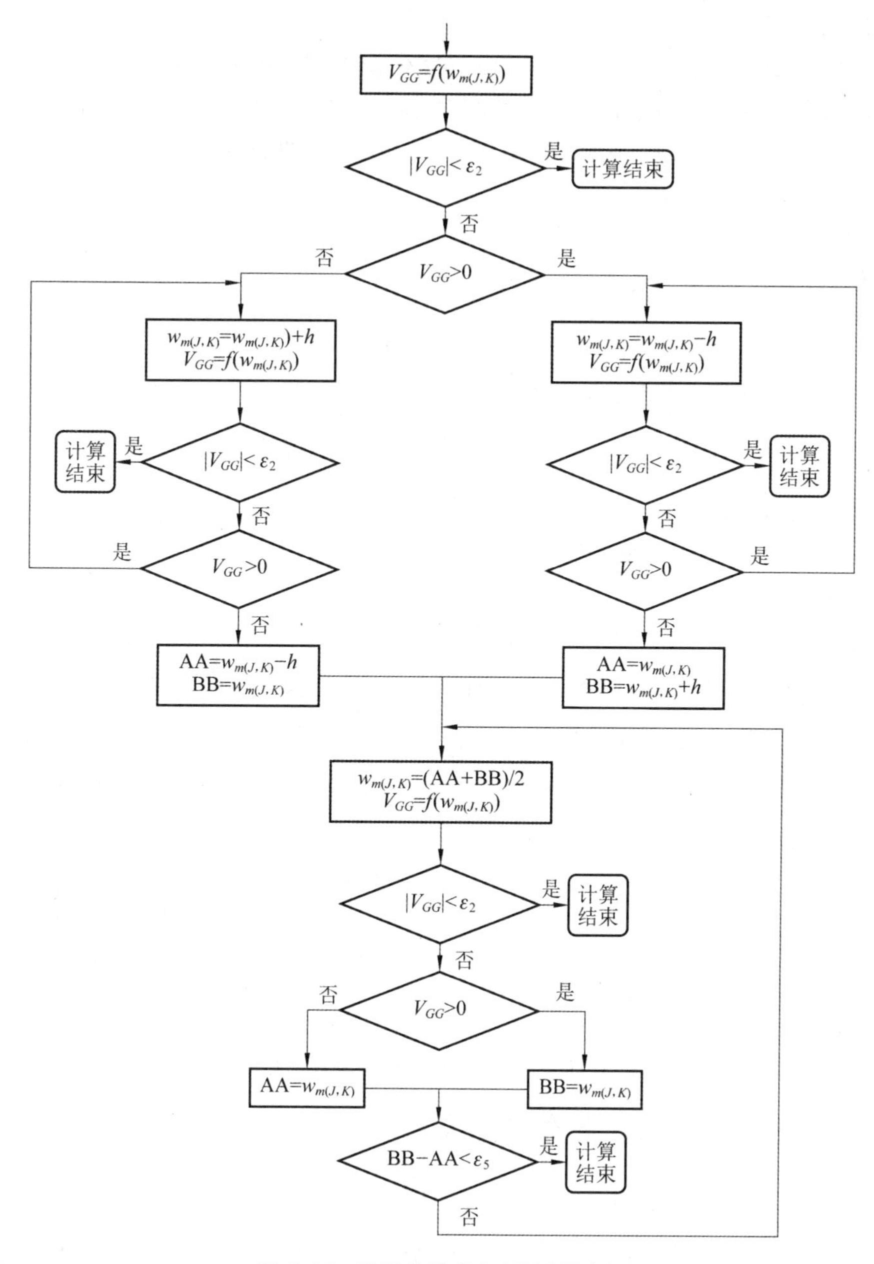

图 5-10　流量的迭代(对分区间法)

流线位置的调整方法参见式(5-22),其中引入松弛因子 A_L(在 0～1 之间取值)。由于多级联算过程中容易产生不稳定因素,且三个迭代层的嵌套求解对程序的稳定性要求很高,A_L 一般取较小值。

$$R'_{(J,K)}=R_{(J,K)}+A_L(R'_{(J,K)}-R_{(J,K)}) \tag{5-22}$$

2."可控涡"造型设计程序的架构

在 S_2 流面计算程序运行完成后,子午面的形状就确定下来了,要想获得叶片的几何形状尚欠缺 θ 坐标,这就需要求解"可控涡"造型方程式(5-19)。由式(5-19)可以看出,造型设计程序的关键在于定积分的求解。数值求积分的要点有三个:积分上下限、被积函数和数值积分方法。

1）积分上下限

式(5-19)的积分变量为子午流线长度 m，并不是我们使用的圆柱坐标系的某个坐标，计算起来很不方便。而 m、r、w_m、rV_θ、dm 都可以跟坐标 z 建立联系，是 z 的单值函数，因此将积分变量转换为 z 是合适的。这样，积分上限 m 对应着新的积分变量 z，下限 m_{out} 对应着叶片出口的 z 坐标 z_{out}。

2）积分表达式

原被积表达式：

$$f(m)=\left[\frac{(rV_\theta)-\omega r^2}{r^2 w_m}\right]_m \mathrm{d}m \tag{5-23}$$

在积分变量转换后，被积表达式为

$$f(z)=\left[\frac{(rV_\theta)-\omega r^2}{r^2 w_m}\right]_z \sqrt{1+\left(\frac{\mathrm{d}r}{\mathrm{d}z}\right)^2}\,\mathrm{d}z \tag{5-24}$$

在 S_2 子午通流设计完成后，各子午流线上各计算站处的 r、$\mathrm{d}r/\mathrm{d}z$、rV_θ、w_m 均已知，运用三次样条插值方法对这些离散点进行拟合，即可得 r、$\mathrm{d}r/\mathrm{d}z$、rV_θ、w_m 对 z 的函数，则可得 $f(z)$的表达式。

要获得叶片的几何形状，在求解定积分前，需要先对叶片沿 z 坐标进行离散，设置叶型计算点，计算仅限于叶片通道内(不含附加计算站)。造型设计程序的思路如图 5-11 所示。

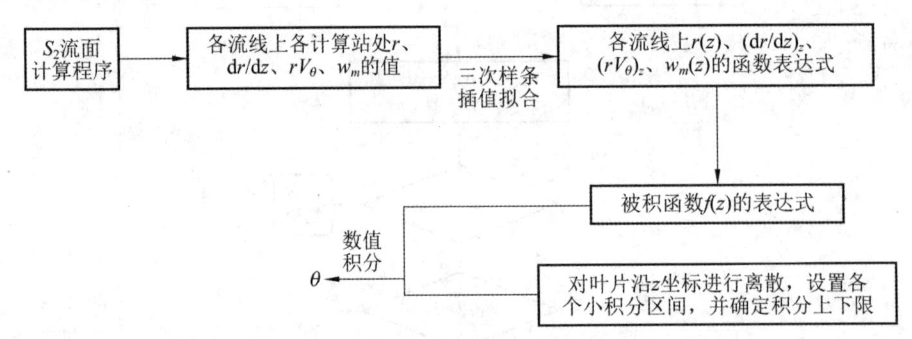

图 5-11 “可控涡”造型设计程序的思路

5.4.2 程序主要功能模块的实现

1. 初始数据

程序所需的全部初始参数如表 5-11 所示，可按参数类别整理成 txt 文件，使用 Fortran 程序调用时方便、清晰、容易修改。

表 5-11 初始参数

参数类别	参数意义	数据结构	来源/给定原则
控制计算网格	总计算站数 JM	integer, parameter	计算精度要求选定
	总流线数 KN	integer, parameter	
	总参考流线数 KB	integer, parameter	
	松弛因子 A_L	real, parameter	在 0～1 之间选取

续表

参数类别	参数意义	数据结构	来源/给定原则
几何参数	各计算站轮毂的 r 坐标	real, dimension(JM)	一维热力计算
	各计算站轮盖的 r 坐标	real, dimension(JM)	
	各计算站轮毂的 z 坐标	real, dimension(JM)	
	各计算站轮盖的 z 坐标	real, dimension(JM)	
参考量	参考长度	real, parameter	任选
	参考转速	real, parameter	
	参考温度	real, parameter	
	参考流量	real, parameter	一维热力计算
物性参数	各站工质的气体常数	real, dimension(JM)	工质的热物理性质及流动状态
	各站工质的绝热指数	real, dimension(JM)	
气动热力参数	转速	real	已知
	基准流线上的子午速度初值	real, dimension(JM)	二维热力计算
	各排叶栅的出汽角	real, dimension(JM, KB)	二维热力计算
	第一站各参考流线上总压	real, dimension(KB)	一般假设进口汽流均匀
	第一站各参考流线上总温	real, dimension(KB)	一般假设进口汽流均匀
	各叶片排的总压恢复系数/效率	real, dimension(JM, KB)	详见下文损失估算
	各站的流量系数	real, dimension(JM)	考虑抽汽、漏汽等因素

2. 参数的无量纲化

为使程序在各种情况下都能保证有一定的计算精度，常对物理量做无量纲化处理。量纲体系必须包括温度、长度、时间及质量 4 个基本量的量纲，本程序中取 T_0 为参考温度、r_0 为参考长度、ω_0 为参考转速、给定流量 G_0 为参考流量是合适的，可以派生出其他参考量。

参考速度：$u_0=r_0\omega_0$。参考焓：$h_0=u_0^2$。

参考熵：$s_0=u_0^2/T_0$。参考气体常数：$R_0=u_0^2/T_0$。

参考压力：$p_0=G_0\omega_0/r_0$。参考密度：$\rho_0=G_0/(\omega_0 r_0^3)$。

在字母上方加“—”表示无量纲化后的量，有：

$$\bar{r}=r/r_0;\bar{n}=n/r_0;\bar{m}=m/r_0;$$

$$\bar{c}=c/u_0;\bar{w}=w/u_0;\bar{\omega}=\omega/\omega_0;\bar{\tilde{h}}_w^*=\tilde{h}_w^*/u_0^2;$$

$$\bar{G}=G/G_0;\bar{T}=T/T_0;$$

$$\bar{s}=s/(u_0^2/T_0);\bar{R}=R/(u_0^2/T_0);$$

$$\bar{p}=p/(G_0\omega_0/r_0);\bar{\rho}=\rho/[G_0/(\omega_0 r_0^3)]$$

3. 湿蒸汽的处理

在速度梯度方程的推导过程中，需要用到完全气体状态方程。为了使本程序能够适用于低压汽轮机，需要用完全气体状态方程的形式近似表达平衡湿蒸汽的特性，为此需要对气

体常数 R 和比热容 c_p、绝热指数 γ 进行修改。

对于低压湿蒸汽,气体常数 R 可取 436.5 J/(kg·K),绝热指数 γ 取1.063,满足适用于完全气体的式(5-25)至式(5-27)。其中,由于 $c_p=\frac{\gamma}{\gamma-1}R$,则有 $c_p=7365$ J/(kg·K)。

$$p = \rho RT \tag{5-25}$$

$$h = c_p T \tag{5-26}$$

$$pT^{\frac{\gamma}{\gamma-1}} = \text{const} = \frac{c_p}{c_p - R} \tag{5-27}$$

为验证对湿蒸汽做如上处理是否合适,特取作为研究对象的三排动静叶栅间隙平均截面的状态点(一维热力计算结果),比较用上述拟合方式得到的值与真实值(查水蒸气热力性质表)间的偏差,如表 5-12 所示。由表可以看出,曲线拟合相对误差的最大值小于 5%,在工程应用可以接受的范围内。

表 5-12　低压湿蒸汽曲线拟合的误差

项目		单位	1	2	3	4	5	6
p		MPa	0.070	0.061	0.036	0.032	0.0187	0.0161
v		m³/kg	2.35	2.51	4.10	4.51	7.50	8.90
T	查表值	K	363.09	359.51	346.51	343.75	331.77	328.60
	拟合值	K	376.86	350.77	338.14	330.63	321.31	328.27
	相对误差	—	3.79%	−2.43%	−2.42%	−3.82%	−3.15%	−0.10%
h	查表值	kJ/kg	2645.03	2500.21	2469.65	2432.04	2419.11	2480.65
	拟合值	kJ/kg	2775.58	2583.40	2490.43	2435.09	2366.42	2417.71
	相对误差	—	4.94%	3.33%	0.84%	0.13%	−2.18%	−2.54%

4. 损失估算

低压汽轮机内部为有黏的湿蒸汽流动,流动过程既不等熵也不等焓,所以损失系数的确定对计算结果影响较大。在准三维反问题设计中,损失估算只能采用包含经验的损失系数或损失模型。ВТИ 模型适用于汽轮机低压缸,其损失的计算与叶栅的弦长、折转角、扇度、相对节距、径高比、Ma、冲角、收敛度等众参数相关,在叶片几何形状未知的反问题设计中,很多参数只能靠经验估取,加之其计算公式异常复杂,因此难以由该损失模型求得一个较好的损失估算值。因此,本章暂不采用损失模型,而是借鉴他人的设计经验给定一些较合适的损失系数,再利用总焓与总压的关系,将损失系数转化为 E_T(静叶总压恢复系数/动叶效率)。如果有可利用的损失模型,则只需简单地把这种损失模块外挂在程序中即可。

5. 几何参数的计算

在速度梯度差分方程式(5-20)系数 $A_{1E} \sim A_{7E}$ 的求解过程中,需要用到一部分几何参数,其计算方法如表 5-13 所示,速度分量与角度间的关系参照图 5-4。

表 5-13　几何参数计算方法

参数名称	计算公式/方法
网格点的流动倾角 φ	$\varphi=\arctan(dr/dz)$,利用三次样条插值方法求解

续表

参数名称	计算公式/方法
网格点的子午流线曲率 r_c	$\frac{1}{r_c}=\frac{d\varphi}{dm}=\frac{\frac{d^2r}{dz^2}}{\left[1+\left(\frac{dr}{dz}\right)^2\right]^{3/2}}$，利用三次样条插值方法求解
准正交线的倾角 ψ	$\psi=\arctan(-\Delta z/\Delta r)$ Δr、Δz 分别为该计算站轮毂、轮盖 r、z 坐标的差值
网格点的准正交线长度 Δn_k	$\Delta n_k=\sqrt{(r_k-r_{k-1})^2+(z_k-z_{k-1})^2}$
叶栅出汽角 β	$\beta=\arctan(\cos\varphi\tan\beta')\beta'$，由程序初始数据线性插值求得

6. 气动热力参数的计算

对于 S_2 流面各叶片排的气动热力计算来说，相对滞止转焓 $\tilde{h}_w^*$ 是一个很重要的概念，其定义式为：$\tilde{h}_w^*=h+\frac{w^2}{2}-\frac{\omega^2r^2}{2}$。它是由吴仲华先生首先提出并使用的，是准三维设计的精髓。各网格点气动热力参数的计算方法如表 5-14 所示，可以看出，每个网格点气动热力参数的求解均与同流线前一站网格点有关，因此第一站的总温、总压在初始条件中必须给出。

表 5-14　气动热力参数计算方法

参数	计算方法
滞止焓 $h_{0(J,K)}^*$	第一站：$h_{0(1,K)}^*=c_{p1}T_{(1,K)}^*$ 非第一站：$h_{0(J,K)}^*=h_{0(J-1,K)}^*+\omega[(c_\theta r)_{(J,K)}-(c_\theta r)_{(J-1,K)}]$
总温 $T_{(J,K)}^*$	第一站：已知 非第一站：$T_{(J,K)}^*=h_{0(J,K)}^*/c_{pJ}$
静温 $T_{(J,K)}$	$T_{(J,K)}=[h_{0(J,K)}^*-(w_m^2+c_\theta^2)/2]/c_{pJ}$
总压 $p_{(J,K)}^*$	第一站：已知 非第一站：$p_{(J,K)}^*=p_{(J-1,K)}^*E_T$（静叶） $p_{(J,K)}^*=p_{(J-1,K)}^*[1+E_T(T_{(J,K)}^*/T_{(J-1,K)}^*-1)]^{k/(k-1)}$（动叶）
静压 $p_{(J,K)}$	$p_{(J,K)}=p_{(J,K)}^*(T_{(J,K)}/T_{(J,K)}^*)^{k/(k-1)}$
密度 $\rho_{(J,K)}$	$\rho_{(J,K)}=p_{(J,K)}/(R_{gJ}T_{(J,K)})$

7. 三次样条插值

在数值分析中，三次样条插值是使用一种名为样条的特殊分段三次多项式进行插值的形式。它不仅能够保证各段曲线在连接点上的连续性和整条曲线在这些点上的充分光滑性，而且由于可使用低阶多项式样条实现较小的插值误差，避免了使用高阶多项式所出现的龙格现象，因此样条插值得到了广泛应用。

由数值分析的理论基础可知，唯一确定三次样条插值函数表达式 $s(x)$ 的关键是确定两个边界条件。这里，根据实际问题的需要，边界条件可选取 $s'(x_{J=1})=s'(x_{J=2})$ 和 $s'(x_{J=JM})=s'(x_{J=JM-1})$。在计算过程中，需要求解一种特殊的线性方程组，其系数矩阵为对角占优的三对角矩阵，且阶数为 JM，可采用"追赶法"，计算量和存储量较小。

在本程序中，三次样条插值主要运用在以下两个方面。

1）求导

(1) 求各计算站各子午流线的斜率，即 dr/dz。

需将该流线各计算站上的离散点拟合成曲线，计算 r 对 z 坐标的一阶导数。以 $r=\sin z$ $(z\in(0,\pi))$ 为例，选取 JM 个点，求导子程序的测试结果如表 5-15 所示。由表 5-15 可以看出，除始末八个点的相对误差较大外，中间点的相对误差在 0.1%以内；考虑到始末八个点对应的是八个附加计算站，与叶片的设计计算没有关系，故该子程序的计算结果可以接受。

表 5-15 求导子程序的测试结果

x	0	$\pi/14$	$\pi/7$	$3\pi/14$	$2\pi/7$
正确值	1.000000	0.974928	0.900969	0.781831	0.623490
计算值	0.980213	0.980213	0.899537	0.782199	0.623378
相对误差	−1.98%	0.54%	−0.16%	0.05%	−0.02%
x	$5\pi/14$	$3\pi/7$	$\pi/2$	$4\pi/7$	$9\pi/14$
正确值	0.433884	0.222521	0.000000	−0.222521	−0.433884
计算值	0.433908	0.222509	0.000001	−0.222511	−0.433906
相对误差	0.01%	−0.01%	—	0.00%	0.01%
x	$5\pi/7$	$11\pi/14$	$6\pi/7$	$13\pi/14$	π
正确值	−0.623490	−0.781831	−0.900969	−0.974928	−1.000000
计算值	−0.623380	−0.782197	−0.899538	−0.980213	−0.980213
相对误差	−0.02%	0.05%	−0.16%	0.54%	−1.98%

(2) 求各计算站各子午流线的 $d\varphi/dm$。

需要先求出流线的一阶导数 dr/dz、二阶导数 d^2r/dz^2，d^2r/dz^2 是 dr/dz 再次调用求导子程序对 z 坐标求导而得。仍以 $r=\sin z(z\in(0,\pi))$ 为例，选取 JM 个点，求曲率子程序的测试结果，如表 5-16 所示。由表 5-16 可以看出，除始末八个点的相对误差较大外，中间点的相对误差在 1%以内；考虑到始末八个点对应的是八个附加计算站，与叶片的设计计算没有关系，故该子程序的计算结果可以接受。

表 5-16 求曲率子程序的测试结果

x	0	$\pi/14$	$\pi/7$	$3\pi/14$	$2\pi/7$
正确值	0.000000	−0.081688	−0.177921	−0.304846	−0.477729
计算值	−0.043568	−0.043568	−0.197429	−0.296097	−0.481486
相对误差	—	−46.67%	10.96%	−2.87%	0.79%
x	$5\pi/14$	$3\pi/7$	$\pi/2$	$4\pi/7$	$9\pi/14$
正确值	−0.695577	−0.906753	−1.000000	−0.906753	−0.695577
计算值	−0.693994	−0.907384	−0.999570	−0.907384	−0.693994
相对误差	−0.23%	0.07%	−0.04%	0.07%	−0.23%

续表

x	$5\pi/7$	$11\pi/14$	$6\pi/7$	$13\pi/14$	π
正确值	−0.477729	−0.304846	−0.177921	−0.081688	0.000000
计算值	−0.481486	−0.296097	−0.197431	−0.043567	−0.043567
相对误差	0.79%	−2.87%	10.97%	−46.67%	—

2）拟合曲线求函数值

在“可控涡”程序中，分别将各子午流线上各计算站的 r、dr/dz、叶片涡 rV_θ、子午流速 w_m 拟合成坐标 z 的函数。这样在叶片内沿流线进行离散时，就可通过这些函数求出各离散点对应的 r、dr/dz、rV_θ、w_m 了。本程序利用节点处的一阶导数来表示三次样条插值函数，如式(5-28)所示，显然在函数拟合前需要先求 r、dr/dz、rV_θ、w_m 对 z 的一阶导数。

$$s(x)=\frac{(x-x_i)^2[h_i+2(x-x_{i-1})]}{h_i^3}y_{i-1}+\frac{(x-x_{i-1})^2[h_i+2(x_i-x)]}{h_i^3}y_i+\frac{(x-x_i)^2(x-x_{i-1})}{h_i^2}m_{i-1}+\frac{(x-x_{i-1})^2(x-x_i)}{h_i^2}m_i \tag{5-28}$$

其中，$x\in[x_{i-1},x_i]$，$h_i=x_i-x_{i-1}(i=1,2,\cdots,n)$。

8. 数值积分

“可控涡”程序的核心是积分的求解。常用的数值求积方法有 Newton-Cotes 公式、Romberg 算法、Gauss 型求积公式等。Gauss 型求积公式是按使代数精度达到最大的原则来选取求积节点和求出相应的求积系数的，常被称为最高代数精度求积公式。

构造任意区间$[a,b]$上的 Gauss 公式时，只要做变量置换 $x=(a+b)/2+(b-a)t/2$，使 $x\in[a,b]$时，$t\in[-1,1]$，则有

$$\int_a^b f(x)\mathrm{d}x=\frac{b-a}{2}\int_{-1}^1 f\left(\frac{a+b}{2}+\frac{b-a}{2}t\right)\mathrm{d}t\approx\frac{b-a}{2}\sum_{k=0}^{n}A_k f\left(\frac{a+b}{2}+\frac{b-a}{2}t_k\right) \tag{5-29}$$

本章中，构造4个节点的 Gauss-Legendre 求积公式，由数值分析的理论基础可知，$(n+1)$个求积节点的插值型求积公式代数精度的最高值为$(2n+1)$，因此其代数精度为7，可满足精度要求，相应的高斯点和求积系数查表可得。利用 Gauss-Legendre 公式编写程序求积分，测试结果如表5-17所示。

表5-17　Gauss-Legendre 求积公式测试结果

定积分	$-2\int_2^3\frac{1}{x^2-1}\mathrm{d}x$	$4\int_0^1\frac{1}{1+x^2}\mathrm{d}x$	$\int_0^1 3^x\mathrm{d}x$	$\int_1^2 xe^x\mathrm{d}x$
理论值	ln2-ln3	π	2/ln3	e^2
计算值	−0.4054644	3.141612	1.820478	7.389056
相对误差	7.1e−7	2.7e−5	4.5e−7	1.0e−7

9. 计算数据的输出

S_2 流面计算程序运行后，可得到各计算站对应于要求的流量分布形式的 r 坐标。由于计算站的位置是确定的，这样就可以在 AutoCAD 中绘制 S_2 流面的子午流线图。“可控涡”

造型程序运行后，可得到各叶片各子午流线上众多离散点的(r,z,θ)坐标，可在Pro/Engineer中将叶片的中弧线绘出。由于结果均以txt文档输出，庞大的数据量会导致绘图的工作量很大，因此在后续工作中应就如何利用程序直接调用电子图板或绘图软件实现自动画图进行探讨。

在调试过程中，S_2流面三个迭代层的嵌套求解对程序的稳定性要求很高，为避免出现死循环，对迭代次数做了要求，一旦达到迭代次数的上限，程序终止。同时，将三个迭代层的计算过程分别输出为txt文档，以方便对程序进行测试。

5.5 N25-3.5/435汽轮机低压部分叶片准三维气动设计示例

目前，在汽轮机气动设计领域，尽管全三维数值模拟可以更完美地求解流场，但原始叶型的设计尚依赖于传统的准三维气动设计，因此准三维设计方法在实际工程设计中仍普遍采用，各主要汽轮机制造厂也均有自己的设计计算软件平台。本章在前述内容的基础上，对N25-3.5/435汽轮机低压部分某三级叶栅开展气动设计，对该过程进行说明。

5.5.1 设计问题描述及环量分布形式的给定

1. 设计问题描述

这里首先针对一型号为N25-3.5/435的汽轮机进行一维热力设计，确定级数(双列复速级调节级和12个压力级)及各级几何尺寸，计算级内效率及内功率等。这部分工作较基础，在这里不详细展开。在一维热力设计的基础上，选取低压部分三个压力级(8～10级)为研究对象，设置15个计算站(前后各含4个附加计算站)，利用流线曲率法进行S_2子午通流设计。计算站示意图如图5-12所示，各计算站轮毂、轮盖r、z坐标如表5-18所示。初始数据按表5-11参数给定原则确定，如表5-19所示，其他参数由二维热力计算得到，二维热力计算需要先给定环量的分布形式。

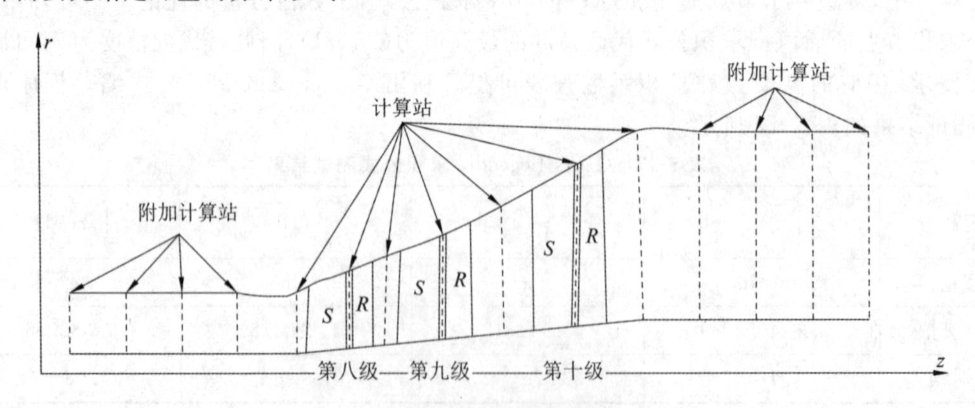

图5-12 计算站示意图

由表5-18可以看出，对于中小汽轮机的低压通流部分，尽管叶片高度并不太大，但由于它的直径小，其径高比还是较小的。三级动叶的径高比分别为10.3、8.0和5.7，子午流道扩张显著；特别是第十级叶片，已属于典型的长叶片，设计时需要引起重视。

表 5-18　各计算站轮毂、轮盖 r、z 坐标

计算站	轮毂半径	轮盖半径	轮毂轴坐标	轮盖轴坐标	计算站	轮毂半径	轮盖半径	轮毂轴坐标	轮盖轴坐标
1	546.15	634.67	−170.00	−170.00	9	574.78	758.77	483.99	481.14
2	546.15	634.67	−85.00	−85.00	10	585.73	819.03	591.50	596.14
3	546.15	634.67	0.00	0.00	11	593.93	867.92	694.67	685.04
4	546.15	634.67	85.00	85.00	12	593.93	867.92	775.00	775.00
5	546.15	634.67	173.60	176.25	13	593.93	867.92	860.00	860.00
6	553.88	664.91	253.25	253.25	14	593.93	867.92	945.00	945.00
7	558.49	685.63	305.60	308.69	15	593.93	867.92	1030.00	1030.00
8	567.88	718.16	392.82	394.80					

表 5-19　初始数据(部分)

参数	单位	数值	参数	单位	数值
总计算站数 JM	—	15	参考长度	m	0.60
总流线数 KN	—	15	参考转速	rad/s	314.16
总参考流线数 KB	—	5	参考温度	K	300
松弛因子 A_L	—	0.2	参考流量	kg/s	22.50
各站工质的气体常数	J/(kg·K)	436.5	各站工质的绝热指数	—	1.063
第一站各参考流线上总压	Pa	169246　169246　169246　169246　169246			
第一站各参考流线上总温	K	371.72　371.72　371.72　371.72　371.72			
各站的流量系数	—	1.000　1.000　1.000　1.000　1.000 1.030　0.973　1.020　1.015　1.010 1.005　1.000　1.000　1.000　1.000			
各站的转速	rad/s	0　0　0　0　0　0　314.16　0 314.16　0　314.16　0　0　0　0			

2. 环量分布的给定

对于准三维气动设计，环量的分布是唯一的设计自由度。能否给出合理的环量分布形式，在很大程度上决定了气动设计的成败。在一维热力设计完成后，可以选定几种可能的环量分布形式进行二维热力计算。此时，如果能对二维热力计算结果进行一定的分析、比较，选择一种或几种较好的环量分布形式再代入准三维气动设计程序，就能有效减少后期环量调整的次数及相应的叶片造型、三维数值模拟的工作量，当然这相当依赖于设计者的经验。第十级叶栅的径高比最小，这里以第十级为例，在给定理想等环量流型、等 α_1 角流型和可控涡流型进行二维热力计算后，就如何选取环量分布形式做进一步探讨。

1) 理想等环量流型与等 α_1 角流型

对第十级叶栅分别采用理想等环量流型、等 α_1 角流型进行二维热力计算，叶栅进出汽

角、1-1截面环量分布、反动度对比如图5-13(a)～(c)所示。

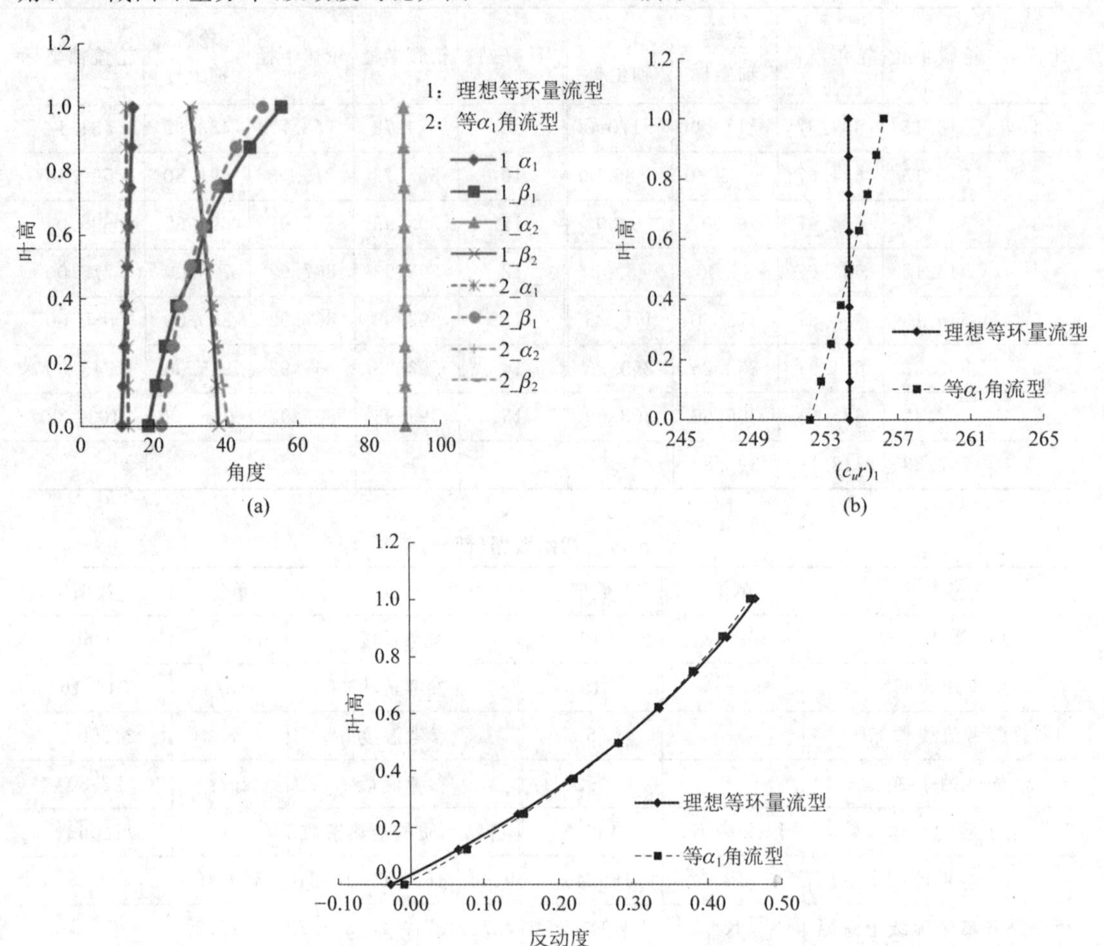

图5-13　理想等环量流型与等α_1角流型对比

(a) 叶栅进出汽角；(b) 1-1截面环量；(c)反动度

由图5-13(b)可以看出，理想等环量流型的$(c_ur)_1$＝const，在1-1截面能够保持汽流的径向平衡，避免汽流径向流动引起的附加损失，级内效率较等α_1角流型的稍高，但静叶的扭曲较大，会给叶片的加工制造带来一定的麻烦。当考虑到物理量的量级时，反动度、环量$(c_ur)_1$等参数相差甚微，原因在于当α_1较小(α_1＜14°)时，$\cos^2\alpha_1\approx1$，等α_1角流型的特征公式$c_{1u}r^{\cos^2\alpha_1}$＝const与理想等环量流型的特征公式$c_{1u}r$＝const非常接近，两种扭曲规律相差不大。文献[10]指出，采用等α_1角流型的透平级大都是大功率机组的末级，其α_1一般是比较大的(20°～25°)，以避免喷嘴扭曲过大的问题，降低制造难度。在本章案例中，由一维热力设计所得的第八、九、十级的α_1角分别为12.7°、12.8°、12.9°，采用理想等环量流型进行设计即可。

2) 理想等环量流型与可控涡流型

对第十级叶栅分别采用理想等环量流型、可控涡流型(为计算简便，取$(c_ur)_1$线性分布)进行二维热力计算，1-1截面环量分布、叶栅出汽角、反动度对比如图5-14～图5-17所示。

(1) 静、动叶栅出口环量。

在这里，对理想等环量流型、可控涡流型均做了动叶栅出口环量$(c_u r)_2=0$的假设，两者静叶栅出口环量的分布如图 5-14 所示。在可控涡流型中，$(c_u r)_1$ 随叶高的增大而增大，能充分利用圆周速度大的区域的做功能力，提高了顶部负荷分配比例，有利于增加级的负荷。但应特别注意环量的径向梯度不宜太大，以免引起大的流动损失及效率损失。

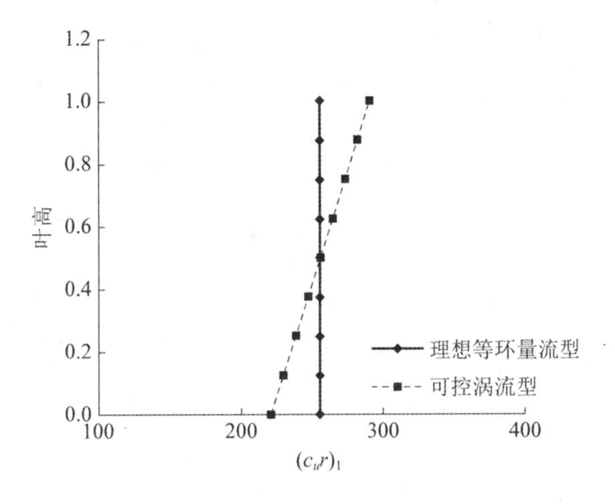

图 5-14　静叶栅出口环量的分布

(2) 叶栅进出汽角。

静叶绝对出汽角受叶片扭曲方式的影响很大，静叶绝对出汽角反映了叶栅中汽流的偏转程度，一定程度上决定了级的做功能力和通流能力，是叶栅气动性能的重要参数之一。汽流偏转程度的改变尽管不直接影响损失，但能够改变汽流对动叶的攻角。在这里，对理想等环量流型、可控涡流型均做了汽流轴向排出(即动叶栅绝对出汽角 $\alpha_2=90°$)的假设，其静叶栅绝对出汽角 α_1 沿叶高的分布如图 5-15 所示，静、动叶栅相对出汽角沿叶高的分布如图 5-16所示。可以看出，可控涡流型与理想等环量流型相比，静叶栅绝对出汽角 α_1 沿叶高方向的增量甚微，动叶栅出口相对出汽角 β_2 在 50%叶高以下有所增大，这有利于在级间隙中形成反曲率流线，从而使叶栅根部通过更大的流量，这就是可控涡流型的思想。

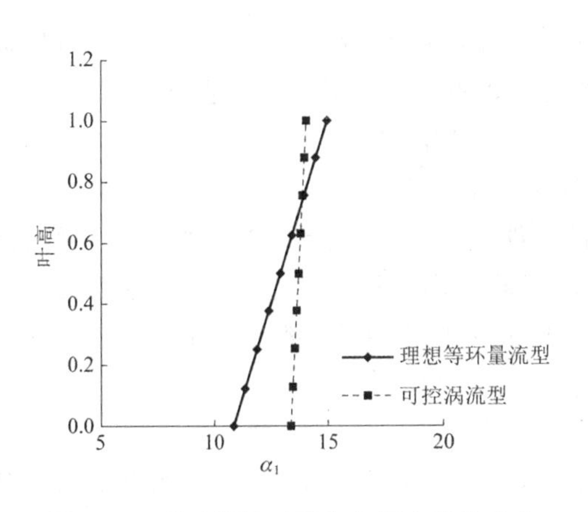

图 5-15　静叶栅绝对出汽角沿叶高的分布

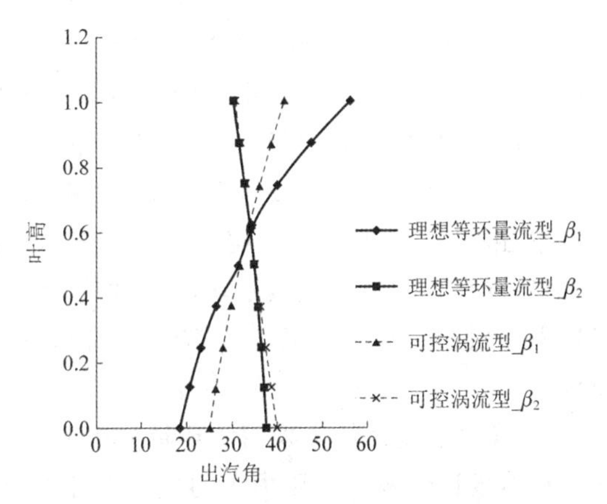

图 5-16　静、动叶栅相对进出汽角沿叶高的分布

(3) 反动度。

级的反动度是动叶理想比焓降与级的滞止理想比焓降的比值，是衡量蒸汽在动叶栅中膨胀程度的一个标志。反动度沿叶高的分布如图 5-17 所示，可以看出，理想等环量流型的反动度沿径向的梯度较大，根部反动度更是出现了负值，这会带来严重的二次流损失。采用可控涡流型后，在提高根部反动度的同时，也降低了顶部反动度，会使静叶根部压力增大，顶部压力降低，从而减小根部的二次流损失和顶部的漏汽损失，改善级的通流条件，提高级内效率。

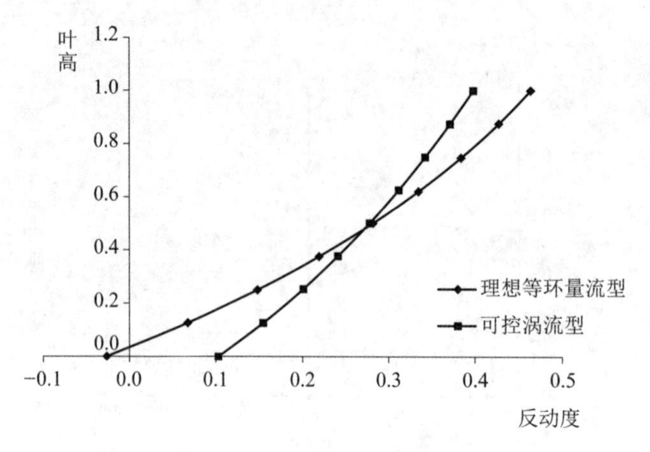

图 5-17 反动度沿叶高的分布

(4) 可控涡流型的应用限制。

与理想等环量流型相比，可控涡流型可以更加灵活地选取环量分布形式，从而方便地调整负荷分配以达到最佳；可以使静叶绝对出汽角沿叶高方向呈反向扭曲分布，在级间隙中形成反曲率流线，改善级的通流条件；可以有效地降低根部反动度，提高顶部反动度，减小根部的二次流损失和顶部的漏汽损失。但是，文献[11]指出，当采用可控涡流型时，即使动叶栅出口绝对速度的方向与轴向偏离不大，相对于理想等环量流型，汽流掺混损失与积分余速损失仍有较大的增大，特别是对于多级汽轮机，不均匀性的逐级积累将更加严重。因此，可控涡流型仅在汽轮机的末级和次末级上应用较多。

3) 不同环量分布形式的可控涡流型

由前可知，可控涡的特征方程为 $2\pi(c_u r)_1 = k(r)\Gamma$，其中 Γ 是设计工况下的环量，$k(r)$ 是与叶高 r 对应的环量分布系数，可用二次多项式表示为 $k(r)=Ar^2+Br+C$，因此可以通过选定不同的 A、B、C 值确定不同的环量分布形式。如图 5-18(a)所示，在保证叶根、叶顶的环量值相同的情况下，设置三种不同的环量分布形式，其中方案 1 中环量为 r 的二次凸曲线，即 $A<0$；方案 2 中环量与叶高成线性分布，即 $A=0$；方案 3 中环量为 r 的二次凹曲线，即 $A>0$。由图 5-18 可以看出：在 $(c_u r)_2=0$ 的假设条件下，方案 1 的整体速度矩最大，做功能力最强；方案 3 的根部区域平均反动度最大，顶部区域平均反动度最小，对于减小根部二次流损失和顶部的漏汽损失最为有利。因此，在可控涡流型设计中，推荐采用 $A>0$ 二次凹曲线。

4) 确定本设计任务采用的环量分布形式

在本设计任务三个压力级的气动设计中，对于径高比不是太小的第八级、第九级采用理想等环量流型设计。第十级的径高比只有 5.7，属于典型的长叶片，且为整个汽轮机组的倒数第三级，不均匀性的逐级积累影响有限，可以尝试使用可控涡流型进行设计。因此，制订了两套环量分布给定方案，如表 5-20 所示，所给定的环量分布形式如图 5-19(a)(b)所示。

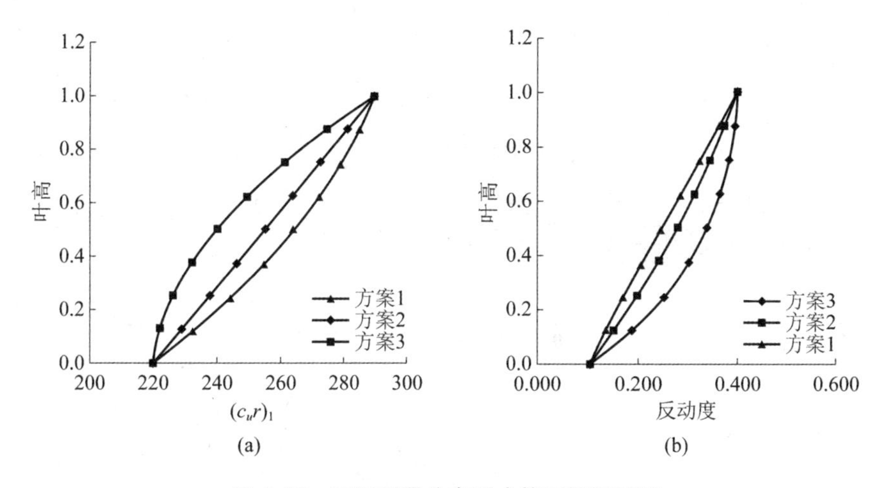

图 5-18　不同环量分布形式的可控涡流型

(a)环量分布形式;(b)反动度

表 5-20　环量分布给定方案

方案	第八级	第九级	第十级
方案一	理想等环量流型	理想等环量流型	理想等环量流型
方案二	理想等环量流型	理想等环量流型	可控涡流型

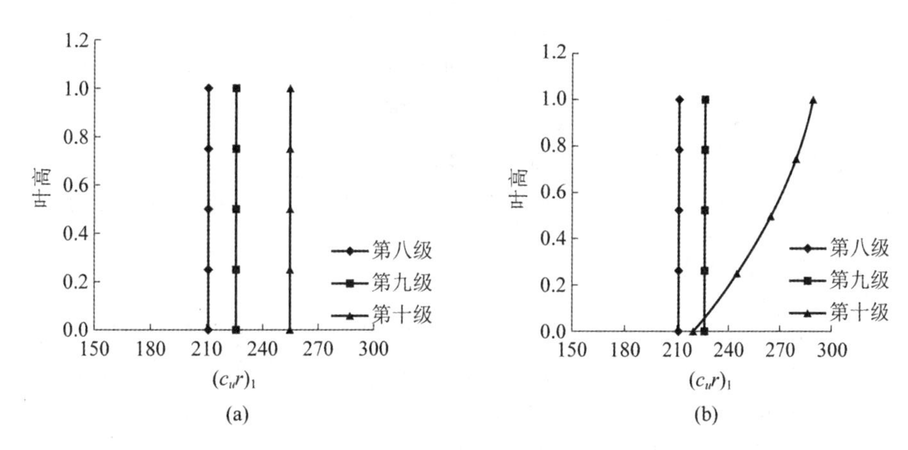

图 5-19　环量分布形式

(a)方案一;(b)方案二

5.5.2　S_2 子午通流设计结果分析

在 S_2 流面计算程序运行结束后，可得流量均分条件下的各计算网格点的(r,z)坐标，以 txt 文件输出。在 AutoCAD 中进行绘图，即可得 S_2 子午通流的流线图，方案一结果如图5-20所示。方案二与方案一结果类似，只是第十级有差异，为便于清楚地比较两种环量给定方案的差异，只针对第十级进行流线绘制，同时将流线数由 15 条减为 5 条，如图5-21所示。

由图 5-21 可以看出，可控涡流型与理想等环量流型相比，叶栅根部区域通过的流量显著增加。虽然从流线形状上看，方案二的流线并未出现明显的反曲率，但与理想等环量流型

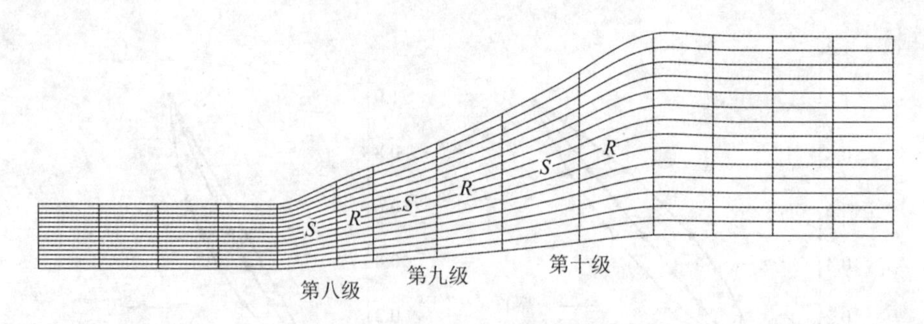

图 5-20　方案一 S_2 子午通流流线图

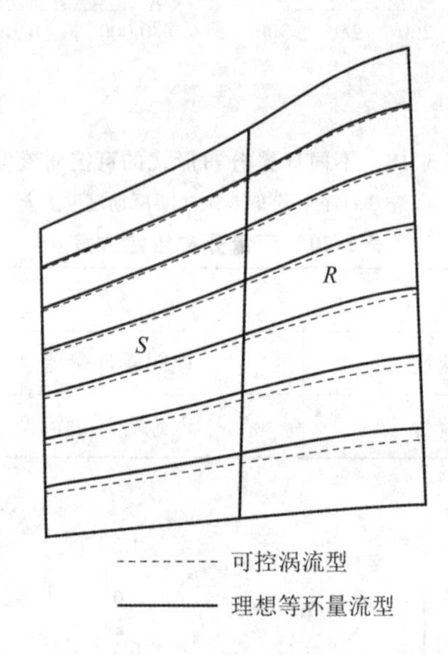

图 5-21　方案一与方案二第十级流线对比

相比，已明显向级的根部聚集，从而达到了对级间气动参数进行有效控制的目的。

5.5.3　叶片造型

在完成 S_2 子午通流设计后，可得到子午通流面的形状，即各计算网格的 r、z 坐标。在叶片通道内，沿流线对 z 坐标进行离散，通过样条曲线拟合可得到各离散点的 r、z 坐标。但要确定叶片中弧线的几何形状，仍欠缺 θ 坐标，这需要利用可控涡造型设计程序来实现。程序计算结束后，即可输出叶栅各截面中弧线的 (r,z,θ) 坐标，在 Pro/Engineer 中进行绘制，如图 5-22 所示。但是，要得到叶片的完整叶型，需补充叶片的厚度分布情况。

流面角厚度是相邻两个流面间的角距离，在 S_2 子午通流设计中应为已知量，这也是得到准确的 S_2 流面计算结果的前提。要获得流面角厚度的准确值，需要得到 S_1 流面的计算结果，但由于本章并未进行 S_1 流面计算，S_2 流面的厚度只能采用已有叶型的经验数据，如根据文献[12]总结出叶型厚度分布曲线，如图 5-23 所示。在中弧线所在平面上，对各离散点做中弧线的法矢量，以此作为厚度加载的方向，如图 5-24 所示。在叶片的前后缘处必须对角厚度值进行修正以使角厚度光滑过渡，从而保证叶型良好的气动性能。图 5-25 为方案一第十级静、动叶栅各截面造型的结果，然后对叶型截面沿径向进行积叠形成叶身，如图 5-26 所示。方案二造型流程与方案一完全相同。

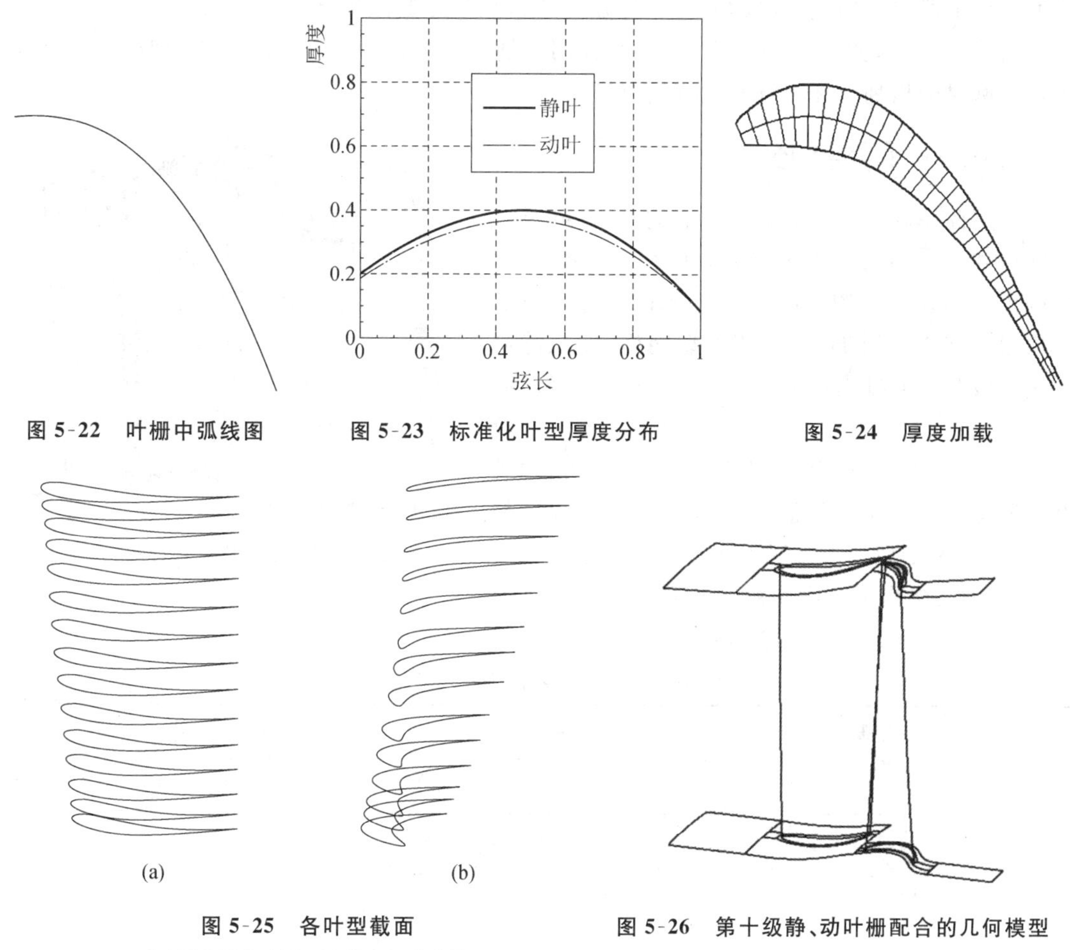

图 5-22　叶栅中弧线图

图 5-23　标准化叶型厚度分布

图 5-24　厚度加载

图 5-25　各叶型截面

(a)第十级静叶栅；(b)第十级动叶栅

图 5-26　第十级静、动叶栅配合的几何模型

本小节在 S_2 子午通流设计程序和“可控涡”造型设计程序的基础上，对 N25-3.5/435 汽轮机低压部分三级叶栅(第八级至第十级)进行气动设计，验证了所开发程序的可用性与可靠性，并对第十级静、动叶片进行造型。此外，通过对几种常用环量分布方式的对比分析，得出在 $\alpha_1 < 14°$ 时，等 α_1 角流型与理想等环量流型扭曲规律相差不大；与理想等环量流型相比，可控涡流型可以在级间隙中形成反曲率流线，改善叶栅根部的通流状况，提高根部反动度的同时降低顶部反动度，但由于汽流掺混损失与积分余速损失较大，其应用受到限制；在用二次多项式表示的可控涡流型中，下凹曲线对反动度的控制能力和做功能力最好。

5.6　N25-3.5/435 汽轮机低压长叶片三维流场 CFD 分析示例

5.5 节在给定环量分布的基础上制订了两种方案，并对第十级静、动叶栅进行造型。本节采用 CFD 软件对上述两种方案生成的叶栅进行全三维气动模拟计算。尽管准三维设计能够表达出叶栅的通流状况，也能够绘制子午流线图，但它不能展现流动的细节，揭示流场可能存在的缺陷和问题；此外两类相对流面理论对黏性的表达也不够准确。因此用全三维数值计算手段对叶栅通道内的流场进行分析是非常有必要和有价值的。

由于两种方案生成的叶型差距不大，在网格划分和求解器设置方面非常相似，故仅以方案一为例对网格划分和求解器设置进行说明。

5.6.1 网格划分

采用商用软件对5.5节中生成的动、静叶栅进行网格划分。为保证汽流稳定，在静叶栅进口、动叶栅出口均设置了约与叶片弦长等长的进口段和出口段。网格采用H-O-H拓扑型网格，即在静叶栅进口段和动叶栅出口段采用H型网格，环绕静、动叶片采用O型网格，如图5-27所示。整个计算域共生成11个块，静叶5个块，动叶4个块，动叶叶顶间隙2个块，节点总数为993734。生成网格的正交性都大于18°，长宽比小于1000，膨胀比小于3，各项网格指标均满足网格质量的要求。计算网格分布及网格图如表5-21所示。

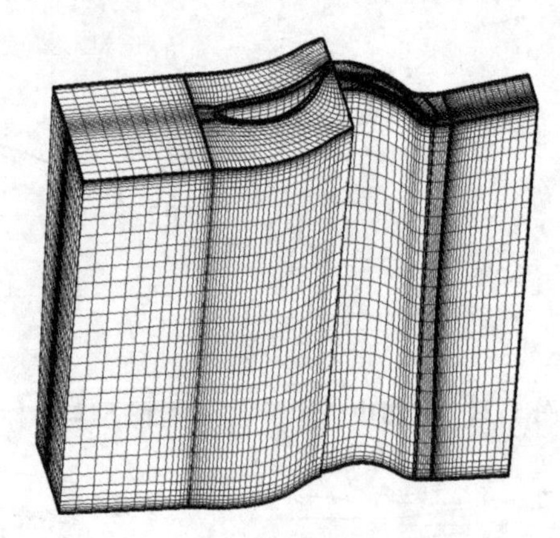

图5-27 静、动叶栅流场计算网格

表5-21 计算网格分布及网格

网格分布	静叶	动叶
周向	43	51
轴向	79	50
径向	101	113
总网格数	343097	293913
第一层网格厚度	0.01	0.01

5.6.2 求解器设置

本节对象是汽轮机，属于轴流式叶轮机械，对求解器的设置主要有以下几个关键点。

(1) 控制方程：三维定常雷诺时均N-S方程。

(2) 湍流模型：Spalart-Allmaras模型。该模型适应性好且计算精度高，在设定参考长度、参考速度和物性密度后，可自动计算出相应的雷诺数。

(3) 动静转子交界面：Conservative Coupling by Pitchwise Rows方式。该方式能够保证动静交界面处的质量、动量和能量守恒，且对各种工况的适应性良好。

(4) 工质：WATER VAPOUR Real Gas。

(5) 边界条件：设汽流沿轴向进汽且来流均匀，进口边界给定总压、总温；出口边界给定静压。具体参数设置为：进口总压为62570 Pa，进口总温为351.19 K，出口静压为32000 Pa，固体部分绝热。

(6) 为加快收敛速度，采用多重网格技术；为保证计算过程的稳定性，CFL数不能太大，本算例取为2.0。

5.6.3　两种方案全三维计算结果的对比分析

1. 性能对比

针对第十级叶栅采用等环量流型和可控涡流型两种设计方案，分别计算转速为1500、1900、2000、2500、3000、3500 r/min六种工况的性能参数，性能统计如表5-22所示。可以看出，在五种工况下，方案2比方案1等熵效率平均提高4%～4.5%。两种方案原设计转速为3000 r/min，但从表5-22的数据来看，3000 r/min并非是最优转速，数值计算结果与预定设计出现偏差。图5-28表明两种方案的等熵效率均在1900～2000 r/min之间达到最大，按曲线趋势分析最佳转速点应位于该区间。

表5-22　两种方案的性能对比

方案		转速/(r/min)					
		1500	1900	2000	2500	3000	3500
方案1（等环量）	等熵效率	0.77449	0.79789	0.80135	0.79622	0.77674	0.74822
	功率/kW	121.6	143.06	147.82	165.77	176.87	182.21
方案2（可控涡）	等熵效率	0.82163	0.84013	0.84184	0.83767	0.82155	0.79457
	功率/kW	128.28	150.84	155.72	175.48	198.01	196.55

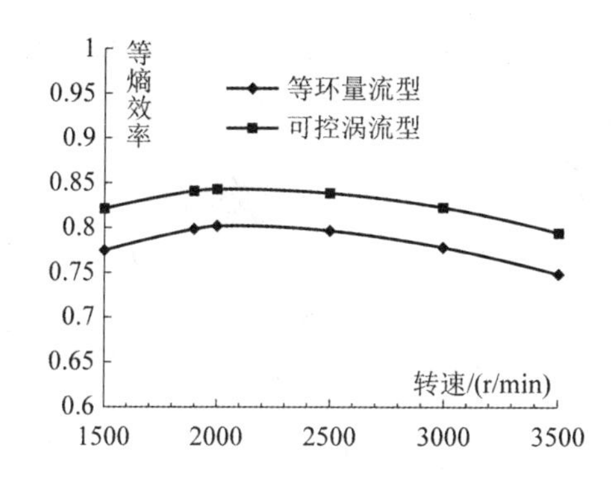

图5-28　等熵效率与最佳转速点

2. 不同工况下50%叶高处动叶 S_1 流面的参数分析

1）相对速度分布

当将转速由3000 r/min调整为2500 r/min、2000 r/min时，方案1、方案2中动叶50%叶高处 S_1 流面相对速度分布分别如图5-29(a)～(c)、图5-30(a)～(c)所示。观察发现，转速在3000 r/min时，两种方案下动叶前缘压力面均出现明显的涡；当调整转速为2500 r/min时，该位置处涡的强度有所减弱；当转速进一步降低到2000 r/min时，该位置处没有涡存在。其中方案1(等环量)涡现象及尺度较可控涡方案的明显，即可控涡方案中流动过程较为顺畅，叶型变化较为优良。进一步观察发现，转速在一定程度上降低，使得汽流进汽角与几何进口角之间的差值有所缩小，有利于汽流的顺畅流动，使汽流发生分离现象的程度减小了，证实了涡的发生与汽流进汽角存在密切关系。

2）绝对速度分布

当将转速由3000 r/min调整为2500 r/min、2000 r/min时，方案1、方案2中动叶50%

叶高处 S_1 流面绝对速度分布分别如图 5-31(a)～(c)、图 5-32(a)～(c)所示。观察发现，叶栅出汽角随转速降低有所增加，与轴向均存在夹角。

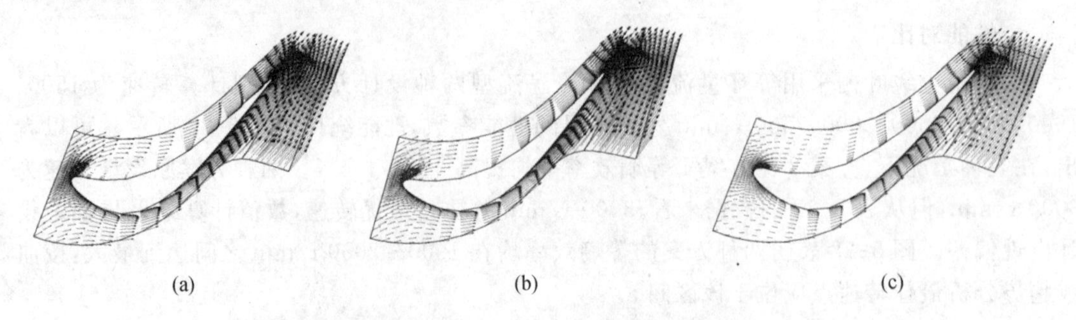

图 5-29　方案 1 动叶 50％叶高 S_1 流面的相对速度矢量图

(a)3000 r/min；(b)2500 r/min；(c)2000 r/min

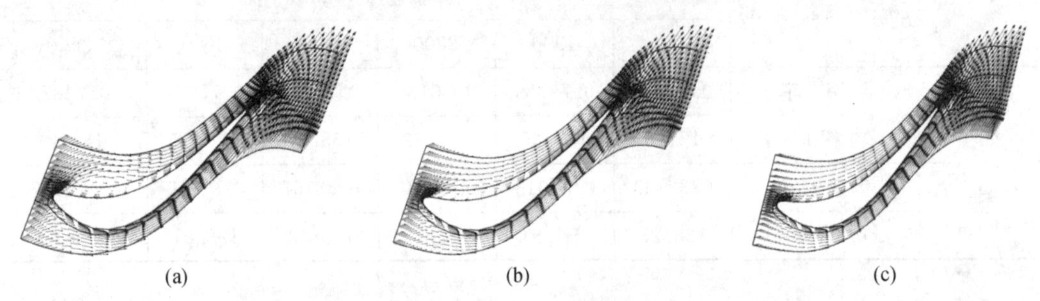

图 5-30　方案 2 动叶 50％叶高 S_1 流面的相对速度矢量图

(a)3000 r/min；(b)2500 r/min；(c)2000 r/min

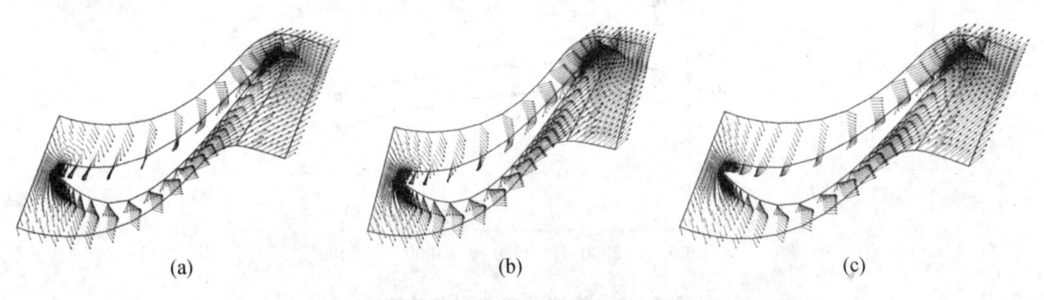

图 5-31　方案 1 动叶 50％叶高 S_1 流面的绝对速度矢量图

(a)3000 r/min；(b)2500 r/min；(c)2000 r/min

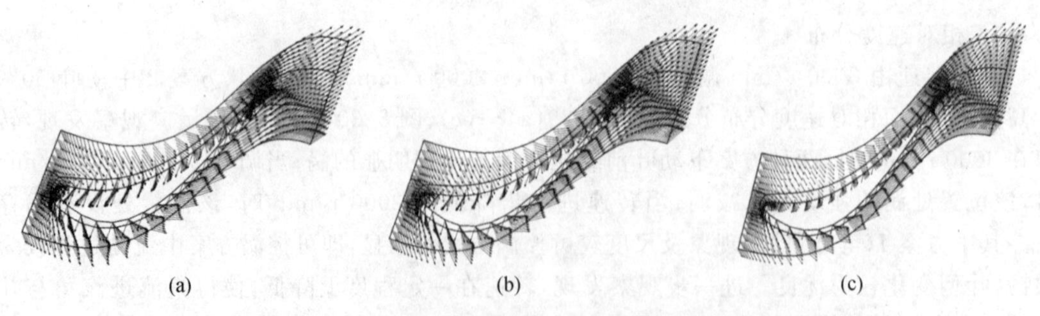

图 5-32　方案 2 动叶 50％叶高 S_1 流面的绝对速度矢量图

(a)3000 r/min；(b)2500 r/min；(c)2000 r/min

3）总压分布

当将转速由 3000 r/min 调整为 2500 r/min、2000 r/min 时，方案 1、方案 2 中动叶 50％

叶高处 S_1 流面总压分布分别如图 5-33(a)～(c)、图 5-34(a)～(c)所示。观察发现，在两种方案中，静叶流道内总压变化较小，由于附面层的影响，端壁损失使总压在吸力面处有所降低；在动叶流道内，总压随着气体做功而逐渐减小，且吸力面处压力的变化均较压力面提前；同时动叶头部区域总压变化比较大，暗示汽流动能和内能转换剧烈，易导致汽流能量损失。从云图比较来看，方案 2 较方案 1 略微好转。

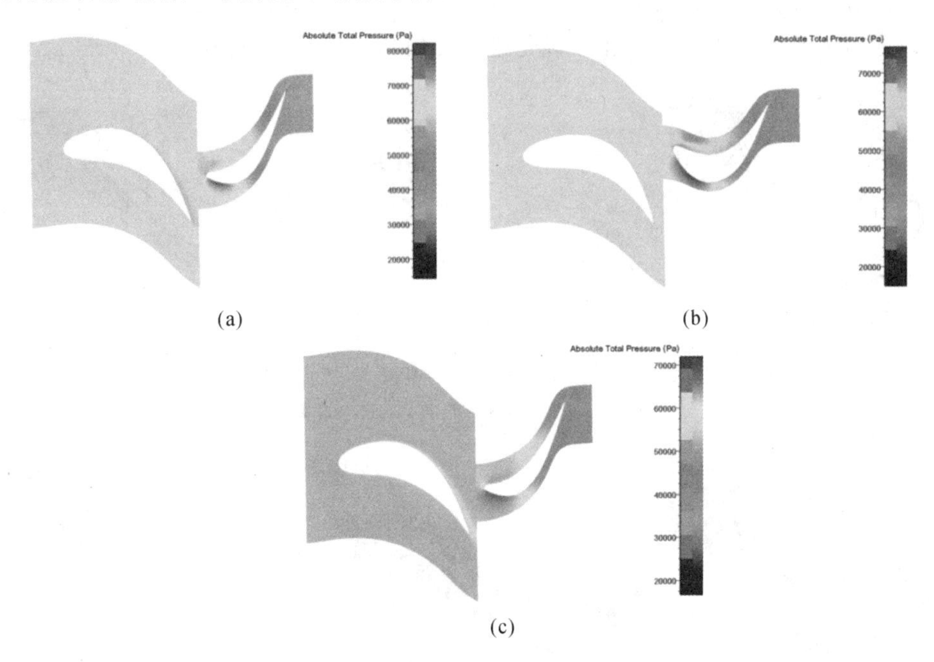

图 5-33　方案 1 动叶 50%叶高 S_1 流面的总压云图

(a)3000 r/min；(b)2500 r/min；(c)2000 r/min

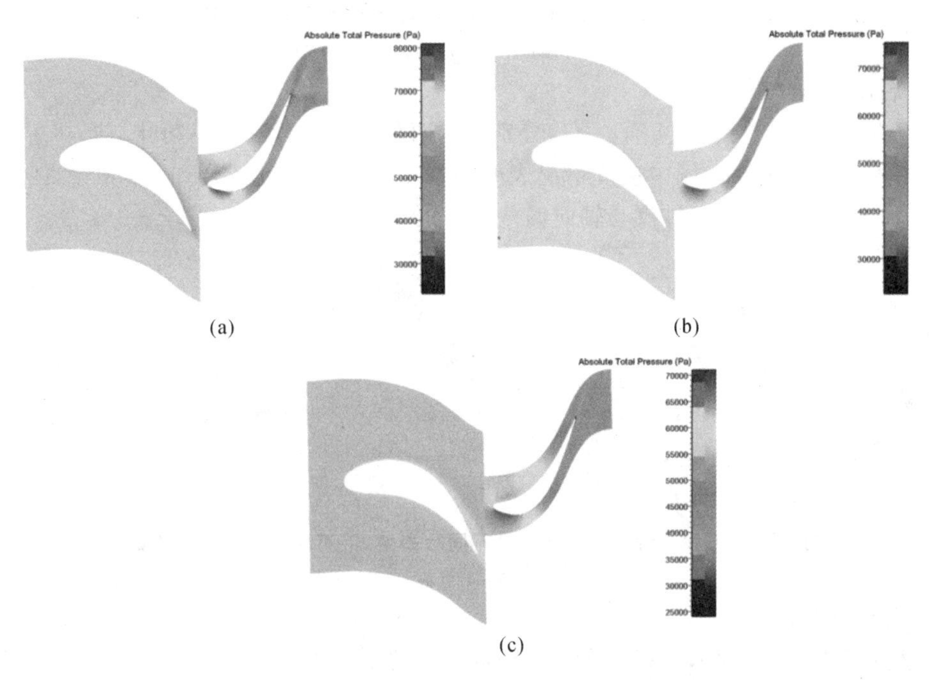

图 5-34　方案 2 动叶 50%叶高 S_1 流面的总压云图

(a)3000 r/min；(b)2500 r/min；(c)2000 r/min

3. 设计工况下动叶不同叶高处 S_1 流面的参数分析

1）相对速度分布

对图 5-35(a)～(c)、图 5-36(a)～(c)进行分析，在设计工况转速 3000 r/min 下，两种方案动叶叶栅压力面均出现涡，且在 50％叶高处的涡较为明显。同样，方案 2 较方案 1 更优。观察不同叶高截面处流场，发现不同叶片高度处涡流形成和分布区域较为一致，说明叶型的流场可以通过调整叶片整体安装角或优化进口几何角予以减小或消除。

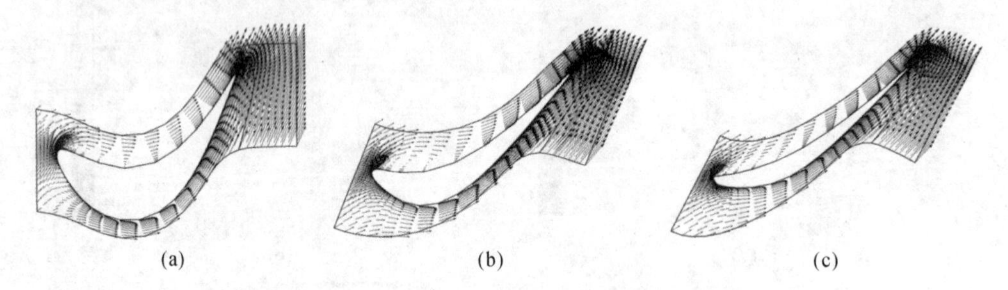

(a)　(b)　(c)

图 5-35　方案 1 设计工况下动叶不同叶高处 S_1 流面的相对速度矢量图

(a)5％叶高；(b)50％叶高；(c)95％叶高

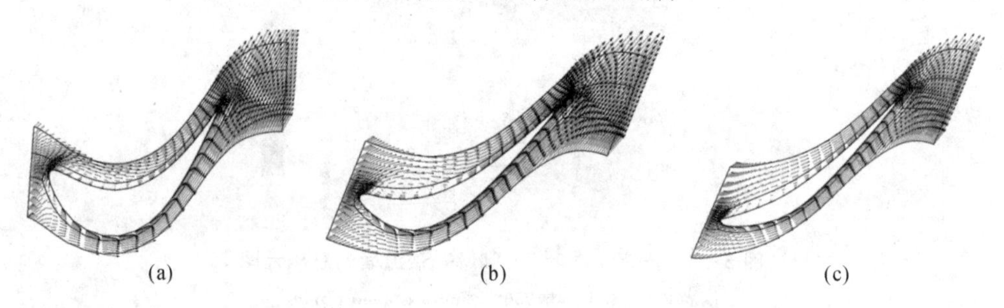

(a)　(b)　(c)

图 5-36　方案 2 设计工况下动叶不同叶高处 S_1 流面的相对速度矢量图

(a)5％叶高；(b)50％叶高；(c)95％叶高

2）绝对速度分布

图 5-37(a)～(c)、图 5-38(a)～(c)分别表示两种方案设计工况下动叶不同叶高处 S_1 流面的绝对速度矢量分布。图中速度情况表明随着半径方向高度的增加，排汽与轴向偏差有所减小，而方案 2 中各截面排汽与轴向偏差较方案 1 更小一些。

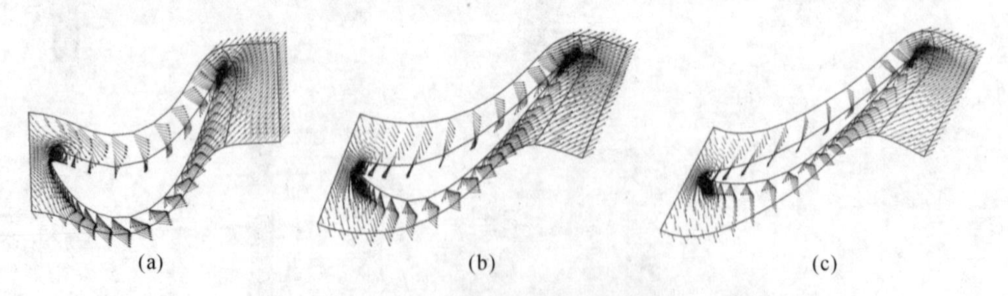

(a)　(b)　(c)

图 5-37　方案 1 设计工况下动叶不同叶高处 S_1 流面的绝对速度矢量图

(a)5％叶高；(b)50％叶高；(c)95％叶高

3）总压分布

观察图 5-39、图 5-40，发现方案 2 中随叶片半径方向高度的增加，总压变化有所减小，流场更为均匀，但是动叶出口压力“尾迹”更为明显。

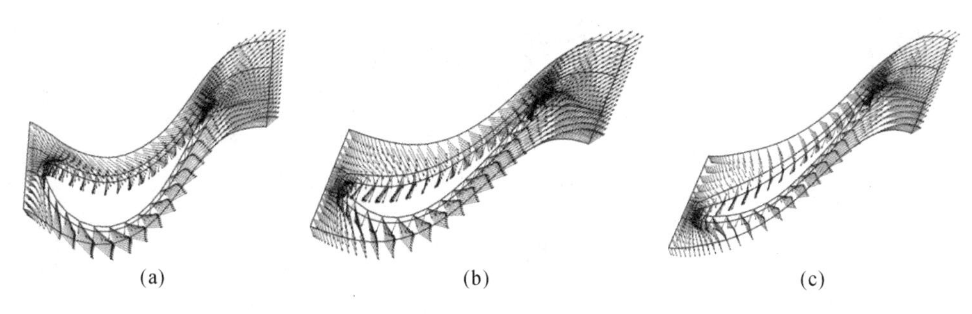

图 5-38　方案 2 设计工况下动叶不同叶高处 S_1 流面的绝对速度矢量图

(a)5%叶高;(b)50%叶高;(c)95%叶高

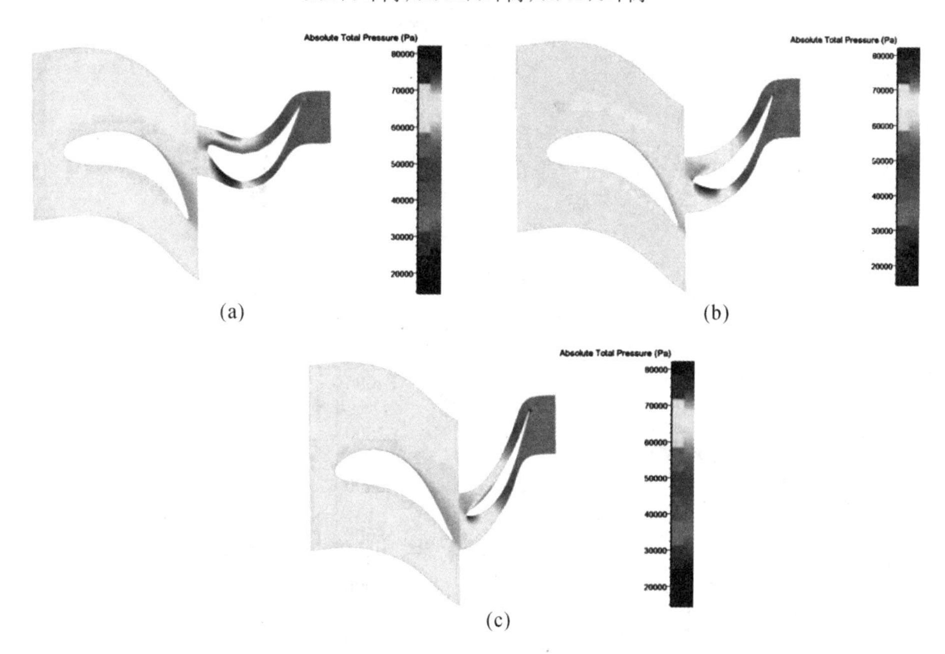

图 5-39　方案 1 设计工况下动叶不同叶高处 S_1 流面的总压云图

(a)5%叶高;(b)50%叶高;(c)95%叶高

4. 设计工况下静叶栅叶型表面的静压分布

图 5-41 给出了两种方案下 5%、50%、95%叶高三个位置处静叶栅的叶型表面静压分布情况,这些由静压曲线所包围的面积反映出不同叶高处叶片的负荷大小和做功能力。我们知道,在环形叶栅中,损失与叶片负荷成正比,主要集中于上、下端壁与吸力面的壁角区域。因此,可以通过叶型表面静压的分布情况,对损失进行分析。

对于两种方案下的静叶栅,在三个叶高处压力面均出现一小段逆压梯度,且在吸力面约 40%轴向弦长处就出现了逆压梯度,逆压梯度出现位置过前会导致附面层增厚,损失加剧,说明叶型设计不够合理。方案 1 较方案 2 来说,在三个叶高处吸力面的静压较小,在叶片负荷增大的同时,横向二次流强度也较大。从吸力面最低压力点的位置来看,在 5%、50%叶高处,两种方案相差不大;在 95%叶高处,方案 2 最低压力点的位置推后,从而缩短了逆压梯度段长度,限制了附面层的进一步发展。

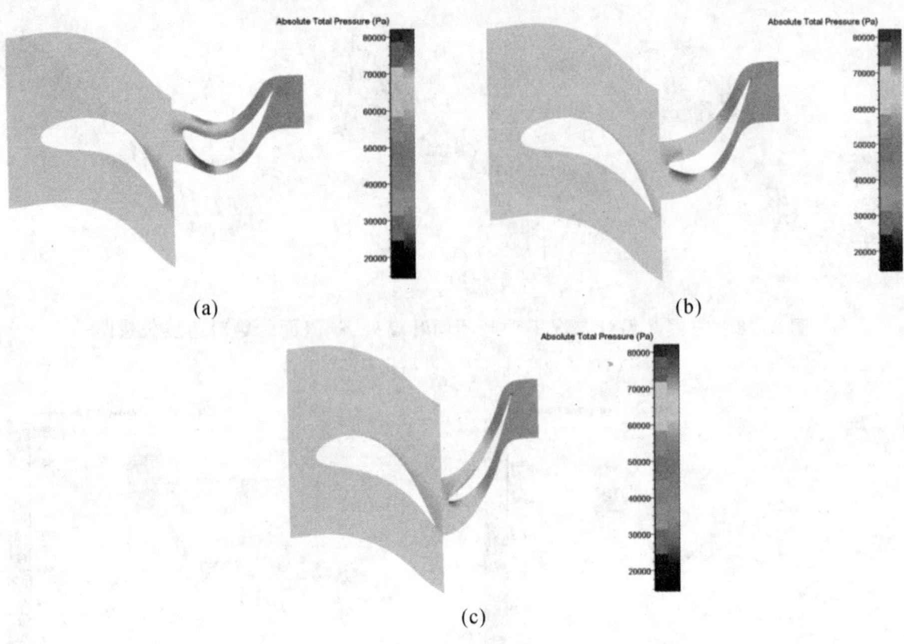

图 5-40　方案 2 设计工况下动叶不同叶高处 S_1 流面的总压云图

(a)5% 叶高;(b)50% 叶高;(c)95% 叶高

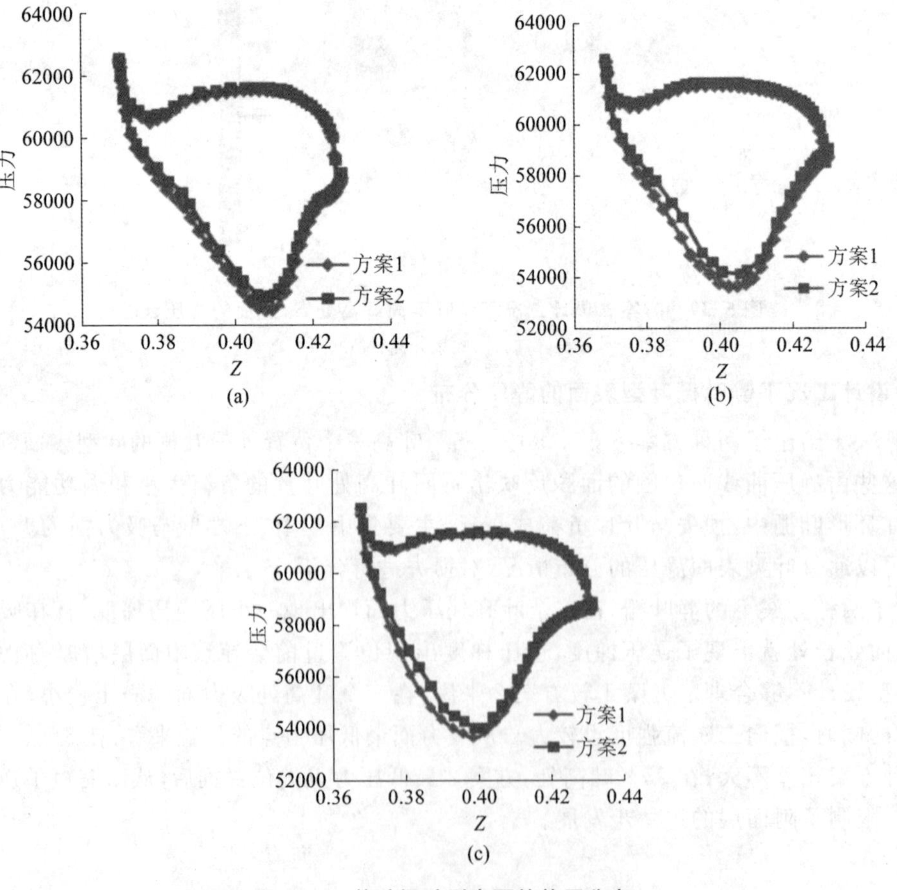

图 5-41　静叶栅叶型表面的静压分布

(a)5%叶高;(b)50%叶高;(c)95%叶高

5. S_2 子午流线分布

图 5-42(a)所示为利用 Numeca 软件计算所得的流线图，图 5-42(b)所示为 S_2 子午通流计算程序所得流线图。其中，在图 5-42(a)中，为方便设置计算域，hub 和 shroud 线为线性的且各流线和流量没有对应的关系；而图 5-42(b)中，hub 和 shroud 线是三次样条插值所得的且各流线严格均分流量。从流线趋势上看，S_2 子午通流计算与数值计算结果一致，证明了 S_2 子午通流设计程序的正确性。

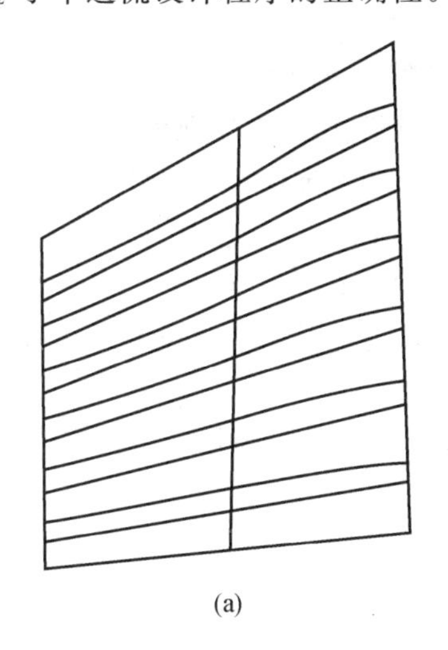
(a)

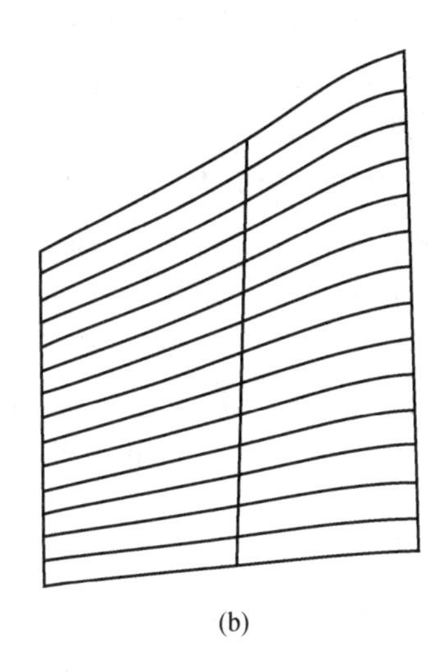
(b)

图 5-42　S_2 子午通流流线图

(a) Numeca 软件计算所得的流线图；(b) S_2 子午通流计算程序所得流线图

上述两种叶型方案在 1500、1900、2000、2500、3000、3500 r/min 等转速下等熵效率、功率及不同叶高截面处流场的分析结果初步表明以下几点：

(1) 可控涡法设计叶型方案较等环量法设计叶型方案在等熵效率和功率方面具有一定优势。

(2) 目前两种方案所构造的叶型经过三维流动计算获得的结果与设计预期存在偏差，主要表现在最佳转速点与设计转速有差距。

(3) 目前两种方案所构造的叶型均存在较大改进空间，根据前述初步流场分析可知，调整叶型安装角可明显改善动叶流场，降低涡流出现的可能性，从而提高叶型效率。

(4) 调整叶型进出口几何角也将影响到动叶流场中流动顺畅性和压力分布特性，但是难度也大于直接调整安装角，这一技术途径可将可控涡设计算法改进与三维几何造型(CAD结构调整＋经验)结合起来。如在“可控涡”造型方程中，可通过反复调整 θ_{out} 使叶型几何角与汽流方向相匹配。

(5) 由于本叶型的厚度曲线来自参考文献，因此厚度曲线会对流场产生一定的影响。

参考文献

[1] 田津. 低压汽轮机长叶片准三维气动设计方法研究[D]. 武汉：华中科技大学，2013.

[2] 戴韧，姚征，康顺，等. 汽轮机 1200 mm 长叶片级内流动 CFD 分析[C]//中国工程热物理学会 2004 年热机气动热力学学术会议论文集，2004.

[3] 蒋洪德,朱斌,蔡虎,等.第3代汽轮机气动热力设计体系的建立及其工程验证[J].中国电力,1999,32(11):26-29.

[4] 蒋洪德,朱斌,徐星仲,等.第三代汽轮机气动热力设计及其在国产200 MW机组改造中的应用[C]//全国火力发电技术学会年会论文集,1999.

[5] 舒士甄,朱力,柯玄龄,等.叶轮机械原理[M].北京:清华大学出版社,1991.

[6] 蔡颐年.蒸汽轮机[M].西安:西安交通大学出版社,1988.

[7] 黄树红.汽轮机原理[M].北京:中国电力出版社,2008.

[8] 王仲奇,秦仁.透平机械原理[M].北京:机械工业出版社,1988.

[9] 弓升.基于S_2流面的涡轮叶片设计方法研究[D].南京:南京航空航天大学,2008.

[10] MOORE M J,SIEVERDING C H,等.低压汽轮机和凝汽器的气动热力学[M].翁泽民,俞茂铮,程代京,等译.西安:西安交通大学出版社,1992.

[11] 蔡颐年.蒸汽轮机装置[M].北京:机械工业出版社,1982.

[12] XU D M,LU Y L,REN D K. Last Stage Blade Design of Last Steam Turbine[C]//Second Joint Technical Seminar CMIC/CNEEC,1985.

[13] 张士杰.大功率汽轮机低压级小容积流量工况S2流面的数值模拟与研究[D].北京:清华大学,1996.

汽轮机通流部分主要零部件的强度核算

汽轮机各零部件一般都在相当高的应力下工作，有些零部件的工作条件很恶劣，受力情况也很复杂。对汽轮机零部件的核算传统上一般采用力学公式和安全系数的方式，近几十年随着数值分析和有限元技术的快速发展，有限元分析结果用于强度核算已经成为工程界可以接受的技术方法。值得指出的是，有限元技术分析结果的可靠性、可用性很大程度上依赖于使用者的经验和理论水平，由于传统方法久经考验，因此有些场合也需要将传统方法和有限元技术结合起来，相互参照。强度核算一般包括零件应力计算、零件材料及其许用应力的选取和零件应力安全性的校核。

本章首先对叶片和隔板等部件的传统核算方法进行简单介绍，然后以某大型汽轮机的一级叶片、轮缘和轴系为对象，对基于有限元技术的强度核算过程进行详细介绍。

6.1　汽轮机零部件的载荷特点

为了保证汽轮机的安全运行，需要对其零部件进行强度核算，通过强度核算及其结果分析，可以进一步了解零部件结构及材料选择的合理性和安全余量，以此为检修、改进设计和改变运行条件的参考依据。

汽轮机零部件的受力状况相当复杂，尤其是转动部件，不但要承受自身质量引起的离心力，而且还要承受周期性交变的蒸汽作用力，同时又处于高压高温变工况的环境中，某些零部件可能在较低负荷时应力较大。因此在强度核算时必须注意以下几点：

(1) 除核算一般的力学强度、变形外，还应校核动应力、蠕变及热应力。

(2) 根据工作条件选取零件的许用应力，有些零件须以蠕变极限为主要核算依据，有些则须以疲劳极限或允许挠度为主要核算依据。

(3) 评价零件材料时，不能单纯考虑力学强度，还应考虑冲击韧性及抗腐蚀、抗冲蚀和高温时的性能。

(4) 因为额定或最大工况并不是机组所有零部件的最危险工况，所以应根据变工况特性确立各零部件的核算工况。

振动与汽轮机的安全运转关系极大，零部件的过大振动或者整个机组的振动，都可能带来严重的后果。

国内外的统计资料表明，许多汽轮机事故均起因于振动，尤其叶片事故所占比例大。一般叶片事故占汽轮机发电机组事故的45%～72%。在叶片事故中，振动强度问题历来是造成机组损坏的主要原因，而其中共振疲劳致使叶片破坏所占的比重又居首位。

调节级叶片处在强度条件恶劣的情况下，运转叶片除了抵抗静应力外，还必须抵抗蒸汽的冲击力及喷嘴尾流引起的振动应力。

末级长叶片的振动亦是较复杂而又重要的问题。大型凝汽式汽轮机低压部分的动叶片和叶轮是应力最高的部件。在高的排汽压力、低负荷或空负荷及异常运行方式下汽流产生强烈扰动时，叶片的动应力可能比通常估算的数值大许多倍。对于变截面长叶片，由于弯曲与扭转振动的耦合，其极易出现低频共振。

除调节级及末级动叶片外，其他各级叶片往往因振动强度不合格而出现叶片断裂事故。低周波等异常运行方式改变了零部件的振动特性，也会造成叶片的断裂。

整个汽轮机发电机组的振动过大带来的危害更为严重。若机组振动主要出现在汽轮机高压侧，则危急保安器有可能误动作而造成停机事故。个别零部件(如轴瓦、轴承座的紧固螺钉、涡轮、蜗杆等)在受到机组振动影响时可能因疲劳而损坏，这不仅会迫使机组紧急停机，而且有可能扩大事态。机组振动还将造成动、静零部件的急速磨损甚至造成主轴弯曲，另外，还易使固定在机座底板上的轴承座、基础松动，以及混凝土浇灌体破裂。若基础部分与机组发生共振，则可能造成全机毁坏。

6.2　叶片、轮缘与隔板的传统强度核算方法

叶片、轮缘和隔板的外形相对简单规则，是传统强度核算方法比较适用、比较典型的几个零部件。对于叶片和轮缘，一般只核算强度特性，隔板除了核算应力强度以外，还需要核算其变形刚度特性。

叶片工作时，作用在叶片上的力主要有两种：一是汽轮机高速旋转时叶片自身质量和围带、拉筋质量引起的离心力；二是汽流流过叶片时产生的汽流作用力。离心力在叶片中产生拉应力，若偏心拉伸还会引起弯应力。汽流作用力是随时间变化的，其稳定的平均值分量在叶片中产生静弯曲应力，而变化分量则引起叶片的振动应力。离心力和汽流作用力还可能引起扭转应力，叶片受热不均会引起热应力，这两种应力一般都较小。

传统强度核算方法中分别计算离心力和汽流作用力平均值分量产生的静弯曲应力，合成后进行核算，此时叶片弯曲应力的计算应选择汽流作用力最大的工况，而离心力一般按额定转速计算。

目前，动应力强度核算的趋势是校核动应力和静应力结合起来的复合疲劳强度(耐振强度)。不调频叶片用安全倍率进行核算，调频叶片除了调开危险的共振频率外，还应核算安全倍率。

叶根部分与叶片一样承受离心力和汽流作用力，轮缘部分承受叶片的离心力和轮缘本身的离心力。叶根的强度校核通常只计算离心力引起的应力，有叶根和轮缘截面上的拉弯合成应力、挤压应力和剪切应力。

隔板工作时主要承受隔板两边蒸汽的压差，因此存在一定的应力和挠度，隔板结构很复杂，其外缘和隔板体是半圆形曲梁，喷嘴片是任意形状的径向杆。隔板受力后，产生的形变对于外缘和隔板体来说是曲梁的斜弯曲，对喷嘴片来说是静不定杆件的斜弯曲，所以隔板的

受力也相当复杂。一般用近似方法计算隔板上的应力和由此产生的挠度。

隔板强度核算包括校核隔板体、外缘、喷嘴片和加强筋的应力，校核隔板的最大挠度。

6.2.1　叶片材料及安全系数的选择

叶片材料主要根据工作温度、应力情况来选用，而安全系数则主要根据应力情况、结构特点和计算方法精确程度来确定。

根据叶片的工作条件、受力情况及损伤原则，对叶片材料提出如下多种性能要求：

(1) 在工作温度下，应具有较高而稳定的屈服强度σ_s、蠕变极限σ_n 和持久极限σ_g；

(2) 具有较高的韧性(较高的 a_k值和较低的缺口敏感性)和塑性(较高的延伸率δ_5 和断面收缩率 ψ)；

(3) 具有良好的减振性能，即具有较高的对数衰减率 δ；

(4) 具有良好的抗化学腐蚀性能；

(5) 具有良好的抗水冲蚀性能；

(6) 具有良好的冷、热加工性能。

根据工作温度的不同，叶片通常采用的材料有以下几种：

(1) 1Cr12，用于工作在 450 ℃以下的中短长度叶片；

(2) 2Cr12，用于屈服强度较高、工作在 450 ℃以下的中低压级叶片；

(3) Cr11MoV，它的热强度性能比 1Cr13 高，故适用于工作在 530 ℃以下的高温区叶片；

(4) Cr12WMoV，它的屈服强度和持久强度高，适用于末级长叶片和工作在 580 ℃以下的高温区叶片；

(5) Cr12WMoNbVB，它的热强度性能高，可用于 590 ℃以下的高温区叶片。

对于叶片根部的铆钉(指末级叶片和叉形叶根铆钉)材料，工作温度低于 500 ℃时，普遍采用的是强度等级为$\sigma_{0.2}=70\ \mathrm{kg/mm^2}$ 的 25Cr2MoVA 材料；当工作温度超过 500 ℃时，可采用强度等级为$\sigma_{0.2}=70\ \mathrm{kg/mm^2}$ 的 Cr12WMoV 和 Cr15Ni35W3Ti 材料。

叶片设计时，叶片的安全性是从两方面来考核的。一方面考核叶片的静强度即承受静应力的能力，另一方面考核叶片的动强度即承受动应力的能力。考核叶片的动强度，过去从限制叶片的激振力大小和避开叶片共振区一定范围，即要求一定的叶片振动频率安全率两方面入手。目前的趋势是将动应力和静应力结合起来判别叶片的安全性。

叶片安全性的程度通常用安全系数的大小来表示。工作在 450 ℃以下低温区的叶片以材料的常温屈服强度 σ_s 为考核准则，即安全系数 $K=\dfrac{\sigma_s}{[\sigma]}$，这里$[\sigma]$是元件的许用应力。叶片、围带、拉筋、叶根等的工作条件不同，加工和装配条件不同，应力计算精度不同，它们的安全系数或许用应力的选取也就各不相同。

对于叉形叶根削弱截面，拉应力的安全系数为 $K=3$，拉弯合成应力的安全系数为 $K=1.3$。

对于其他形式的叶根，拉应力的安全系数为 $K=2.5$，弯应力的安全系数为 $K=2.5$，剪应力的安全系数为 $K=3$，挤压应力的安全系数为 $K=1$，叶根铆钉剪切应力的安全系数为 $K=2.7$，铆钉挤压应力的安全系数为 $K=1$。

工作在 450 ℃以上高温区的叶片以材料工作温度的屈服强度 σ_s、100000 h 塑性变形为1%的蠕变极限 σ_n 和 100000 h 的持久极限 σ_g 为考核准则，相应的安全系数为

$$K_t=\frac{\sigma_s}{[\sigma]};\quad K_n=\frac{\sigma_n}{[\sigma]};\quad K_g=\frac{\sigma_g}{[\sigma]}$$

式中：K_t 为相应工作温度屈服强度的安全系数；K_n 为相应蠕变极限的安全系数；K_g 为相应持久极限的安全系数；$[\sigma]$为许用应力。

进行叶片强度校核，安全系数应满足下面所提出的要求。

对于叶片型线部分截面拉弯合成应力、围带和拉筋的弯应力、叶根齿弯应力及叉形叶根的拉弯合成应力，安全系数应为 $K_t=1.6$，$K_n=1\sim1.25$，$K_g=1.65$。叶片型线部分应根据叶片离心力、使用年限、工作温度进行蠕变伸长量计算并按径向间隙值决定取 K_n 的上限或下限。

对于叶根和铆钉的挤压应力，安全系数应为 $K_t=K_n=K_g=1$。

对于叶根和铆钉的剪切应力，安全系数应为 $K_t=3$，$K_n=1.7$，$K_g=2.5$。

6.2.2　等截面叶片型线部分强度核算

1. 叶片的离心拉应力

如图 6-1 所示，整个型线部分质量的离心力由下式确定：

$$F_c = \rho A\, l_b\, \omega^2 r_m$$

其中

$$\omega = \frac{2\pi n}{60}$$

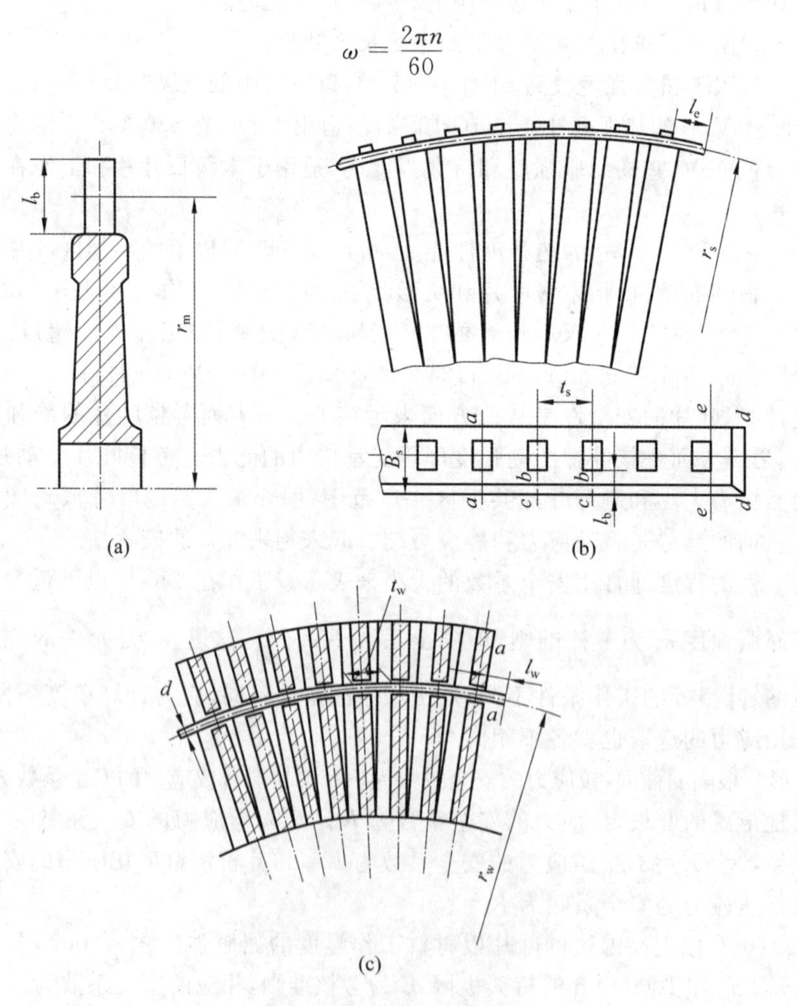

图 6-1　叶片离心力计算图

(a)型线部分；(b)围带；(c)拉筋

上两式中：F_c 为叶片型线部分的离心力，N；ρ 为叶片材料的密度，kg/m^3；ω 为角速度，rad/s；n 为转速，r/min；l_b 为叶高，m；A 为叶片型线部分的横截面积，m^2；r_m 为叶片的平均旋转半径，m。

叶片上围带和拉筋产生的离心力计算公式如下：

$$F_{cs} = \rho A_s t_s \omega^2 r_s$$

$$F_{cw} = \rho A_w t_w \omega^2 r_w$$

式中：F_{cs}、F_{cw}为围带和拉筋的离心力，N；A_s、A_w为围带和拉筋的横截面积，m^2；t_s、t_w为围带和拉筋的节距，m；r_s、r_w为围带和拉筋质心的旋转半径，m。

叶型根部截面拉应力的计算公式如下：

$$\sigma_c = \frac{F_c + F_{cs} + \sum F_{cw}}{A}$$

式中：$\sum F_{cw}$为多排拉筋的离心力，N。

2. 蒸汽产生的弯曲应力

本节只介绍汽流力平均值分量产生的应力的计算。把蒸汽对叶片的作用力分解为轮周方向作用力和轴向作用力后分别计算，然后计算其合力，如图 6-2 所示，计算公式如下：

$$F_u = \frac{G}{ez_b}(c_1\cos\alpha_1 + c_2\cos\alpha_2) = \frac{G\Delta h_t\ \eta_u}{uez_b} = \frac{P_u}{uez_b}$$

$$F_a = \frac{G}{ez_b}(c_1\sin\alpha_1 - c_2\sin\alpha_2) + \Delta p t_b\ l_b$$

$$F = \sqrt{F_u{}^2 + F_a{}^2}$$

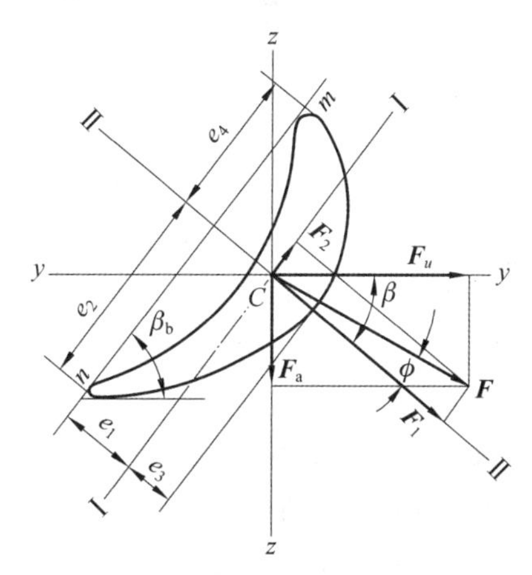

图 6-2　叶片汽流作用力计算图

上三式中：F_u、F_a、F 分别为轮周方向分力、轴向分力和合力，N；G 为蒸汽流量，kg/s；e 为部分进汽度；z_b 为动叶片数目；c_1、c_2 为动叶进口处和出口处的汽流速度，m/s；Δp 动叶前后蒸汽压差，$\Delta p = p_1 - p_2 \approx \Omega_m(p_0 - p_2)$，Pa；$t_b$ 为动叶节距，m。

按上式计算汽流力时，喷嘴调节的调节级计算应选择第一个调节阀全开，其他调节阀全关时的工况，其他级的计算应选择汽轮机的最大负荷工况。

作用在叶片上的汽流力是分布载荷，当$\dfrac{d_b}{l_b} \geqslant 10$ 时，可以认为汽流力是均布载荷，且叶型根部截面弯矩最大，其值为

$$M = \frac{1}{2} F l_b$$

叶型根部进、出汽边缘和背部的弯曲应力最大。在实际计算中常做近似简化,可认为叶型的最小主惯性轴与进、出汽边缘连线 mn 平行,合力 F 的方向与Ⅱ-Ⅱ的夹角等于零。简化后的应力公式如下:

$$\sigma_0 = \frac{M e_1}{I_{min}} = \frac{M}{W_{io}}$$

$$\sigma_b = -\frac{M e_3}{I_{min}} = -\frac{M}{W_b}\text{(负号表示压应力)}$$

式中:σ_0 为进、出汽边缘的弯曲应力,Pa;σ_b 为背部的弯曲应力,Pa;I_{min} 为叶片截面的最小主惯性矩,m^4;e_1、e_3 为叶片进、出汽边缘和背部到最小主惯性轴Ⅰ-Ⅰ的最大距离,m;W_{io}、W_b 为叶片进、出汽边缘和背弧对最小主惯性轴的抗弯截面模量,m^3。

对于 $\frac{d_b}{l_b} < 10$ 的叶片,汽流力不能看作均布载荷,而且叶片的抗弯截面模量沿叶高也是变化的(如扭叶片),应力最大值通常不在根部截面上,应该用数值积分方法来计算不同截面上的弯矩和应力,最后求得应力最大值。

3. 叶片型线部分的强度核算

拉弯合成应力为

$$\sum \sigma_0 = \sigma_c + \sigma_0$$

$$\sum \sigma_b = \sigma_c + \sigma_b$$

由于式中 σ_c 为拉应力,而 σ_b 为压应力,两者部分抵消,故叶型根部进、出汽边缘受到的拉应力最大,可只校核 $\sum \sigma_0$。

强度校核用的公式如下:

$$\sum \sigma_0 < [\sigma]$$

式中:$[\sigma]$ 为叶片材料的许用应力,Pa。

许用应力根据材料的强度和材料在使用场合的安全系数确定。对于工作温度不超过450 ℃的叶片,校核叶片强度时以工作温度下材料的屈服强度极限 $\sigma'_{0.2}$ 作为校核基准。校核时,取安全系数1.6～1.9计算许用应力,即 $[\sigma]=\sigma'_{0.2}/K$。当叶片工作温度高于450 ℃时,应根据工作温度下材料的屈服强度极限、蠕变强度极限、持久强度极限和各自的安全系数计算许用应力,叶片的许用应力取下式三者中的最小值:

$$[\sigma] = \sigma'_{0.2}/K_{0.2};\quad [\sigma] = \sigma_{1\times10^{-5}}/K_{1\times10^{-5}};\quad [\sigma] = \sigma_{10^5}/K_{10^5}$$

相应的安全系数分别取为:$K_{0.2} = 1.6$,$K_{1\times10^{-5}} = 1～1.25$,$K_{10^5} = 1.65$。

$\sigma'_{0.2}$、$\sigma_{1\times10^{-5}}$ 和 σ_{10^5} 可由材料手册查得。

6.2.3 叶根与轮缘的强度核算

1. 应力计算

假设叶片的离心力由叶根各齿、叉和销钉均匀承受,且不计摩擦力和叶根与轮缘间的装配间隙,几种叶根和轮缘的应力计算公式如表6-1所示。

表6-1中,各计算公式的几何尺寸如图6-3所示,其他符号的意义如下:

表 6-1　叶根和轮缘的应力计算公式

叶根形式			倒 T 形叶根(见图 6-3(a))	外包倒 T 形叶根(见图 6-3(b))	叉形叶根(见图 6-3(c))	枞树形叶根(见图 6-3(d))
各齿所受载荷 F_i			$\frac{F_{c1}+F_{c2}+F_{c3}}{2}$	$\frac{F_{c1}+F_{c2}+F_{c3}}{2}$	—	$\frac{\sum F_c}{2n\cos(\varphi/2+\theta)}$
叶根	拉弯总应力	计算部位	AB 截面	AB 截面	1-1 截面	i-i 截面
		拉应力 σ_c	$\frac{F_{c1}+F_{c2}+F_{c3}}{A}$	$\frac{F_{c1}+F_{c2}+F_{c3}}{A}$	$\frac{F_{c1}+F_{c2}}{(t-d/2)bn}$	$\frac{F_{c1}+F_{c2}-(i-1)n\sum F_c}{b_i s_i}$
		偏心弯应力 σ'_b	$\frac{6(F_{c1}+F_{c2}+F_{c3})e}{t^2 b}$	$\frac{6(F_{c1}+F_{c2}+F_{c3})e}{t^2 b}$	$\frac{6(F_{c1}+F_{c2})e}{(t-d/2)^2 bn}$	$\frac{6(F_{c1}+F_{c2})e}{b_i^2 s_i}$
		蒸汽弯应力 σ_b	$\frac{6F_u(l_b/2+h_0+h_1)}{t^2 b}$	$\frac{6F_u(l_b/2+h_0+h_1)}{t^2 b}$	$\frac{6F_u(l_b/2+a)}{(t-d/2)^2 bn}$	$\frac{6F_u(l_b/2+a)}{b_i^2 s_i}$
		总应力	$\sigma_c+\sigma'_b+\sigma_b$	$\sigma_c+\sigma'_b+\sigma_b$	$\sigma_c+\sigma'_b+\sigma_b$	$\sigma_c+\sigma'_b+\sigma_b$
	剪切应力	计算部位	AD 和 BC 截面	AD 和 BC 截面	销钉	叶根齿
		剪切应力 τ	$\frac{F_{c1}+F_{c2}+F_{c3}+F_{c4}}{2A_2}$	$\frac{F_{c1}+F_{c2}+F_{c3}+F_{c4}}{2A_2}$	$\frac{2\sum F_c}{\pi d^2 n}$	$\frac{\sum F_c}{2h_1\sum s_i}$
	挤压应力	计算部位	$abcd$ 和 $efgh$ 面	$abcd$ 和 $efgh$ 面	销钉处	叶根齿面
		挤压应力 σ_p	$\sum F_c/(2A_3)$	$\sum F_c/(2A_3)$	$\sum F_c/(dbn)$	$F_i/(s_i m)$
	齿弯应力	计算部位	AD 和 BC 截面	AD 和 BC 截面		沿叶高 h 截面
		弯应力 σ_b	$\frac{3\sum F_c(b_2-b)}{2t h_2^2}$	$\frac{3\sum F_c(b_2-b)}{2t h_2^2}$		$\frac{6F_i h_2\cos\theta}{h^2 s_i}$

续表

叶根形式			倒 T 形叶根(见图 6-3(a))	外包倒 T 形叶根(见图 6-3(b))	叉形叶根(见图 6-3(c))	枞树形叶根(见图 6-3(d))
轮缘	拉弯总应力	计算部位	2-2 截面	1-1 截面	2-2 截面	i'-i' 截面
		拉应力σ_c	$\dfrac{3z_b\sum F_c+4F_{cr}}{6A_4}$	$\dfrac{3z_b\sum F_c+4F_{cr}}{6A_4}$	$\dfrac{z_b\sum F_c+2/3F_{cr}}{(2\pi R_2-z_b d/2)(B-nb)}$	$\dfrac{i/n\sum F_c\cos\alpha/2+F_{cr}}{d_i s_i}$
		弯应力σ_b	$\dfrac{3z_b a\sum F_c+4F'_{cr}a}{2\pi R_2 b_1^2}$	$\dfrac{3z_b a\sum F_c+4F'_{cr}a-6F_H h_1 z_b}{2\pi R_2 b_1^2}$		
		总应力	$\sigma_c+\sigma_b$	$\sigma_c+\sigma_b$	σ_c	σ_c
	剪切应力	计算部位	FG 截面	FG 截面		
		剪切应力 τ	$\dfrac{3z_b\sum F_c+4F'_{cr}}{12\pi R_1 h_1}$	$\dfrac{3z_b\sum F_c+4F'_{cr}}{12\pi R_1 h_1}$		同叶根齿
	挤压应力	计算部位			销钉孔处	
		挤压应力σ_p	同叶根	同叶根	$\dfrac{\sum F_c+F_6}{d(B-nb)}$	同叶根齿

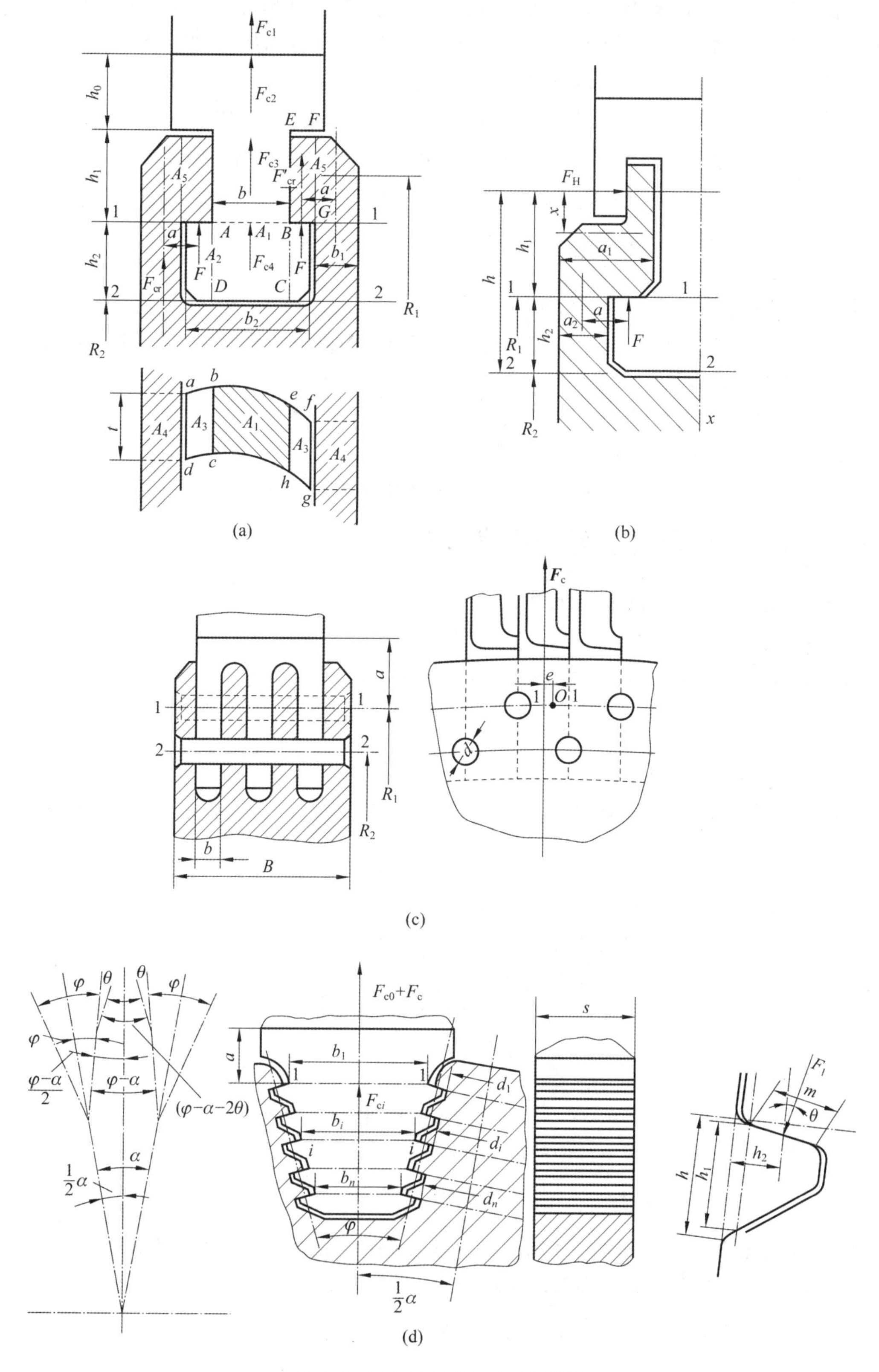

图 6-3　叶根和轮缘的应力计算图

(a)倒 T 形叶根；(b)外包倒 T 形叶根；(c)叉形叶根；(d)枞树形叶根

F_{c1}为叶片工作段的离心力，$F_{c1}=F_c+F_{cs}+\sum F_{cw}$；$F_{c2}$为叶根计算截面以上部分离心力(倒T形叶根为$h_0$部分)；$F_{c3}$为叶根$h_1$部分离心力；$F_{c4}$为叶根$ABCD$部分离心力；$F_{c5}$为叶根高度为$h_2$截面$abcd$和$efgh$部分离心力；$F_{c6}$为销钉离心力；$F_{cr}$为一侧轮缘计算截面以上部分离心力(枞树形叶根为计算截面以上部分轮缘总离心力)；F'_{cr}为轮缘$BEFG$部分离心力；$\sum F_c$为一个叶片总的离心力(包括围带、拉筋、叶型部分和叶根部分)，$\sum F_c=F_{c1}+F_{c2}+F_{c3}+F_{c4}+F_{c5}$；$n$为叶根齿对数或叉数；$F_H$为外包倒T形叶根支反力。

$$F_H=\frac{1}{2}\sum F_c+2F'_{cr}/(3z_b)$$

2. 叶根截面的强度校核

叶根截面的强度校核基本上与叶片型线部分类似，但由于叶根形状复杂，容易形成应力集中，故安全系数选取如下。

对于叉形叶根削弱截面：拉应力$K=3$；拉弯合成应力$K=1.3$。

对于其他形式叶根：拉弯应力$K=2.5$，$K_{0.2}=1.6$，$K_{1\times10^{-5}}=1\sim1.2$，$K_{10^5}=1.65$；剪切应力$K=3$，$K_{0.2}=3$，$K_{1\times10^{-5}}=1.7$，$K_{10^5}=2.5$；挤压应力$K=1$，$K_{0.2}=1$，$K_{1\times10^{-5}}=1$，$K_{10^5}=1$。

6.2.4 隔板及加强筋的强度核算

1. 隔板、喷嘴片的应力和挠度计算

1) 铸造隔板(史密斯法)

铸造隔板体中最大应力在垂直于隔板中分面的内径处，其值为

$$\sigma=\frac{K_\sigma\Delta p\ (0.1d')^3\ h_{max}}{I}$$

式中：d'为汽缸内径，如图6-4所示，mm；h_{max}为隔板最大厚度，m，如图6-4所示；K_σ为应力计算系数，查图6-5(a)；Δp为隔板前后压差，Pa；I为隔板计算惯性矩，m。

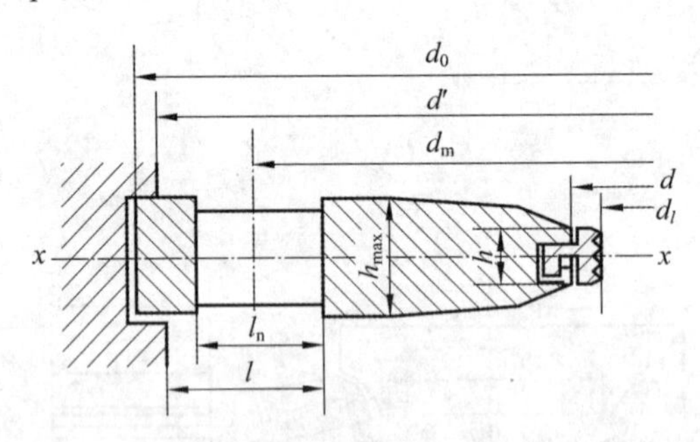

图6-4 隔板尺寸图

隔板体最大挠度在隔板中分面的内径处，其值为

$$\Delta_b=\frac{K_\Delta\Delta p\ (0.1d')^5}{E_b I}$$

式中：K_Δ为挠度计算系数，查图6-5(b)；E_b为工作温度下隔板体材料的弹性模量，N/m。

喷嘴片的应力和挠度由下面两式计算：

$$\sigma=\frac{1.2\Delta pd_m(d_m-d_l)e\ l_n}{z_n I_x}$$

$$\Delta_n=\frac{1.2\Delta pd_m(d_m-d_l)l_n^{\ 3}}{z_n I_x E_n}$$

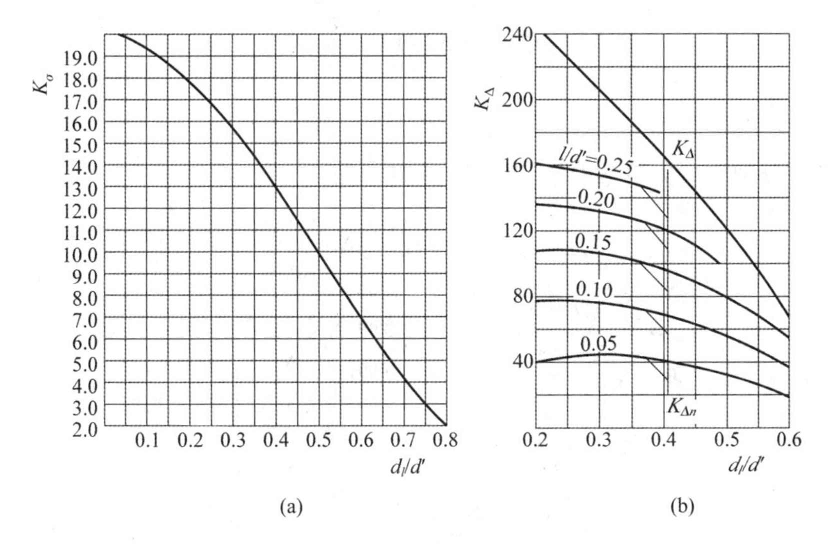

图 6-5　铸造隔板应力和挠度计算系数

(a) K_σ 曲线；(b) K_Δ 曲线

式中：I_x 为喷嘴片截面对 x-x 轴（即叶型中 υ-υ 轴）的惯性矩，m^4；e 为离 x-x 轴最远边缘的距离，m；E_n 为喷嘴片材料的弹性模量，$\mathrm{N/m^2}$；z_n 为喷嘴片个数。

隔板计算惯性矩 I 按如下方法确定：当 $I_b > I_r$ 时，$I = I_b + I_r$；当 $I_b < I_r$ 时 $I = 2I_b$，其中 I_b 是隔板体对 x-x 轴的惯性矩，I_r 是隔板外缘对 x-x 轴的惯性矩。

2）焊接隔板（修正瓦尔法）

隔板体的最大应力和最大挠度计算公式如下：

$$\sigma = \frac{K_\sigma' \Delta p' \ (0.1 d_0)^3 h}{I_b + I_r}$$

$$\Delta_b = \frac{K_\Delta' \Delta p' \ (0.1 d_0)^5}{E_b (I_b + I_r)} \frac{t_2}{1 + t_1}$$

其中，

$$\Delta p' = \frac{B - A}{{d_0}^2}$$

$$A = \frac{2}{3} \frac{\Delta p e^3}{a_1} - 2\Delta p \left(\frac{d}{2} + e\right) \frac{e(a-e)}{a_1} - \left(\frac{q_1 d}{2} \frac{a}{a_1} + \frac{md}{2a_1}\right)$$

$$B = 2\Delta p e \left(\frac{d}{2} + e\right) + \frac{q_1 d}{2}$$

$$e = \frac{1}{4}(d' - d)$$

$$a = \frac{1}{4}(d_0 - d)$$

$$a_1 = 2e - a$$

$$a_2 = \frac{1}{2}(d' - d_l)$$

$$t_1 = \frac{a_1}{a}$$

$$t_2 = \frac{a_2}{a}$$

$$q_1 = \frac{1}{4}\Delta pd\left(1-\frac{{d_l}^2}{{d_2}^2}\right)$$

$$m = \frac{1}{8}\Delta pd^2\left(1-\frac{d_l}{d}\right)^2$$

式中：$K_\sigma{}'$、$K_\Delta{}'$分别为应力系数和挠度系数，查图 6-6。

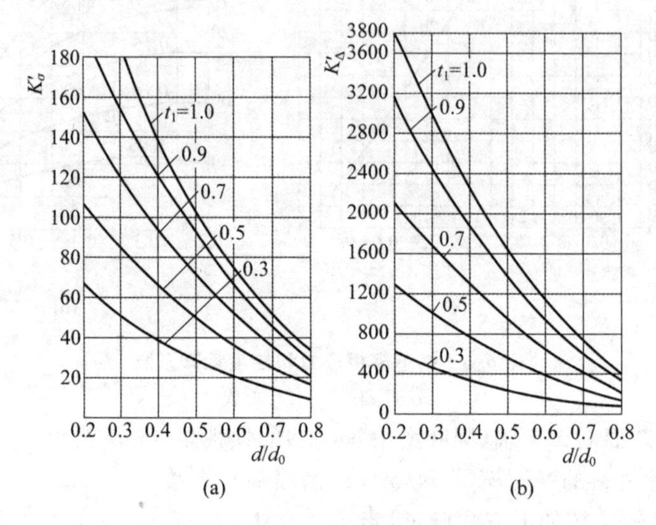

图 6-6　焊接隔板应力和挠度计算系数

(a)K'_σ曲线；(b)K'_Δ曲线

用修正瓦尔法计算高压隔板时，喷嘴片或窄喷嘴中加强筋的应力可用如下简化方法计算。

作用在隔板半圆环中分面边缘的径向弯矩为

$$M = K_M\,\frac{\Delta p\,{d_0}^3}{1536}$$

式中：K_M 为系数，由 d_1/d_0 和 φ 查图 6-7；φ 为喷嘴片或加强筋的中心角，$\varphi = 360°/z$；z 为整块隔板上喷嘴片或加强筋数目。

最大应力为

$$\sigma = Me/I_x$$

式中：e 为离 x-x 轴最远边缘的距离，m；I_x 为喷嘴片或加强筋截面对 x-x 轴（过截面形心并平行于隔板平面）的惯性矩，m^4。

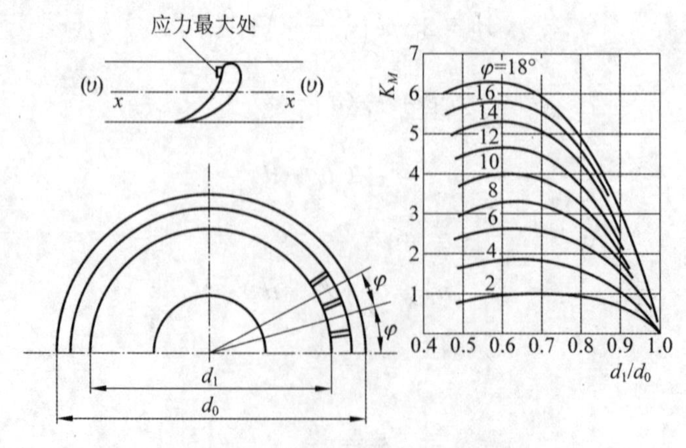

图 6-7　加强筋应力计算曲线

2. 隔板、喷嘴片和加强筋的截面惯性矩计算

隔板和加强筋的截面形状不规则，计算时可分成若干个简单形状的截面，或者简化为简单形状的截面。表 6-2 列出了部分简单形状截面几何特性的计算公式。根据这些公式利用移轴原理，就可计算隔板和加强筋的惯性矩。

表 6-2　简单形状截面几何特性的计算公式

截面形状	面积 A	惯性矩 I	形心位置 y_c
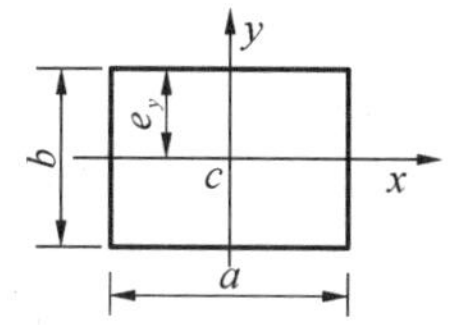	ab	$I_x=\frac{ab^3}{12}$	$\frac{b}{2}$
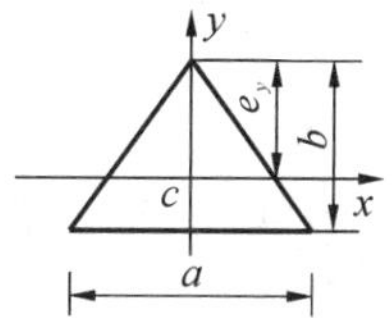	$\frac{ab}{2}$	$I_x=\frac{ab^3}{36}$ $I_y=\frac{ba^3}{48}$	$\frac{2b}{3}$
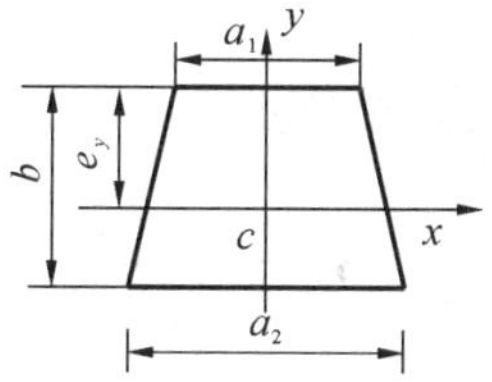	$\frac{b}{2}(a_1+a_2)$	$I_x=\frac{b^3(a_1^2+4a_1a_2+a_2^2)}{36(a_1+a_2)}$ $I_y=\frac{b(a_1^3+a_1a_2^2+a_2a_1^2+a_2^3)}{48}$	$\frac{b(a_1+2a_2)}{3(a_1+a_2)}$
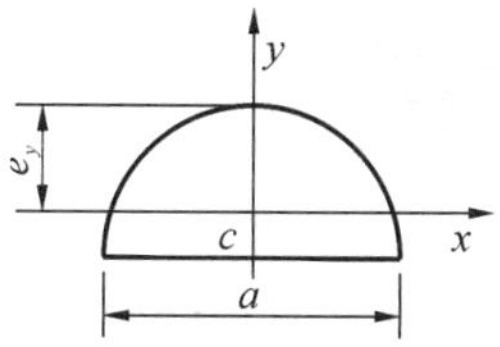	$\frac{\pi}{8}a^2$	$I_x=0.00686a^4$	$0.2878a$

一般隔板体、隔板外缘和加强筋可看成对称的组合体，令对称轴为 y 轴，如图 6-8 所示，则形心位置坐标为

$$y_c=\frac{\sum_{i=1}^{n}y_{ci}A_i}{\sum_{i=1}^{n}A_i}$$

形心轴惯性矩：

$$I_{xc}=\sum_{i=1}^{n}[I_{xi}+(y_{ci}-y_c)^2A_i]$$

式中：y_{ci}、A_i、I_{xi} 分别为各单元体形心位置、面积和形心轴惯性矩，如表 6-2 所示；n 为组合体中单元体个数。

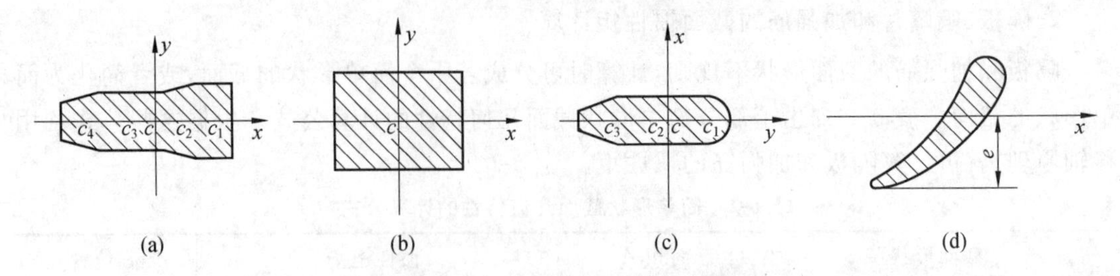

图 6-8　隔板和加强筋惯性矩计算简图

(a)隔板体；(b)隔板外缘；(c)加强筋；(d)喷嘴片

3. 隔板和喷嘴的强度校核

铸造隔板的许用应力按抗弯强度计算：

$$[\sigma]=\sigma_{bb}/K_b$$

式中：σ_{bb}为隔板材料的抗弯强度，N/m^2；K_b 为对应抗弯强度的安全系数，取 $K_b=5\sim6$。

焊接隔板的许用应力取下列三式中的最小值：

$$[\sigma]=\sigma'_{0.2}/K_{0.2}；\quad [\sigma]=\sigma_{1\times10^{-5}}/K_{1\times10^{-5}}；\quad [\sigma]=\sigma_{10^5}/K_{10^5}$$

式中：$K_{0.2}=1.6$；$K_{1\times10^{-5}}=1.2$；$K_{10^5}=1.7$；$\sigma'_{0.2}$、$\sigma_{1\times10^{-5}}$、σ_{10^5} 分别为屈服强度、蠕变强度、持久强度。

喷嘴片和加强筋的许用应力取下面两式中的较小值：

$$[\sigma]=\sigma'_{0.2}/K_{0.2}；\quad [\sigma]=\sigma_{10^5}/K_{10^5}$$

式中：当校核喷嘴片出口边的拉应力时，取 $K_{0.2}=1.25$，$K_{10^5}=1.1$；当校核进口边的压应力时，取 $K_{0.2}=1$，$K_{10^5}=1$。

隔板的最大挠度(隔板体的最大挠度Δ_b 和喷嘴片的挠度Δ_n 之和)不得大于动静间隙的1/3。

6.3　叶片强度的有限元核算

随着现代科学技术的发展，人们不断设计生产出新的更精密的机器设备，设计中要求工程师在设计阶段就能精确地预测出产品的技术性能、强度、寿命等，并需要对结构的静、动力强度等技术参数进行分析计算。近年来在计算机技术和数值分析方法的支持下发展起来的有限元分析方法为解决这些复杂的设计分析计算问题提供了有效的手段。有限元应力分析可用于确定机体结构上的外部载荷所引起的应力应变，用于静强度校核、耐久性分析、损伤容限分析、设计阶段研制试验项目选择、关键部位的确定、材料选择、强度验证试验中载荷情况确定等，应力分析结果同时也是全机和部件传力分析的重要依据。

一般而言，形状复杂的零部件受载后，截面的大部分产生基本应力，截面突变处出现峰值应力。基本应力对零部件的强度起主要作用，峰值应力起局部作用，两者总称为一次应力。不是由载荷引起的应力，称为二次应力或次应力，如残余应力。基本应力、峰值应力和次应力，对许用应力的影响是不同的，应区别对待。例如在静载荷下，峰值应力处产生局部塑性变形后应力重新分布，故峰值应力对静载许用应力的影响不大。但在交变载荷下，零部件常在峰值应力处首先出现疲劳裂纹而被破坏。故峰值应力在疲劳强度计算中对许用应力的选取起重要影响。次应力在一般情况下对许用应力影响不大，但在热加工工艺很差的情况下，零部件往往会出现过大的残余应力，甚至在不受载荷的情况下自行爆裂，这时的次应力对许用应力的影响就很重要。综上所述，基本应力、峰值应力和次应力对许用应力的影响是随着不同条件而变化的。应该创造条件，例如改变零部件结构以降低峰值应力等措施使许用应力向着有利的方向发展。

计算方法对确定安全系数和许用应力的影响是明显的。20世纪60年代起，随着有限元数值分析方法的应用，对结构的峰值应力的了解更确切了，安全系数的许用值便有可能随着应力分析精确度的提高而降低。

本节结合某200 mm级动叶片对有限元强度核算进行介绍。

6.3.1　有限元强度分析的特点和过程

有限元法是最常用的数值分析方法，它把求解区域看作由许多小的节点互相连接的子域（单元）所构成，其模型给出基本方程的分片（子域）近似解。由于单元（子域）可以被分割成各种不同的形状和尺寸，所以它能很好地适应复杂的几何形状、材料特性和边界条件，目前在汽轮机叶片强度设计中得到了普遍应用。

一般有限元分析的基本流程如下：

（1）几何建模；

（2）确定材料模型；

（3）边界条件设置；

（4）有限元分析求解；

（5）结果显示和后处理。

与试验研究相比，有限元法具有安全经济、快捷、方便、提供的数据全面等特点。试验结果也表明，运用有限元法可以准确得到叶片各点在运行中所承受的应力及其振动特性。

采用有限元技术对叶片的强度问题进行分析评估，需要注意以下两方面的因素。

1）网格的独立性

有限元数值计算与实际值之间的误差来源包括几个方面的因素：物理模型近似误差（线性与非线性、定常与非定常，二维或三维等）、方程求解的截断误差及求解区域的离散误差（这两种误差通常统称为离散误差）、迭代误差（离散后的代数方程组的求解方法及迭代次数所产生的误差）、舍入误差（计算机只能用有限位存储计算物理量所产生的误差），等等。在通常的计算中，离散误差随网格变密而减小，但由于网格变密时，离散点数增多，舍入误差也随之加大。对有限元应力计算而言，存在应力集中的区域应该采用比较细密的网格分布以适应较大的应力变化梯度。

因此，网格太密或者太疏都可能产生误差过大的计算结果，网格数在一定范围内的结果才与实际值比较接近，这样在划分网格时一般首先依据已有的经验大致划分网格进行计算，将计算结果与实际值进行比较（如果没有实际值，则可根据经验值，或其他来源数据），再适度加密或减少网格进行计算，并与前一次计算结果比较，如果两次的计算结果相差较小（例如在2%），说明对于这一方案，网格的计算结果是可信的，计算结果与网格无关，再加密网格已经没有什么意义。一般而言，对于复杂有限元问题，应尽可能降低总网格数量以提高分析效率。

2）接触问题

接触问题是生产和生活中普遍存在的力学问题。例如轴和轴承的接触、叶根与轮缘及销钉之间的相互接触等。两个物体在接触界面上的相互作用是复杂的力学现象，也是发生损伤失效和破坏的主要原因之一，因此，接触问题是有限元法研究和发展的重要课题之一。

接触问题在力学上表现为高度的三重(材料、几何、边界)非线性问题,即除了大变形引起材料非线性和几何非线性外,还有接触界面上的非线性,这是接触问题所特有的。接触界面非线性源于两个方面。

(1) 接触区域界面大小和位置及接触状态不仅事先都是未知的,而且是随着时间变化的,需要在求解过程中确定。

(2) 接触条件的非线性,接触条件的内容包括:①接触物体不可相互侵入;②接触力的法向分量只能是压力;③切向接触的摩擦条件。

这些条件区别于一般的有限元约束条件,特别是单边性的不等式约束,具有强烈的非线性。

6.3.2　某 200 mm 级动叶片与轮缘的有限元强度核算

1. 叶片与轮缘的结构

有限元分析的第一步,是要建立合理的几何模型。对于还没有三维 CAD 模型的零部件,可以根据二维结构图纸进行几何建模。这里分析所依据的数据资料参见图 6-9。图中标示了叶根、轮缘、叶型、围带、销钉的结构和尺寸。由图可见,该级叶片的标准叶片为倒 T 形外包小脚叶片,采用周向方式安装在轮缘上,末级叶片叶根与其他叶根不同,采用两根锥度为 1∶100、直径为 13 的销钉固定在轮缘上。

由 CAD 图可知,该级叶片的叶型部分不具有直叶片的特征,叶片自带围带,叶片整体具有不对称特征。

2. 叶片与轮缘的静强度分析

1) 几何模型

汽轮机叶片周向有 130 个叶片,周期循环对称,对于标准叶片,理论上可通过对一个基本扇区的建模分析获得全周的应力分布。图 6-10 是汽轮机标准动叶片及轮缘的 CAD 整体模型。标准动叶片由围带、叶片和叶根组成,叶根采用了双倒 T 形叶根。计算采用的几何模型在几何特征上基本忠实于原设计图纸。

2) 网格独立性

有限元分析依赖于网格方案,网格细化到一定程度后,网格尺寸不再是有限元分析结果的影响因素,这叫作网格独立性。网格方案中,一般比较关注应力梯度较大的地方,应力梯度越大要求网格尺寸越小。

应建立不同网格数量级的叶片网格方案,比较云图中应力变化的平滑程度及应力集中处应力随局部网格密度的变化规律,一般在应力变化比较平滑、关键位置应力随网格密度变化不大的情况下,网格方案可接受。

这里最终方案没有采用四面体网格划分方式来处理模型,而是采用六面体网格,网格数目在三万左右。相对四面体网格而言,同等数量条件下,结构化六面体网格的密度和对分析对象的结构特征模拟情况将更好。

3) 材料模型与边界条件

经过前期的验证和网格敏感性分析,以及处理有限元接触问题的需要,最终选用图 6-11 所示的有限元网格方案。图 6-11 给出了汽轮机转子叶片一个基本扇区模型。采用八节点六面体单元分别对围带、叶片、叶根、轮缘进行网格划分,然后将围带、叶片和叶根采用 GLUE(粘接)命令连接成整体。叶片整体和轮缘采用一般接触模式。采用结构化网格,经

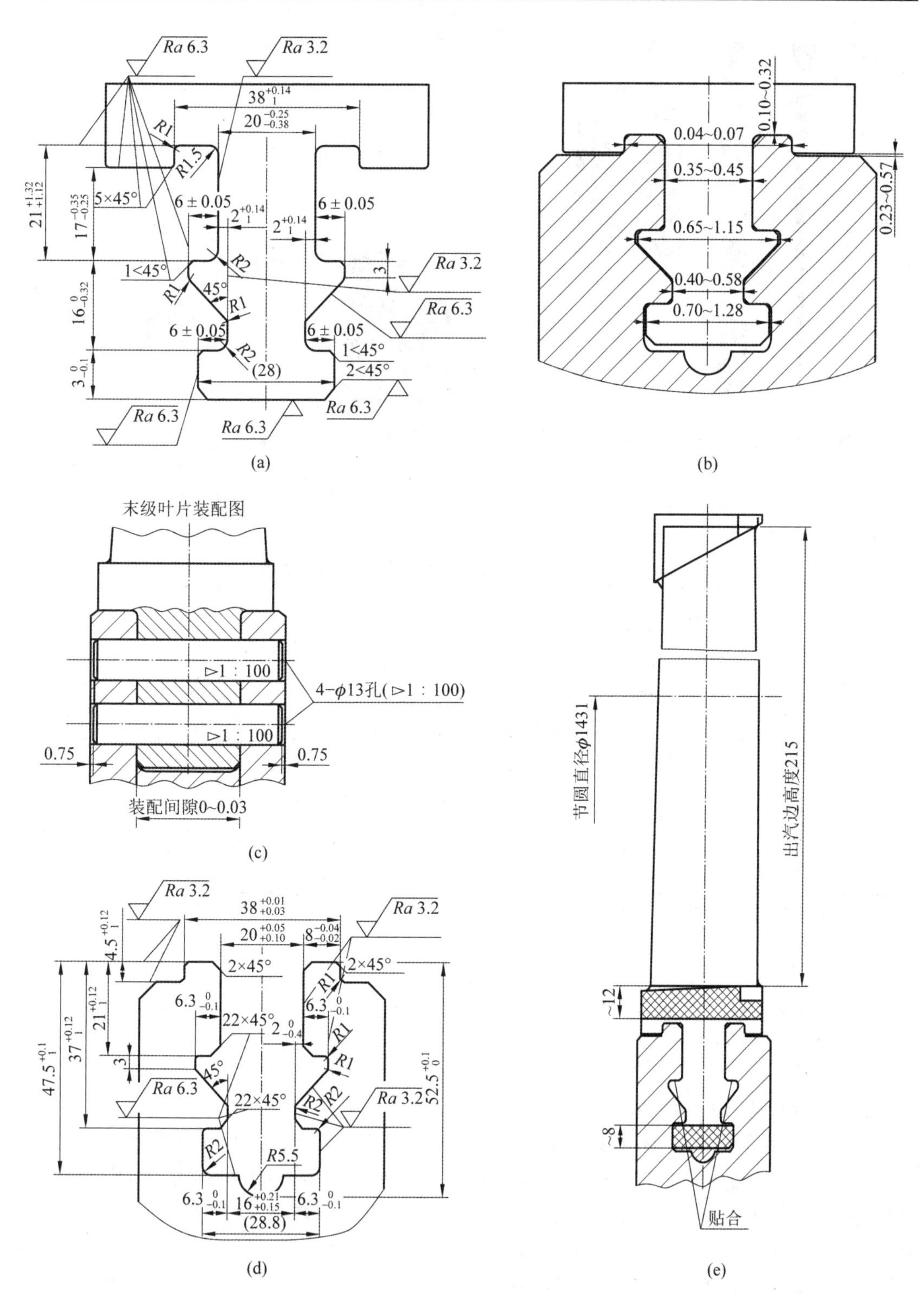

图 6-9　叶片结构尺寸

(a)标准叶片叶根;(b)标准叶片轮槽;(c)末级叶片叶根装配;(d)标准叶片叶根与轮槽的配合;(e)标准叶片与轮槽的配合

初步力学分析,在接触区域对模型网格进行进一步优化。200 mm 级标准动叶片的单元数目为 31897,节点数为 40211。

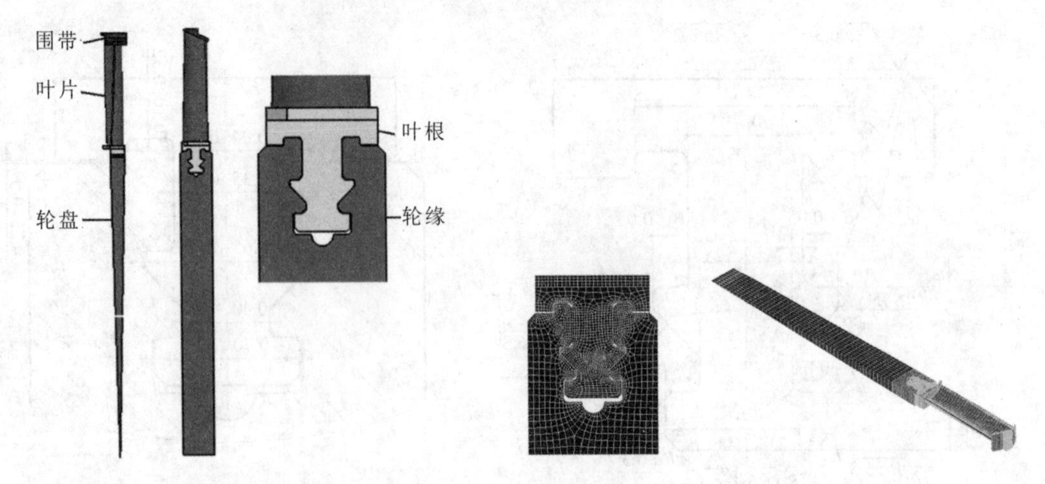

图 6-10　标准动叶片一个基本扇区的 CAD 模型

图 6-11　标准动叶片一个基本扇区有限元网格模型

表 6-3 中给出了实际所用材料的参数，计算时参考相关数据，由于叶片处于汽轮机低压级，材料参数取温度为 200 ℃时的材料性能参数。

表 6-3　叶片与轮缘材料的物理和力学性能参数

材料	项目						
叶片材料（2Cr13-5/490）	温度/℃	20	100	200	300	400	500
	弹性模量/GPa	223	219	214	209	199	185
	泊松比	0.297	0.315	0.346	0.342	0.337	0.337
	密度＝7750 kg/m³　$\sigma_b \geqslant 635$ MPa　$\sigma_{0.2} \geqslant 440$ MPa						
轮缘材料（30Cr2Ni4MoV＋7/760）	温度/℃	20	100	200	300	400	500
	弹性模量/GPa	204	201	196	190	182	173
	泊松比	0.285	0.304	0.300	0.301	0.293	0.301
	密度＝7750 kg/m³　$\sigma_b \geqslant 860$ MPa　$\sigma_{0.2} \geqslant 760$ MPa						

注：叶片材料参考《火力发电厂金属材料手册》，P720～P721，钢材类型为≤ϕ250 的热轧、锻制棒，热处理过程参见《火力发电厂金属材料手册》。

轮缘材料参考《火力发电厂金属材料手册》，P572。

① 分别考虑三种转速 3000 r/min、3360 r/min 和 3600 r/min 工况下的离心载荷。

② 由于循环对称，约束扇区模型两个侧表面的周向位移。

③ 轮盘底端轴心处对一节点采用三向固定约束。

④ 叶片和叶根之间采用 GLUE（粘接）方式接触边界。

4）弹性应力分析与结果

图 6-12 至图 6-14 给出了标准动叶片在转速为 3000 r/min 工况下，叶根和轮缘的应力分布。在以下的分析中，如无特殊说明，均采用笛卡儿坐标系，应力单位为 Pa，空间长度单位为 mm。其中，x 方向为汽轮机轴向，y 方向为转子径向，z 方向为转子周向。

图 6-12 至图 6-14 显示，在转速为 3000 r/min 时，叶根最大 Von Mises 等效应力为 414.7 MPa，轮缘最大 Von Mises 等效应力为 366.5 MPa。为了更加清晰地显示应力的分布状况，在图 6-13 中，将叶根和轮缘沿图中画线处切片，如图 6-14 所示。从图 6-14 中可以看出，尽管在叶根表面接触区域应力较大，但应力递减梯度也很大。从图 6-14(b)中可明显看出，叶根表面应力大于 300 MPa 的区域厚度不到 1 mm。

图 6-12 显示了叶根和轮缘的 Von Mises 等效应力分布，其中图 6-12(a)中叶根最大等

效应力位于进汽侧的上 T 形齿过渡处；图 6-12(b)中轮缘的最大等效应力同样位于进汽侧，位置在下 T 形齿对应的过渡处。

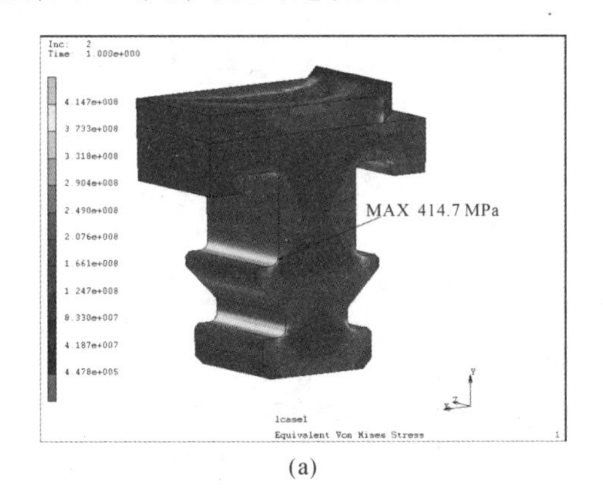

(a)

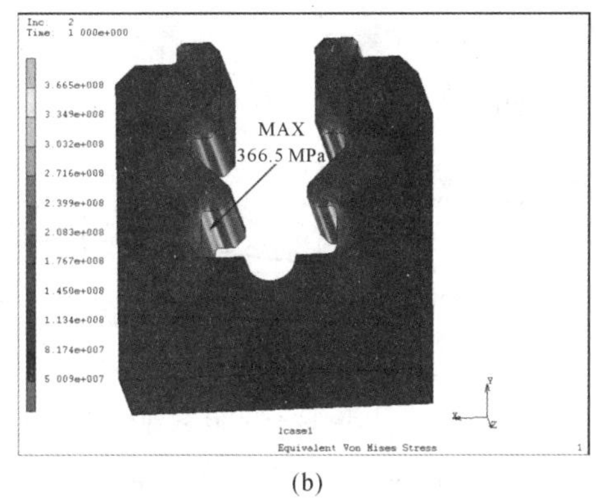

(b)

图 6-12　叶根和轮缘的 Von Mises 等效应力分布

(a)叶根部分；(b)轮缘部分

图 6-13 显示了装配后的叶根轮缘总体应力分布，最大应力为叶根进汽侧的上 T 形齿过渡处，也就是说叶根的安全性要差于轮缘的。

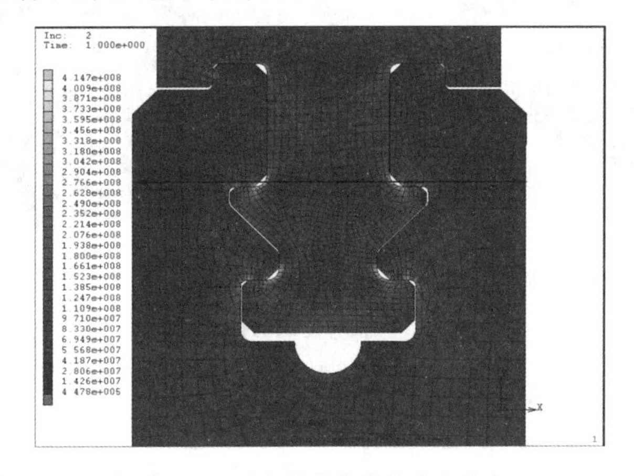

图 6-13　叶根轮缘的总体应力分布

图 6-14 显示了装配后的叶根轮缘在某一截面上的应力分布，结合图 6-15 可知在该截面上，边缘处材料的应力梯度较大，其余大部分的受力水平较低。

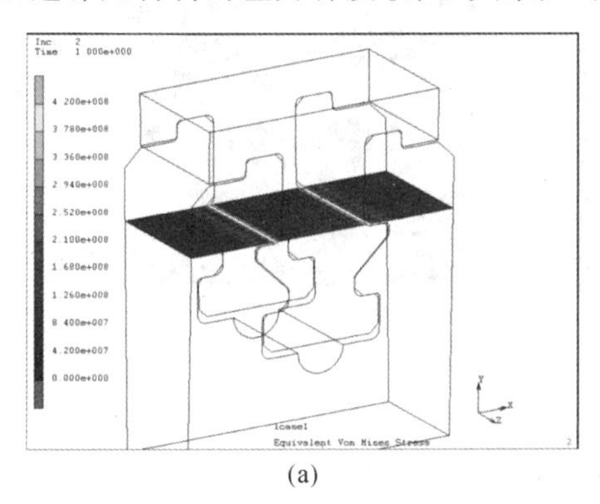

(a)

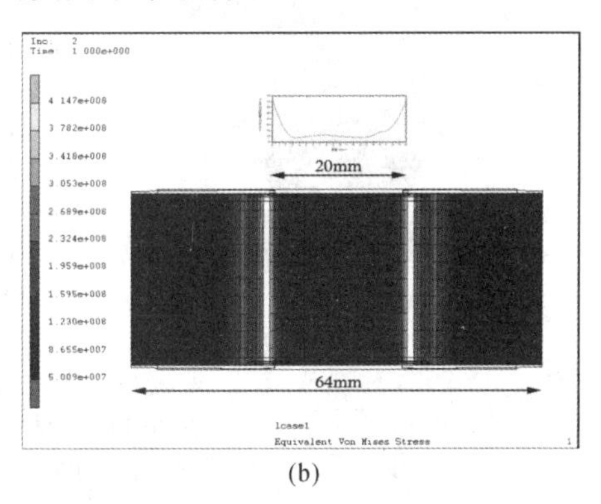

(b)

图 6-14　叶根轮缘的 Von Mises 等效应力分布在大应力平面的切片

(a)三视图；(b)俯视图

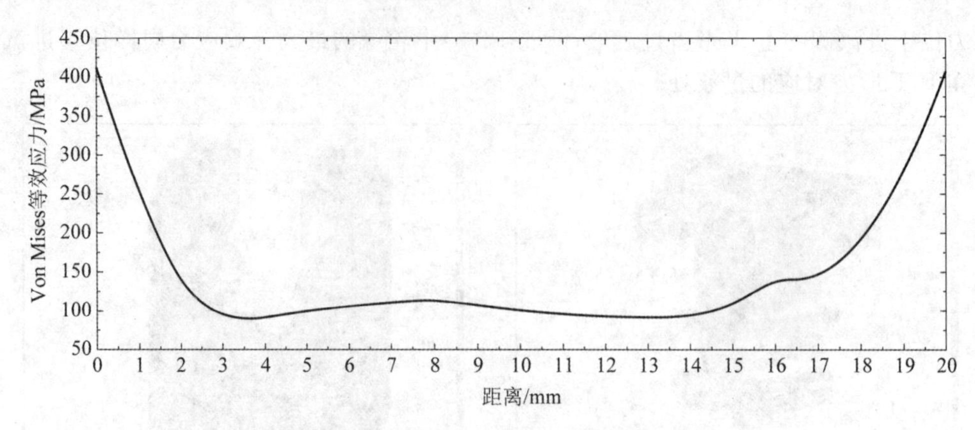

图 6-15　叶根部分切片平面上 Von Mises 等效应力分布

图 6-16 至图 6-20 中给出了叶根和轮缘在离心力作用下所受拉应力、剪应力及表面接触正应力分布。

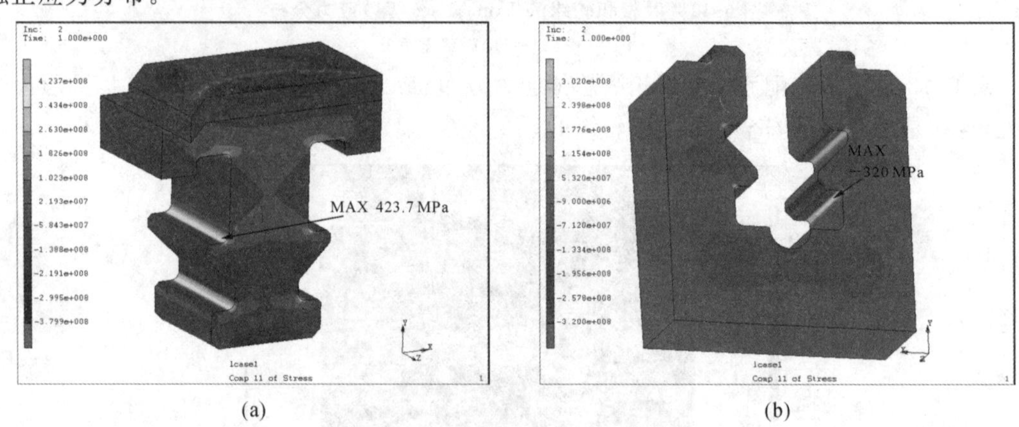

(a)　　(b)

图 6-16　叶根和轮缘的拉应力 σ_{xx}

(a)叶根部分;(b)轮缘部分

图 6-16 显示了轴向应力分布状态,由图可知叶根、轮缘应力集中较为明显。

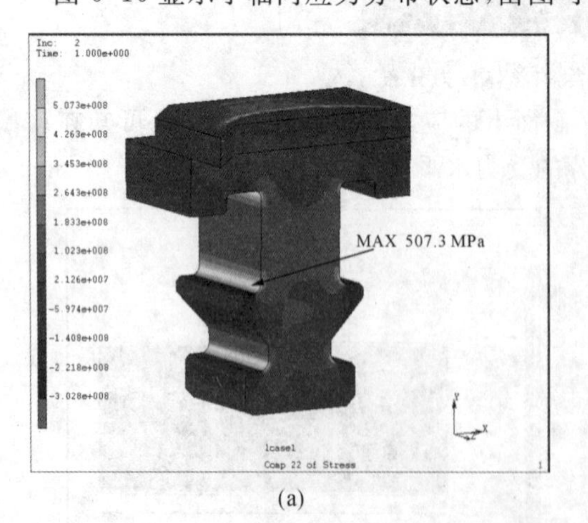

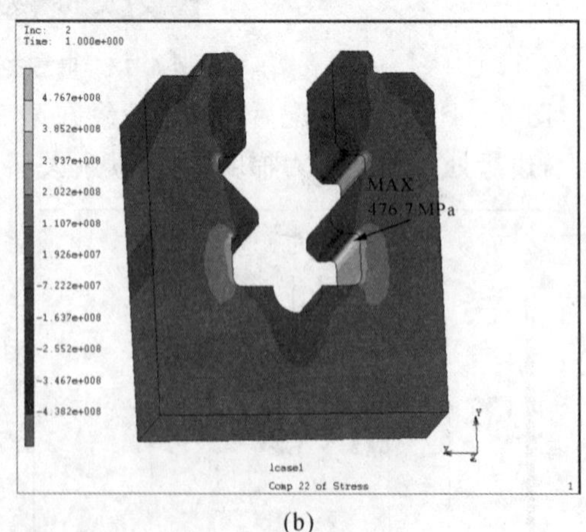

(a)　　(b)

图 6-17　叶根和轮缘的拉应力 σ_{yy}

(a)叶根部分;(b)轮缘部分

图 6-17 显示了径向应力分布状态,由图可知叶根、轮缘应力集中较为明显。位置与图 6-16 显示的一致。

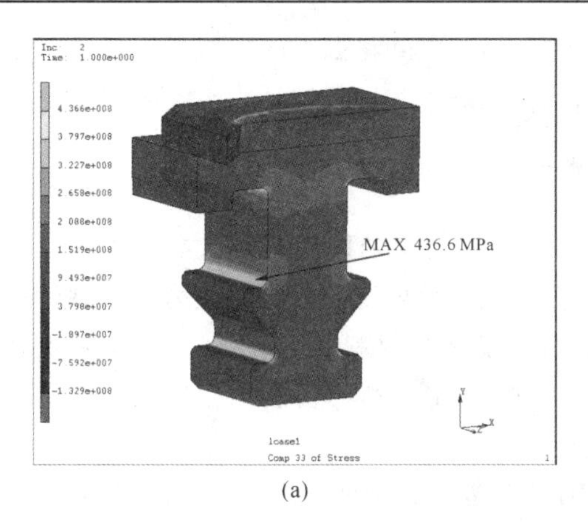

(a)

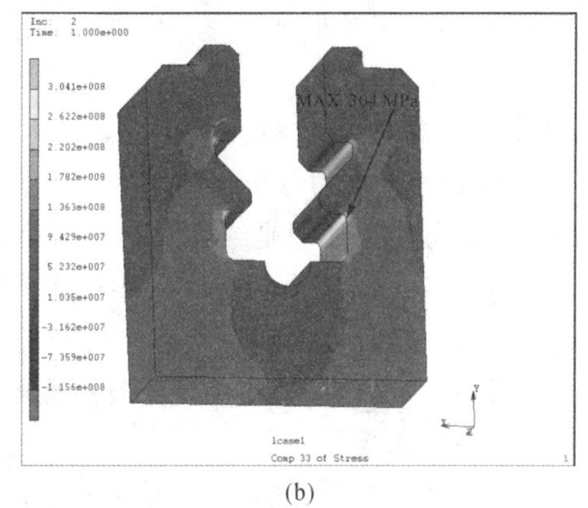

(b)

图 6-18　叶根和轮缘的拉应力 σ_{zz}

(a)叶根部分;(b)轮缘部分

图 6-18 显示了周向应力分布状态,由图可知叶根、轮缘应力集中较为明显。位置与图 6-16、图 6-17 显示的一致。

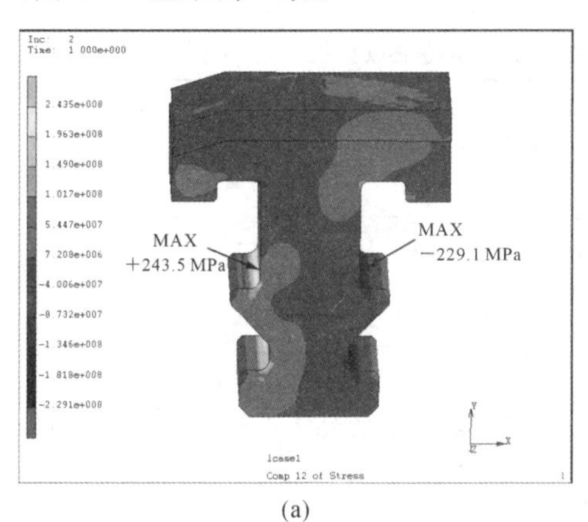

(a)

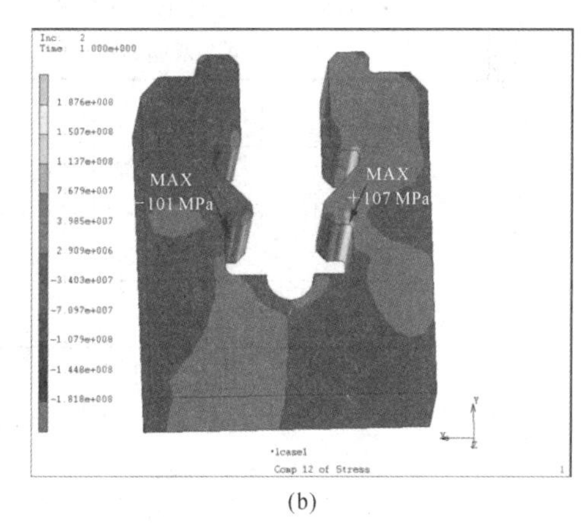

(b)

图 6-19　叶根和轮缘的剪应力 τ_{xy}

(a)叶根部分;(b)轮缘部分

图 6-19 显示了 xy 方向剪应力分布状态,由图可知叶根、轮缘应力集中较为明显。位置与图 6-16、图 6-17 显示的一致。叶根应力集中处剪应力大于轮缘应力集中处的。

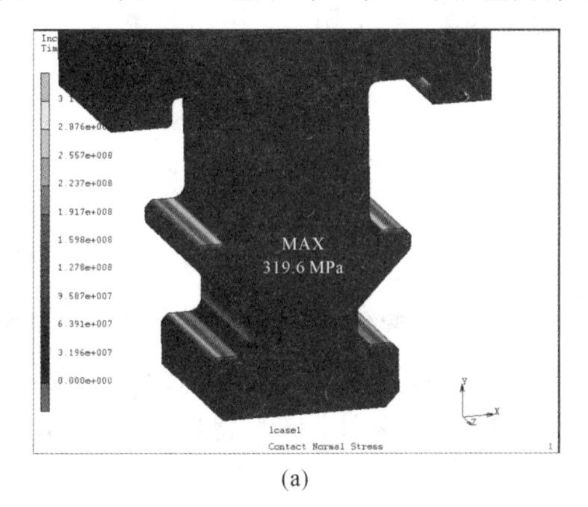

(a)

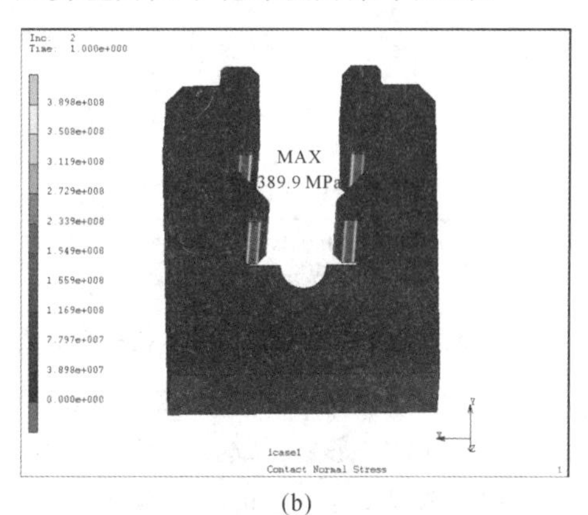

(b)

图 6-20　叶根和轮缘的表面接触正应力分布

(a)叶根部分;(b)轮缘部分

图 6-20 显示了叶根、轮缘接触处的应力状况。由图可知接触良好。

综合图 6-16 至图 6-20 可知，在额定转速状态下，叶根关键位置处应力水平较轮缘处的要大，危险性要高，但均在安全范围内。

5）简单弹塑性应力分析与结果

以上数值分析采用的是纯弹性材料模型，并未考虑材料的塑性特征。在叶片的实际使用过程中，局部应力集中、点接触等因素很可能会导致局部位置处的材料应力超过弹性极限而使材料进入一定程度的塑性状态。局部的塑性屈服将使材料发生硬化，同时导致更多的材料承受载荷，从而使应力集中现象有所缓解。因此，前述纯弹性分析产生的特别大的应力值实际上将不会出现。

为了分析塑性对计算的影响，特别是小范围局部塑性屈服对整体应力再分布的影响，本部分拟在计算中考虑材料的弹塑性特性。由于难以获得材料的真实应力应变关系，在计算中假设材料符合理想双折线弹塑性本构关系。

表 6-4 给出了双折线弹塑性应力应变关系的特征点数据，表中数据假设屈服强度对应的总应变为 0.2%，断裂强度对应的总应变为 20%，三点之间线性过渡。

表 6-4　双折线弹塑性应力应变关系特征点数据

构件	叶片（2Cr13）		轮缘（30Cr2Ni4MoV）	
应力/MPa	σ_s	σ_b	σ_s	σ_b
	440	635	760	860
应变 ε	0.002	0.2	0.002	0.2

图 6-21 和图 6-22 给出了假设的叶片和轮缘理想双折线弹塑性本构关系曲线。

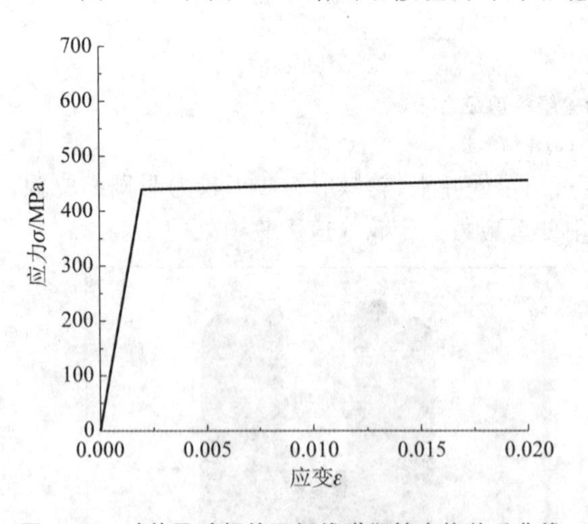

图 6-21　叶片及叶根的双折线弹塑性本构关系曲线

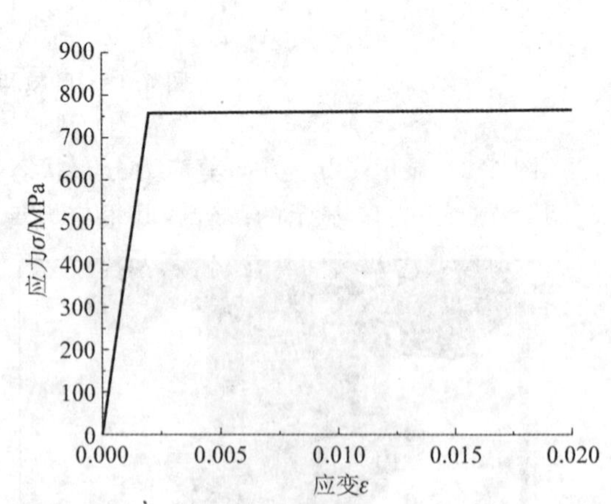

图 6-22　轮缘的双折线弹塑性本构关系曲线

观察图 6-23(a)中采用弹塑性与图 6-13 中采用纯弹性模型计算的结果云图发现，两图分布及最大、最小值完全一致。由图 6-23(a)(b)(c)中应力云图分布变化情况来看，其大应力区域有增大趋势，与实际情况比较吻合。

由图 6-24 可以看出，在考虑塑性变形的情况下，材料所受应力在出现塑性变形后有所降低，转速为 3360 r/min 时，最大应力由原来的 518.6 MPa 降到 478.9 MPa；当转速为

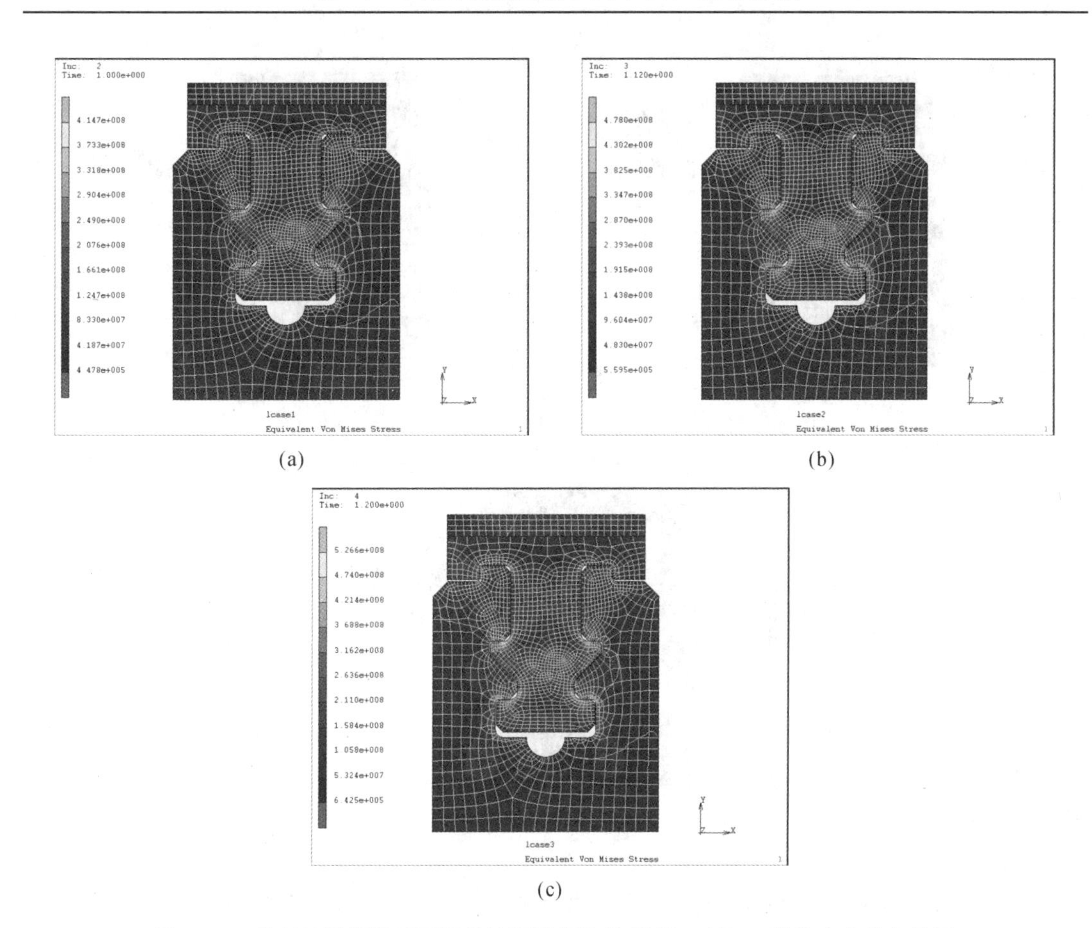

(a)　　(b)

(c)

图 6-23　考虑材料塑性时不同转速下叶根和轮缘 Von Mises 等效应力分布云图

(a)转速 3000 r/min;(b)转速 3360 r/min;(c)转速 3600 r/min

3600 r/min时,最大应力由原来的 595.3 MPa 降低到 526.6 MPa。从图 6-24(b)可以看出,在圆角处有微小区域产生了塑性变形。图 6-24(c)显示塑性区域进一步增大,但是总的来讲出现塑性变形的区域并不大。

6）计算结果的可信度分析与强度核算

应用简单的材料力学原理,求出某个特征截面的平均应力,将其与有限元计算结果进行对比,从而验证前述有限元结果的可信度。从原理上讲,在远离边界的区域,如果有限元计算的应力大小和根据材料力学原理计算的平均应力相差不大,则可认为有限元计算的结果是有效和可信的。

如图 6-25 所示,取图中叶片上某个截面,此截面之外的离心力全部作用到所示截面上,在转速为 3000 r/min 时,此截面之外离心力大小为 64856.9 N,如图 6-25 中参数所示,截面平均拉应力为 111.59 MPa。图 6-26 给出了此截面上的拉应力分布云图。由图可知,在远离边界的叶片中心区域,应力大小在 101～108 MPa 之间,与材料力学估算值差别很小,由此判断结果是可信的。

叶片和轮缘的强度核算结果如表 6-5 所示。

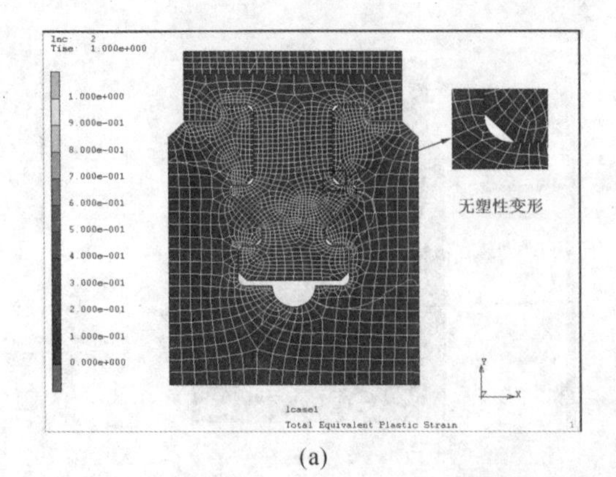

(a)

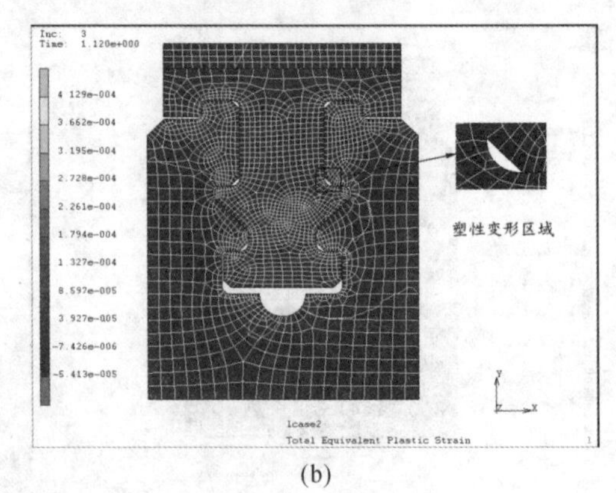

(b)

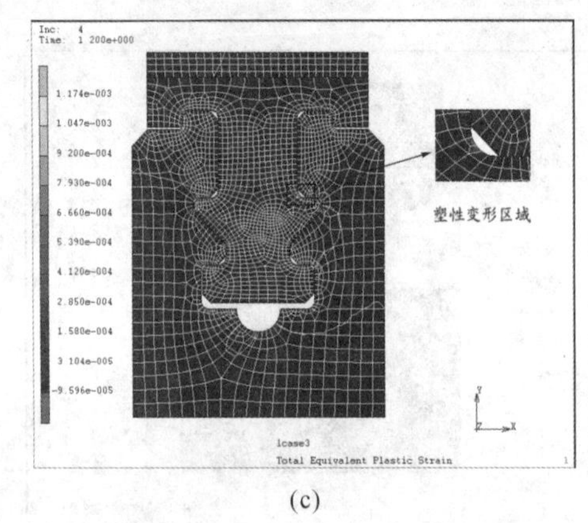

(c)

图 6-24　考虑材料塑性时不同转速下叶根和轮缘等效塑性应变云图

(a)转速 3000 r/min;(b)转速 3360 r/min;(c)转速 3600 r/min

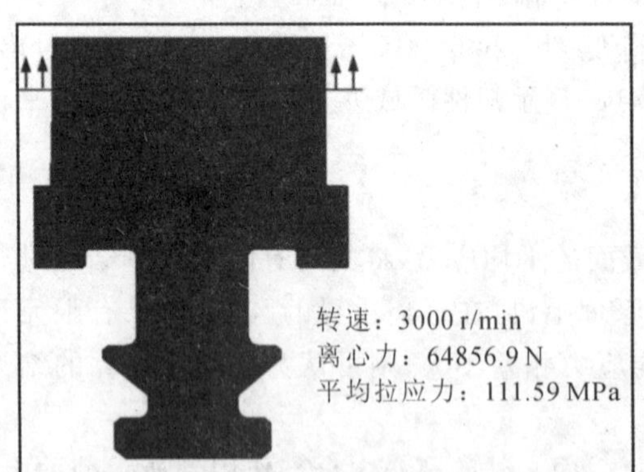

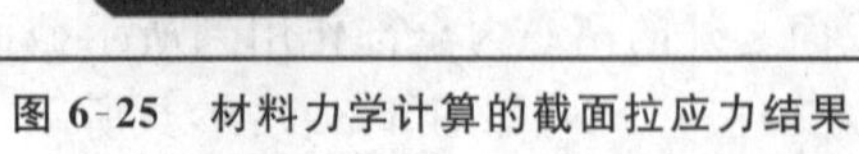

图 6-25　材料力学计算的截面拉应力结果

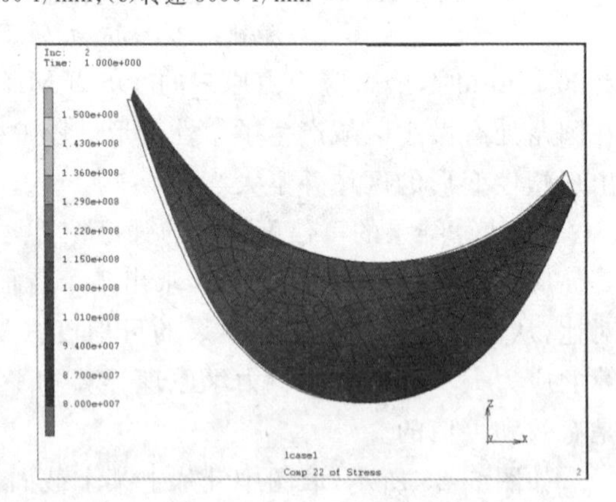

图 6-26　有限元计算的截面拉应力分布云图

表 6-5　叶片和轮缘的强度核算结果

构件	叶片(2Cr13)		轮缘(30Cr2Ni4MoV)	
应力指标/MPa	σ_s	σ_b	σ_s	σ_b
	440	635	760	860
3000 r/min 应力	414.7		366.5	
安全系数	1.06	1.53	2.07	2.35

续表

构件	叶片(2Cr13)		轮缘(30Cr2Ni4MoV)	
3360 r/min 应力	518.6		458.9	
安全系数	0.85	1.22	1.66	1.87
3600 r/min 应力	595.3		527.0	
安全系数	0.74	1.07	1.44	1.63

由表 6-5 汇总的计算结果可以看出，在三个转速下应力的最大值均相对较大，尤其在转速为 3600 r/min 时，最大应力已经超过材料的屈服强度(但均低于抗拉强度指标)。但是由图 6-26 可以看出，尽管在叶根和轮缘表面接触位置处应力较大，但结构应力整体水平并不高，在图 6-26 中，只在边缘非常小的区域(1～2 mm)内此切片截面的最大应力超过 400 MPa，结构的应力大致在 100 MPa 左右。以上说明了只在应力较大的很小的区域内出现了塑性变形，应力总体水平并不高。所以，对于标准动叶片，总体而言目前的设计方案可以保证安全性。

6.3.3　某 200 mm 级动叶片模态的有限元分析

对于汽轮机叶片，其安装后的模态频率受较多因素的影响，这里将叶片部分单列出来(不考虑轮缘和装配的因素)，尽可能按照实际装配情况约束叶片与轮缘接触部分，然后进行模态分析，如图 6-27 所示。

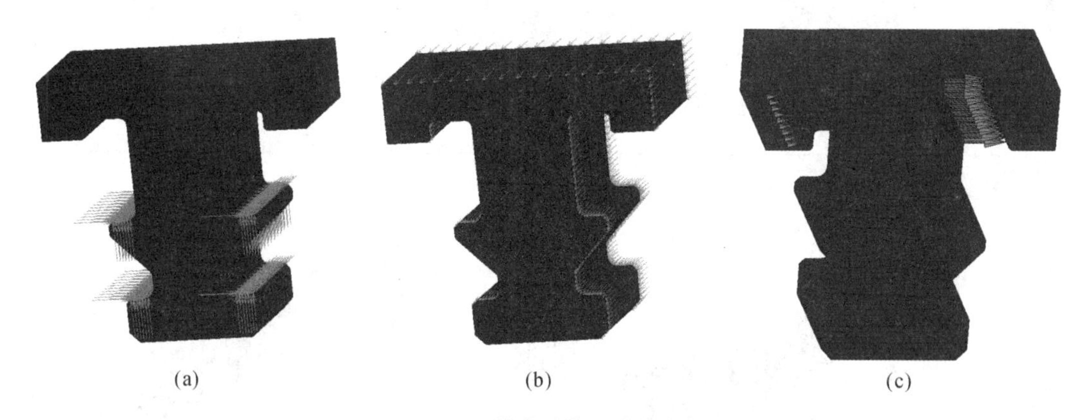

图 6-27　模态计算约束示意图

(a)倒 T 形接触面三向约束；(b)周向约束；(c)包角约束

1）静频率与振动模态

图 6-28 给出了标准动叶片的振型图。在模态分析计算中，叶根与轮缘接触表面三向约束，叶根周向面约束周向位移。计算中未加载离心力载荷。

2）动频率与振动模态

图 6-29 给出了标准动叶片的振型图。在模态分析计算中，叶根与轮缘接触表面三向约束，叶根周向面约束周向位移。计算中加载离心力(3000 r/min)。

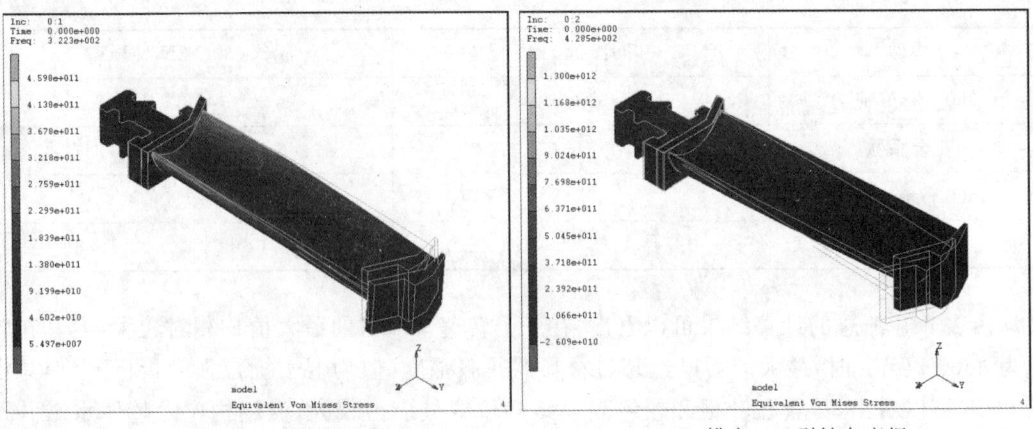

(a) 模态1(A0型切向弯振)　　(b) 模态2(A0型轴向弯振)

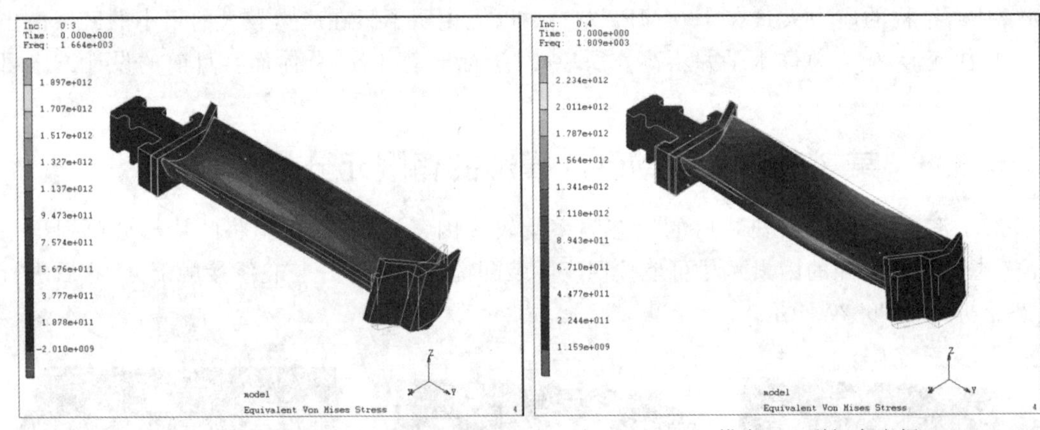

(c) 模态3(A0型扭振)　　(d) 模态4(A1型切向弯振)

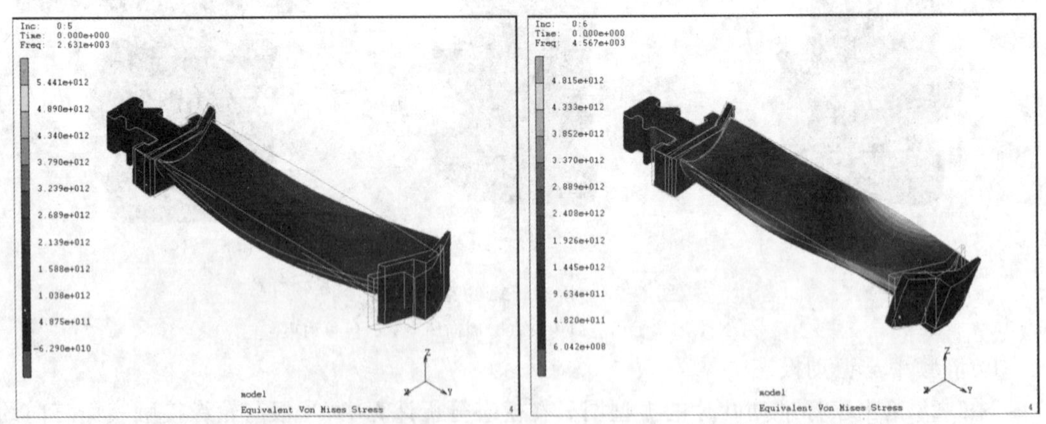

(e) 模态5(A1型轴向弯振)　　(f) 模态6(A1型扭振)

图 6-28　标准动叶片频率由低到高的前十个模态振型(未加载离心力)

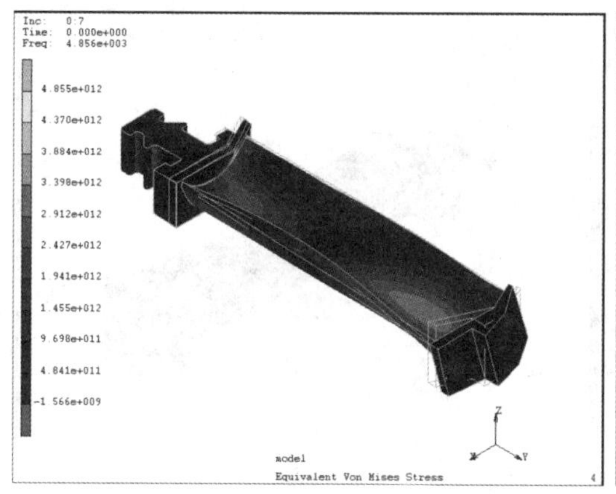

(g) 模态7(A2型切向弯振)

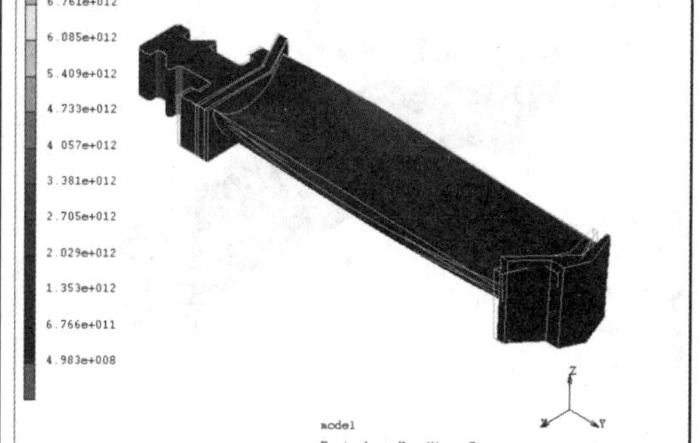

(h) 模态8(A2型轴向弯振)

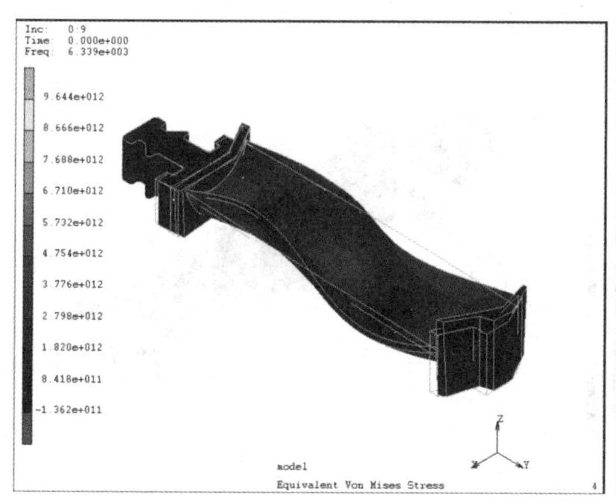

(i) 模态9(A2型扭振)

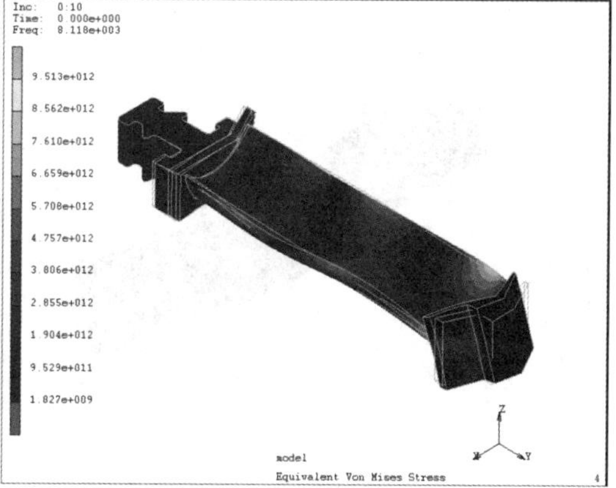

(j) 模态10(A3型切向弯振)

续图 6-28

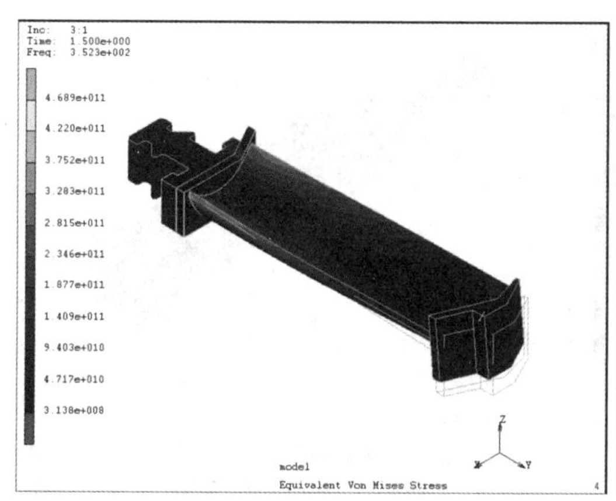

(a) 模态1(A0型切向弯振)

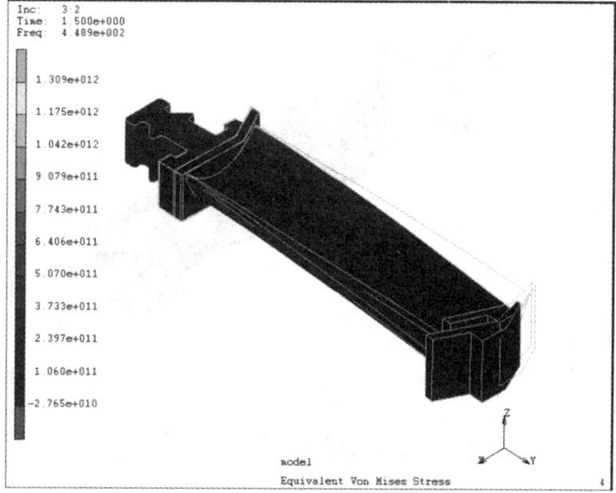

(b) 模态2(A0型轴向弯振)

图 6-29　标准动叶片频率由低到高的前十个模态振型(加载离心力)

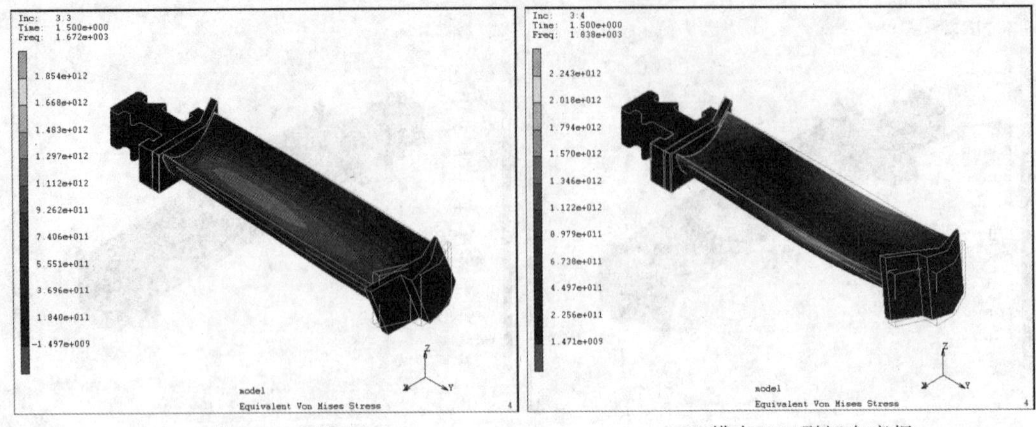

(c) 模态3(A0型扭振) (d) 模态4(A1型切向弯振)

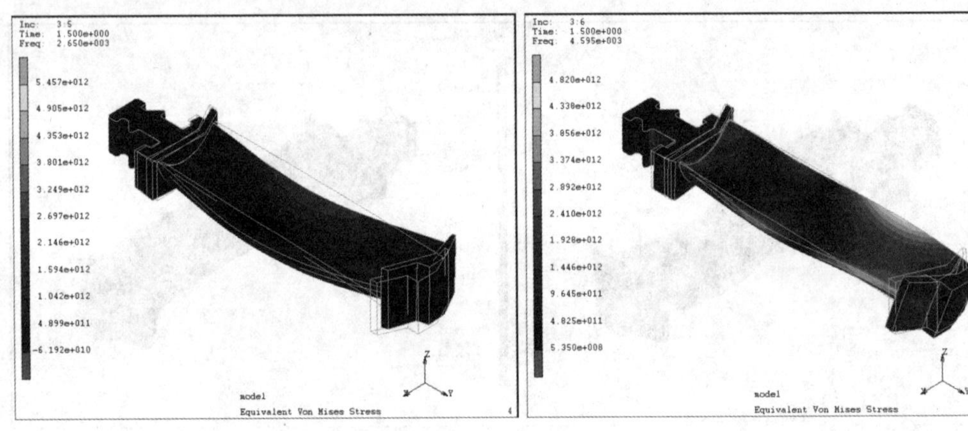

(e) 模态5(A1型轴向弯振) (f) 模态6(A1型扭振)

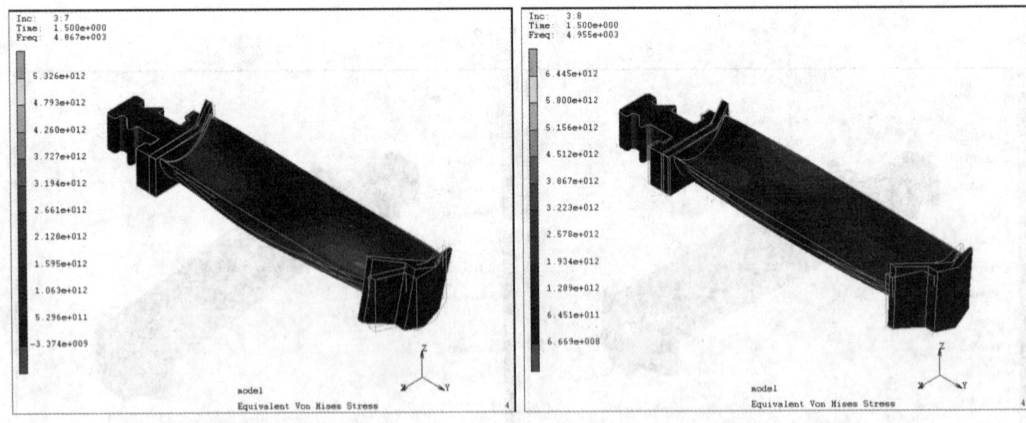

(g) 模态7(A2型切向弯振) (h) 模态8(A2型轴向弯振)

续图 6-29

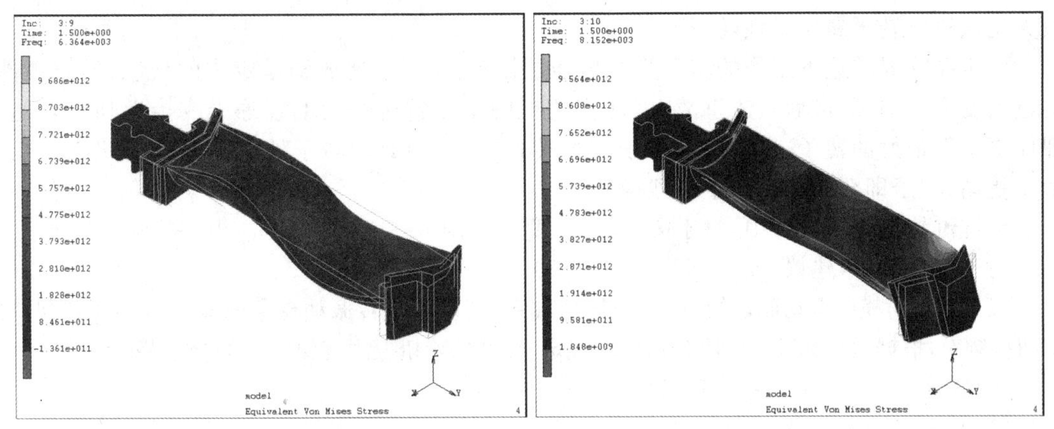

(i) 模态9(A2型扭振)　　　　(j) 模态10(A3型切向弯振)

续图 6-29

表 6-6 给出了叶片在不加载离心力和加载离心力时各模态下的振动频率，计算中的边界条件同上，在接触面上约束叶片三向位移，叶根周向面约束周向位移。

表 6-6　标准动叶片各模态下的振动频率

模态	静频/Hz	动频/Hz	频率差
1	322.35	352.35	9.31%
2	428.49	448.93	4.77%
3	1664.07	1671.72	0.46%
4	1808.88	1837.92	1.61%
5	2630.51	2650.21	0.75%
6	4566.84	4594.54	0.61%
7	4856.37	4866.69	0.21%
8	4944.86	4954.91	0.20%
9	6339.14	6364.14	0.39%
10	8117.72	8151.87	0.42%

以上的计算结果中，模态 1 为 A0 型切向弯振，模态 2 为 A0 型轴向弯振，模态 3 为 A0 型扭振。模态 4、5、6 为模态 1、2、3 对应的 A1 型振动形态。表 6-6 表明，由于离心力的加载，动频略高于静频。

6.4　汽轮机轴系临界转速的有限元分析

对于汽轮机转子，除了应保证有足够的强度之外，还必须注意运行过程中的动力特性。由于汽轮机转子的振动现象对机组的安全运行有较大的影响，转子在接近临界转速时，往往容易产生比较强烈的振动。因此，对转子临界转速的分析与核算是非常重要的。

本节结合某大型汽轮机轴系对有限元轴系模态分析进行介绍。

6.4.1　轴系临界转速的基本概念

工作转速 $n>n_1$（一阶临界转速）的转子称作柔性转子；$n<n_1$ 的转子称作刚性转子。一

般大型汽轮机转子属于柔性转子。

由于在临界转速下工作的转子将产生强烈振动，有可能造成轴承定位的松动、转子零件的过大变形或损坏，最后造成事故，因此汽轮机的工作转速一般不宜等于或接近临界转速。即使平衡得很好的转子，也不宜工作于临界转速下，因为此时转子处于动不稳定状态，稍有微小扰动，转子即会失稳而产生强烈振动。

传统汽轮机工厂设计中，对于柔性转子，要求：$1.4n_1<n<0.7n_2$（n_2 为二阶临界转速）。

对于刚性转子，建议：$n_1=(1.25\sim1.8)n$。

以上是针对横向振动而言的，对于较长的轴系，其发生扭转振动现象的概率也不能忽视，对于扭振频率，根据国家标准及西屋公司标准规定，轴系各阶扭振固有频率 f 的合格范围应为

工频（50 Hz）：$45\ \text{Hz}>f>55\ \text{Hz}$；

倍频（100 Hz）：$93\ \text{Hz}>f>108\ \text{Hz}$。

汽轮机的工作转速是根据工作要求预先规定的。因此，为了使转子的固有频率避开工作频率，就必须合理选择转子的固有频率。为消除转子强烈振动，第一步工作就是对转子的临界转速进行计算，然后进行判断，如果固有频率接近工作频率，应进行结构上的处理。

对应于各个临界转速值，有各不相同的振型。电站汽轮机一般只有第一、二阶的振幅较大，可能造成危害，因此，一般只分析与工作转速相近的第一、二阶临界转速。

可用下式近似地求解等截面轴的第一阶临界转速：

$$n_1=\frac{340}{\sqrt{y_0}}\quad(\text{r/min})$$

式中：y_0 是轴在自身重力作用下的最大静挠度。

现代电站用汽轮机向高参数、大功率机组发展，一般这种机组中，多个转子通过联轴器组成一个多跨轴系。实际运行中，汽轮机-电机转子的临界转速是指轴系的各阶临界转速。轴系的临界转速与各单独转子的临界转速既有关系，又有差别。各单独转子连成轴系之后，发生明显振动所对应的临界转速值比单独转子情况下本跨转子的临界转速值有所提高，而各不同单跨转子的临界转速值则分别接近于轴系各阶临界转速。

1）支撑刚度的影响

现代大功率汽轮机的运行经验表明，按绝对刚性支座条件确定的临界转速，往往与实际的临界转速有较大的差别，以致转子有时可能由于出厂计算时支座条件的不准确而在共振转速范围内运转，使转子和支座产生较大的振动。因此，在设计时，除按刚性支座条件初步估算转子的临界转速之外，还必须按弹性支座条件确定转子的临界转速。

一般而言，弹性支座降低了转子的临界转速，其下降的程度取决于轴的刚度和支座刚度之比值$\frac{K_r}{2K_0}$。当轴的刚度比支座刚度大（$K_r>K_0$）时，支座弹性对转子临界转速的影响尤其明显；当轴比较柔软，而且 $K_r<K_0$ 时，支座弹性对转子临界转速的影响就比较小。

在汽轮机的滑动轴承中，支座刚度主要由油膜刚度和轴承刚度等因素决定。在重型汽轮机中，油膜刚度一般为 1×10^6 kg/cm 量级，而在轻载高速转子支座上，轴承油膜刚度则约为 1×10^5 kg/cm 量级。

实际中，汽轮机转子首先由轴承中的油膜支承，再通过油膜作用于支座上。因此，总支座刚度应包括油膜刚度在内。

轴承刚度对轴系模态有很大影响。轴系各阶频率随着轴承刚度的增大而增大，但是当轴承刚度取较大值（$K>10^9$ N/m）后，轴承刚度对轴系模态的影响很小。

2）阻尼的影响

转子振动时，通常存在着各种阻碍运动的阻力，这些阻力称为阻尼，它对转子振动起着衰减和抑制的作用。阻力的方向总是与运动的方向相反。当物体运动速度不太大时，阻力的大小可以认为与运动的速度成正比，这种阻尼一般称为黏性阻尼。

对于不随转速变化的干扰力所引起的阻尼振动，其共振转速略低于转子固有频率所对应的临界转速。当干扰力与转速成正比增大时，其共振转速将高于转子固有频率所对应的临界转速。

对转子轴系的模态分析可分为试验模态分析和数值模态分析。如果通过试验手段将采集的系统输入与输出信号经过参数识别获得模态参数，则该模态分析过程称为试验模态分析。如果通过计算的手段（包括有限元技术）取得模态参数，则称为数值模态分析。

常见的数值模态分析方法有模态叠加法、传递矩阵法、有限元分析法等。模态叠加法需求解矩阵特征值，当系统自由度增加时，矩阵维数也随之增大，求解固有频率、主振型、模态刚度矩阵和模态质量矩阵过程就变得异常困难。传递矩阵法需要将轴系模化为若干集中质量段，这样可以避免求解高维矩阵。

有限元分析法是一种基于变分法（或变分里兹法）而发展起来的求解微分方程的数值计算方法，该方法的基本思想是将连续体看作在节点彼此相连的若干单元的组合体，将无限自由度的连续体转化为有限多自由度系统。有限元法具有很好的边界适应性，还能够通过选择单元插值函数的阶次和单元数目来控制计算精度。

6.4.2　轴系几何特征

分析轴系模态的第一步是建立数值模型。由于轴系是轴对称的，因此依据轴系的二维剖面图可以得到轴系的三维图，包括高中压转子、低压转子、联轴器和发电机转子及其他附件等。

该汽轮机轴系总长 20.975 m。其中汽轮机高中压转子长 5.375 m，质量为 12855.861 kg，由 16 级组成。低压转子长 5.66 m，质量为 24298.01 kg，由 12 级组成。发电机长 9.94 m，质量为 40624.04 kg。高中压缸和低压缸之间用刚性联轴器连接，低压缸与发电机之间用挠性联轴器连接。

建模过程中所依据的资料，参见图 6-30 至图 6-33、表 6-7 至表 6-9。

6.4.3　汽轮机轴系模化

对复杂的零部件进行有限元分析时没有必要按照实际尺寸一比一建模，可以根据分析目的进行一定程度的简化甚至更改外形，这一过程叫作结构的模化。模化的原则是不影响有限元分析的结果，有利于计算效率的提高。

1）汽轮机叶片及发电机风扇、线圈等的模化

由于汽轮机叶片及发电机风扇等只提供了质量和转动惯量，没有提供相应的刚度数据，因此在建立模型时可以用弹性模量很小的质量单元来替代它们。这些质量单元的选取原则是使轴系在简化前后质量和转动惯量都保持不变。下面以汽轮机叶片的简化原则为例来进行说明。

如果已经知道叶片的质量 m 及其转动惯量 M（除特殊说明外，叶片的质量和转动惯量都分别指同一圈的叶片质量和转动惯量之和，而且转动惯量都是指相对于轴心的转动惯量），以及叶片根部半径 r 和叶片根部宽度 d，就可以将其简化为圆柱环状模型。该圆柱环状模型的宽度等于叶根宽度，位置和叶片根部的位置吻合，质量和转动惯量的分布应尽量接近实际叶片。改变圆柱环的厚度 H 和密度 ρ 就能使得圆柱环状模型的质量和转动惯量分别等于 m 和 M。

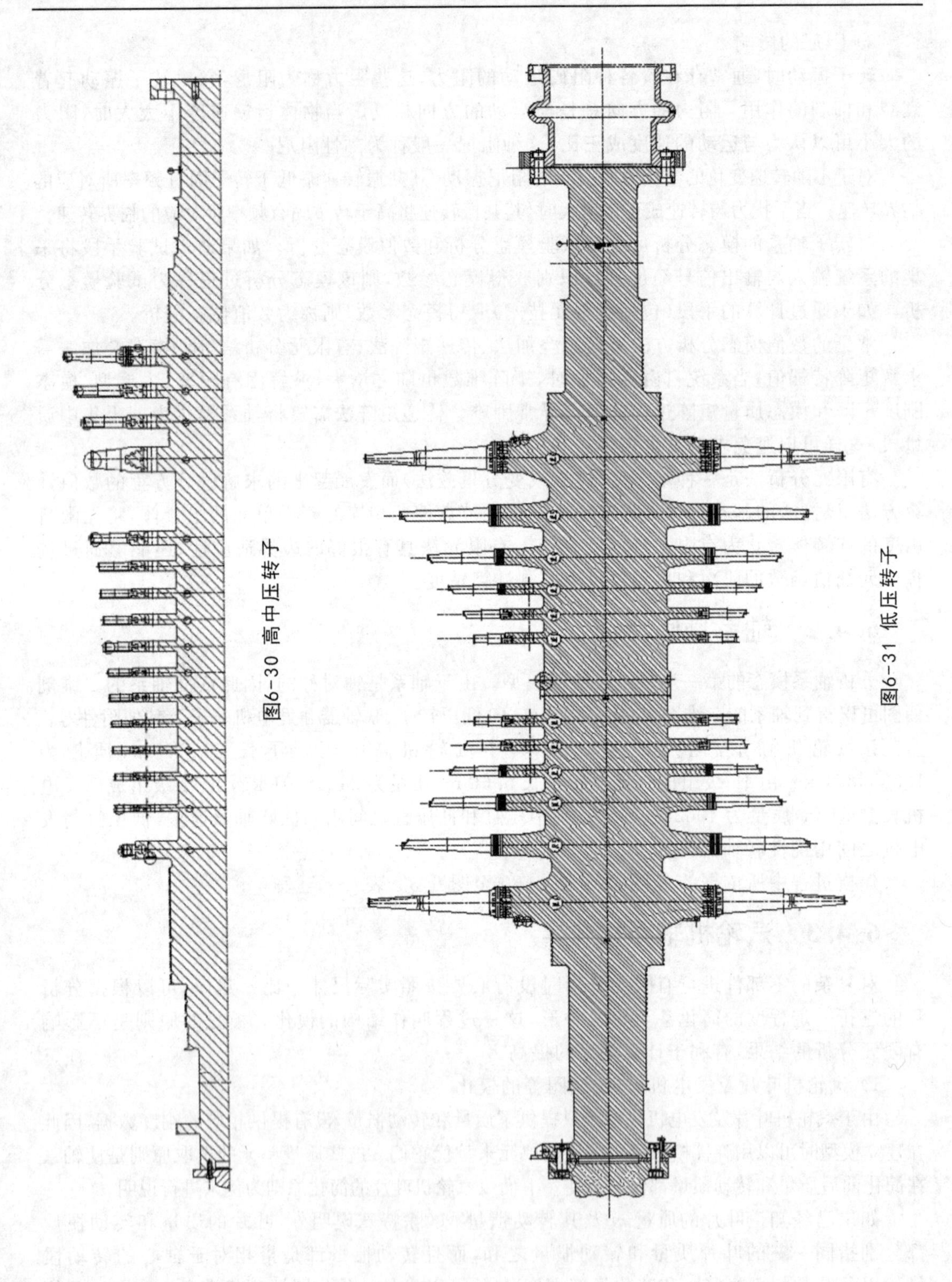

图6-30 高中压转子

图6-31 低压转子

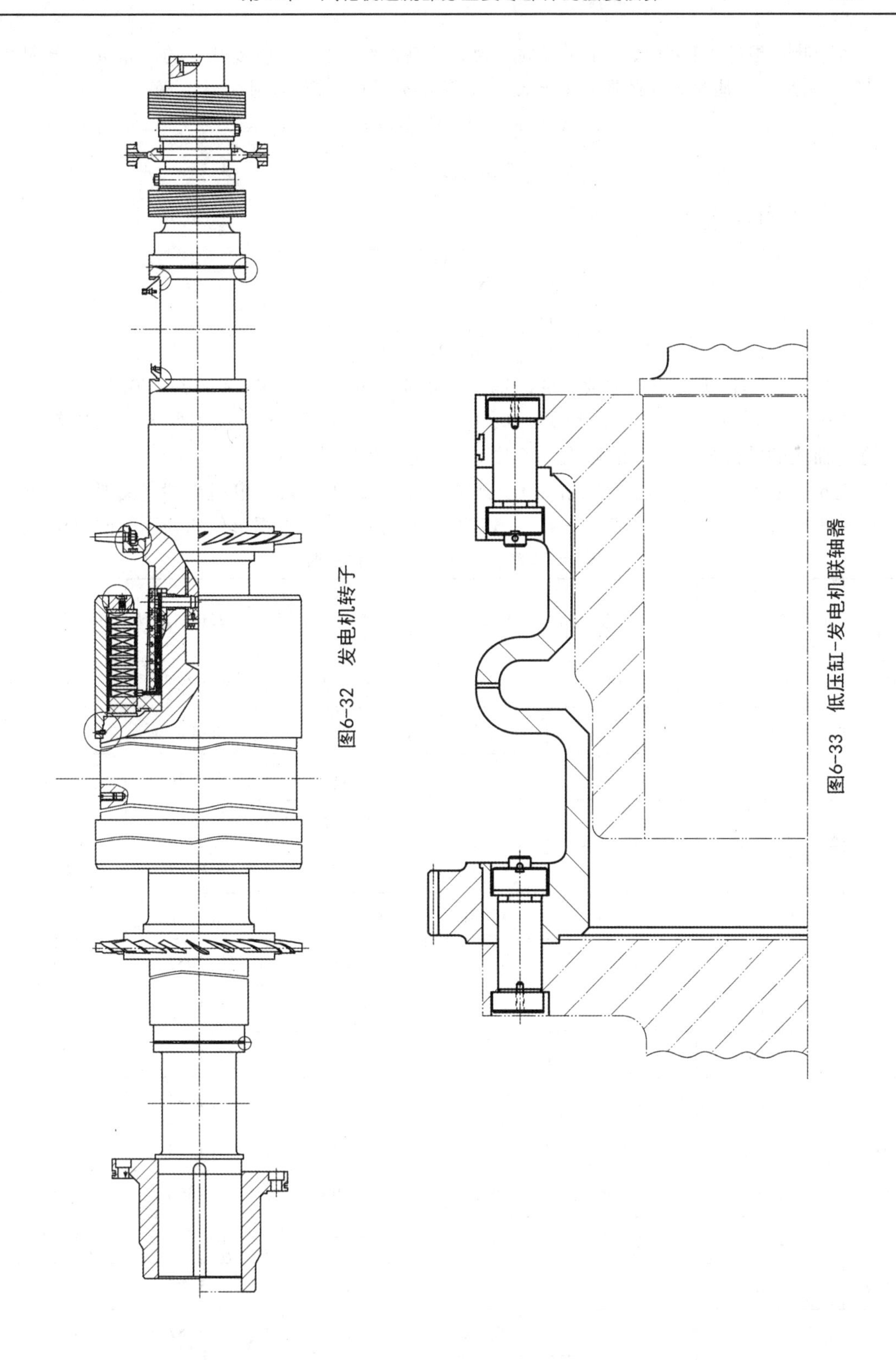

图6-32　发电机转子

图6-33　低压缸-发电机联轴器

对于叶片根部半径为 r、叶片根部宽度为 d 所在的级，已知了该级叶片的质量 m 和转动惯量 M，要满足等效质量单元的质量和转动惯量都和实际叶片相等，则有

$$\begin{cases} m = \pi d\rho(H^2 + 2rH) \\ M = \dfrac{\pi}{2} d\rho[(H + r)^4 - r^4] \end{cases}$$

由该式可以解得

$$\begin{cases} H = \sqrt{\dfrac{2M}{m} - r^2} - r \\ \rho = \dfrac{m^2}{2\pi d(M - mr^2)} \end{cases}$$

例如，对汽轮机高中压缸第一级，有 $r = 0.463$ m，$d = 0.09$ m，$m = 20.26$ kg，$M = 5.073$ kg·m²，依据上式可以得到 $H = 0.0723$ m，$\rho = 993$ kg/m³。按照此方法就能够求得各简化轴段的等效质量单元的厚度和密度，进而建立相应的模型。

表 6-7 至表 6-9 分别是汽轮机高中压缸轴段、低压缸轴段及发电机轴段等效质量单元厚度和密度的选取表格，为显示清楚表格中各数据并未标注单位，数据单位均为国际制单位。

表 6-7　汽轮机高中压缸轴段数据

叶片编号	叶片根部半径 r	叶片根部宽度 d	叶片质量 m	叶片转动惯量 M	等效环厚度 H	等效环密度 ρ
1	0.463	0.09	20.26	5.073	0.0723	993
2	0.481	0.036	22.17	5.925	0.0695	2736
3	0.481	0.036	23.78	6.417	0.0743	2732
4	0.481	0.036	26.28	7.217	0.0829	2683
5	0.481	0.036	27.54	7.624	0.0867	2679
6	0.481	0.036	30.71	8.667	0.0962	2668
7	0.481	0.036	33.24	9.528	0.1037	2658
8	0.481	0.036	45.64	13.07	0.1032	3672
9	0.481	0.036	48.57	14.13	0.1108	3613
10	0.481	0.036	53.37	15.48	0.1094	4026
11	0.481	0.036	55.82	16.89	0.1302	3470
12	0.481	0.036	79.82	25.95	0.1663	3763
13	0.492	0.12	109.3	37.13	0.1691	1487
14	0.49	0.066	87.61	30.68	0.1885	1918
15	0.504	0.068	95.92	37.23	0.2187	1674
16	0.518	0.091	112.9	48.35	0.2490	1234

表6-8　汽轮机低压缸轴段数据

叶片编号	叶片根部半径 r	叶片根部宽度 d	叶片质量 m	叶片转动惯量 M	等效环厚度 H	等效环密度 ρ
1	0.665	0.175	115.3	820.1	0.4355	2347
2	0.655	0.119	133.4	555.2	0.4522	2252
3	0.626	0.091	177.6	232.8	0.3258	2441
4	0.6095	0.062	358.7	101.8	0.2711	2256
5	0.5955	0.06	670.9	65.52	0.1967	2593
6	0.59	0.06	992.1	50.85	0.1406	3297
7	0.59	0.06	992.1	50.85	0.1406	3297
8	0.5955	0.06	670.9	65.52	0.1967	2593
9	0.6095	0.062	358.7	101.8	0.2711	2256
10	0.626	0.091	177.6	232.8	0.3258	2441
11	0.655	0.119	133.4	555.2	0.4522	2252
12	0.665	0.175	115.3	820.1	0.4355	2347

表6-9　发电机轴段数据

附加物编号	附加物底部半径 r	附加物底部宽度 d	附加物质量 m	附加物转动惯量 M	等效环厚度 H	等效环密度 ρ
1	0.315	0.12	115.3	40.18	0.3054	1541
2	0.305	0.60	133.4	2950	0.3642	16314
3	0.305	0.60	177.6	2950	0.3642	16314
4	0.315	0.12	358.7	40.18	0.3054	1541
5	0.145	0.06	670.9	4.701	0.1572	6318
6	—	—	—	—	—	7800

说明：表6-9最后一行编号为6的附加物，认为其为实心材料，提供质量和转动惯量，但是只提供很小的刚度，所以采用同密度小杨氏模量模型来替代。表6-7至表6-9所采用的附加质量的杨氏模量都取$E=2.1\times10^{10}$ Pa，泊松比都取$\sigma=0.3$。

2）倒角、小阶梯轴的模化

各处倒角、小阶梯轴虽然对整个轴系的模态及静挠度影响很小，但会使得网格划分质量下降并使单元数目增加，所以本次建模忽略这些倒角和小阶梯轴。

3）轴承的模化

本次建模采用同刚度同阻尼的弹簧来替代轴承。弹簧一端固定，另一端连接转子，进行模态分析时连接轴心，计算转子静挠度时连接轴承的外表面。

4）联轴器的模化

由于高中压缸和低压缸连接处的联轴器是刚性联轴器，联轴器的刚度很大，因此在分析轴系时采用一体化建模的方式。而低压缸与发电机的联轴器是挠性联轴器，所以本次建模采用实体建模，为考虑该联轴器对轴系带来的影响，按照联轴器的实际结构尺寸建立三维模型。

6.4.4　汽轮机轴系有限元结构模型

由于汽轮机轴系是轴对称结构，因此其模型的建立相对比较简单。按照图纸建立其轴截面的几何形状，经过上述原则简化后的汽轮机轴系力学模型如图 6-34 所示。

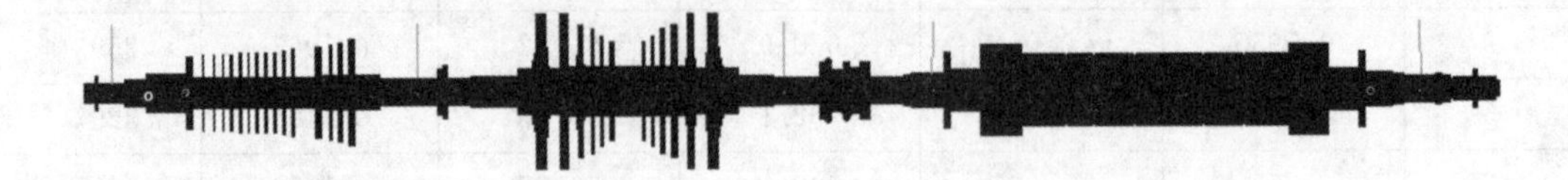

图 6-34　汽轮机轴系力学模型

利用有限元软件 Marc 的二维网格自动划分功能划分好汽轮机轴系轴截面的二维四边形网格，进行必要的网格优化和编号处理。再使二维四边形网格绕轴心旋转扩展生成三维六面体网格。本次汽轮机建模采用 24 次旋转扩展，每次旋转 15°，最终生成汽轮机的三维有限元模型，如图 6-35 所示。该模型具有 44937 个节点、39120 个六面体单元。

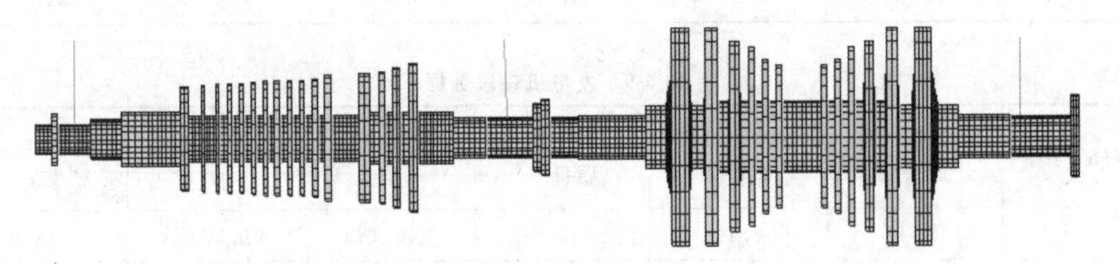

图 6-35　汽轮机轴系有限元模型

由于发电机转子模型具有非对称性，存在大小轴向槽及周向半月形槽，所以发电机建模方式有所不同。先通过三维 CAD 软件 Pro/Engineer 建立其三维实体模型，导入网格划分软件 HyperMesh 进行网格划分，再将划分好的网格导入有限元软件 Marc 进行必要的前处理，经过追加附加质量单元，添加弹簧，完成发电机转子有限元模型的建立。该模型具有 83866 个节点、66334 个六面体单元。发电机转子实体模型、网格划分结果、有限元模型分别如图 6-36、图 6-37、图 6-38 所示。

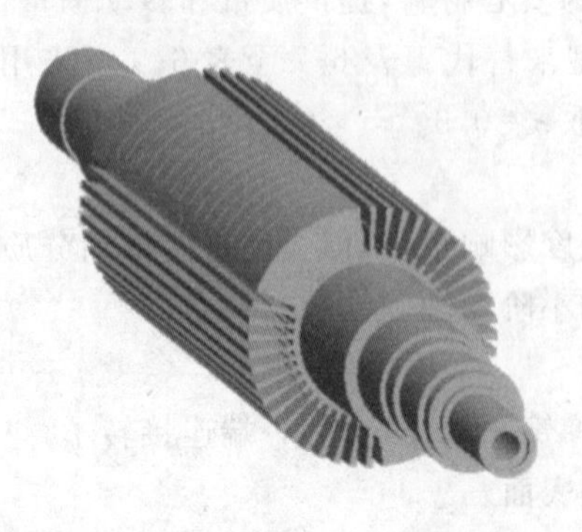

图 6-36　发电机转子实体模型

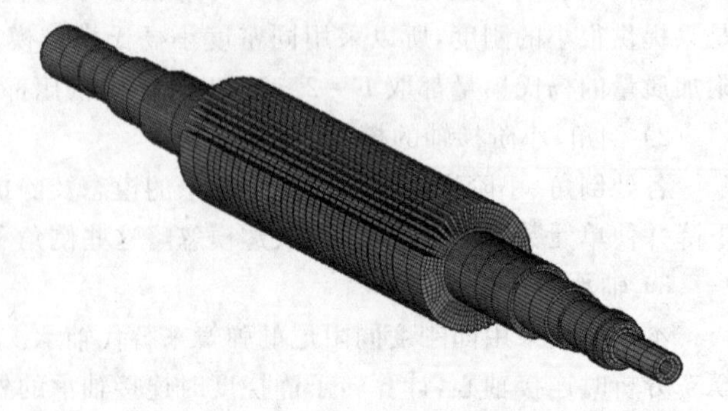

图 6-37　发电机转子网格划分结果

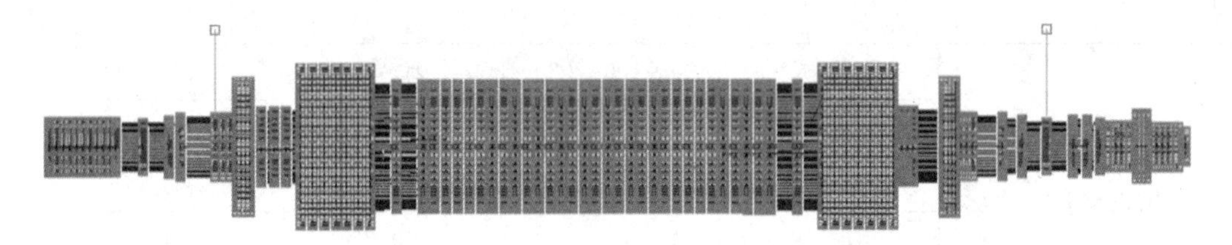

图 6-38　发电机转子有限元模型

挠性联轴器也是回转体，可通过旋转扩展的方式建立模型。先画好二维网格，使得该网格与低压缸转子、发电机转子的连接处的节点对应。再经过每次 15° 的 24 次旋转扩展，最终生成挠性联轴器的有限元模型，如图 6-39 所示。该模型具有 19704 个节点、16824 个六面体单元。

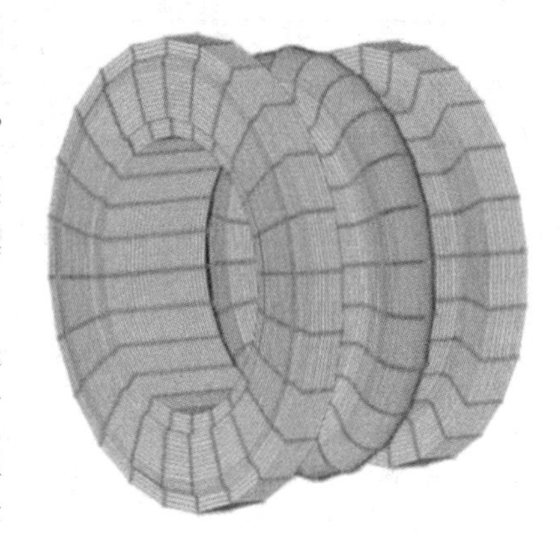

图 6-39　挠性联轴器有限元模型

将以上各个有限元模型合并到一起，再在连接处进行必要的粘接(GLUE)设置或者更改部分单元的节点设置，使得整个轴系连成一个整体，汽轮机轴系有限元模型如图 6-40 所示。得到的模型具有 132011 个节点、107686 个六面体单元。

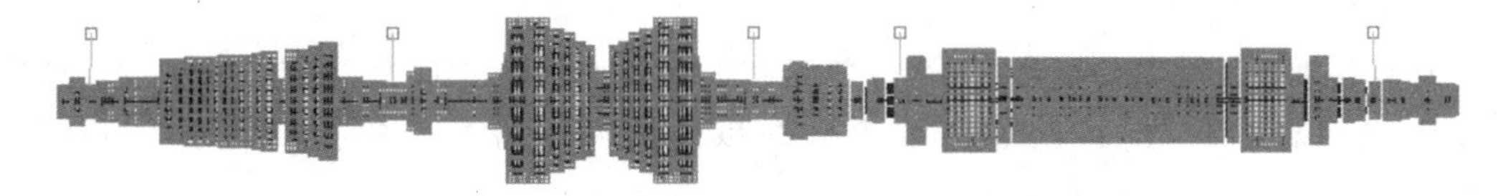

图 6-40　汽轮机轴系有限元模型

6.4.5　汽轮机轴系有限元材料模型和边界条件

1）材料属性

轴系本体高中压缸缸内材料的杨氏模量 $E=1.99\times10^{11}$ Pa，泊松比 $\sigma=0.299$，密度 $\rho=7.87\times10^{3}$ kg/m³。低压缸缸内材料的杨氏模量 $E=1.96\times10^{11}$ Pa，泊松比 $\sigma=0.3$，密度 $\rho=7.75\times10^{3}$ kg/m³。附加质量的密度按上节数据表中数据取值，杨氏模量统一取 2.1×10^{10} Pa，泊松比 $\sigma=0.3$。联轴器材料的杨氏模量为 2.11×10^{11} Pa，泊松比 $\sigma=0.33$，密度 $\rho=7.83\times10^{3}$ kg/m³。材料参数参见表 6-10。

表 6-10　转子轴系各部件材料参数

材料	项目						
高中压转子材料(30Cr1Mo1V+7/590)	温度/℃	20	100	200	300	400	500
	弹性模量/GPa	214	212	205	199	190	178
	泊松比	0.288	0.292	0.287	0.299	0.294	0.305
	密度=7870 kg/m³						
低压转子材料(30Cr2Ni4MoV+7/760)	温度/℃	20	100	200	300	400	500
	弹性模量/GPa	204	201	196	190	182	173
	泊松比	0.285	0.304	0.300	0.301	0.293	0.301
	密度=7750 kg/m³						

续表

联轴器材料 (34CrNi3Mo+7/730)	温度/℃	20～100	20～200	20～300	20～400
	弹性模量/GPa	211	207	196	176
	剪切模量/GPa	79.4			
	泊松比	0.33	0.30	0.23	0.11
	密度=7830 kg/m³				
发电机转子材料 (25Cr2Ni4MoV/v)	温度/℃			20	
	弹性模量/GPa			200	
	泊松比			—	

注:高中压转子材料参考《火力发电厂金属材料手册》,P535。
低压转子材料参考《火力发电厂金属材料手册》,P572。
联轴器材料参考《火力发电厂金属材料手册》,P617。
发电机转子材料参考《火力发电厂金属材料手册》,P629。
值得说明的是,在《火力发电厂金属材料手册》中很难找到发电机转子的详细材料参数,因此按照研究所提供的数据进行材料设定:发电机转子密度为 7850 kg/m³,弹性模量在 110 ℃时为 211 GPa。

2）边界条件

计算各轴段及轴系模态时,固定一端轴心的轴向位移;弹簧外端固定,内端和轴心上的节点连接。

计算各轴段及轴系静挠度时,给各单元施加垂直于轴心的重力,并将弹簧外端固定,内端连接在轴的外表面,固定除重力方向以外的两个方向。各弹簧的刚度统一取 2.94×10^9 N/m。

6.4.6 大型汽轮机轴系模态分析结果

以下模态分析都是在弹簧刚度为 2.94×10^9 N/m、无阻尼的条件下进行的。

1）高中压转子各阶模态

高中压转子各阶模态如图 6-41 和图 6-42 所示。

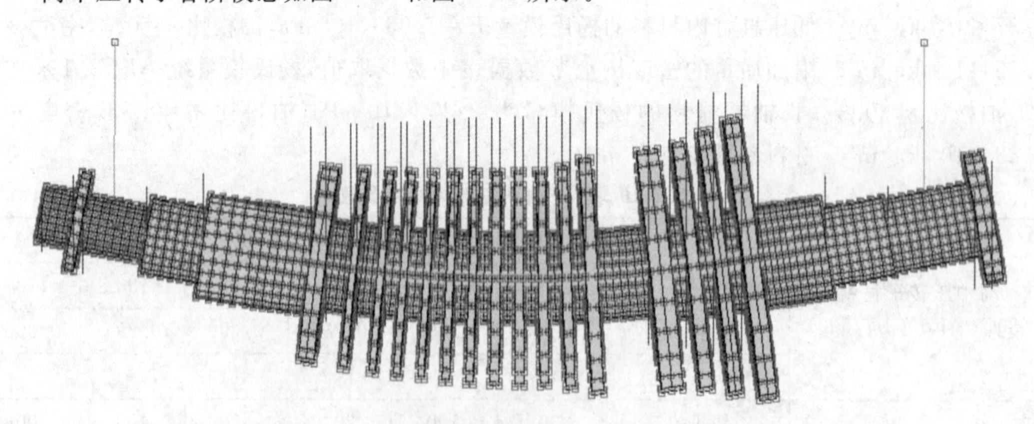

图 6-41 高中压转子一阶弯振(31.13 Hz,1868 r/min)

2）低压转子各阶模态

低压转子各阶模态如图 6-43 和图 6-44 所示。

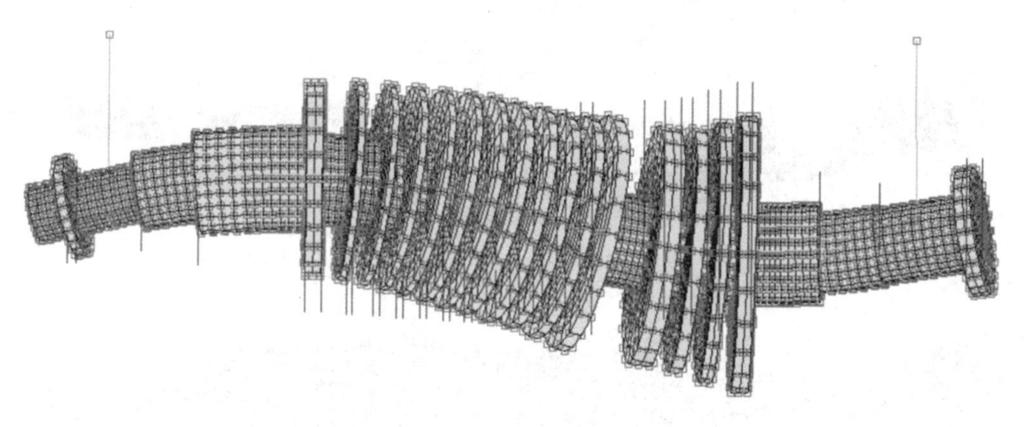

图6-42　高中压转子二阶弯振(116.3 Hz,6978 r/min)

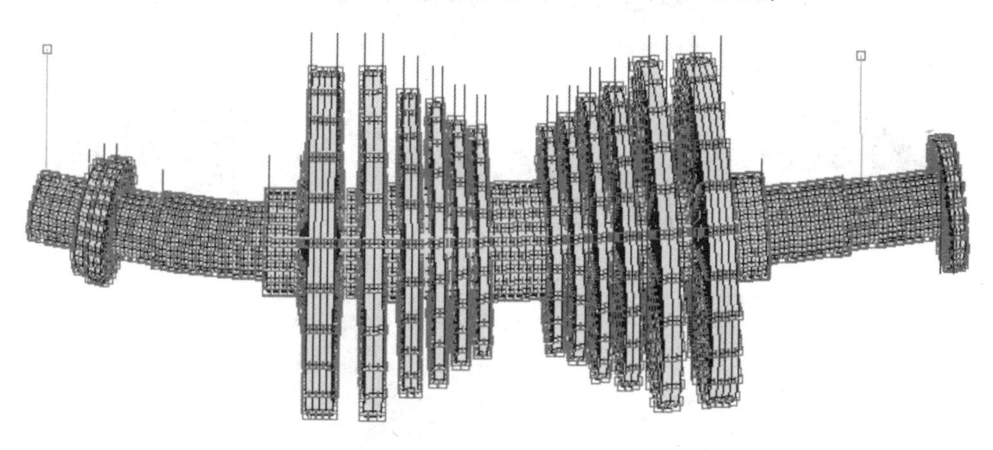

图6-43　低压转子一阶弯振(23.93 Hz,1436 r/min)

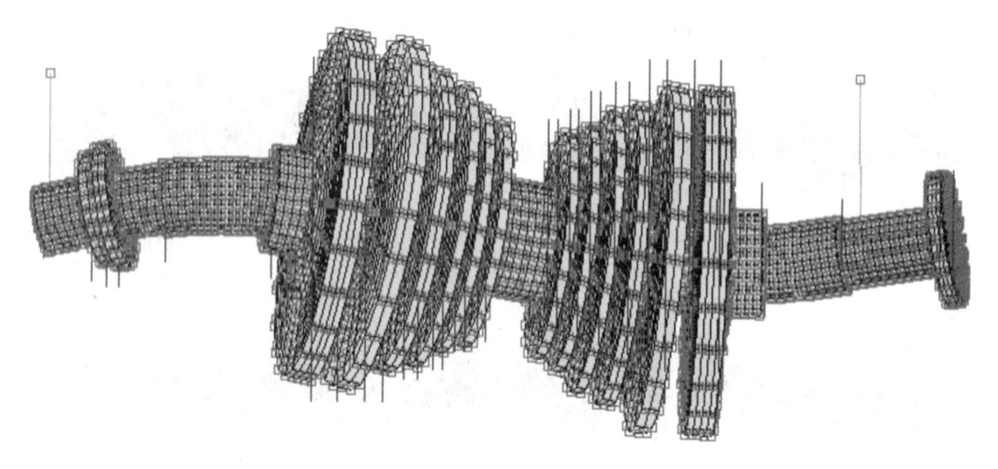

图6-44　低压转子二阶弯振(76.38 Hz,4583 r/min)

3）发电机转子各阶模态

发电机转子各阶模态如图6-45和图6-46所示。

4）轴系模态分析

轴系各模态如图6-47至图6-53所示。

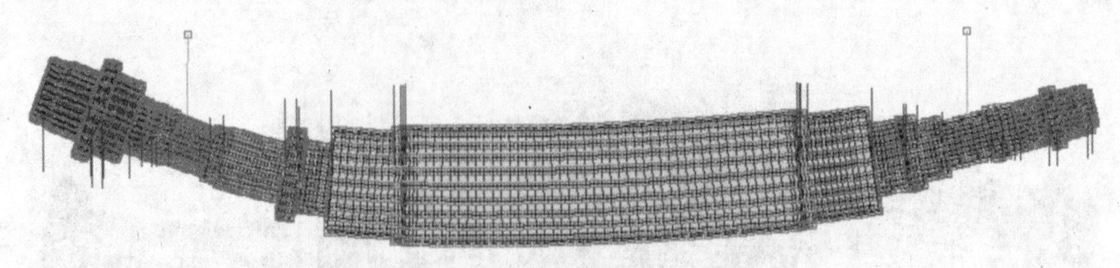

图 6-45 发电机转子一阶弯振(22.61 Hz,23.13 Hz)

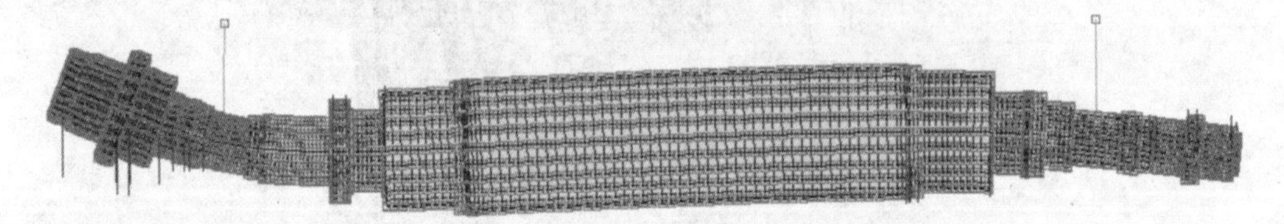

图 6-46 发电机转子二阶弯振(60.51 Hz,60.90 Hz (3630.6 r/min,3654 r/min))

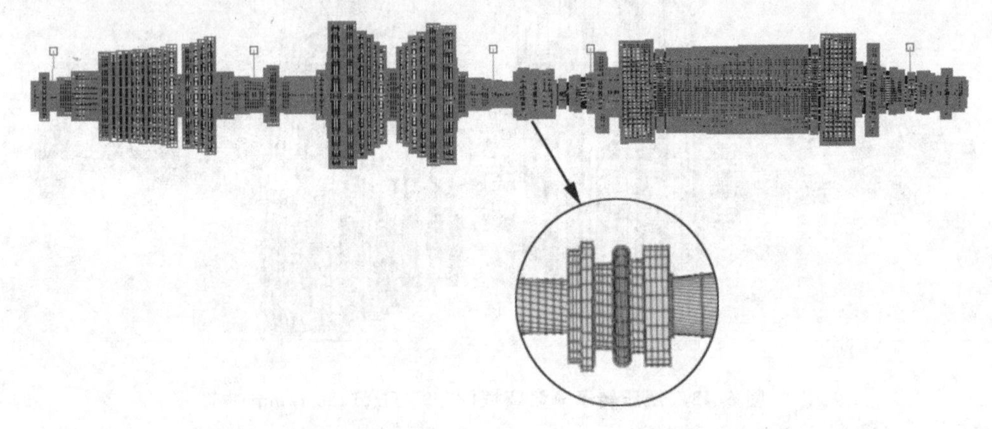

图 6-47 挠性联轴器处一阶扭振(23.86 Hz,1431.6 r/min)

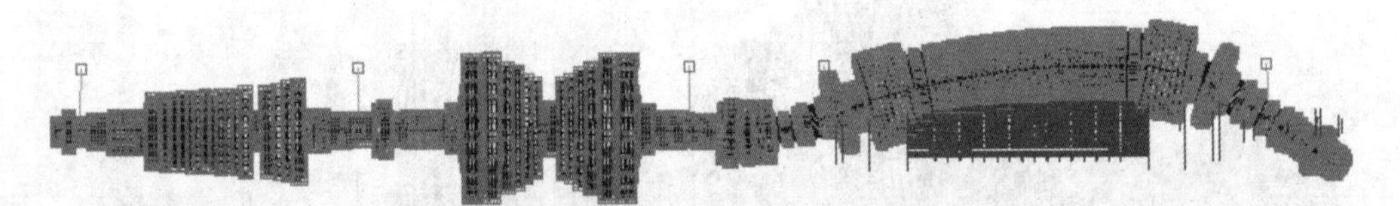

图 6-48 发电机段一阶弯振(23.58 Hz,1414.8 r/min 和 24.06 Hz,1443.6 r/min,变形放大 157 倍)

图 6-49 低压缸轴段一阶弯振(27.39 Hz,1643.6 r/min,变形放大 155 倍)

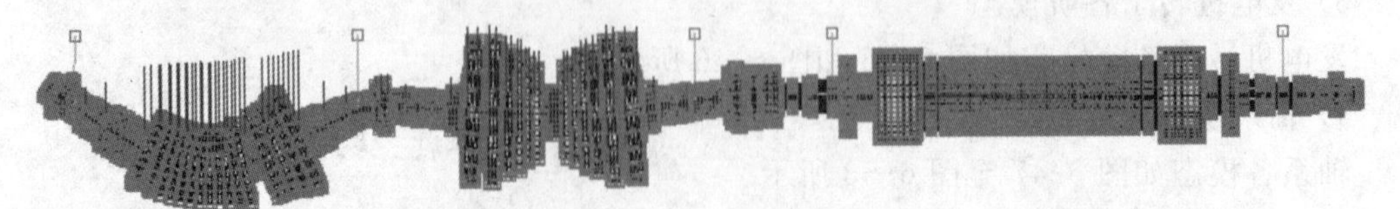

图 6-50 高中压缸轴段一阶弯振(36.36 Hz,2181.6 r/min,变形放大 97 倍)

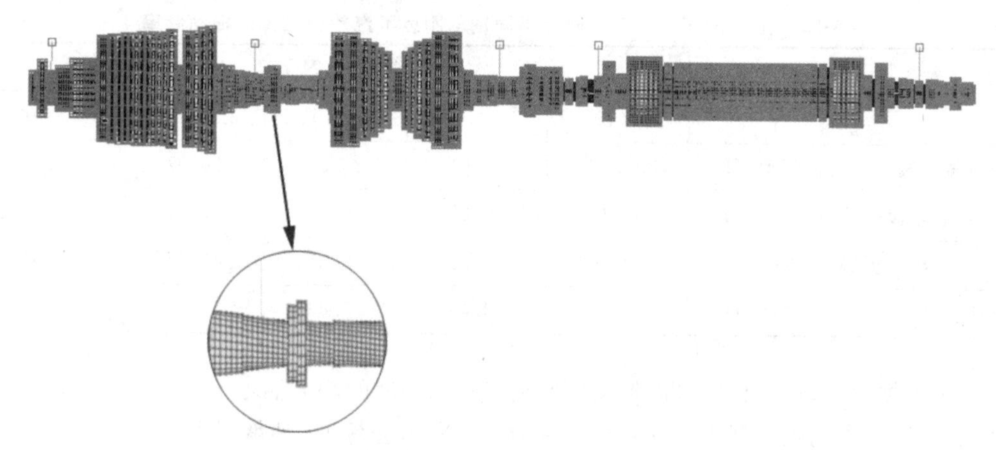

图 6-51　刚性联轴器处二阶扭振(50.29 Hz,3017.4 r/min)

图 6-52　发电机轴段二阶弯振(60.77 Hz,3646.2 r/min 和 61.14 Hz,3668.4 r/min,变形放大 151 倍)

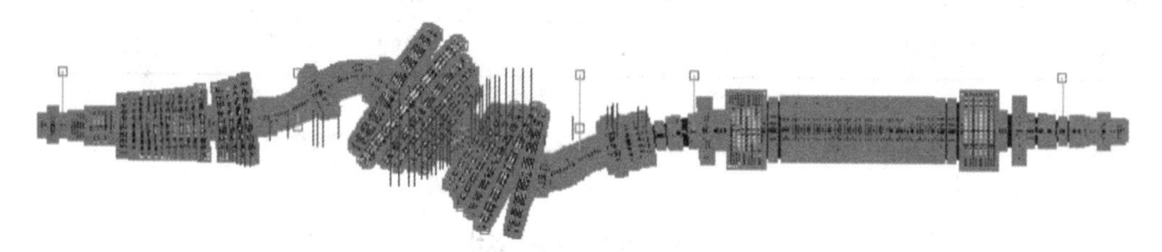

图 6-53　低压缸轴段二阶弯振(78.96 Hz,4737.6 r/min,变形放大 109 倍)

图 3-47 至图 3-53 所示为汽轮机轴系各阶模态。该模型采用直接硬连接方式建立,未考虑阻尼和温度的影响,各轴承刚度取 2.94×10^{9} N/m。从图中数据可以看出,轴系的二阶扭振频率(50.29 Hz)接近工作频率(50 Hz),必须采取相应的措施来改变此扭振频率,使其避开工作频率(小于 45 Hz 或大于 55 Hz,最好能避开 7 Hz)。

5) 轴承刚度与阻尼对轴段模态分析的影响

分别将各轴承刚度改为 2.94×10^{8} N/m、2.94×10^{9} N/m、2.94×10^{10} N/m、2.94×10^{11} N/m、2.94×10^{12} N/m,得到汽轮机轴系的模态对比,如表 6-11 和表 6-12 所示。

表 6-11　不同轴承刚度下汽轮机轴系的振动频率

模态	刚度/(N/m)				
	2.94×10^{8}	2.94×10^{9}	2.94×10^{10}	2.94×10^{11}	2.94×10^{12}
低压缸轴段一阶弯振频率/Hz	17.00	25.85	27.05	27.16	27.18
高中压缸轴段一阶弯振频率/Hz	25.63	36.80	40.14	40.54	40.58
轴系一阶扭振频率/Hz	49.35	49.35	49.35	49.35	49.35
低压缸轴段二阶弯振频率/Hz	40.43	75.42	86.58	87.75	87.87

表 6-12　在 2.94×10^{9} N/m 附近不同轴承刚度下汽轮机轴系的振动频率

模态	刚度/(N/m)				
	2×10^{9}	2.5×10^{9}	3×10^{9}	3.5×10^{9}	4×10^{9}
低压缸轴段一阶弯振频率/Hz	25.21	25.61	25.88	26.07	26.21
高中压缸轴段一阶弯振频率/Hz	35.47	36.27	36.86	37.31	37.67
一阶扭振频率/Hz	49.35	49.35	49.35	49.35	49.35
低压缸轴段二阶弯振频率/Hz	70.51	73.49	75.64	77.26	78.51

以上数据表明，汽轮机轴系的振动频率随着轴承刚度的增大而增大。但是，随着轴承刚度的增大，这种影响越来越小。在轴承刚度为 10^{9} N/m 量级时，轴承刚度对振动频率还存在一定的影响。

同样以汽轮机轴系为例，轴承刚度取 2.94×10^{9} N/m，分别计算轴系无阻尼和有阻尼(前四阶模态阻尼都取 0.2)时轴系的模态，计算结果如表 6-13 所示。

表 6-13　有无阻尼汽轮机轴系振动频率比较

阻尼情况	低压缸轴段一阶弯振频率/Hz	高中压缸轴段一阶弯振频率/Hz	一阶扭振频率/Hz	低压缸轴段二阶弯振频率/Hz
无阻尼	25.8528	36.8034	49.3335	75.4229
有阻尼	25.8496	36.7985	48.8982	75.3443

由表 6-13 可以看出，阻尼对弯振模态的影响较小，对扭振的影响稍大。

参考文献

[1] 冯慧雯. 汽轮机课程设计参考资料[M]. 北京：水利电力出版社，1992.
[2] 丁有宇. 汽轮机强度计算手册[M]. 北京：中国电力出版社，2010.
[3] 黄树红. 汽轮机原理[M]. 北京：中国电力出版社，2008.

第7章 开源的涡轮机设计系统 Multall

涡轮机械是以连续流动的流体为工质，以叶片为主要工作元件，利用工质和叶片之间的相互作用实现工质的内能或势能与叶轮的机械能之间的相互转换的机械装置，它已被广泛使用在火力发电厂、水电站、核电站、燃气轮机电厂等各种不同类型的电力生产场所中。涡轮机除了前面章节介绍和涉及的轴流涡轮机类型以外，还有径流式涡轮机；除了以蒸汽为工质以外，还有以液态水为工质的水轮机及有机工质汽轮机；除原动机以外，涡轮机内部的流体力学特性和设计计算方法与压气机也有很多相似之处。本章主要对英国剑桥大学惠特尔实验室的 Denton 教授研究组开发并公开的一个开源涡轮机设计系统 Multall 及其应用进行简单介绍。

Multall 是一个从 0D 到 3D 成熟的叶轮机械设计系统，有较好的可靠性，计算速度快，可直接用于工程设计。Multall 系统除了可以对单个叶栅和多级涡轮机进行求解之外，还可以执行在规定的流面和轴对称通流计算上的准三维叶片间的计算，对轴流、径流、压气机、动力涡轮等的气动和造型设计均适用，其主要功能包括：① 通过给定总体性能参数和 1D 计算确定流道平均半径上的叶型转角及轮毂、机匣几何参数（自由涡流型）；② 通过 2D 轴对称通流反问题设计获得叶片沿叶高几何参数，并进行多次 2D 通流计算以分析叶片损失、效率和流面厚度分布等参数；③ 沿叶高多个截面进行 Q3D(Quasi 3 Dimension)准三维计算以确定叶片参数，在此基础上进行 3D 粗网格 CFD 计算以优化叶片积叠方式，并在 3D 细网格上进行机匣引气、转子 叶尖泄漏、涡轮冷却等 CFD 详细计算，以最终确定流道及叶片几何参数。

本章对 Multall 程序系统进行介绍，原源码中只涉及以理想气体与水蒸气为工作介质且为命令行输入，为了增加适用性且便于使用，本章还介绍在源码的基础上采用 PEFPROP 程序引入了物性库，扩展了其使用工质的范围，并增加了图形输入界面等。

7.1 Multall 系统使用简介

7.1.1 Multall 系统功能和构成

Multall 是一个涡轮机设计系统的名字，也是其中一个核心三维计算流体力学代码的名字。该系统经过多年的发展，已经具有较为强大的功能，可以对径流和轴流、混流式涡轮机进行设计计算，也可以对压气机和动力涡轮机进行设计计算。

该系统由三个主要的相互联系的程序代码组成，代码采用 Fortran77 规范编写，其中 Meangen 是一维设计程序，Stagen 是一个叶片外形生成程序，Multall 是一个经过多年开发的、三维的、基于 N-S 方程的、专门针对涡轮机械内部流动的流场分析求解器。

Multall 系统可以模拟轴流、混流、径流的涡轮机及其效率、质量流量、压力比等，以及详细流场，其产生的数据也可以通过特定程序转换为 Tecplot 的输入文件。

程序包中附带有 PowerPoint 格式的使用说明文件 multall-design. pptx，以及各种不同流动类型的算例，可供学习参考。

网络公开的 Multall 压缩包名称为 Multall-open. zip，该压缩包内包含五个子文件夹及一些文件，参见表 7-1。

表 7-1 Multall 系统压缩包内容

文件或文件夹名称	位置	功能
Multall-open. zip	—	程序包
Meangen	主目录	一维设计程序及算例文件的子文件夹
Stagen	主目录	三维设计程序及算例文件的子文件夹
Multall	主目录	三维流场分析程序及算例文件的子文件夹
conversion program	主目录	版本转换程序文件夹
Linux plotting progs	主目录	Linux 版本绘图程序子文件夹
Windows plotting progs	主目录	Windows 版本绘图程序子文件夹
convert-to-tecplot. f	主目录	Tecplot 格式数据转换代码
multall-design. pptx	主目录	程序包使用说明
README. pdf	主目录	说明
updates. pdf	主目录	开发版本、升级说明
meangen program	Meangen	各版本代码及 17.1 版本可执行文件
sample-meangen. in-data-sets	Meangen	不同级、不同流动类型压气机和轴流透平算例输入文件
meangen-instructions. pdf	Meangen	Meangen 输入说明文件
Meangen-differences. pdf	Meangen	Meangen 版本差异说明
stagen program	Stagen	各版本代码
sample-stagen-data-sets	Stagen	不同级、不同流动类型压气机和轴流透平算例输入文件
stagen-17. 2-instructions. pdf	Stagen	Meangen 17.2 版本输入说明文件
stagen-17. 1-instructions. pdf	Stagen	Meangen 17.1 版本输入说明文件
IMPORTANT. pdf	Stagen	Meangen 17.1 和 17.2 版本的一些重要说明
MULTALL program	Multall	各版本代码
multall-test-cases	Multall	不同级、不同流动类型压气机和轴流透平算例文件
General-description. pdf	Multall	Multall 开发历史、特点说明文件
new-readin-input-data. pdf	Multall	Multall 新版本输入说明文件
old-readin-input-data. pdf	Multall	Multall 早期版本输入说明文件

续表

文件或文件夹名称	位置	功能
globplot. x	Linux plotting progs	子午方向的一维质量平均流线图(质量流、滞止压力/温度、角动量、比焓、损失等)
histage. x	Linux plotting progs	收敛历史绘图程序
plotall-17. 1. x	Linux plotting progs	针对 Multall 输出数据的主绘图程序
plotting-programs. pdf	Linux plotting progs	程序说明文件
stagen-17. 1. x	Linux plotting progs	Linux 绘图文件
xhgraph	Linux plotting progs	Linux 系统绘图文件
global. plt	Windows plotting progs	辅助文件
globplot. exe	Windows plotting progs	子午方向的一维质量平均流线图(质量流、滞止压力/温度、角动量、比焓、损失等)
histage. exe	Windows plotting progs	收敛历史绘图程序
ihg_lib. dll	Windows plotting progs	主程序调用程序
ihg_plot. exe	Windows plotting progs	主程序调用程序
plotall-17. 1. exe	Windows plotting progs	针对 Multall 输出数据的主绘图程序
plotting-programs. pdf	Windows plotting progs	程序说明文件
stagen-17. 1. exe	Windows plotting progs	Windows 绘图文件

Multall 设计系统三个工作模块的介绍如图 7-1 所示,其使用流程如图 7-2 所示。

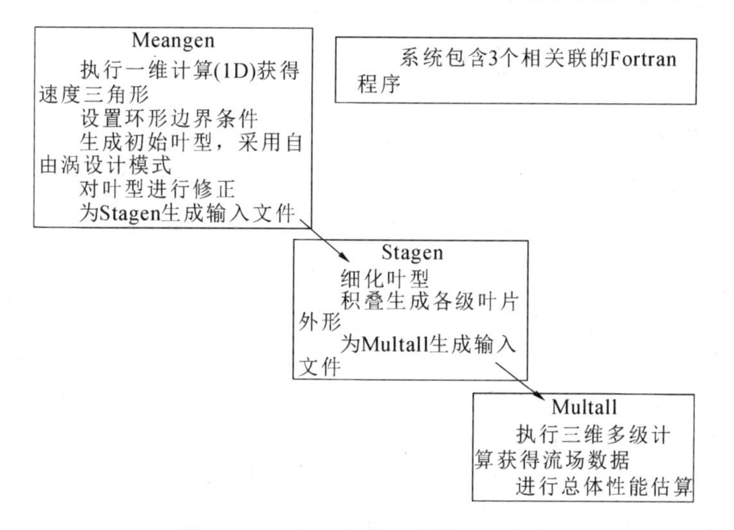

图 7-1　Multall 设计系统的工作模块

程序包在使用中也存在如下问题:

(1) Stagen 原代码中包含对打印包 Hgraph 的调用,该程序包已不再可用。可以通过删除 Stagen 的第 1447 至 1537 行解决。程序包附带的可执行版本包含该绘图功能,且有 Linux 和 Windows 两个系统版本,但它们不能保证正常工作。

(2) Multall 包含对定时例程 Mclock 的调用,Mclock 可由 gfortran 和 g77 编译,但在其

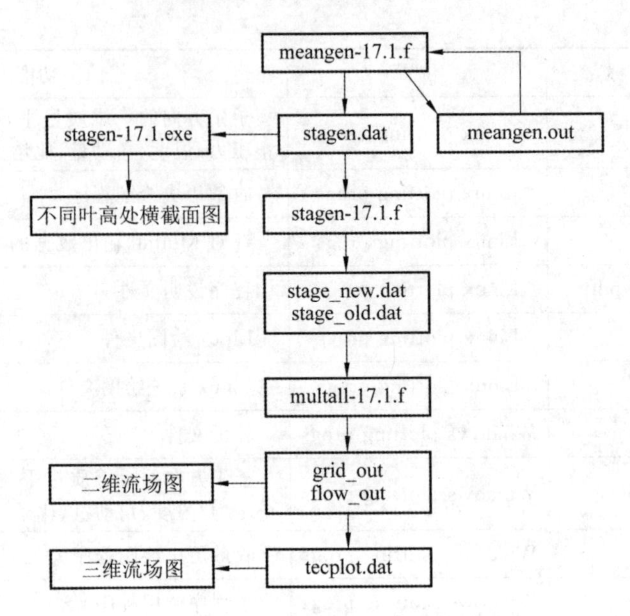

图 7-2 Multall 设计系统的工作流程

他编译器上可能会出现错误，这一问题也可以通过注释、删除或替换编译器的方法解决。

(3) 程序包可使用水蒸气工质，也可以通过设置通用气体常数等方式模拟其他工质热工参数。

(4) 程序包中主要的数据和选择输入可使用命令行方式或者文件方式，没有 GUI 界面模式，较为不便。

(5) 程序包运算后结果数据的后处理使用较为不便。

7.1.2 Multall 使用方法

1. Meangen 程序

Meangen 是一维透平设计程序，可以提供基本的初步设计。Mengen 接收来自屏幕或文件(meangen. in)的输入数据。输入数据包括设计所需的基本参数，程序利用 1D 设计方法获得特定流线表面上的速度三角形、所需的计算的流动面积，并利用该方法得到环形设计空间。该程序试图产生自由涡流，并获得相应的叶片数、叶片外形和叶片扭矩状态的初步设计结果。这个程序会为程序 Stagen 生成一个名为 stagen. dat 的输入文件。它还会生成一个 meangen. out 文件，该文件是输入数据的副本。

程序输入有两种方式，S 代表从屏幕输入，根据提示输入即可，具体操作可参考文档；F 代表读取已有文件，文件名必须为‘meagen. in’且必须与 exe 文件保存在同一目录下。

在 sample-meangen. in-data-sets 文件夹中已经提供了多种输入文件，以 meangen-4stg-turbine. in 为例，首先将 meangen-4stg-turbine. in 文件复制到 meangen program 文件夹中，重命名为 meangen. in，然后运行 meangen-17. 1. exe，选择 F，程序即可自动运行，完毕后得到 stagen. dat 文件，此文件为 Stagen 子程序的输入文件。

用写字板打开 meangen. in，可以看到文档的右侧是输入的参数说明，左侧是操作者的选择或者输入参数的值。可以直接在输入文档中编辑程序的参数来达到修改设计的目的。实际中可首先使用 S 方法设计汽轮机，然后在导出的 meangen. out 文档中将内容复制到一个名为 meangen.in 的空文档中，在此基础上进行修改，然后通过 F 方式直接计算。

Meangen 不会考虑叶尖泄漏、冷却汽流等的影响，这些因素可以通过编辑“stagen.dat”或者直接编辑 Multall 的输入文件处理。

Meangen 程序的输入数据及说明如表 7-2 所示。

表 7-2　Meangen 输入数据及说明

输入示例	英文提示	注释
C	TURBO_TYP,"C" FOR A COMPRESSOR,"T" FOR A TURBINE	透平类型。C:压气机;T:涡轮机
AXI/MIX	FLO_TYP FOR AXIAL OR MIXED FLOW MACHINE	流动类型。AXI:轴流或混流
287.500 1.400	GAS PROPERTIES,RGAS,GAMMA	气体性质,R,γ
1.000 300.000	POIN,TOIN	进口压力,进口温度
3	NUMBER OF STAGES IN THE MACHINE	级数
M	CHOICE OF DESIGN POINT RADIUS, HUB,MID or TIP	设计点半径选择,根径、中径、顶径
5000.000	ROTATION SPEED,RPM	转速
50.000	MASS FLOW RATE,FLOWIN	质量流量
A	INTYPE,TO CHOOSE THE METHOD OF DEFINING THE VELOCITY TRIANGLES	选择速度三角形定义方法
0.700 0.600 0.400	REACTION, FLOW COEFF., LOADING COEFF.	反动度,流量系数,载荷系数
A	RADTYPE, TO CHOOSE THE DESIGN POINT RADIUS	选择设计点半径
0.500	THE DESIGN POINT RADIUS	设计点半径
0.050 0.040	BLADE AXIAL CHORDS IN METRES	叶片轴向弦长,m
0.250 0.500	ROW GAP AND STAGE GAP	级间隙
0.00000 0.02000	BLOCKAGE FACTORS, FBLOCK_LE, FBLOCK_TE	系数
0.900	GUESS OF THE STAGE ISENTROPIC EFFICIENCY	级焓效率猜测值
5.000 5.000	ESTIMATE OF THE FIRST AND SECOND ROW DEVIATION ANGLES	第一和第二列偏差角估计值
−2.000 −2.000	FIRST AND SECOND ROW INCIDENCE ANGLES	第一和第二列碰撞角
1.00000	BLADE TWIST OPTION,FRAC_TWIST	叶片扭曲选项
n	BLADE ROTATION OPTION,Y or N	叶片旋转选项
88.000　92.000	QO ANGLES AT LE　AND TE OF ROW 1	第一列 LE 和 TE 处的 Q0 角
92.000　88.000	QO ANGLES AT LE　AND TE OF ROW 2	第二列 LE 和 TE 处的 Q0 角
n	DO YOU WANT TO CHANGE THE ANGLES FOR THIS STAGE ? "Y" or "N"	是否改变本级角度?

续表

输入示例	英文提示	注释
y	IFSAME_ALL, SET = "Y" TO REPEAT THE LAST STAGE INPUT TYPE AND VELOCITY TRIANGLES, SET = "C" TO CHANGE INPUT TYPE	是否重复上一级输入?
0.02000 0.04000	BLOCKAGE FACTORS, FBLOCK _ LE, FBLOCK_TE	堵塞系数
n	DO YOU WANT TO CHANGE THE ANGLES FOR THIS STAGE ? "Y" or "N"	是否改变本级角度?
y	IFSAME_ALL, SET = "Y" TO REPEAT THE LAST STAGE INPUT TYPE AND VELOCITY TRIANGLES, SET = "C" TO CHANGE INPUT TYPE.	是否重复上一级输入?
0.04000 0.06000	BLOCKAGE FACTORS, FBLOCK _ LE, FBLOCK_TE	堵塞系数
n	DO YOU WANT TO CHANGE THE ANGLES FOR THIS STAGE ? "Y" or "N"	是否更改
Y	IS OUTPUT REQUESTED FOR ALL BLADE ROWS ?	是否改变本级角度?
Y	ROTOR No. 1 SET ANSTK = "Y" TO USE THE SAME BLADE SECTIONS AS THE LAST STAGE	第一级转子是否采用上一级叶片参数?
Y	STATOR No. 1 SET ANSTK = "Y" TO USE THE SAME BLADE SECTIONS AS THE LAST STAGE	第一级静子是否采用上一级叶片参数?
Y	ROTOR No. 2 SET ANSTK = "Y" TO USE THE SAME BLADE SECTIONS AS THE LAST STAGE	第二级转子是否采用上一级叶片参数?
Y	STATOR No. 2 SET ANSTK = "Y" TO USE THE SAME BLADE SECTIONS AS THE LAST STAGE	第二级静子是否采用上一级叶片参数?
Y	ROTOR No. 3 SET ANSTK = "Y" TO USE THE SAME BLADE SECTIONS AS THE LAST STAGE	第三级转子是否采用上一级叶片参数?
Y	STATOR No. 3 SET ANSTK = "Y" TO USE THE SAME BLADE SECTIONS AS THE LAST STAGE	第三级静子是否采用上一级叶片参数?

2. Stagen 程序

它利用 stagen. dat 文件中的初始设计数据进行叶片截面的细化和积叠并组合成多个级。Stagen 为 Multall 程序生成两个输入文件 stagen_ new. dat 和 stagen_old. dat，分别对应不同版本的 Multall 程序。

Stagen 程序是三维几何文件生成代码，其运行后读入 stagen. dat，写出 stagen_new. dat，该文件将提供给 Multall 程序。stagen_old. dat 是 Stagen 生成提供给 Multall 程序的旧

格式输入文件。

3. Multall

运行 Multall 程序会产生流场数据和网格数据两种结果文件：flow_out 和 grid_out。

经测试，下载的 Multall 代码不能在目前的 Windows＋simplyfortran 系统上编译运行，这里介绍在 Linux 系统下该程序的编译和使用方法：

(1) 在 Linux 上安装编译器 gfortran，命令行语句为 make apt-get install gfortran。

(2) 利用 gfortran 对代码进行编译，命令行语句为 gfortran xxx. f。

编译 fortran 代码会产生 a. out 文件（注意在编译 Multall 的 fortran 文件时，需要用命令行语句 gfortran xxx（文件名）-mcmodel 命令扩展运行空间，不然空间不足会报错）。在 a. out 所在文件夹下运行命令行语句. /a. out < stagen_new. dat 命令，即可运行 fortran 编译成功后的执行文件，然后根据提示输入参数或选项。

Linux 常用命令如表 7-3 所示。

表 7-3　Linux 常用命令

命令	说明
cd xxx	（xxx 为文件夹目录）　进入文件夹
ls	罗列当前文件夹下的项目
cp	文件夹 A 路径　文件 a　文件夹 B 路径，即把文件夹 A 内的文件 a 复制到文件夹 B（中间有空格）
rm -rf	删除当前文件
mv 文件 a 文件 b	把文件 a 名字重命名为文件 b
chmod＋xxx	将文件 xxx 改为可执行文件（可执行文件可用. /运行）
tab	可用于补全命令和文件名
键上箭头	可用于回溯之前的命令

4. 运行结果的 Linux 图形显示方法

按以下步骤进行操作：

(1) 将 flow_out 和 grid_out 复制到 Linux plotting 文件夹和其母文件夹内。

(2) 若要保存 Tecplot 文件绘图，则需用 gfortran 编译 convert to tecplot. f。

(3) 得到 A. out 输出文件后，直接运行（根据要求复制 grid_out 和 flow_out 到该文件夹），产生的 convert to tecplot. dat 文件即为 Tecplot 的数据格式文件，数据格式文件内包含三维坐标点、速度分量、温度、压力、马赫数等数据信息，可以直接由 Tecplot 导出图表。

(4) 在 Linux plotting 文件夹里运行. /plottall. x 文件，根据下面选项输出相关图表，一共有 34 种结果选项，在第一级子菜单中选择，如表 7-4 所示。

表 7-4　plottall 的一级菜单说明

序号	选项	含义
"0"	REDISPLAY MENU	重绘菜单
"1"	AXIAL VELOCITY	轴向速度
"2"	TANGENTIAL VELOCITY	切向速度

续表

序号	选项	含义
"3"	DENSITY	密度
"4"	STATIC PRESSURE	静压
"5"	RELATIVE STAGn. PRESSURE	相对级压力
"6"	RELATIVE MACH NUMBER:	相对马赫数
"7"	(RO * VX):	环量
"8"	ABSOLUTE TANGENTIAL VEL-y	绝对切向速度-y
"9"	TURBULENT/LAMIANAR VISCOSITY RATIO	湍/层黏性比
"10"	VELOCITY	速度
"11"	STATIC TEMPERATURE	静温
"12"	RELATIVE STAGn. TEMP	相对级温度 n
"13"	PITCHWISE FLOW ANGLE	流动周向角
"14"	MESH	网格
"15"	VELOCITY VECTORS	速度矢量
"16"	RADIAL FLOW ANGLE	径向流动角
"17"	RADIAL VELOCITY	径向速度
"18"	R * VTHETA-ABS	绝对环量
"19"	EXP()	指数(−S/R)
"20"	ABSOLUTE To	绝对温度
"21"	ABSOLUTE Po	绝对压力
"22"	REDUCED STATIC P:	减静压
"23"	PARTICLE TRACKS	粒子追踪
"24"	PITCHWISE AVEs.	周向平均
"25"	ABSOLUTE VELOCITY	绝对速度
"26"	ABSOLUTE MACH No.	绝对马赫数
"27"	ABS. PITCHWISE ANG	绝对周向角
"28"	ISENTROPIC MACH No	等熵马赫数
"29"	MASS FLOW RATE	质量流量
"30"	ENTROPY LOSS COEFF.	熵损失系数
"31"	AVG ETA POLY	
"33"	THRUFLOW SURFACE PRESS.	通流部分表面压力
"34"	ST TUBE THICKNESS	静压 ST 管厚度
"98"	Read in more data	读入更多数据

上面子菜单显示的数据除了“14”——MESH、“15”——VELOCITY VECTORS 以外，其他数据都是标量，其二级选择菜单是相同的，如表 7-5 所示。

表 7-5 plottall 的部分二级菜单说明

序号	功能	含义
"1"	TO PLOT CONTOURS	云图
"2"	TO PLOT SURFACE DISTRIBUTIONS	表面场分布
"3"	TO PLOT STREAM-LINE VARIATIONS	流线变量
"4"	TO PLOT PITCH-WISE VARIATIONS	周向变量
"5"	TO PLOT SPAN-WISE VARIATIONS	叶型展向变量
"6"	TO PLOT PROJECTED SURFACES WITH CONTOURS	投影表面云图
"7"	TO GIVE PITCHWISE MASS AVERAGE OF THE VARIABLE	先进行周向质量平均运算，之后再回到二级菜单选择图表类型
"8"	TO GIVE AREA MASS AVERAGE OF THE VARIABLE	先进行质量平均运算，之后再回到二级菜单选择图表类型

在选择完后，需要注意以下几个问题，即 Multall 程序导出图像的原则：

(1) 绘制云图时，需要选择所在的平面，不同参量在三级或四级菜单中会有选择命令，一般用"M"（对于 Meridional Plot）绘制子午面或"S"（对于 Quasi Stream-surface）绘制流面图。

(2) I、J、K 是几个经常出现的需要指定的参数/编号，用于指定绘制的具体平面，其中 I 表示垂直于流线的方向，J 表示沿流线的方向，K 表示径向方向。（参见 Multall 程序的 general description 文件的第五页。）

(3) 在绘制除云图外的其他图像时，往往是绘制二维线图，此时需要选择绘制的 X 轴坐标，如弦长、横轴坐标等。二维线图可以绘制多个 I、J、K 参量所指定的平面/流线上的值，程序中的语言为“ENTER integer value(K)of quasi-stream surface for which the variable is to be plotted”。此时指定这些值以绘制多个平面（在输出图像的右上角有图例可供参考），以便于比较不同流线或平面上的参数数值。

(4) Extra Pitches 的意义是：重复输出几个节距(pitches)的图像，指定的数值是向两边展开的节距个数，如指定数值为 N 则绘制出来的叶片有 $2N+1$ 个。

(5) Stream-surface 绘制中，需要指定顺时针旋转角，可以认为这一数值的意义是轴线在空间内的旋转角度，是视图的视角问题，对数值没有影响而只是输出的设置，可以设置为 0。

对于矢量数据 vector，则需注意：

(1) 首先选择是否是绝对矢量(absolute vector)，以及是否包含二次流；

(2) 输出设置中还需要选择间隔(skip)多少个点输出，选择矢量显示放大系数。

输出格式的其他说明如下：

(1) zoom magnification——放大倍数，是输出设置；

(2) 云图绘制的 fill in 语句——选择 Y；

(3) 云图 contour interval——指颜色表示数值的间隔，最大的色条(colorbar)有 125 种颜色显示；

(4) 打印格式——选择 C 打印图像,其他的可以根据注释选择;

(5) 输出熵损失系数(entropy loss coeff)时,需要指定参照的计算网格;

(6) 是否需更改结果的最值,其可以用于设置输出线图的轴标签。

7.2 基于 REFPROP 的 Multall 系统物性库扩展

7.2.1 原 Multall 系统理想气体热力性质计算模型

原 Multall 系统以水蒸气为工质,若要使用其他工质则需要按照理想气体模型提供气体性质数据进行近似估算。本节介绍利用开源代码 REFPROP 对工质库进行扩展的方法。

Multall 系统的三个核心计算代码中,只有一维型线设计模块 Meangen 涉及对工质热力性质的计算。Meangen 代码包括三个子程序(SUBROUTINE),分别是计算主程序、SMOOTH 程序和 PROPS 程序。其中 PROPS 程序就是在本节中需要着重修改的工质热力性质计算子程序。

PROPS 子程序中一共使用了 14 个参数,其中作为输入参数的有 5 个,作为输出参数的有 7 个,还有 2 个参数在整个 Meangen 模块及 PROPS 子程序中并没有出现,作为备用。5 个输入参数又可以大致分为两类:第一类是标记量,包括用来控制 PROPS 程序执行次数和得到结果个数的 IM 及用来标记工质类型的 IPROPS;第二类是工质当前的一些物性参数,包括工质当前的比焓 HO、比熵 S 及流速 V。PROPS 程序的输出变量则全部都是工质的热力性质参数,如温度 T、压力 P、密度 RHO 及声速 VS 等。此外 PROPS 程序还有一个与主程序共享的变量公共区 SET7,变量公共区 SET7 包含 7 个变量,这 7 个变量是工质在涡轮机进口处的热力性质参数,包括比焓 HOIN、比熵 SI、压力 POIN、温度 TOIN、气体常数 RGAS、定压比热容 CPGAS 和比热容比 GAMM。根据 PROPS 程序的输入和输出参数可以知道,这个程序实现的功能是由工质当前的焓、熵和流速计算当前状态下的其他热力性质参数。

PROPS 程序的内部结构分为两个部分,一个部分是理想气体热力性质的计算,另一个部分是水蒸气热力性质的计算,并且通过 INTEGER 型(整数型)变量 IPROPS 来选择调用哪一个部分。

在 Meangen 模块的源代码中,在比焓和比熵计算标准的选择过程中,为了让计算过程更加简单方便,程序的开发者选择以 0 K 温度为比焓参考点,以涡轮机进口处为比熵参考点。在这样的参考标准下,再根据流体当前的比焓、比熵和流速及涡轮机入口点状态参数计算其他热力性质参数。首先计算流体当前状态下的滞止焓:

$$h_{0,\mathrm{loc}} = h_{\mathrm{loc}} - \frac{1}{2}v_{\mathrm{loc}}^2$$

然后,根据流体多变过程热力性质计算公式,计算当前状态下的压力:

$$p_{\mathrm{loc}} = p_{\mathrm{in}} \times \left(\frac{h_{0,\mathrm{loc}}}{h_{0,\mathrm{in}}}\right)^{\left(\frac{\gamma}{\gamma-1}\right)} \times \mathrm{e}^{\frac{s_{\mathrm{in}}-s_{\mathrm{loc}}}{R_{\mathrm{g}}}}$$

最后计算流体当前状态下的温度、密度和声速等其他热力性质参数:

$$T_{\mathrm{loc}} = h_{0,\mathrm{loc}} / c_p$$

$$D_{\mathrm{loc}} = (p_{\mathrm{loc}} \cdot 10^5)/(T_{\mathrm{loc}} \times R_{\mathrm{g}})$$

$$c_{loc} = \sqrt{\gamma R_g T_{loc}}$$

上述理想气体热力性质计算公式的代码实现如图 7-3 所示。

```
      SUBROUTINE PROPS (J,IM,HO,S,P,T,RHO,WET,V,G,VS,NMAIN,
     1                  IPROPS,IWET)
C
C     ROUTINE TO FIND FLUID PROPERTIES CORRESPONDING TO GIVEN
C     VALUES OF STAGNATION ENTHALPY (J/KG) AND ENTROPY (J/KG K).
C
      PARAMETER(NG=99, NST=20, NSC=11)
C
      DIMENSION HO(NG),V(NG),S(NG),P(NG),T(NG),G(NG),VS(NG),
     1          RHO(NG),WET(NG)
C
      COMMON /SET7/ HOIN,SI,RGAS,CPGAS,POIN,TOIN,GAMM
C
      IF(IPROPS.NE.1) GO TO 1
C
C     PERFECT GAS PROPERTIES.
C
      IWET = 0
      DO 11 I=1,IM
      G(I)   = GAMM
      GG     = G(I)/(G(I)-1.0)
      H      = HO(I) - 0.5*V(I)*V(I)
      P(I)   = POIN*((H/HOIN)**GG)*EXP((SI-S(I))/RGAS)
      T(I)   = H/CPGAS
      RHO(I) = P(I)/RGAS/T(I)*100000.0
      VS(I)  = SQRT(G(I)*RGAS*T(I))
   11 WET(I) = 0.0
      GO TO 12
```

图 7-3　PROPS 程序中理想气体热力计算过程的代码实现

热力性质计算程序 PROPS 在 Meangen 模块中一共出现了 7 次，第一次出现是用来计算涡轮机的进口滞止参数，另外 6 次则是在程序循环设计涡轮每一级的过程中进行的调用。PROPS 程序在 Meangen 模块中出现的位置及其作用如表 7-6 所示。

表 7-6　PROPS 程序出现的位置及其作用

位置(行号)	作用
272	计算涡轮级进口处的滞止参数
1177	计算涡轮级的进口滞止参数
1358	计算涡轮级的出口参数
1394	计算涡轮级的进口参数
1431	计算静叶处流体的热力参数
1463	计算静叶和动叶之间的流体热力参数
1482	计算动叶处流体的热力参数

7.2.2　REFPROP 计算程序简介

REFPROP(reference fluid properties)是由美国国家标准与技术研究所(NIST)开发的一款在世界范围内广泛使用的用来计算各类型工质物性的程序。REFPROP 程序不仅能用于计算水蒸气、二氧化碳、氧气、氟利昂及其他常见有机流体等各类型纯净流体的物性，而且还能计算由这些流体按照预先设计好的比例混合后的混合物的物性。

REFPROP 的源代码是使用 Fortran 语言采用模块化设计方法编写的，一共由 26 个模块组成，其中部分重要模块及其功能如表 7-7 所示。

表 7-7 REFPROP 部分重要模块及其主要功能

模块文件名	主要功能
SETUP. FOR	初始化计算过程，例如设置流体文件的位置、读取流体文件等
UTILITY. FOR	给出流体的一些常量物理性质，例如摩尔质量等
FLSH_SUB. FOR FLASH2. FOR	计算流体在某个特殊点上的热力性质
SAT_SUB. FOR	计算流体在饱和线上的热力性质
PROP_SUB. FOR	根据流体的密度和温度计算其他热力性质
CORE_MLT. FOR	计算流体的介电常数、熔化线和升华线等数据
TRANSP. FOR	计算流体的输运特性
TRNS_VIS. FOR	计算流体的黏度
IDEALGAS. FOR	计算理想气体的热力性质

7.2.3 REFPROP 由 Fortran 语言调用的实现

REFPROP 程序能够实现很多类型的流体热力性质计算，本小节以根据流体的摩尔比焓和摩尔比熵来计算流体的其他热力性质为例。代码计算通过如下 REFPROP 的三个子程序 SETUP、INFO 和 HSFLSH 的调用来实现：

1）调用 SETUP 子程序

SETUP 子程序的作用是进行一些初始化工作，例如设置流体文件的路径等。在调用 SETUP 子程序之前首先需要按照实际的计算对三个字符型变量进行赋值。第一个变量是 hf，用来控制要计算的流体的名称，对该变量赋值的要求是值要与前文提到过的流体文件的某一项的文件名相同，例如“water. fld”。第二个变量是 hfmix，用来选择一个已经预先定义在流体文件中的流体混合模型，本小节示例选用纯流体模型来计算，因此给其赋值为“hmx. bnc”。第三个变量是 hrf，用来控制得到的比焓和比熵结果的参考点，本小节示例赋值为“DEF”，这代表的是选择使用流体文件中给出的默认标准，hrf 几个可选的值及其代表的参考状态如表 7-8 所示。

表 7-8 变量 hrf 的取值

取值	计算结果的比焓和比熵对应的参考状态
DEF	使用流体文件中的默认标准
NBP	取流体的沸点处的比焓和比熵为 0
ASH	取－40 ℃时的饱和液体的比焓和比熵为 0（ASHRAE 标准）
IIR	取 0 ℃时的饱和液体的比焓为 200，比熵为 1.0（IIR 标准）

2）调用 INFO 子程序

INFO 子程序的作用是读取流体文件数据，输出流体的一些物理性质的信息以供后面的计算使用，例如摩尔质量、气体常数、沸点温度和临界参数等。

3）计算并得到结果

调用 HSFLSH 子程序。在调用之前需要输入计算的摩尔比焓和摩尔比熵的值，该程序计算后返回该状态下的其他热力性质参数，例如温度、压力、摩尔密度和声速等。

以上程序的流程图如图 7-4 所示。

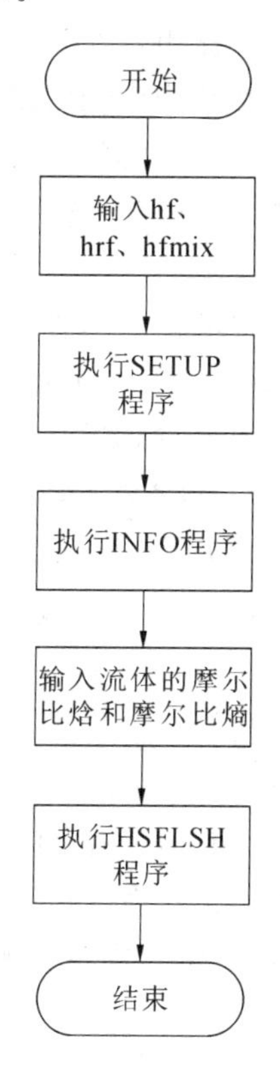

图 7-4　调用 REFPROP 计算流程图

以 300 ℃、1 MPa 状态下的纯净水蒸气为例，水蒸气在该状态下的热力性质参数如表 7-9所示。

表 7-9　1 MPa、300 ℃下水蒸气的热力性质参数

参数	温度	压力	摩尔比焓	摩尔比熵	摩尔密度	声速
单位	K	MPa	J/mol	J/(mol·K)	mol/L	m/s
数值	573.150	1.000	55371.6	186.18	0.00022	578.49

7.2.4　在 Multall 系统中调用 REFPROP

前面已经提到 Multall 系统中只有 Meangen 模块涉及流体工质的热力性质计算，且 Meangen 模块的热力性质计算程序为 PROPS 程序，因此要实现 Multall 系统对 REFPROP 计算程序的调用，只需要用对 REFPROP 相应模块进行调用的程序来替换 PROPS 程序即可，且要保证调用程序的输入和输出的计算量与原来的 PROPS 程序相同。调用程序的设计思路遵循原来的 PROPS 程序的设计思路，即根据输入的流体的比焓和比熵来计算其他的热力性质参数。

在本设计中需要实现的是在程序执行过程中读取用户从键盘上输入的名称。原来的PROPS程序有一个输入变量IPROPS，这个变量就是用来区分工质类型的，但是由于原来的PROPS程序只能计算理想气体和水蒸气两种流体，因此开发者将其设为整数型变量并且规定其等于1时代表工质为理想气体，等于其他整数时代表工质为水蒸气。秉持程序二次开发中尽可能少地修改原程序的结构的原则，本设计依然使用IPROPS变量来控制工质类型，但是需要将其改为字符串型变量并且让用户在Meangen程序的执行过程中通过键盘输入其值，然后在REFPROP的调用程序中将IPROPS的值赋给hf。根据上述思路，在Meangen程序中使用Fortran语言的READ函数读取用户用键盘输入的值和trim函数为IPROPS变量加上流体文件的后缀名".fld"子串，然后再在REFPROP的调用程序中使用赋值语句将IPROPS的值赋给hf。

需要注意的地方是Meangen程序中流体热力性质参数的单位和REFPROP程序中使用的单位并不一致，因此在设计调用REFPROP的程序时必须要考虑单位转换的问题，流体的各项热力性质参数在Meangen程序和REFPROP程序中使用的单位如表7-10所示。

表7-10 不同程序中流体热力性质参数的单位比较

热力性质参数名称	温度	压力	比焓	比熵	密度	声速
Meangen中使用的单位	K	bar	J/kg	J/(kg·K)	kg/m^3	m/s
REFPROP中使用的单位	K	kPa	J/mol	J/(mol·K)	mol/L	m/s

整个使用流程如下：当用户输入的工质为某种实际流体时，新的Meangen程序将通过HSTOREF和TPTOREF两个程序调用REFPROP程序来进行热力计算。但是原来的Meangen中用来计算理想气体热力性质的程序依然被保留了下来，并且当用户输入的工质名称为idealgas时，新的Meangen程序将依然调用它来进行计算。新的Meangen程序的热力计算部分流程图如图7-5所示。

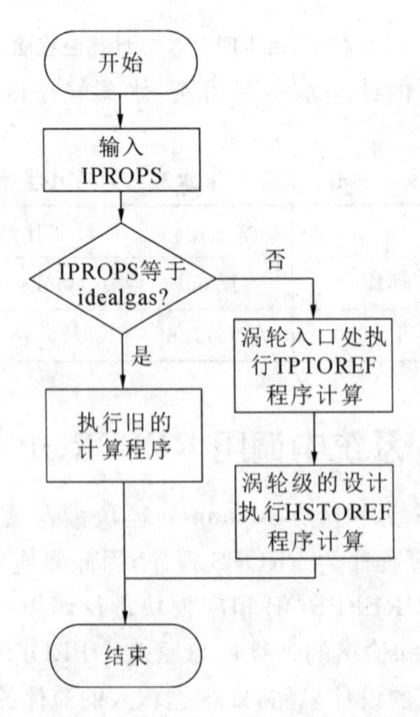

图7-5 新的Meangen程序的热力计算流程图

7.2.5　其他修改

（1）考虑到在 Meangen 程序中，各项热力性质参数被定义为单精度型变量，而在 REFPROP 程序中各项热力性质参数被定义为双精度型变量，因此计算结果不能在两个程序之间顺利传递。由于 REFPROP 程序有 26 个模块，如果对 REFPROP 程序进行修改，将会产生巨大的工作量，因此，在该设计中将 Meangen 程序中的热力性质参数的类型全部修改为双精度型。最后将调用程序命名为 HSTOREF，即可实现参数在两个程序之间正确传递，调用程序也能够正确执行。

（2）原来的 Meangen 程序使用范围较小且只用于理想气体涡轮机的设计，涡轮进口压力通常不超过 10 bar，所以在写 stagen. dat 数据文件时只为其分配了 10 个字符宽度并且其中 2 位是小数点后位数，因此当设计进口压力超过 10 bar 时就会出现错误。考虑到现代涡轮机进口压力通常不会超过百兆级，因此此处将为该数据分配的字符宽度改为 12。

7.3　图形用户界面与程序接口开发

由前述可知，Multall 系统可选择屏幕手工输入和文件批处理输入两种方式，使用有所不便，本节对自行开发的 GUI 界面的模块进行介绍。

7.3.1　Python 语言及图形用户界面（GUI）设计

Python 语言是一门同时支持面向过程和面向对象的解释型编程语言，其特点是简单易用，非常容易上手，并且有着丰富的标准库和三方库直接提供给开发者使用。关于 Python 语言的更多基础知识可以查阅书籍《Python 基础教程（第二版）》。Python 作为一门解释型语言，其代码的执行速度相比 C、C++这些编译型语言必然会慢许多，但是在一些小型项目中，Python 语言便利性的优势就非常容易展现出来了。本节在原 Multall 平台基础上增加了用 Python 语言开发的部分辅助图形显示界面及相应功能。

目前支持 Python 的 GUI 功能的工具包非常多，包括但不限于 Tkinter、wxPython、PyGTK 及 PyQt 等工具库，其中 PyQt 库是基于 C++语言的 GUI 控件集 Qt 开发的、能够在 Python 程序中执行的一个 GUI 工具库，由于其语法和风格与传统的 Qt 非常类似，因此受到很多使用过 C++语言的开发者青睐，关于 PyQt 工具库的更多介绍可以参考文献[4]。本小节使用 Python 语言内置标准库中的 Tkinter 工具库及其拓展模组 ttk 工具库。Tkinter工具库是使用 TCL 语言开发的一个 Python 语言的标准工具库，它在开发者安装 Python 解释器的时候就一起安装在开发者的计算机中了。Tkinter 工具库及其拓展模组 ttk 工具库常用的部分窗口部件如表 7-11 所示。

表 7-11　Tkinter 库常用窗口部件及其功能

控件名称	功能
Frame	用于包含其他部件的容器
Label	用于显示单行文本或图片
Button	用鼠标点击可以触发命令

续表

控件名称	功能
Radiobutton	显示一组选项，每次只能有一个选项可以被选中
Checkbutton	显示一组选项，可以有多个选项被同时选中
Entry	一个单行输入框，用于采集键盘的输入
Message	用于显示多行文本
tkMessagebox	弹出一个带有文本信息的对话框
Text	一个多行的输入框，用于采集键盘的输入
Menu	一个菜单，可以往里面添加其他部件
Scrollbar	为支持的部件添加翻页卷屏功能
Listbox	显示一个清单提供给用户选择
Combobox	由一个单行输入框和一个下拉菜单组合而成
Spinbox	Entry 部件的变形，用户除了直接输入之外还可以通过点击上下按钮调整

7.3.2　程序开发环境

图形用户界面程序采用属于 Linux 操作系统的 CentOS 操作系统中的 vim 编辑器和 Python 2.7.5 解释器进行开发，操作系统、编辑器和解释器的版本信息用 Linux 操作系统的特定指令查看，如图 7-6 所示。

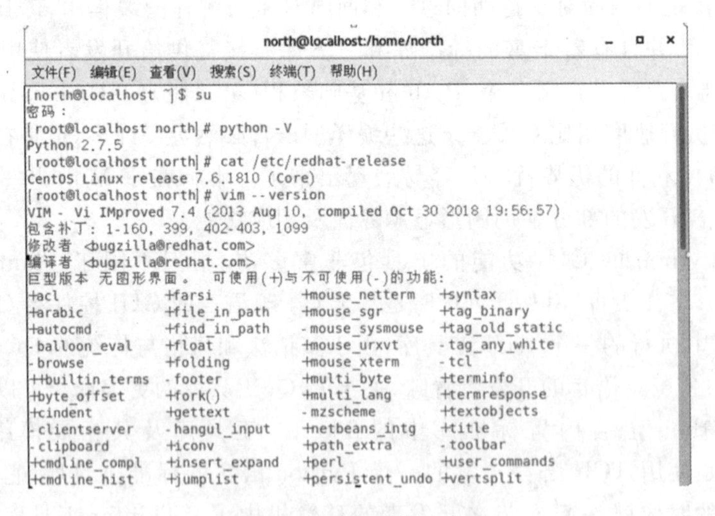

图 7-6　开发环境版本信息

编写程序之前必须保证计算机系统中包含 Tkinter、sys 和 psutil 三个 Python 工具库。可以使用 Python 的 import 语句来分别确定开发环境中是否已经包含这三个工具库，如果 import 语句出现错误则说明开发环境中不存在工具库，反之若能正确执行则说明工具库已经存在于开发环境中。若开发环境中缺少其中一个或多个工具库，则在操作系统的终端中使用 yum install 命令（一般 Linux 操作系统中使用的是 apt-get install 命令，但 CentOS 操作系统略有区别）安装即可。

7.3.3 程序结构

1）程序主体结构

界面程序采用的是面向对象程序设计方法，程序由一个 multall_window 类和主函数 main 函数组成。程序的界面由 multall_window 类的构造函数__init__函数生成，由于每实现一个 multall_window 类的实体对象时，程序都会调用一次它的构造函数，故在主函数 main 中只需要生成一个 multall_window 类的实体对象即可。

2）类的结构

multall_window 类是程序的主要组成部分，类由方法和属性两大要素构成。类的属性即类内定义的参数，包括主窗口 self. window、所有的窗口部件及所有的设计参数等。类的方法就是类的成员函数，在 multall_window 类中一共有 12 个方法即 12 个成员函数，各成员函数的功能如表 7-12 所示。

表 7-12 multall_window 类各成员函数的功能

函数名	函数功能
__init__	该类的构造函数，用于生成界面
RGAS_and_GAMM	控制 RGAS 和 GAMM 输入框的可选状态
plotHelp	打开绘图帮助文件
plotButton	运行绘图程序
selectFile	通过文件选择框选择一个文件
readFile	读取输入文件并显示在界面上
inTypeCMD	根据选择的定义速度三角形的方式动态显示不同的输入框
radTypeCMD	根据选择的设计半径的方式动态显示不同的输入框
inputFile	输出设计文件
meangenButton	运行 Meangen 程序
stagenButton	运行 Stagen 程序
multallButton	运行 Multall 程序

7.3.4 图形用户界面设计

1）界面输入系统

在设计界面窗口之前，首先需要确认要通过界面输入和输出哪些变量或文件。在 Multall 系统中，设计参数的输入是在 Meangen 模块中实现的，所以首先需要确认 Meangen 模块的输入变量的变量名及物理意义等信息。将修改后的 Meangen 模块的输入变量汇总至表 7-13 中。其中对于代表工质类型的 IPROPS 变量的取值，本设计中提供了理想气体 idealgas 和其他几种常用于涡轮设计的实际气体，包括水蒸气、二氧化碳、氨气、R12、R600、R245fa 六种，当需要对它的取值进行扩展时，只需要向程序中的 propList[‘values’]列表添加新的工质名称即可，当然，同时也必须保证 REFPROP 程序的流体文件库中包含该工质的数据文件。

表 7-13　Meangen 模块的输入变量及其物理意义

编号	变量名	物理意义	编号	变量名	物理意义
1	ANSIN	数据输入方式	20	BIN_ROW1	静叶进口角
2	TURBO_TYPE	涡轮类型	21	BOUT_ROW1	静叶出口角
3	FLO_TYPE	叶片类型	22	RADTYPE	设计半径的方式
4	IPROPS	工质类型	23	DHO	级焓降
5	RGAS	气体常数	24	RDES	半径长度
6	GAMMA	气体比热比	25	AXCHRD1	静叶轴弦长
7	POIN	进口压力	26	AXCHRD2	动叶轴弦长
8	TOIN	进口温度	27	ROWGAP	叶片间隙
9	NSTAGES	涡轮级数	28	ETA	估算级内效率
10	IFHUB	设计基准	29	STAGEGAP	级间隙
11	RPM	涡轮转速	30	DEVN_1	静叶出射角
12	FLOWIN	进口质量流量	31	DEVN_2	动叶出射角
13	INTYPE	速度三角形的方式	32	AINC_1	静叶入射角
14	REACN	级的反动度	33	AINC_2	动叶入射角
15	PHI	流量系数	34	QLE_ROW1	静叶进口准正交角
16	PSI	载荷系数	35	QTE_ROW1	静叶出口准正交角
17	B2NOZ	静子出口角	36	QLE_ROW2	动叶进口准正交角
18	B2ROT	转子出口角	37	QTE_ROW2	动叶出口准正交角
19	B1ROT	转子进口角			

根据输入变量的取值方式和 Tkinter 不同部件的特点，输入变量需要选择一个合适的 Tkinter 部件来获取用户输入的值。具体选择合适部件的规则如下：

如果某个变量的取值方式为从很少的几个值中选择其中一个，则适合使用 Radiobutton 部件把所有选项都在界面上显示出来让用户选择；如果某个变量的取值方式是从一组较多的值中选择其中一个，则适合使用 Combobox 部件为用户提供一个下拉列表选择；如果某个变量的取值是一组连续的整数，则适合使用 Spinbox 部件让用户可以自由输入的同时还能使用上下调节按钮进行微调；如果某个变量的取值是一段或几段连续的实数域，则应该使用 Entry 部件来让用户自由输入该变量的取值。

按照上述规则，在本设计的图形用户界面程序中为 Meangen 模块的各输入变量选择的输入部件如表 7-14 所示。

表 7-14　各输入变量使用的输入部件

部件名称	使用该部件的输入变量
Radiobutton	TURBO_TYPE、FLO_TYPE、IFHUB、INTYPE、RADTYPE
Combobox	IPROPS

续表

部件名称	使用该部件的输入变量
Spinbox	NSTAGES
Entry	RGAS、GAMMA、POIN、TOIN、RPM、FLOWIN、REACN、PHI、PSI、B2NOZ、B2ROT、B1ROT、BIN_ROW1、BOUT_ROW1、DHO、RDES、AXCHRD1、AXCHRD2、ROWGAP、ETA、STAGEGAP、DEVN_1、DEVN_2、AINC_1、AINC_2、QLE_ROW1、QTE_ROW1、QLE_ROW2、QTE_ROW2

确定好所有的输入变量所用来获取用户输入的值的输入部件以后，使用 Tkinter 工具库的 Tk 方法创建一个主窗口 self. window，再采用 Tkinter 工具库的绝对布局方法 place 按照坐标将这些部件逐一摆放到主窗口中去。

除了按照坐标逐一摆放之外还应该考虑到在一次完整的设计中并不需要输入所有的变量。首先，当代表工质类型的 IPROPS 变量选择为程序提供的六种实际气体之一时，就不需要再像选择了理想气体时那样输入气体常数和气体比热比两个变量，因此为 IPROPS 变量的输入部件 propList 通过 bind 函数绑定一个事件 Comboboxselected 和一个回调函数 RGAS_and_GAMM，即当用户为 IPROPS 变量选中一个值时就会执行这个回调函数，该回调函数的功能是让 RGAS 和 GAMMA 的输入部件的 state 参数在 NORMAL 和 DISABLED 之间改变从而实现该部件在可选和不可选的状态之间改变。其次，设计半径的方式是通过 RADTYPE 的值来确定从输入级焓降 DHO 和直接输入半径 RDES 中二者选其一，RADTYPE 的值是通过 Radiobutton 部件输入的，而 Radiobutton 部件可以直接通过可选参数 command 绑定命令，因此直接在该部件的命令函数 radTypeCMD 中实现 DHO 和 RDES 的可选状态切换即可。最后，定义速度三角形有四种方式且通过 INTYPE 的值来确定采用哪一组值来定义，每一组值都由三个变量组成，如果按照之前的方法把所有的值都显示在界面上然后改变它们的可选状态，则需要一片很大的区域，故此处采用的方式是提供一片恰好能容纳三个输入部件的区域，当用户切换定义速度三角形的方式时，用新的部件来覆盖之前的部件。

2）文件输入系统

一个完整的程序不仅应该让用户能通过界面输入数据这一种方式来进行设计，还应该让用户可以直接把一个含有设计参数的文件中的数据导入程序的界面上然后再根据需要任意调整，这里对实现后一功能进行说明。文件输入系统通过一个“导入”菜单来控制，具体功能由 multall_window 类的两个成员函数 selectFile 和 readFile 来实现。

首先使用 Menu 方法为主窗口 self. window 加入一个菜单栏 self. menubar 并且在菜单栏上添加一个“导入”菜单。“导入”菜单功能又分为两个部分，一部分是导入一个设计好的示例文件，另一部分是导入用户通过文件选择框自行选择的示例文件。这里一共给出了 6 个示例文件，这几个示例文件的部分主要参数如表 7-15 所示。在“导入”菜单中为这 6 个示例文件创建一组 variable 参数相同路径变量 self. file_path 的 Radiobutton 控件，当用户选择其中的一个示例时便把该示例的文件路径赋值给 self. file_path 变量。“导入”菜单中的“自定义文件”按钮是采用 tkFileDialog 工具库中的 askopenfilename 方法来打开文件选择框让用户选择指定文件类型的文件，选择自定义文件后，同样将该文件的文件路径赋值给 self. file_path 变量，这个过程由 selectFile 成员函数来实现。

表 7-15 示例文件的主要参数

示例名称	涡轮类型	工质	进口温度/K	进口压力/bar	涡轮级数	质量流量/(kg/s)
N25-3.5/435-turbine	汽轮机	水蒸气	708	35	6	26
4stg-turbine	汽轮机	理想气体	300	1	4	10
6stg-compr	压缩机	理想气体	300	1	6	50
simple-axial-compr	压缩机	理想气体	300	1	1	50
2stg-CO2-turbine	汽轮机	CO_2	500	10	2	50
2stg-R12-compr	压缩机	R12	500	10	2	100

无论是直接通过选择一个示例还是通过文件选择框设置文件路径变量 self.file_path，都需要按照获取的指定路径读取文件内的数据，这一步通过成员函数 readFile 来实现。由于该过程并不需要往文件中写入数据，故为了保证文件内数据的安全性，采用只读方式的 open 语句打开 self.file_path 路径下对应的文件。然后建立一个列表，列表内容为使用 readlines 方法按整读取选择的文件内的数据内容。由于 readlines 方法会读取空格和换行等所有的符号，所以还必须使用 strip 方法来去掉列表内的每一个元素的换行符。接下来再按照顺序使用 set 方法分别把列表内的元素赋值给每一个设计变量并显示在界面上。最后关闭文件并且必须强制执行一次 inTypeCMD、radTypeCMD 和 RGAS_and_GAMM 函数更新界面上的一些显示，否则一些功能将需要手动再点击一次才能实现。readFile 函数的程序实现如图 7-7 所示。

```
def readFile(self):
    self.rFile=open(self.file_path.get(),'r')
    list1=self.rFile.readlines()
    for i in range(0,len(list1)):
        list1[i]=list1[i].strip()
    self.turboType.set(list1[0])
    self.prop.set(list1[1])
    self.floType.set(list1[2])
    self.RGAS.set(list1[3])
    self.GAMM.set(list1[4])
    self.POIN.set(list1[5])
    self.TOIN.set(list1[6])
    self.numStage.set(list1[7])
    self.ifhub.set(list1[8])
    self.RPM.set(list1[9])
    self.flowIn.set(list1[10])
    self.inType.set(list1[11])
    self.inType_1.set(list1[12])
    self.inType_2.set(list1[13])
    self.inType_3.set(list1[14])
    self.radType.set(list1[15])
    self.designRad.set(list1[16])
    self.AXCHRD1.set(list1[17])
    self.AXCHRD2.set(list1[18])
    self.rowGap.set(list1[19])
    self.stageGap.set(list1[20])
    self.ETA.set(list1[21])
    self.DEVN1.set(list1[22])
    self.DEVN2.set(list1[23])
    self.AINC1.set(list1[24])
    self.AINC2.set(list1[25])
    self.QLE1.set(list1[26])
    self.QTE1.set(list1[27])
    self.QLE2.set(list1[28])
    self.QTE2.set(list1[29])

    self.rFile.close()
    self.inTypeCMD()
    self.radTypeCMD()
    self.RGAS_and_GAMM('<<ComboboxSelected>>')
```

图 7-7 读取文件功能函数的程序实现

3）绘图系统

Multall 系统中除了提供 Meangen、Stagen 和 Multall 三个计算模块的源代码之外还提供了一个编译好的二进制文件 plotall-17.1.x，它的功能是读取 Multall 系统的三维通流设计结果并进行绘图。该二进制文件是通过 Fortran 语言编写然后编译得到的，但是由于系统的开发者在开源的文件包中并未提供该文件的源代码，难以让该程序的功能通过界面实现。故在本设计中设计了一个绘图菜单，绘图菜单由两个按钮组成，一个是“绘图帮助”按钮，另一个是“开始绘制”按钮。点击“绘图帮助”按钮会打开一个由文本编辑器编写的 plotall 程序的说明文档，说明文档对 plotall 程序的所有功能及实现的每个步骤都做了详细的解释。点击“开始绘制”按钮则会在系统的终端上开始调用执行 plotall 程序，用户可以按照绘图帮助说明文档上的说明在终端上进行输入最后得到想要绘制的图形。以下对 plotall 程序进行说明。

对于不同的绘图结果，plotall 程序的绘制步骤也不同，详细的绘制步骤可以参照绘图帮助文档中的说明，但是它们大致都需要经过以下步骤。

选择想要绘制的物理量。plotall 程序总共能够绘制 34 种物理量的不同图形，这些物理量如表 7-4 和图 7-8 所示，它们的中文含义可以参考绘图帮助文档。

```
north@localhost:/home/north/毕设/设计结果(linux版本)
文件(F) 编辑(E) 查看(V) 搜索(S) 终端(T) 帮助(H)
TYPE :
 "0"  -  REDISPLAY MENU

 "1"  -  AXIAL VELOCITY             "17"  -  RADIAL VELOCITY
 "2"  -  TANGENTIAL VELOCITY        "18"  -  R * VTHETA- ABS
 "3"  -  DENSITY                    "19"  -  EXP (- S/R )
 "4"  -  STATIC PRESSURE            "20"  -  ABSOLUTE To
 "5"  -  RELATIVE STAGn. PRESSURE "21"  -  ABSOLUTE Po
 "6"  -  RELATIVE MACH NUMBER       "22"  -  REDUCED STATIC P
 "7"  -  ( RO * VX )                "23"  -  PARTICLE TRACKS
 "8"  -  ABSOLUTE TANGENTIAL VEL- y"24"  -  PITCHWISE AVEs.
 "9"  -  TURBULENT/LAMIANAR VISCOSITY RATIO
"10"  -  VELOCITY                   "25"  -  ABSOLUTE VELOCITY
"11"  -  STATIC TEMPERATURE         "26"  -  ABSOLUTE MACH No.
"12"  -  RELATIVE STAGn. TEMP.      "27"  -  ABS. PITCHWISE ANG
"13"  -  PITCHWISE FLOW ANGLE       "28"  -  ISENTROPIC MACH No
"14"  -  MESH                       "29"  -  MASS FLOW RATE
"15"  -  VELOCITY VECTORS           "30"  - ENTROPY LOSS COEFF.
"16"  -  RADIAL FLOW ANGLE          "31"  - AVG ETA POLY
"33"  -  THRUFLOW SURFACE PRESS.    "34"  - ST TUBE THICKNESS

"98"  -  READ IN MORE DATA          "99"  -  STOP
```

图 7-8　plotall 程序可绘制的物理量

选择要绘制的图像的类型。图像大致分为两类，第一类是等值线图，第二类是坐标分布图。如果选择绘制等值线图则输入要绘制的面，如果选择绘制坐标分布图则输入坐标代表的含义，输入指定方向(周向、展向或流向)上要绘制的网格点的编号，另外，应选择输出绘图文件的方式。通常选择“C”可直接输出一个能够显示在显示器上的图片。

7.3.5　程序接口设计

Python 语言提供了一个能够将 Fortran 程序包装成可供 Python 程序直接调用的扩展模块的工具库 f2py 库。但是在本设计中界面程序并不需要把计算程序当作一个模块来调用，而是只要能够控制执行 Fortran 计算程序即可，同时考虑到 Fortran 程序在运行之前必须先编译成二进制文件，因此本设计中程序接口的基本设计思路是使用 Python 语言标准工具库 os 库的 system 方法直接调用已经编译好的二进制文件。

首先考虑如何把在界面上输入的数据输入到 Meangen 程序中，由于 Meangen 程序提供了一个通过文件读取设计参数的方法，所以在本设计的界面上增加了一个“确定设计参数”按钮，点击该按钮设计参数会按照 Meangen 程序中对数据的读取顺序写入一个文件中，在输出文件中写数据的功能由 inputFile 函数实现，然后再把 Meangen 模块修改为直接以文件方式输入数据，这样就把界面输入的数据通过文件与计算程序连接起来了，然后再将已经编译成二进制文件的三个 Multall 系统的计算程序放到指定文件夹内，最后在界面上增加三个按钮并利用 os 工具库的 system 方法实现按下这些按钮就会调用相应的计算模块。

此外，设计过程中还发现 Multall 模块只能计算涡轮级数在 8 级以内的涡轮机，在核查了 Multall 模块的头文件 commall-open-17.1 之后对参数的限制进行了修改，但是在将修改后的程序进行编译时终端提示“段错误”。“段错误”是由于程序对计算机内存的非法访问而引起的，最常见的一种“段错误”是计算机内存不足，此处正是由于运行环境下计算机的内存不足而引起的。使用 VMware Workstation 软件创建一个 Linux 虚拟机并对该虚拟机的内存进行逐步调节以后，得出头文件 commall 中的数据扩大倍数和需求的计算机内存之间的关系大致如表 7-16 所示。

表 7-16　Multall 程序计算限制与计算机内存的关系

计算限制的放大倍数	允许计算的最大涡轮级数	预计对计算机内存的需求
1.0	8 级	4 GB
2.0	14 级	8 GB
3.0	20 级	12 GB

按照表 7-16 的放大倍数分别编译三个不同版本的 Multall 计算模块的二进制文件，然后在界面程序中根据输入的涡轮级数判断自动选择使用哪一个版本的程序来进行计算。同时再利用 Python 语言的 psutil 工具库的 virtual_memory. total 方法获取当前运行环境下的计算机的实际内存，通过 Tkinter 库的 tkMessageBox 部件将本机内存信息和预计执行计算程序所需内存的信息显示在弹出的窗口上面，并告知用户若计算机内存小于计算所需内存则可能会出现“段错误”。

7.3.6　程序界面

界面程序编写完成以后，在 Linux 系统的终端上输入 Python 命令运行该程序，生成的界面如图 7-9 所示。

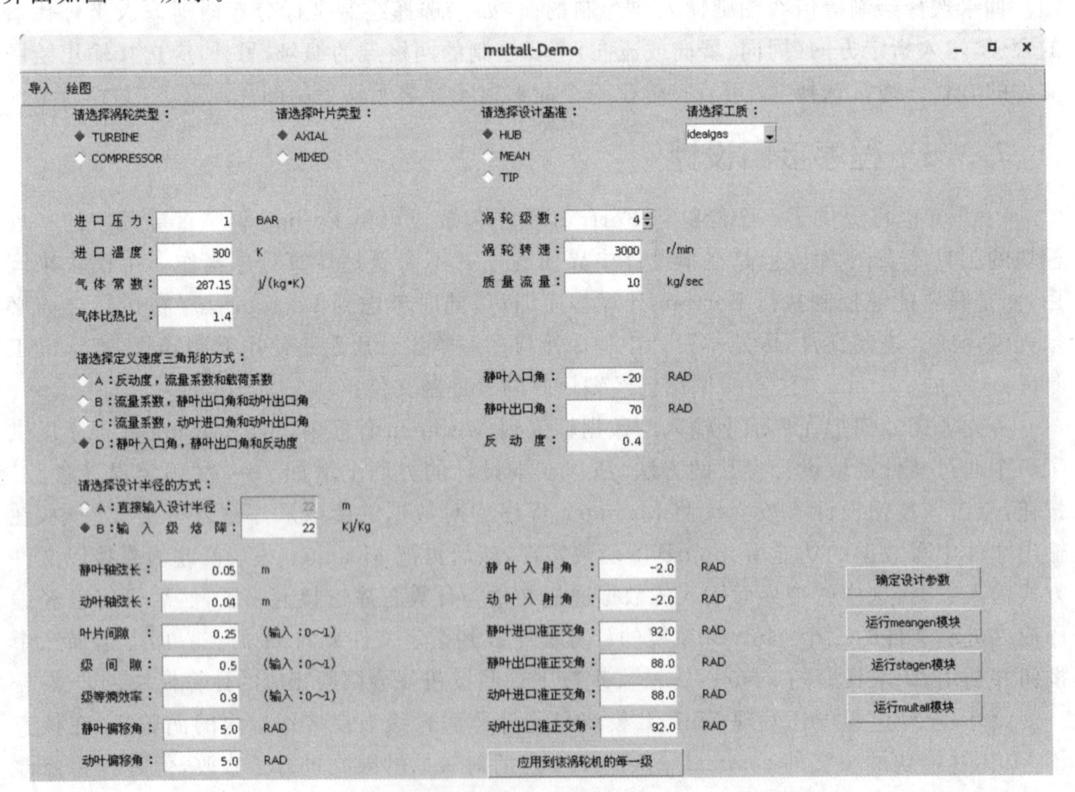

图 7-9　界面程序的初始界面

运行该程序，界面上自动导入了示例 4stg-turbine 的设计参数，以其为默认值，该示例以理想气体 idealgas 为流动工质，如果将工质修改为其他实际气体，例如修改为水蒸气，则气体常数和气体比热比这两项的输入部件将变得不可选中，如图 7-10 所示。

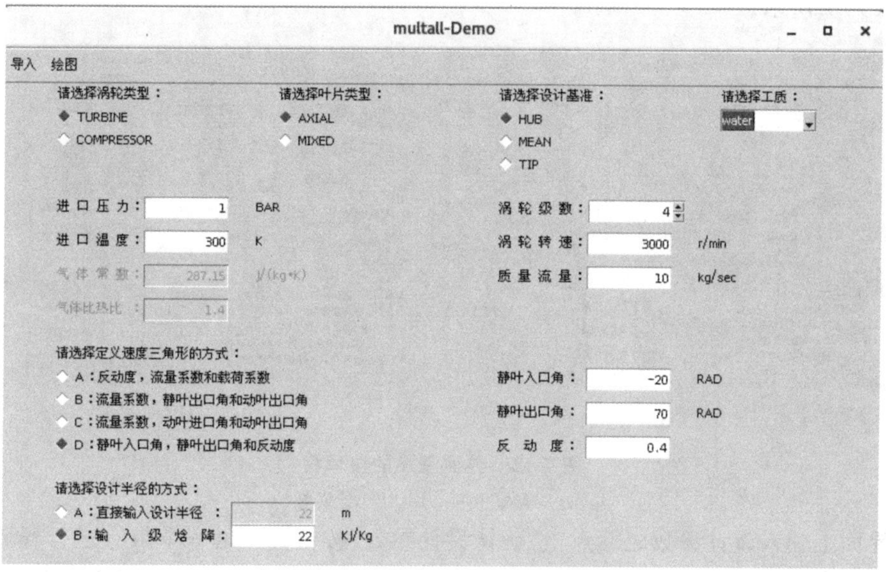

图 7-10　工质修改为实际气体时的界面

程序提供了四种定义速度三角形的方式，每一种方式对应三个输入值，选择不同方式时的界面分别如图 7-11 所示。

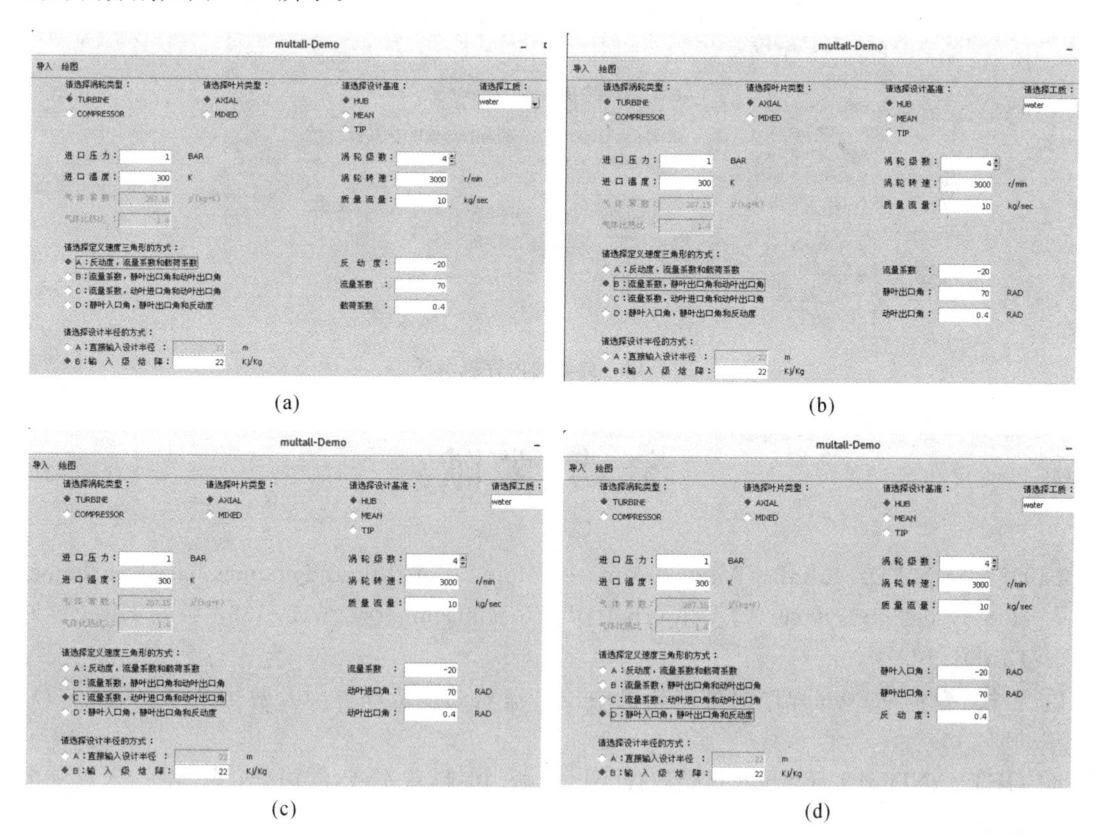

图 7-11　在界面上选择不同的定义速度三角形的方式

(a) “A”选项；(b) “B”选项；(c) “C”选项；(d) “D”选项

点击菜单栏上的“导入”按钮和“绘图”按钮将会分别弹出对应的下拉菜单，菜单内容如图 7-12(a)(b)所示。

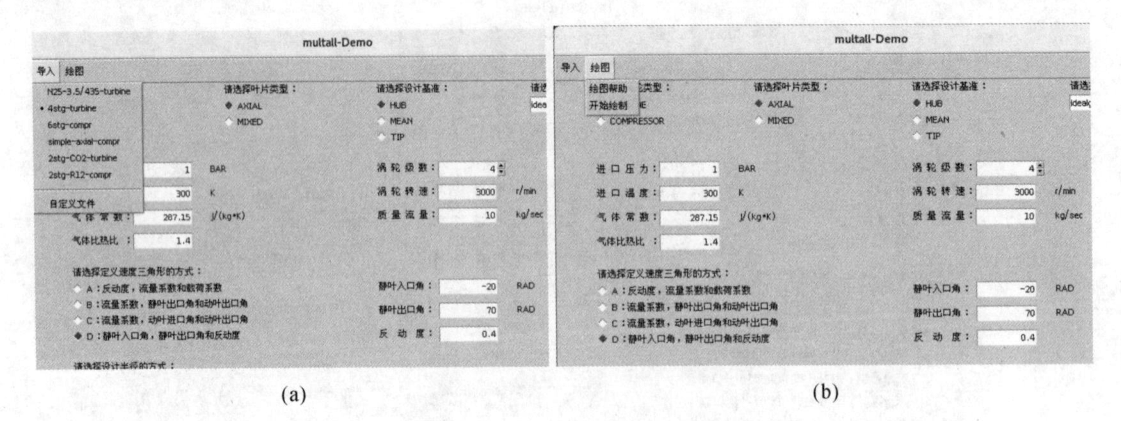

图 7-12　界面程序的菜单栏

(a)“导入”菜单；(b)“绘图”菜单

在界面上输入设计参数之后点击“确认设计参数”按钮会弹出一个带有运行环境下计算机的实际内存信息和对本次设计进行计算预计需要的内存的提示框，如图 7-13 所示。

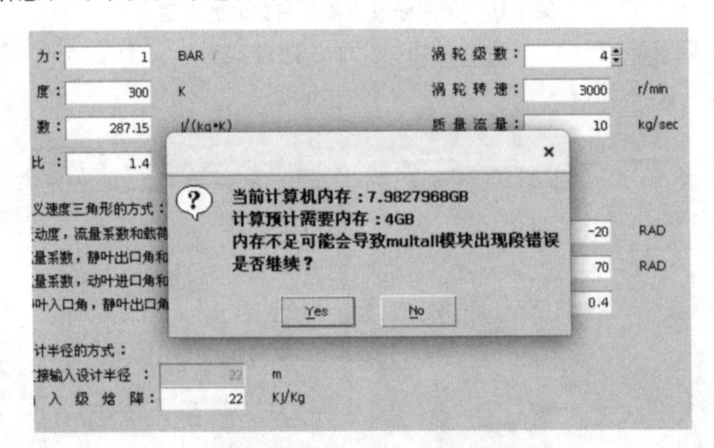

图 7-13　界面的内存提示框

参 考 文 献

[1] DENTON J D. Multall—An open source, computational fluid dynamics based, turbomachinery design system [J]. Journal of Turbomachinery, 2017, 139 (12): 121001.1-121001.12.

[2] 张枚. 基于 Denton 程序的某汽轮机中压缸流场的多级联算[J]. 热力透平, 2008(06): 112-116.

[3] HETLAND M L. Python 基础教程[M]. 2 版. 司维，曾军崴，潭颖华，译. 北京：人民邮电出版社，2010.

[4] 肖文鹏. 用 PyQt 进行 Python 下的 GUI 开发[J]. 中文信息，2002(7)：73-75.

[5] 波依洛特. FORTRAN 语言高级教程[M]. 杨绍卿，等译. 西安：陕西科学技术出版

社,1985.
[6] 李春曦.工业用水和水蒸气热力性质计算公式——IAPWS-IF97[J].锅炉技术,2002,33(6):15-19.
[7] 夏一民,罗军,邓胜兰.实时 Linux 操作系统初探[J].计算机应用研究,2001,18(1):45-48.
[8] 张玲.Linux 下 vim 编辑器的使用探讨[J].科技信息,2010(15):54-54.
[9] PETERSON P . F2PY:A tool for connecting Fortran and Python programs[J]. International Journal of Computational Science and Engineering,2009,4(4):296-305.
[10] 徐伶伶,赵静.Linux x86 平台下程序崩溃的调试方法及量化分析[J].计算机光盘软件与应用,2014(10):270-271.

汽流在级内的流动情况

1. 蒸汽在喷嘴中的流动情况

实际情况中蒸汽在级的叶栅通道内的流动形式是非理想流体在弯曲流道中的三元不稳定流动。为了降低计算难度和研究方便，做如下假设：

(1) 流动处于稳态，即流经叶栅三个特征截面的各项蒸汽参数及流量等参数独立于时间。

(2) 流动是绝热的，即蒸汽在叶栅中与外界没有热交换。在叶片长度较短时，可以近似认为叶栅中汽流参数在与流动方向相垂直的截面上不变，而只随流动方向变化，即一元流动。

可以得到，在不考虑势能变化时，一元稳定流动的能量方程为

$$h_0 + \frac{c_0^2}{2} = h_1 + \frac{c_1^2}{2}$$

式中：h_0、h_1 代表蒸汽流入、流出喷嘴时的焓值；c_0、c_1 代表蒸汽流入、流出喷嘴时的速度。

假设某渐缩喷嘴的出口面积为A_n，则通过喷嘴叶栅的理想流量 G_{nt}可表示为

$$G_{nt} = \frac{A_n c_{1t}}{\upsilon_{1t}}$$

式中：c_{1t}是蒸汽流经喷嘴出口处的理想速度；υ_{1t}为喷嘴出口处的理想蒸汽比容。

蒸汽在喷嘴内流动时由于受摩擦等因素的影响，通过喷嘴的实际流量 G_n 较理想流量小，可采用下述公式表示：

$$G_n = \frac{A_n c_1}{\upsilon_1}$$

式中：c_1 为蒸汽流经喷嘴出口处的实际速度；υ_1 为喷嘴出口处的实际蒸汽比容。

蒸汽在喷嘴中流动时产生损失，使得通过喷嘴的理想流量与实际流量有一定的差别，可用流量系数μ_n 来表示两者的关系，即

$$G = \mu_n G_t$$

两式联立可得μ_n 为

$$\mu_n = \varphi \frac{\upsilon_{1t}}{\upsilon_1}$$

式中：φ 为喷嘴速度系数，代表蒸汽在喷嘴出口处的实际速度 c_1 与喷嘴出口理想速度的比值，即

$$\varphi = \frac{c_1}{c_{1t}}$$

由于诸多因素都可以对流量产生影响，为了计算方便，给出彭台门系数的定义，该系数

代表通过喷嘴的实际流量与相同初始状态下的临界流量之比,计算式如下:

$$\beta = \frac{G_n}{G_{cr}} = \sqrt{\frac{\frac{2}{k-1}\left(\varepsilon_n^{\frac{2}{k}} - \varepsilon_n^{\frac{k+1}{k}}\right)}{\left(\frac{2}{k+1}\right)^{\frac{k+1}{k-1}}}}$$

式中:k 为工质的绝热指数;ε_n 为喷嘴能量损失的系数。

当喷嘴前滞止参数和喷嘴截面一定,流过喷嘴的流量达到最大值时的流量称为临界流量。由过热蒸汽和饱和蒸汽求得的实际临界流量近似相等,实际使用时,统一为

$$G_{cr} = 0.648\,A_n\sqrt{p_0^*\ \rho_0^*}$$

则实际喷嘴流量 G_n 可表示为

$$G_n = 0.648\beta A_n\sqrt{p_0^*\ \rho_0^*}$$

2. 蒸汽在动叶中的流动情况

汽轮机在工作时,对于每个级,从喷管出来的高速汽流有一个绝对速度 c_1,高速汽流进入动叶栅并推动其转动,动叶出口沿圆周方向有一个圆周速度 u_1,从旋转的动叶栅的角度来看,进入动叶通道的汽流有一个相对速度 w_1。同样,汽流以相对速度 w_2 从动叶栅中流出,动叶出口处有一个圆周速度 u_2,从绝对坐标来看,动叶栅流出的汽流对应有一个绝对速度 c_2。为了避免坐标转换的问题,给出以下速度关系式:

1）进口处速度三角形计算

进口处速度三角形中的物理量的计算公式及说明如下:

$$u = \frac{\pi d_m n}{60}$$

$$w_1 = \sqrt{c_1^2 + u^2 - 2uc_1\cos\alpha_1}$$

$$\beta_1 = \arcsin\frac{c_1\sin\alpha_1}{w_1}$$

式中:d_m 为动叶栅的平均直径;n 代表汽轮机转速;u 代表圆周速度;β_1 代表动叶进口汽流相对方向角;w_1 代表动叶栅进口汽流的相对速度。

2）出口处速度三角形计算

出口处速度三角形中的物理量的计算公式及说明如下:

$$c_2 = \sqrt{w_2^2 + u^2 - 2uw_2\cos\beta_2}$$

$$\alpha_2 = \arctan\frac{w_2\sin\beta_2}{w_2\sin\beta_2 - u}$$

式中:c_2 代表动叶出口绝对速度;α_2 代表动叶栅出口绝对速度方向角;w_2 是动叶栅出口处的汽流相对速度;n 汽轮机转速;α_1 为喷嘴出口汽流绝对速度方向角;β_2 为动叶栅出口处的汽流相对速度方向角。

动叶栅进出口速度三角形如附图 1-1 所示。

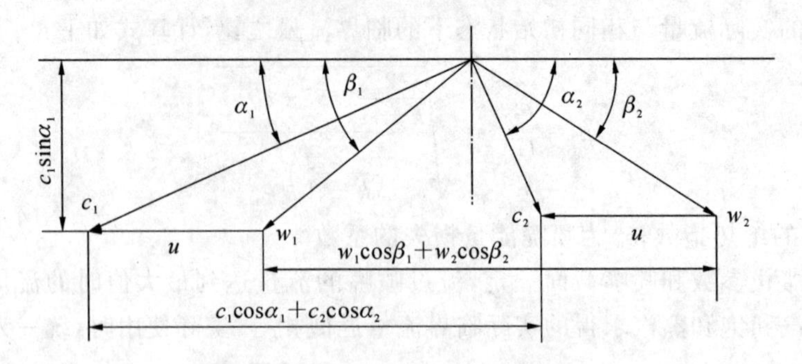

附图 1-1　动叶栅进出口速度三角形

叶片和叶栅的结构参数及苏字叶型数据

反映叶栅几何特性的主要参数如附图 2-1 所示，有环形叶栅的平均直径 d_{m}、叶片高度 l、叶栅节距 t（叶栅中两相邻叶型相应点间的距离）、叶栅宽度 B、叶型弦长 b（中弧线两端点间的距离）、出口边厚度 Δ、进口边宽度 a 和出口边宽度 a_1、a_2 及喉部宽度 a_{m} 等。

叶型的中弧线是叶型诸内切圆圆心的连线，叶型中弧线的前端点和后端点分别称为叶栅的前缘点和后缘点。在研究汽轮机叶栅和整理叶栅试验数据时，对于汽流特性相同的几何相似叶栅，引用下列无因次量：相对节距 $\bar{t}=t/b$，相对高度 $\bar{l}=l/b$，相对长度（径高比）$\theta=d/l$ 等。

与叶栅汽道形状和汽流方向有关的汽流角和叶型角，也是叶栅几何特性的重要参数。在附图 2-1 中，α_1 和 β_2 为喷嘴叶栅和动叶栅的出口汽流角，α_0 和 β_1 为进口汽流角，α_{s} 和 β_{s} 是叶栅的安装角，它是叶栅出口额线（叶片出口边连线）与弦长之间的夹角。对于一定的叶型，安装角直接影响到叶栅汽道的形状和出口汽流角 α_1 和 β_2 的大小。$\alpha_{0\mathrm{g}}$ 和 $\beta_{1\mathrm{g}}$ 为叶型进口角，它是叶型中弧线在前缘点的切线与叶栅前额线之间的夹角，只随安装角变化，与汽流流动无关。$\alpha_{1\mathrm{g}}$ 和 $\beta_{2\mathrm{g}}$ 为叶型出口角。δ 为汽流冲角，是叶型进口角与汽流进口角之差，即 $\delta_0=\alpha_{0\mathrm{g}}-\alpha_0$，$\delta_1=\beta_{1\mathrm{g}}-\beta_1$。当叶型进口角大于汽流角时的冲角为正，反之为负。

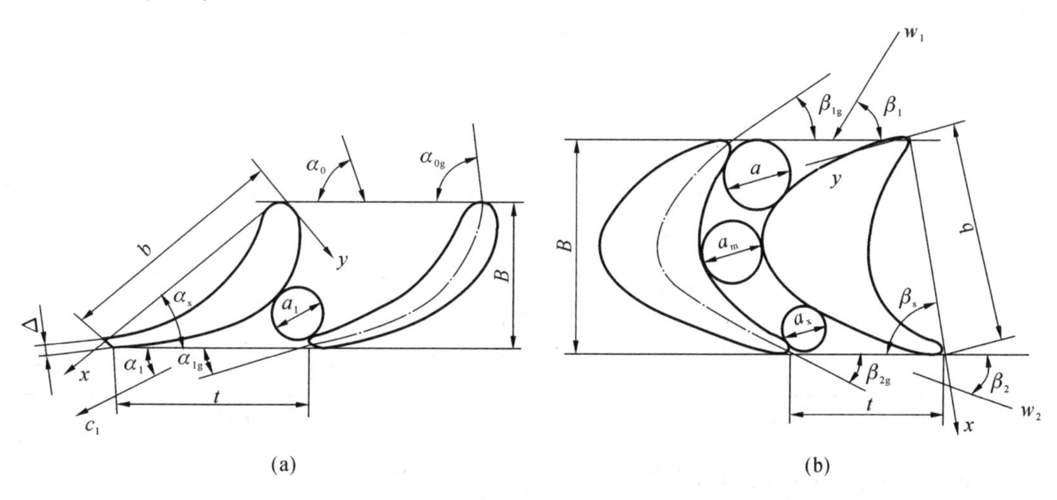

附图 2-1　叶片和叶栅的几何特性参数

附表 2-1　常用的部分苏字 MЭИ 汽轮机叶栅的主要几何特性

叶栅类型	叶栅系列	速度范围(马赫(Ma))	进汽角	出汽角/(°)	叶型型号	最佳栅距(无量纲系数)	最佳安装角/(°)	说明
喷嘴反动式动叶栅	(A)系列	0.3～0.9	70～100	8～11	TC-0A	0.76～0.95	30～33	
				10～14	TC-1A	0.74～0.90	32～36	
				13～17	TC-2A	0.70～0.90	37～41	
				16～22	TC-3A	0.65～0.85	41～46	
				22～27	TC-4A	0.60～0.74	43～46	
				27～32	TC-5A	0.55～0.64	46～49	
				33～37	TC-6A	0.52～0.60	53～56	
				13～17	TC-1A-I	0.74～0.95	50～54	适用于小速度比下工作的中间级
			45～60	17～22	TC-2A-I	0.7～0.9	56～60	
			55～70	22～27	TC-3A-I	0.65～0.85	62～66	
			60～70	27～32	TC-4A-I	0.6～0.74	68～72	
			65～80	32～37	TC-5A-I	0.55～0.64	72～75	
	(Б)系列	0.85～1.3	70～110	10～14	TC-1Б	0.74～0.95	32～36	
				13～17	TC-2Б	0.70～0.90	37～41	
				16～22	TC-3Б	0.65～0.85	41～46	
				22～27	TC-4Б	0.58～0.74	44～50	
				27～32	TC-5Б	0.55～0.64	48～54	
	(B)系列	1.3～1.6	60～120	7～11	TC-1B	0.65～0.75	27～31	$f=1.05\sim1.3$
				11～15	TC-2B	0.65～0.75	37～41	
				15～20	TC-3B	0.65～0.75	37～41	
				20～25	TC-4B	0.65～0.75	46～50	
		1.6～2.5	60～120	7～11	TC-1BP	0.55～0.65	27～31	
				11～15	TC-2BP	0.55～0.65	37～41	
				15～20	TC-3BP	0.52～0.65	37～41	
				20～25	TC-4BP	0.55～0.65	46～50	
冲动式动叶栅	(A)系列	0.3～0.9	14～25	13～15	TP-0A	0.6～0.75	76～79	
			18～33	16～19	TP-1A	0.6～0.7	76～79	
			25～40	19～22	TP-2A	0.58～0.65	76～79	
			28～45	24～28	TP-3A	0.56～0.64	77～80	
			35～50	28～32	TP-4A	0.55～0.64	74～88	
			40～55	32～36	TP-5A	0.52～0.60	76～79	
			45～65	36～39	TP-6A	0.52～0.58	77～81	
	(Б)系列	0.85～1.25	18～28	17～20	TP-1Б	0.59～0.7	77～82	
					TP-1БK			
			22～33	19～22	TP-2Б	0.58～0.65	81～85	
					TP-2БK			
			26～38	24～28	TP-3Б	0.57～0.62	83～88	
			30～42	27～32	TP-4Б	0.55～0.6	84～88	
			35～48	32～35	TP-5Б	0.52～0.6	85～89	
	(B)系列	1.25～1.9	18～24	18～20	TP-1B	0.57～0.65	87～89	
			20～26	20～23	TP-2B	0.58～0.63	87～89	
			23～30	22～26	TP-3B	0.55～0.60	87～90	
			26～32	25～28	TP-4B	0.54～0.58	88～90	

注：1. 叶型型号中符号的意义：T 表示汽轮机；C 表示喷嘴；P 表示动叶；A 表示亚声速叶型；Б 表示近声速及跨声速叶型；B 表示超声速叶型。

2. 叶型型号中数字 0,1,2,…表示叶栅出汽角的系列，数字增大表示叶栅进出汽角增大。

附表 2-2　常用的部分苏字(MЭH)叶型特性数据

型号	面积	重心坐标		Ⅰ-Ⅰ轴				Ⅱ-Ⅱ轴			υ-υ 轴		
	A/cm^2	/mm		I_{min} /cm^4	W/cm^3		ρ/mm	I_{max} /cm^4	W/cm^3		I_y /cm^4	W/cm^3	
		x	y		max	min			max	min		max	min
静叶													
25TC -1A(1)型	2.331	15.417	7.150	0.1905	0.3402	0.2675	2.832	2.765	1.793	0.8497	0.890	0.756	2.674
61TC-1A 型	13.17	36.80	16.79	5.72	4.17	3.41	6.59	88.00	23.92	11.62	(与 a_y 有关,见附图 2-3)		
30.2TC-2Б 型	3.07	16.83	7.67	0.31	0.49	0.41	3.2	4.00	2.38	1.22	1.61	1.08	1.06
45TC-2A 型	6.99	25.52	11.65	1.58	1.39	1.20	4.75	20.03	7.32	3.77	8.53	3.43	3.32
75TC -3A 型	15.889	39.29	17.483	8.109	5.379	4.638	7.144	109.932	27.98	14.85	54.10	14.42	14.201
动叶													
45TP-0A 型	7.681	26.873	19.684	4.355	2.878	2.213	7.53	9.913	5.212	3.689	9.702	4.432	4.198
25TP-1A(1)型	1.79	10.50	9.42	0.206	0.305	0.219	3.40	0.679	0.647	0.453	0.67	0.555	0.517
38TP-1Б 型	4.56	19.71	18.47	1.32	1.22	0.86	5.40	3.84	2.37	1.72	3.77	2.06	1.92
40TP-1A 型	4.787	24.49	13.744	1.468	1.024	1.057	5.52	4.653	2.662	1.966	4.456	2.355	2.138
45TP-2A 型	5.909	23.433	20.385	2.012	1.651	1.298	5.82	7.103	3.780	2.641	7.199	3.342	3.07
32TP-3A 型	2.723	16.779	12.820	0.40	0.515	0.411	3.83	1.730	1.280	0.914	1.690	1.110	1.00
45P-4A 型	4.033	24.15	16.76	0.743	0.89	0.652	4.3	5.149	2.664	1.894	4.85	2.32	2.01
38TP-5A 型	2.316	20.760	12.750	0.230	0.366	0.267	3.15	2.068	1.286	0.904	2.00I	1.141	0.969

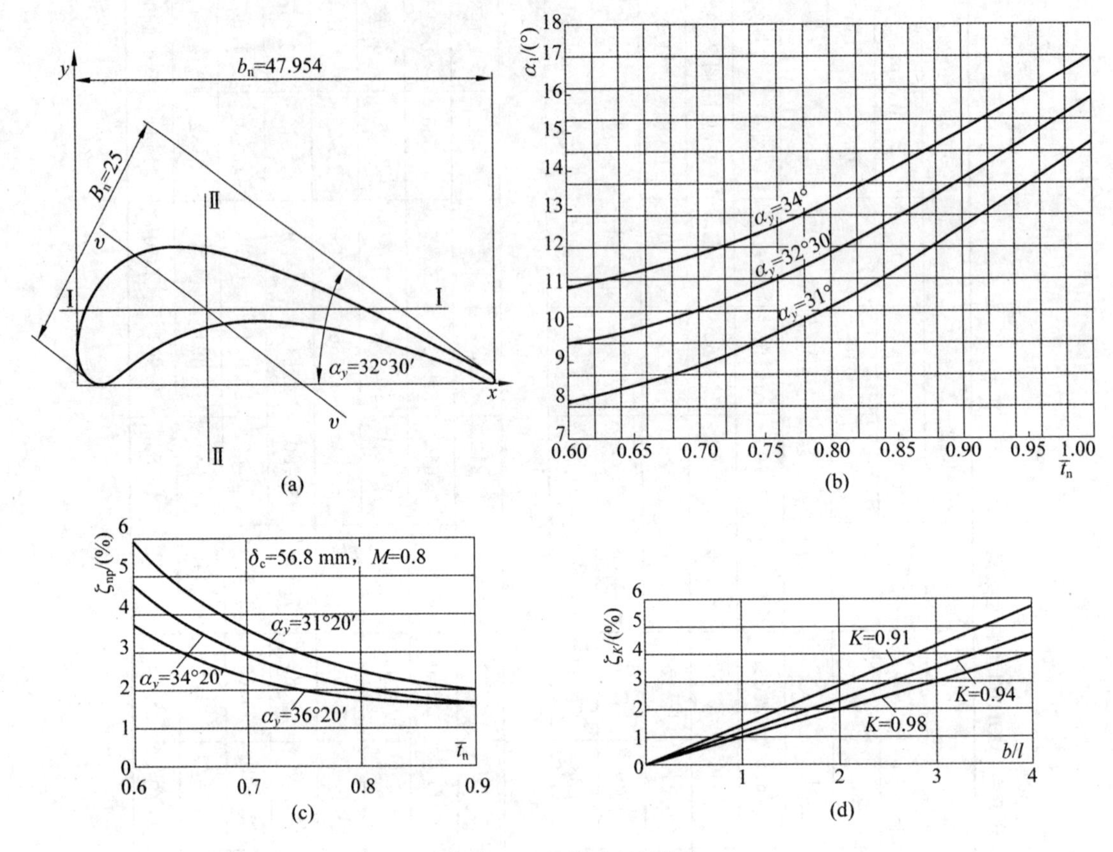

附图 2-2 TC-1A(1)叶型

(a) TC-1A(1)叶片型线；(b) TC-1A(1)叶型 α_1-α_y-$\bar{t}_n$ 特性曲线；

(c) TC-1A(1)叶型 ζ_{np}-α_y-$\bar{t}_n$ 曲线；(d) TC-1A(1)叶型 ζ_K-K-b/l 曲线

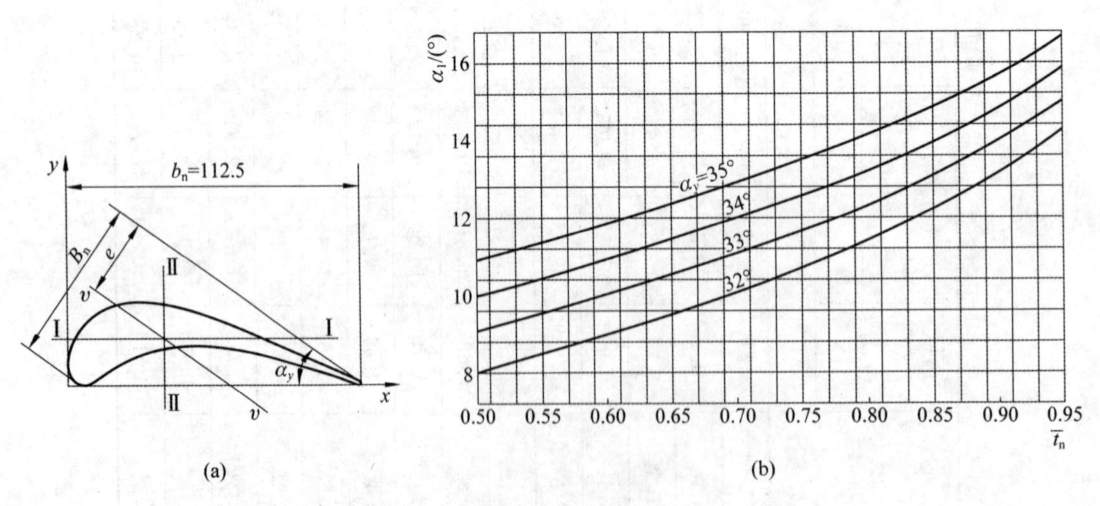

附图 2-3 TC-1A 叶型

(a) TC-1A 叶片型线；(b) TC-1A 叶型 α_1-α_y-$\bar{t}_n$ 特性曲线

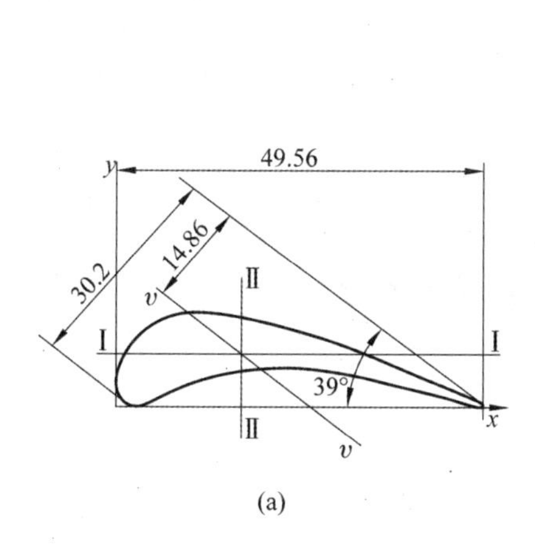

(a)

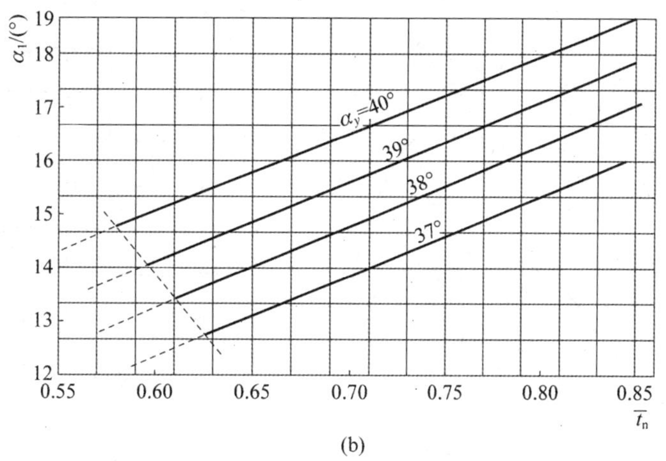

(b)

附图 2-4　TC-2Б 叶型

(a) TC-2Б 叶片型线；(b) TC-2Б 叶型 α_1-α_y-$\bar{t}_n$ 特性曲线

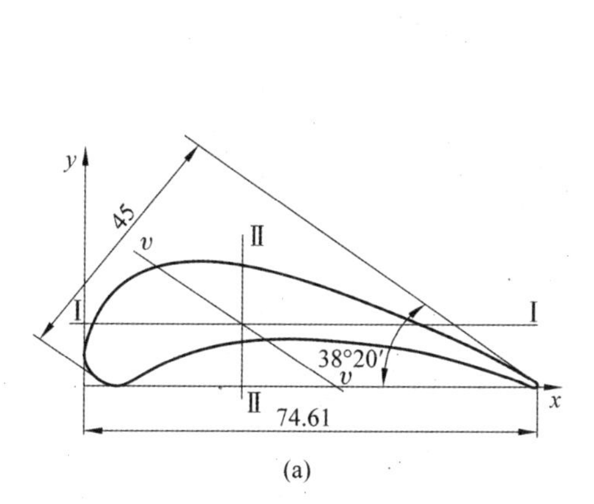

(a)

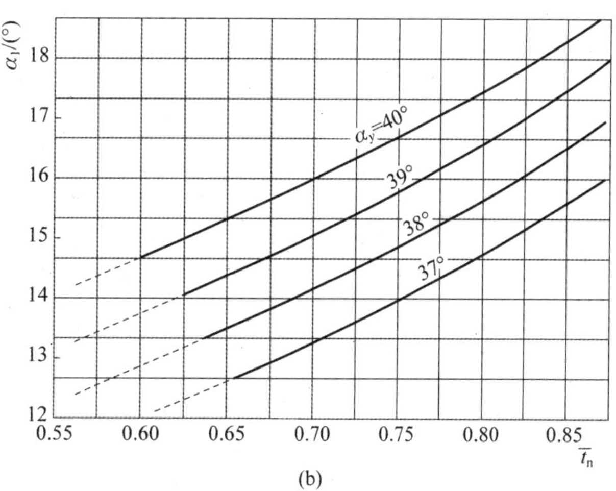

(b)

附图 2-5　TC-2A 叶型

(a) TC-2A 叶片型线；(b) TC-2A 叶型 α_1-α_y-$\bar{t}_n$ 特性曲线

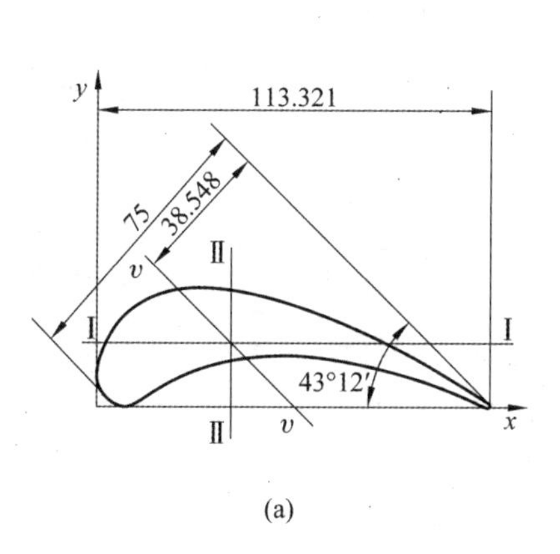

(a)

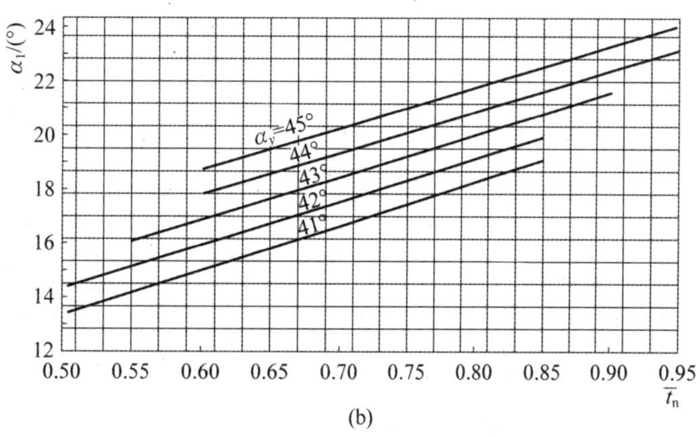

(b)

附图 2-6　TC-3A 叶型

(a) TC-3A 叶片型线；(b) TC-3A 叶型 α_1-α_y-$\bar{t}_n$ 特性曲线

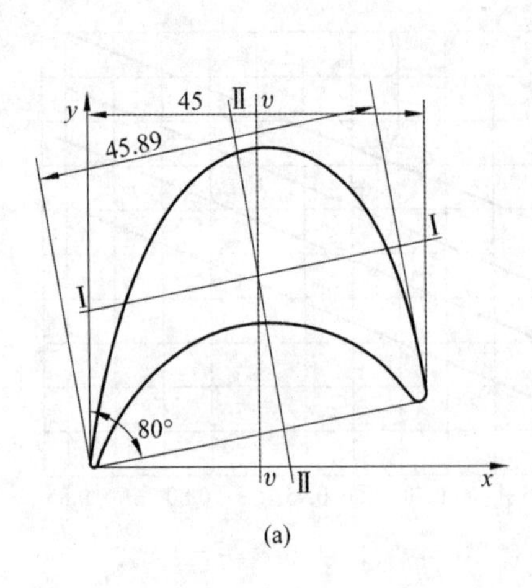

(a)

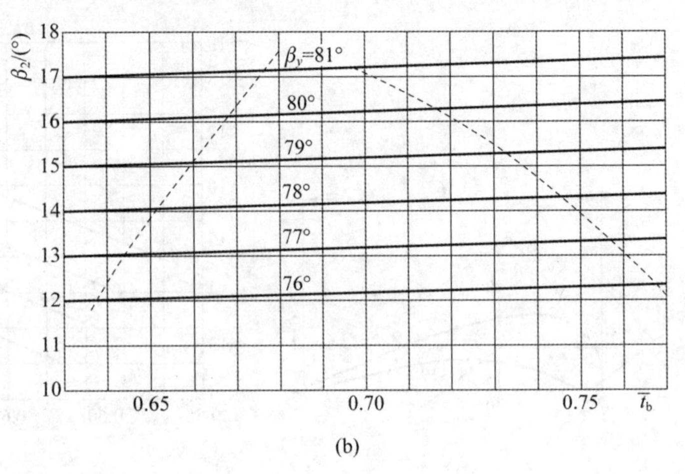

(b)

附图 2-7　TP-0A 叶型

(a) TP -0A 叶片型线；(b) TP -0A 叶型 β_1-β_y-$\bar{t}_b$ 特性曲线

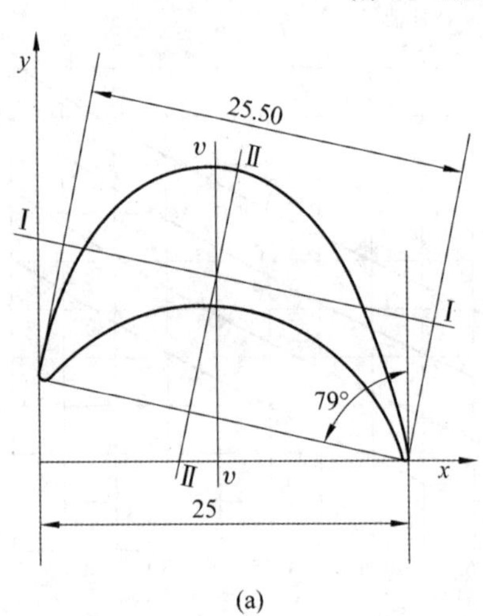

(a)

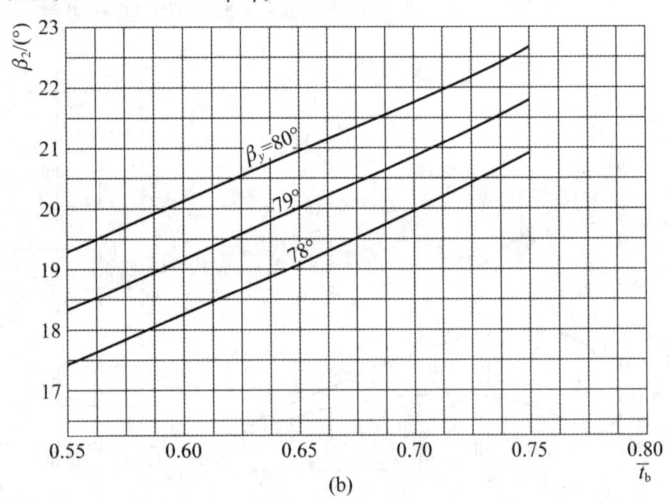

(b)

附图 2-8　TP-1A(1)叶型

(a) TP-1A(1)叶片型线；(b) TP -1A(1)叶型 β_1-β_y-$\bar{t}_b$ 特性曲线

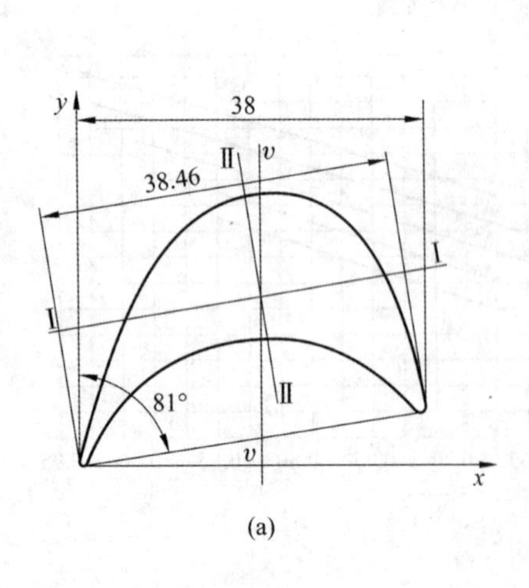

(a)

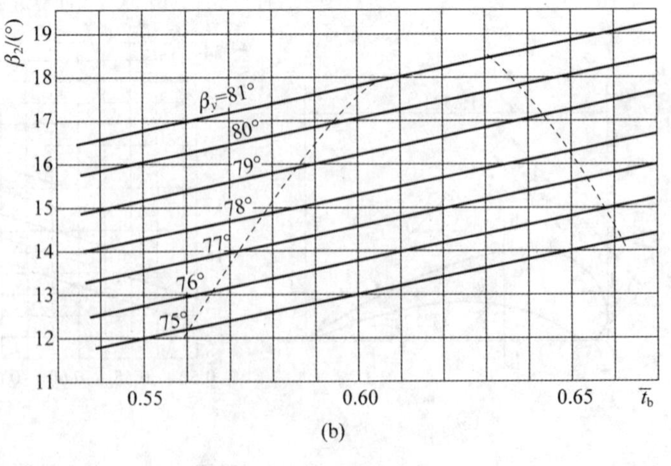

(b)

附图 2-9　TP-1Б 叶型

(a) TP-1Б 叶片型线；(b) TP -1Б 叶型 β_1-β_y-$\bar{t}_b$ 特性曲线

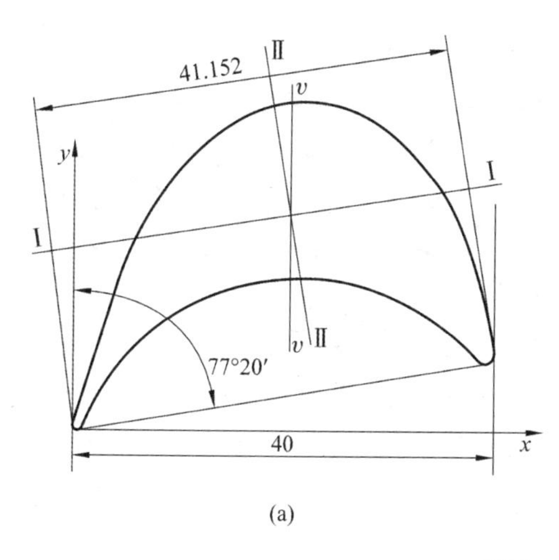

(a)

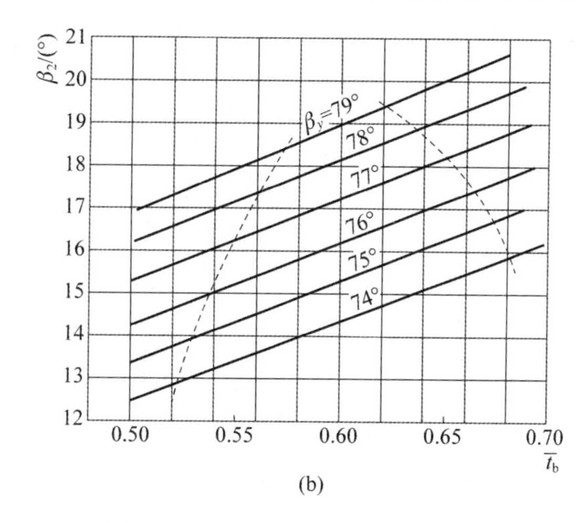

(b)

附图 2-10　TP-1A 叶型

(a) TP-1A 叶片型线；(b) TP -1A 叶型 β_1-β_y-$\bar{t}_b$ 性曲线

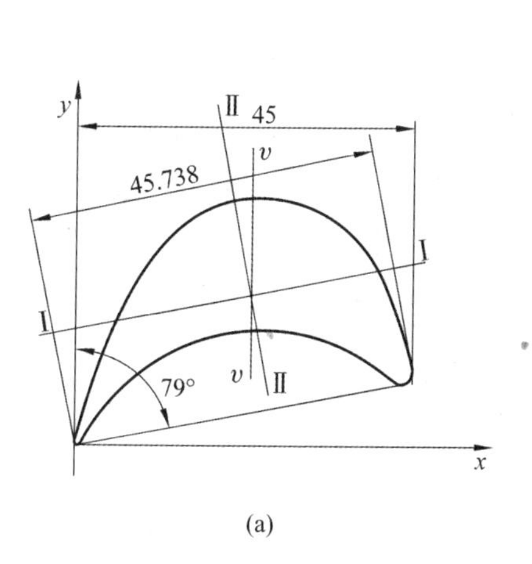

(a)

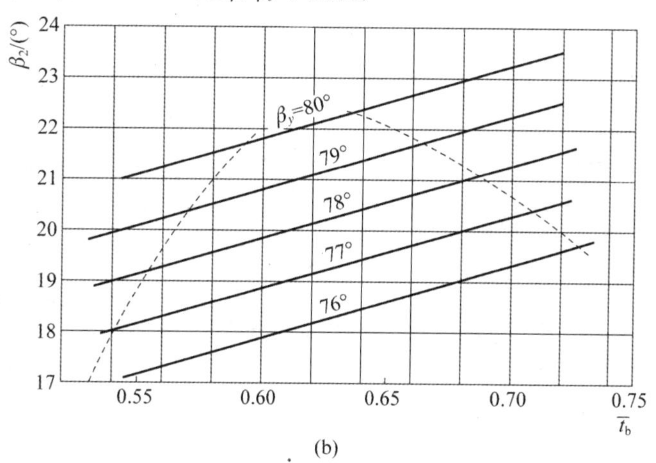

(b)

附图 2-11　TP-2A 叶型

(a) TP-2A 叶片型线；(b) TP -2A 叶型 β_1-β_y-$\bar{t}_b$ 特性曲线

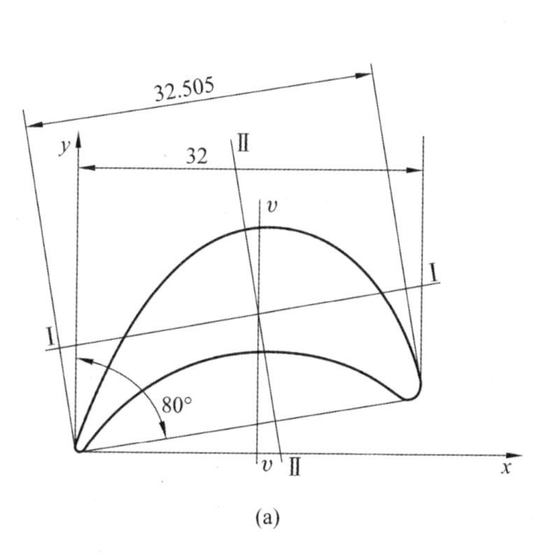

(a)

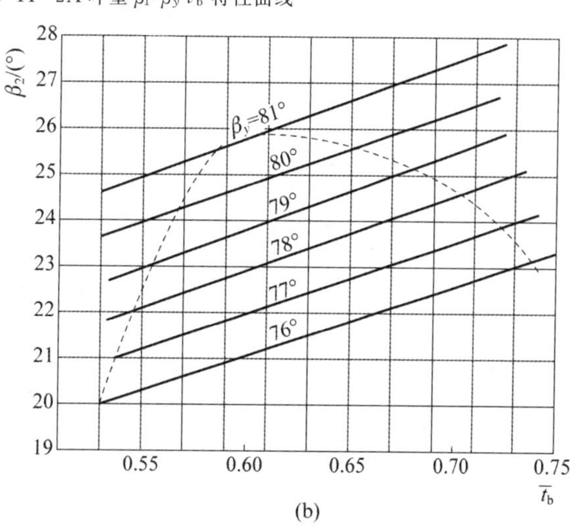

(b)

附图 2-12　TP-3A 叶型

(a) TP-3A 叶片型线；(b) TP -3A 叶型 β_1-β_y-$\bar{t}_b$ 特性曲线

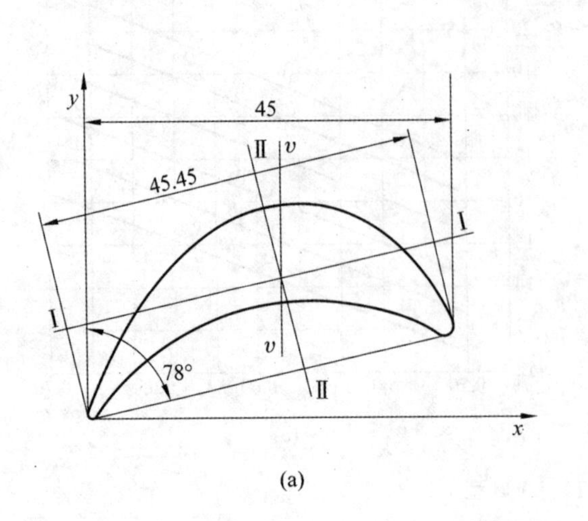

(a)

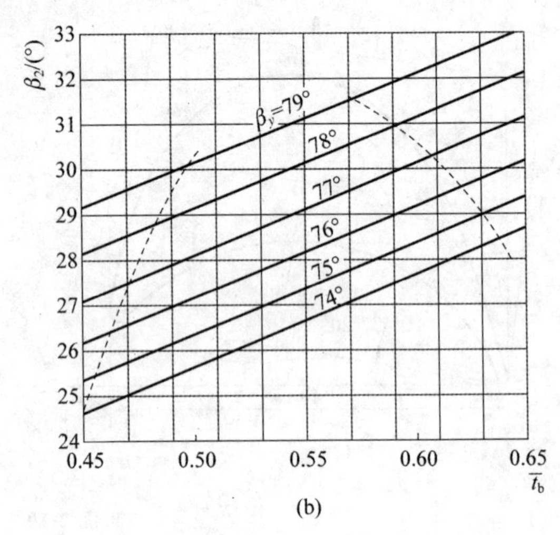

(b)

附图 2-13 TP-4A 叶型

(a) TP-4A 叶片型线；(b) TP -4A 叶型 β_1-β_y-$\bar{t}_b$ 特性曲线

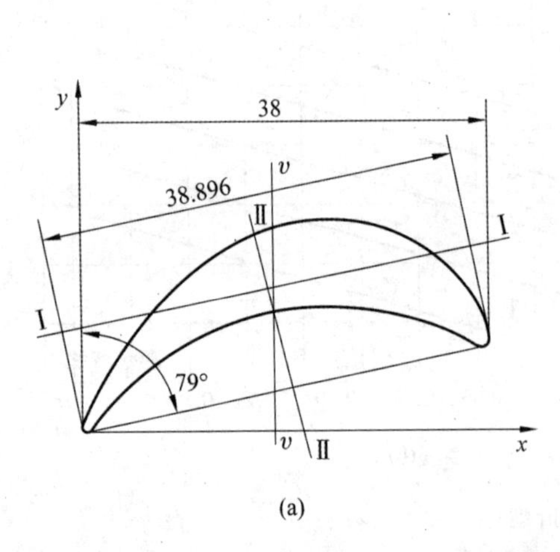

(a)

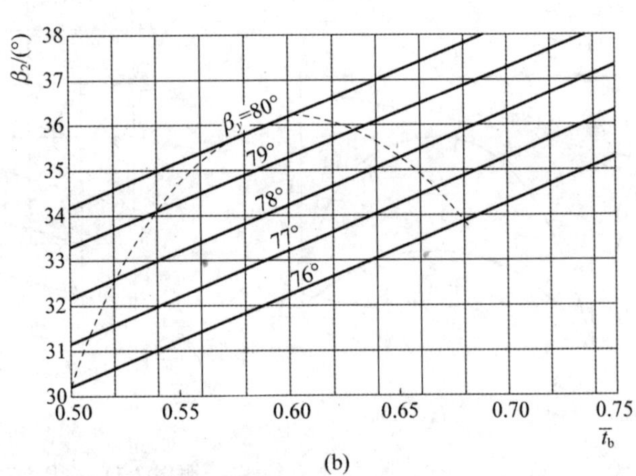

(b)

附图 2-14 TP-5A 叶型

(a) TP-5A 叶片型线；(b) TP-5A 叶型 β_1-β_y-$\bar{t}_b$ 特性曲线

部分国内外汽轮机通流部分数据资料

附表 3-1　国产大容量汽轮机通流部分间隙值

N100-8.82/535 型　　(mm)

位置	级号										
	1 第 1 列	1 第 2 列	2～11	12、13	14	15	16、21	17、22	18、23	19、24	20、25
叶顶处轴向间隙 a(叶片进汽侧)	1.0	1.2	1.5	2.0	2.0	2.0	4.0	4.0	6.1	14	16.17
叶根处轴向间隙 c(叶片进汽侧)	1.2	1.5	1.5	3.0	2.14	3.0	3.95	4.0	7.86	6.4	7.4
叶顶处径向间隙	1.50～2.00	1.50～2.00	1.50～1.90	1.50～1.90	1.50～1.90	1.50～1.90	1.50～1.90	1.00～1.35	3.0	3.0	6.0

N200-12.74/535/535 型　　(mm)

位置	级号												
	1～9	10～12	13～16	17～19	20～21	23	24	28	29	33	34	22 25、30、35 26、31、36	27、32、37
叶顶处轴向间隙 a(叶片进汽侧)	2.0	1.5	2.0	2.0	2.0	4.0	4.0	4.0	4.0	4.0	4.0		10.17
叶根处轴向间隙 c(叶片进汽侧)	2.0	1.5	2.0	2.5		4.4	4.5	5.45	4.5	7.95	7.0		
叶顶处径向间隙	1.00～1.25	1.00～1.25	1.50～1.75	1.50～1.75	1.50～1.85	1.00～1.35	1.00～1.35	1.50～1.85	1.00～1.35	1.50～1.85	1.00～1.35	3.0	7.0

N125-13.23/550/550 型　　(mm)

位置	级号													
	1	2～7	8～9	10～13 14～15	16～18	19	20	26	21	27	22、28	23、29	24、30	25、31
叶顶处轴向间隙 a(叶片进汽侧)		2.1～2.6	2.0～2.5			～4.83	4.0～4.5	2.0～2.5	4.0～4.5	2.0～2.5				
叶根处轴向间隙 c(叶片进汽侧)	2.0～2.5	2.1～2.6	2.0～2.5	2.0～3.0	2.0～2.5	2.0～2.5	4.0～4.5	2.0～2.5	4.0～4.5	2.0～2.5	6	9.5、7.5	11、10.5	12
叶顶处径向间隙	1.5	1.5	1.5	1.5	1.5	2.5	1.5	1.5	1.5	1.5	3	3	3	4

附表 3-2　部分国产凝汽式汽轮机的主要技术参数

额定功率/MW	设计功率/MW	转速/(r/min)	进汽参数		排汽参数		回热参数		热经济性			汽轮机	
			压力/MPa	温度/℃	背压/MPa	冷却水温/℃	抽汽级数	给水温度/℃	相对内效率/(%)	汽耗率/(kg/(kW·h))	热耗率/(kJ/(kW·h))	级数	质量/t
0.75	0.6	6500/1500	1.27	340	0.00883	27	2	104	76	～6.80	～18422	1c+5	5
1.5	1.5	5550/1500	1.27	340	0.00833	27	2	104	～79	～6.00	～16329	1c+6	6.5
3	2.25	5600	2.36	390	0.00784	27	2	104		5.34		1c+8	
6	4.5	3000	3.43	435	0.00686	27	3	150	79.2	4.90	13147	1c+8	32
12	9	3000	3.43	435	0.00647	27	3	147.5	82.4	4.62	12226	1c+8	48
25	20	3000	3.43	435	0.0051	20	4	165	83.6	4.48	11660	1c+9	85
25	20	3000	3.43	435	0.0049	20	5	159	85.5	4.28	11263	1c+12	67
50	45	3000	8.82	535	0.0046	20	7	221	85.9	3.82	9630	1p+21	139
100	100	3000	8.82	535	0.0049	20	7	227	86.1	3.64	9254	1c+14+2×5	256
125	125	3000	13.23	550/550	0.0049	20	7	239	82/90	2.93	8332	1p+18+2×6	320
200	200	3000	12.74	535/535	0.00514	20	8	240	85.9/90.5/84.1	2.959	8403	1p+21+3×5	430
300	300	3000	16.17	565/565	0.0049	20	8	260	85.9/90	2.91	8000.5	1p+19+4×6	628
300	300	3000	16.66	637/537	0.00539	20	8	272.4		3.075	8080.5	1p+10+9+2×7	
600	600	3000	16.66	537/537	0.00539	20	8	273		3.048	8005.2	1p+10+2×9+2×2×7	1123

注：1. 表中字母“c”表示采用双列调节级；“p”表示采用单列调节级（下表同）。

2. 表中相对内效率为设计工况下数值（下表同）。

附表 3-3　部分国产背压式汽轮机的主要技术参数

产品型号	额定功率/MW	初压/MPa	初温/℃	背压/MPa	排汽温度/℃	汽耗率/(kg/(kW·h))	内效率/(%)	转速/(r/min)	理想比焓降/(kJ/kg)	汽轮机级数
B0.3-1.27/0.69	0.3	1.27	270	0.69	220.5	48.55	64.8	3000	142.4	1c
B0.6-1.27/0.69	0.6	1.27	270	0.69	218.5	45.7	67.7	3000	142.4	1c
B3-2.35/0.29	3	2.35	390	0.29	199.5	11.66	72.2	3000	494	1c+5
B3-3.43/1.08	3	3.43	455	1.08	319	18.63	66.8	3000	318.2	1c+2
B3-3.43/0.49	3	3.43	435	0.49	245	11.32	73.3	3000	494	1c +5
B6-3.43/0.98	6	3.43	435	0.98	299	15.14	78.05	3000	343.3	1c +4
B6-3.43/0.49	6	3.43	435	0.49	235	10.46	77.6	3000	494	1c +6
B12-3.43/0.98	12	3.43	435	0.98	293	14.5	80.6	3000	343.3	1c+4
B10-8.82/3.63	10	8.82	500	3.63	410	26.0	58.3	3000	268	1c
B25-8.82/0.98	25	8.82	535	0.98	274	8.21	80.5	3000	611.3	1c+8

注：表中给出的汽耗率为新汽参数和排汽参数均为额定值，即正常工况下的计算值。

附表 3-4　部分国产汽轮机末级长叶片数据(n=3000 r/min)

制造厂	额定功率/MW	叶片高度/m	平均直径/m	径高比 $\theta=d/l$	叶顶速度/(m/s)
哈尔滨汽轮机厂有限责任公司	600(引进型)	0.867	2.632	3.03	550
上海汽轮机厂有限公司	300(引进型)	0.867	2.607	3.01	545
上海汽轮机厂有限公司	300	0.700	2.035	2.91	430
东方汽轮机有限公司	300	1.000	2.600	2.60	585
北京重型电机厂有限责任公司	300	0.851	2.521	2.96	530
哈尔滨汽轮机厂有限责任公司	200	0.665	2.000	3.01	419
东方汽轮机有限公司	200	0.680	2.01	2.96	423
上海汽轮机厂有限公司	125	0.700	2.035	2.91	430
哈尔滨汽轮机厂有限责任公司	100	0.665	2.000	3.01	419
哈尔滨汽轮机厂有限责任公司	50	0.665	2.000	3.01	419
上海汽轮机厂有限公司	25	0.485	1.720	3.55	346
上海汽轮机厂有限公司	12	0.262	1.640	6.26	299

附表 3-5 不同国外制造厂 600 MW 等级汽轮机的末级长叶片数据

制造厂	用于 50 Hz 机组(3000 r/min)			用于 60 Hz 机组(3600 r/min)		
	末级长叶片高度/in	末级长叶片排汽面积/m²	材料	末级长叶片高度/in	末级长叶片排汽面积/m²	材料
西门子	56(1422.4 mm)	52.48	钛合金	47(1193.8 mm) 42(1066.8 mm)	36.57 3337	钛合金 钛合金
	45.3(1150.6 mm)	40.10	不锈钢	37.7(957.5 mm)	24.99	不锈钢
阿尔斯通	48(1219.2 mm)	43.28	钛合金	40(1016 mm)	30.17	钛合金
	45.5(1155.7 mm)	35.05	不锈钢	35.5(901.7 mm)	22.00	不锈钢
三菱	48(1219.2 mm)	约 37.19	钛合金	45(1143 mm) 40(1016 mm)	33.22	钛合金 不锈钢
日立	43(1092.2 mm)	109.30	不锈钢	43(1092.2 mm) 40(1016 mm)	27.64 —	钛合金 不锈钢
东芝	42(1066.8 mm)	31.39	不锈钢	40(1016 mm)	28.04	不锈钢

附表 3-6 1000 MW 汽轮机末级叶片

项目	上汽-西门子	东汽-日立	哈汽-东芝
长叶片	1146 mm(自由叶片,叶根形式为枞树形)	1092.2 mm(整体围带+凸台阻尼拉筋,8 叉叶根)	1219.2 mm(整体围带+阻尼凸台套筒拉筋,叶根形式为圆弧枞树形)
末级排汽面积/m²	4×10.96	4×10.11	4×11.87

附表 3-7 工业汽轮机的应用实例

项目	石油化工		化肥化工		天然气液化	冶金		制糖	大型电站	造纸
被驱动机械	压缩机 风机	发电机	压缩机 风机	发电机	压缩机 风机	风机	发电机	压榨机	给水泵、风机	发电机
功率/kW	10～40000		10～30000		25～45000	18000～50000		500～6000	2500～50000	750～50000
压力/MPa	1～13.5		1～13.5		4～7	3～9		1～4	0.5～2.5	1.5～10
温度/℃	180～550		180～550		450～490	400～535		230～400	250～400	300～535
转速/(r/min)	3000～10000	≥3000	3000～10000	≥3000	3000～5000	3500～6000	≥3000	一般带减速器		≥3000
变速要求	有	无	有	无	有	有	无	有	有	无
运行状况	连续运行		连续运行		连续运行	连续运行		季节性连续运行	连续运行	连续运行
可靠性要求	高	较高	高	较高	高	高	较高	高	高	较高

附表 3-8　部分国产凝汽式工业汽轮机蒸汽参数

型号	N1.5-2.35	N3-2.35	N6-3.43	N12-3.43
额定功率/kW	1500	3000	6000	12000
额定转速/(r/min)	6500/1500	5600/3000	3000	3000
进汽压力/MPa(ata)	2.35(24)	2.35(24)	3.43(35)	3.43(35)
进汽温度/℃	390	390	435	435
额定进汽量/(t/h)	8.4	16.3	29.6	53
给水温度/℃	105	105	164	164
回热级数			3	3
排汽压力/kPa(ata)	10.3(0.105)	10.3(0.105)	7.8(0.08)	6.86(0.07)
冷凝器面积	140	280	560	1000
冷却水温度	27	27	27	25
外形尺寸($L\times W\times H$)/m	3.7×2.2×2.1	4.1× 3.4×2.4	4.1×2.0×2.7	5.3×3.6×3.5
本体质量/t	～10	～13.5	～36.8	～49.4

附表 3-9　部分国产汽轮机单列调节级主要数据

汽轮机功率/MW	喷嘴叶型	动叶叶型	喷嘴高度/mm	动叶高度/mm	$\sin\alpha_1$	$\sin\beta_1$	面积比	平均直径/mm	理想比焓降/(kJ/kg)	速度比 $x_a=u/c_a$
50	TC-1A(3.5030)	TP-2A(3.4061)	22.9	24.7	0.2236	0.3432	1.65	1100	114.7	0.362
125	TC-1A	TP-1A	25	28	0.2147	0.3392	1.611	1100	103.8	0.379
200	TC-2A(3.5023)	TP-3A(3.4049)	31.5	34			1.56	1000	74.1	0.408
300	TC-1A	HQ-1	43	46	0.23	0.3481	1.523	1100	95.5	0.395

附表 3-10　部分国产汽轮机双列调节级主要数据

汽轮机形式	中压 25 MW 汽轮机				高压 100 MW 汽轮机			
部件	喷嘴	第一列动叶	导叶	第二列动叶	喷嘴	第一列动叶	导叶	第二列动叶
叶片型线	30TC-2Б	38TP-1Б	32TP-3A	38TP-5A	3.5000	3.4022	3.4023	3.4024
叶片高度/mm	20	24	28	32	27	32	37	40.5
出口角	14°19′	28°11′	24°50′	34°58′	14°	17°24′	23°38′	30°12′
面积比	1	1.5	2.35	3.67	1	1.47	2.28	3.13
平均直径/mm	1150				936			
理想比焓降/(kJ/kg)	281				205			
速度比 $x_a=u/c_a$	0.24				0.23			
转子形式	套装叶轮				整锻转子			

表 3-11　国产机组单列调节级主要参数

汽轮机部件	高压 100 MW 机组				中压 25 MW 机组			
	喷嘴	动叶-Ⅰ	导叶	动叶-Ⅱ	喷嘴	动叶-Ⅰ	导叶	动叶-Ⅱ
高度/mm	27	32	37	40.5	20	24	28	32
出口角	14°	17°24′	23°38′	30°12′	14°29′	18°11′	24°50′	34°58′
面积比	1	1.47	2.28	3.13	1	1.5	2.35	3.67
叶型	/				30TC-26	38TP-16	32TP-3A	35TP-5A
比焓降/速度比	205/0.23				281/0.24			

N50-8.82/535 型汽轮机热力设计数据

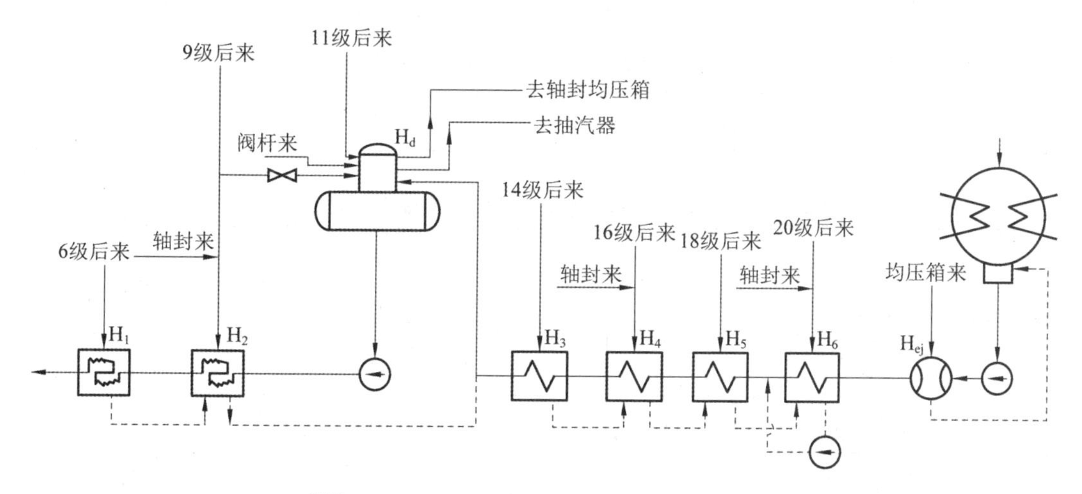

附图 4-1　N50-8.82/535 型汽轮机回热系统简图

附表 4-1　N50-8.82/535 型汽轮机基本数据

参数	符号	单位	数值
额定功率	P_r	kW	50000
设计功率	P_e	kW	45000
初压	p_0	MPa	8.82
初温	t_0	℃	535
工作转速	n	r/min	3000
背压	p'_c	MPa	0.0046
给水温度	t_{fw}	℃	217
凝汽器出口水温	t_c	℃	31.45
射汽器出口水温	t_{cj}	℃	38.68
总进汽量	D_0	t/h	171.390

续表

参数	符号	单位	数值
前轴封漏汽量	ΔD_l	t/h	4.090
阀杆漏汽量	ΔD_v	t/h	1.300
冷却水温度	t_{cl}	℃	20
凝汽器蒸汽量	D_c	t/h	121.000
射汽抽汽器比焓降	Δh_{ej}	kJ/kg	558.3
给水泵压头	p_{fp}	MPa	13.73
凝结水泵压头	p_{cp}	MPa	1.33
射汽器耗汽量	ΔD_{ej}	t/h	1.200

附表 4-2　N50-8.82/535 型汽轮机机组热经济性指标

参数	符号	单位	数值
机组内功率	P_i	kW	48146
排汽比焓	h_z	kJ/kg	2270.1
等比熵排汽比焓	h_{2t}	kJ/kg	2065
初比焓	h_0	kJ/kg	3479.6
汽轮机轴端功率	P_a	kW	47086
发电机效率	η_g	%	98
机组电功率	P_e	kW	46144
理想比焓降	$(\Delta h_t^{mac})'$	kJ/kg	1414.6
有效比焓降	Δh_t^{mac}	kJ/kg	1209.5
汽轮机相对内效率	η_{ri}	%	85.5
机械损失	ΔP_m	kW	1060
热耗率	q	kJ/(kW·h)	9462
绝对电效率	η_{el}	%	38
汽耗率	d	kg/(kW·h)	3.714

附表 4-3 N50-8.82/535 型汽轮机热平衡计算数据

加热器				H_1	H_2		H_d		H_3	H_4		H_5	H_6		H_{ej}
加热抽汽	抽汽压力	p_e	MPa	2.62	1.49		0.976		0.464	0.256		0.116	0.0357		
	加热器工作压力	p'_e	MPa	2.41	1.37		0.588		0.426	0.236		0.106	0.0328		
	压力 p'_e 下饱和水温	t'_e	℃	222	194.13		158.08		145.96	125.59		101.36	71.2		
	压力 p'_e 下饱和水比焓	h'_e	kJ/kg	952.9(847)①	826(708.8)		666.9		615	527.55		424.5	298.1		418.7
	抽汽比焓	h_e	kJ/kg	3208.7	3081.6		2992.6		2849.6	2747.5		2627.3	2474.6		2756.2
	1 kg 蒸汽放热量	$h_e-h'_e$	kJ/kg	2361.7	2372.8		2325.7		2234.6	2220		2202.8	2176.5		2337.5
凝结给水	被加热给水量	G_{fw}	t/h	171.390	171.390		148.740		148.740	148.740		123.450/25.290	123.450		123.450
	加热器端差	δt	℃	5	5		0		5	5		5	5		
	加热器出口水温	t_{w2}	℃	217	189.13		158.05		140.96	120.59		96.36	66.20		38.68
	加热器进口水温	t_{w1}	℃	189.13	158.05		140.96		120.60	96.36		66.20/71.2	38.68		31.45
	出口水比焓	h_{w2}	kJ/kg	932	805.1		666.9		594.1	506.6		403.6	277.2		161.9
	进口水比焓	h_{w1}	kJ/kg	805.1	666.9		594.1		506.6	403.6		277.2/298.1	161.9		131.7
	给水比焓升	$h_{w2}-h_{w1}$	kJ/kg	126.9	138.2		72.8		87.5	103.0		126.4/105.5	115.3		30.2
疏水(轴封阀杆漏汽)	进口比焓	h_2	kJ/kg		3404.3②	847	3479.6③	708.8		3404.3	615	527	3404.3	424.5	
	出口比焓	h_1	kJ/kg		708.8		2756.2④	666.9		527		424.5	298.1		
	比焓降	h_2-h_1	kJ/kg		2695.5	138.2	723.5	2812.7	41.9		2877.3	88	102.5	3106.2	126.4
	疏水量(漏汽量)	ΔD	t/h		2.62	9.397	0.52	0.61	18.680		1.020	5.883	12.318	0.630	20.124
	本级抽汽减少相当量	$\Delta D'$	t/h		2.974	0.547	0.162	0.737	0.336		1.322	0.233	0.573	0.899	1.169
计算抽汽量		$\Delta D'_e$	t/h	9.400	10.141		4.635		5.880	6.975		8.383	6.598		
实际抽汽量		ΔD_e	t/h	9.400	6.620		3.400	1.200⑤	5.880	5.420		7.810	4.530		1.200

注：① 括号内是疏水冷却段出口参数；② 轴封漏汽参数；③ 阀杆漏汽参数；④ 通向均压箱蒸汽参数；⑤ 供给抽汽器的抽汽量。

附表 4-4　N50-8.82/535 型汽轮机热力计算数据汇总(设计工况)

序号	项目	符号	单位	1	2	3	4	5	6	7	8	9	10	11	12	13	14	15	16	17	18	19	20	21	22
1	蒸汽流量	D	t/h	170.09	166	166	166	166	166	156.1	156.1	156.1	148	148	144.5	144.5	144.5	139	139	133.5	133.5	127	127	121	121
2	喷嘴平均直径	d_n	mm	1100	996.5	998.5	1001	1004	1008	1010	1015	1021	1025	1033	1041	1052.5	1066	1091	1144	1203	1273	1361	1487	1677	2004
3	动叶平均直径	d_b	mm	1100	997	999	1002	1005	1009	1011	1015	1022	1026	1034	1042.5	1054	1067.5	1092	1145	1204	1274	1362	1488	1678	2000
4	级前压力	p_0	MPa	8.38	6.01	5.13	4.08	3.70	3.12	2.62	2.19	1.81	1.49	1.21	0.975	0.772	0.603	0.464	0.351	0.256	0.184	0.116	0.0679	0.0357	0.0134
5	级前温度/干度	t_0/x_0	℃	534	492	467.5	447	426	405	383	361	338.5	316	293	270	245	220	195	169	140	0.996	0.976	0.9545	0.932	0.903
6	级前比焓值	h_0	kJ/kg	3479.6	3404.3	3366.6	3328.0	3288.1	3248.2	3207.4	3165.5	3123.1	3081.6	3036.1	2991.0	2944.8	2897.2	2847.8	2798.5	2745.2	2692.1	2624.2	2551.9	2469.6	2357.1
7	圆周速度	u	m/s	173	156.5	156.9	157.5	158	158.3	159	159.5	160.5	161	162.4	163.8	165.7	167.8	171.5	180	189	200	214	234	263.5	314
8	级理想比焓降	Δh_t	kJ/kg	112.6	51.25	51.71	52.0	51.75	51.58	52.46	52.17	52.25	53.00	53.55	54.47	55.56	57.07	56.61	60.83	60.50	79.26	84.91	98.1	137.54	135.19
9	级假想出口速度	c'_a	m/s	475	320	321	323	321	321	323.5	323.5	323.5	323.5	326.7	330	333	338	336	349	347.5	398	412	440.2	525	520
10	速度比	x'_a		0.364	0.489	0.489	0.488	0.492	0.493	0.492	0.493	0.497	0.495	0.497	0.496	0.497	0.497	0.51	0.516	0.543	0.503	0.519	0.53	0.502	0.63
11	平均反动度	Ω_m	%	7.5	7.35	7.94	7.5	9.14	10.7	10.4	12.5	13	13.9	15	14.9	15.5	16.7	24.6	25.3	34	40.2	35.1	47.9	46.7	57.4
12	喷嘴型线			3.5030	3.5015	3.5015	3.5015	3.5002	3.5002	3.5017	3.5017	3.5017	3.5017	3.5017	3.5017	3.5017	3.5017	3.5021	3.5021	3.5021	3.5004	3.5001	3.5003	3.5213	3.5214
13	动叶型线			3.4061	3.4030	3.4030	3.4030	3.4030	3.4030	3.4030	3.4030	3.4030	3.4030	3.4030	3.4029	3.4029	3.4029	3.4018	3.4018	3.4203	3.4203	3.4204	3.4204	3.4205	3.4230
14	利用上级的余速动能	Δh_{c0}	kJ/kg	0	0	1.21	1.298	1.34	1.34	1.34	1.42	1.42	1.465	1.549	1.59	1.63	1.72	1.84	2.13	2.30	2.26	3.098	3.85	4.98	11.05
15	喷嘴理想比焓降	Δh_n	kJ/kg	104.25	47.48	47.6	48.11	47.02	46.05	47.02	45.64	45.43	45.64	45.51	46.35	46.93	47.56	42.7	45.43	39.9	47.31	55.1	51.16	73.31	57.65
16	喷嘴滞止比焓降	Δh_n^*	kJ/kg	104.25	47.48	48.81	49.41	48.36	47.39	48.36	47.06	46.85	47.11	47.06	47.94	48.56	49.28	44.54	47.56	42.2	49.57	58.2	55.01	78.29	68.7
17	喷嘴出口理想速度	c_{1t}	m/s	456.6	308	312.5	314	311	308	311	306.5	306	307	307	300.5	311.5	314	298	308	290	315	341	331	395.5	370
18	喷嘴速度系数	φ		0.97	0.97	0.97	0.97	0.97	0.97	0.97	0.97	0.97	0.97	0.97	0.97	0.97	0.97	0.97	0.97	0.97	0.97	0.97	0.97	0.97	0.97
19	喷嘴出口实际速度	c_1	m/s	443	298.5	303.5	304.5	302	298.5	302	297.5	297	298	298	300.5	302	304.5	289	298.6	281.5	306	330.5	321	384	360
20	喷嘴损失	$\Delta h_{n\xi}$	kJ/kg	6.20	2.81	2.89	2.93	2.85	2.81	2.85	2.81	2.76	2.76	2.76	2.85	2.89	2.93	2.64	2.81	2.51	2.93	3.43	3.26	4.60	4.06
21	喷嘴后压力	p_1	MPa	6.13	5.2	4.43	3.75	3.18	2.68	2.23	1.85	1.52	1.25	1.01	0.8	0.63	0.48	0.37	0.28	0.20	0.14	0.082	0.049	0.021	0.0086
22	喷嘴后温度/干度	t_1/x_1	℃	484	468.5	448	427.5	406.5	385	363	341.5	318	295	272.5	248.5	224	199	175	147	1	0.981	0.9587	0.937	0.91	0.884
23	喷嘴出口比容	v_{1t}	m³/kg	0.0552	0.0625	0.0715	0.0822	0.0945	0.1088	0.1268	0.1473	0.173	0.203	0.242	0.292	0.355	0.434	0.534	0.68	0.8616	1.215	1.95	3.10	6.4	14.9
24	喷嘴出口面积	A_n	cm²	58.86	96.5	108.5	124	144	168.5	182	214.5	253	280	334	391	472	573	713	877	1109	1439	2000	3320	5400	13210

续表

序号	项目	符号	单位	1	2	3	4	5	6	7	8	9	10	11	12	13	14	15	16	17	18	19	20	21	22
25	喷嘴出汽角正弦	$\sin\alpha_1$		0.2236	0.1865	0.187	0.187	0.189	0.19	0.191	0.1922	0.1925	0.193	0.194	0.196	0.197	0.198	0.21	0.22	0.2175	0.218	0.2005	0.2305	0.2405	0.3146
26	喷嘴出汽角	α_1		12°55′	10°45′	10°47′	10°47′	10°53′	10°57′	11°1′	11°5′	11°6′	11°8′	11°11′	11°18′	11°22′	11°27′	12°46′	12°43′	12°34′	12°36′	12°44′	13°20′	13°55′	18°20′
27	喷嘴节距	t_n	mm	44.25	34	34.1	34.2	56.4	56.5	45.4	45.6	45.9	46	46.3	46.75	47.25	47.8	68.55	49.9	52.5	74.06	66.8	77.86	75.26	
28	喷嘴宽度	B_n	mm	34.2	30	30	30	50	50	40	40	40	40	40	40	40	40								
29	喷嘴数	z_n		26	92	92	92	56	56	70	70	70	70	70	70	70	70	50	72	72	54	64	60	70	62
30	喷嘴高度	l_n	mm	22.9	16.5	18.5	21	24	28	30	35	41	45	53	61	72.5	86	94	111	135	165	212	308	426	665
31	部分进汽度	e		0.3328	1	1	1	1	1	1	1	1	1	1	1	1	1	1	1	1	1	1	1	1	1
32	动叶进口相对速度	w_1	m/s	278.5	147.5	151.3	152.7	150	145	150	144.2	143	143.4	143.4	143.4	143.3	143.5	127.5	130	106	118.5	131	107.5	143.5	116.5
33	相应于 w_1 的比焓降	Δh_{w1}	kJ/kg	38.73	10.88	11.43	11.64	11.26	10.51	11.26	10.38	10.21	10.3	10.3	10.3	10.3	10.3	8.12	8.46	5.57	7.03	8.58	5.78	10.3	6.78
34	动叶理想比焓降	Δh_b	kJ/kg	8.46	3.77	4.10	3.89	4.73	5.53	5.44	6.53	6.78	7.37	8.04	8.12	8.62	9.50	13.9	15.4	20.6	31.94	29.81	46.93	64.27	77.54
35	动叶滞止比焓降	Δh_b^*	kJ/kg	47.19	14.65	15.53	15.53	15.99	16.03	16.71	16.9	17.0	17.67	18.34	18.44	18.92	19.8	22.02	23.86	26.17	38.98	38.39	52.17	74.57	84.32
36	动叶出口理想速度	w_{2t}	m/s	306.8	171	176	176	178.8	179	182.5	183.5	184.5	188	191	192	194.5	199	210	219	229	279	276.5	324.5	386.5	411
37	动叶速度系数	ψ		0.921	0.9355	0.935	0.935	0.9357	0.937	0.937	0.938	0.938	0.9385	0.939	0.939	0.939	0.94	0.943	0.943	0.947	0.947	0.9455	0.9495	0.949	0.95
38	动叶出口实际速度	w_2	m/s	282	160	164.5	164.5	167.5	167.9	171.3	172	173	176.3	179	180	182.8	187	198	207	217	264	261.5	308.5	367	391
39	动叶损失	$\Delta h_{b\xi}$	kJ/kg	7.16	1.84	1.93	1.93	2.01	1.97	2.05	2.05	2.05	2.14	2.18	2.18	2.22	2.30	2.43	2.63	2.72	4.06	4.02	5.02	7.28	8.21
40	动叶出口绝对速度	c_2	m/s	132.7	49.2	50.8	51	51.8	52	53.5	53.7	54.3	55.6	56.8	57.5	58.9	60.9	67.5	69.4	69.3	94.5	93.5	116	164	213.4
41	余速损失	Δh_{c2}	kJ/kg	8.79	1.21	1.30	1.34	1.34	1.34	1.42	1.46	1.46	1.55	1.63	1.67	1.72	1.84	2.22	2.39	2.39	4.48	4.35	6.74	13.44	22.73
42	动叶后压力	p_2	MPa	6.01	5.13	4.08	3.7	3.12	2.62	2.19	1.81	1.49	1.21	0.975	0.772	0.603	0.464	0.351	0.256	0.184	0.116	0.0679	0.0357	0.0134	0.0046
43	动叶后温度/干度	t_2/x_2	℃	492	467.5	447	426	405	383	361	338.5	316	293	270	245	220	195	169	14	0.994	0.9725	0.951	0.927	0.8945	0.866
44	动叶出口比容	v_2	m^3/kg	0.0572	0.0633	0.0725	0.0835	0.096	0.111	0.129	0.15	0.1765	0.209	0.25	0.3005	0.367	0.452	0.565	0.724	0.952	1.435	2.31	4.12	9.95	26.45
45	动叶出口面积	A_b	cm^2	95.82	182.7	203	234	264	304.5	326	378	443	486	575	670	806	971	1100	1352	1625	2015	3120	4710	9110	22750
46	动叶出汽角正弦	$\sin\beta_2$		0.3374	0.307	0.3075	0.3082	0.3092	0.31	0.311	0.3115	0.3135	0.314	0.316	0.317	0.32	0.3235	0.33	0.3264	0.3085	0.298	0.336	0.323	0.4	0.545
47	动叶出汽角	β_2		19°43′	17°53′	17°54′	17°57′	18°1′	18°4′	18°4′	18°9′	18°10′	18°18′	18°25′	18°29′	18°40′	18°53′	19°16′	19°03′	17°58′	17°20′	19°38′	18°51′	23°35′	32°53′
48	动叶节距	t_b	mm	22.142	18	18.02	18.1	18.16	18.2	18.27	18.33	18.47	18.5	18.7	22.42	22.7	22.78	20.42	21.41	30.02	31.76	35.66	38.87	56.08	

续表

序号	项目	符号	单位	1	2	3	4	5	6	7	8	9	10	11	12	13	14	15	16	17	18	19	20	21	22
49	动叶宽度	B_b	mm	35	25	25	25	25	25	25	25	25	25	25	30	30	30								
50	动叶数目	z_b		156	174	174	174	174	174	174	174	174	174	174	146	146	146	168	168	126	126	120	120	94	112
51	动叶高度	l_b	mm	24.7	19	21	24	27	31	33	38	44	48	56	64.5	76	89.5	98	115	139	169	217	313	432	665
52	叶高损失	δh_l	kJ/kg	6.32	4.40	4.06	3.6	3.14	2.68	2.51	2.18	1.84	1.72	1.46	1.30	1.13	0.96	0.88	0.79	0.67	0.67	0.59	0.46	0.46	0.25
53	轮周有效比焓降	Δh_u	kJ/kg	84.15	40.99	42.73	43.54	43.75	43.75	44.97	45.09	45.55	46.3	47.06	46.4	49.24	50.74	50.28	54.34	54.51	69.37	75.61	86.46	116.39	110.95
54	轮周功率	P_u	kW	3975	1890	1972	2007	2020	2035	1950	1957	1976	1902	1930	1930	1972	2040	1945	2190	2020	2570	2662	3130	3930	3730
55	轮周效率	η_u	%	74.72	80	82.6	83.6	84.6	85.6	85.7	86.5	87.2	87.4	88	88.2	88.7	89	89	89.2	90.1	87.5	89	88.2	85	82
56	摩擦与部分进汽损失	$\Delta h_l+\Delta h_c$	kJ/kg	8.04	1.34	1.17	1.05	0.92	0.795	0.75	0.63	0.54	0.50	0.42	0.38	0.33	0.25	0.25	0.25	0.25	0.21	0.17	0.13	0.08	0.08
57	隔板汽封直径	d_p	mm		590	590	590	590	590	590	590	590	590	590	590	590	590	590	590	590	650	650	650	700	750
58	隔板汽封间隙	δ_p	mm		0.5	0.5	0.5	0.5	0.5	0.5	0.5	0.5	0.5	0.5	0.5	0.5	0.5	0.5	0.5	0.5	0.5	0.5	0.5	0.5	0.5
59	隔板汽封齿数	z_p			10	10	10	5	5	5	5	5	5	5	5	5	5	5	5	5	5	5	5	3	3
60	隔板汽封漏汽系数	K			0.0304	0.027	0.0236	0.0288	0.0246	0.0228	0.0193	0.0164	0.0148	0.0124	0.0106	0.0088	0.0074	0.0057	0.0047	0.0037	0.0032	0.0023	0.0014	0.0012	0.0005
61	隔板漏汽损失	Δh_p	kJ/kg		1.26	1.17	1.05	1.26	1.09	1.00	0.88	0.75	0.67	0.59	0.5	0.42	0.38	0.29	0.25	0.21	0.21	0.17	0.13	0.13	0.04
62	叶顶轴向间隙	δ_z	mm		1.5	1.5	1.5	1.5	1.5	1.5	1.5	2	2	2	2	2	2	2	2	2	2	3			
63	围带厚度	Δ_s	mm		0.3	0.3	0.3	0.3	0.3	0.3	0.3	0.3	0.3	0.3	0.3	0.3	0.3	0.3	0.3	0.3	0.3	0.3			
64	围带漏汽系数	μ_δ			0.3	0.3	0.3	0.3	0.3	0.3	0.3	0.25	0.25	0.25	0.25	0.25	0.25	0.25	0.25	0.25	0.25	0.25			
65	围带漏汽系数	μ_t			0.943	0.943	0.943	0.941	0.941	0.941	0.941	0.943	0.943	0.943	0.943	0.943	0.943	0.94	0.94	0.933	0.941	0.94			
66	围带漏汽系数	φ_t			0.35	0.36	0.35	0.38	0.41	0.40	0.43	0.44	0.45	0.48	0.495	0.53	0.56	0.62	0.65	0.73	0.78	0.77			
67	叶顶漏汽损失	Δh_δ	kJ/kg		1.93	1.88	1.63	1.59	1.47	1.38	1.26	1.26	1.17	1.09	1.00	0.92	0.84	0.75	0.75	0.71	0.75	0.96			
68	级平均干度	x_m																		0.997	0.9843	0.9633	0.941	0.913	0.8845
69	湿汽损失	Δh_x	kJ/kg																	0.17	1.09	2.76	5.11	10.09	12.81
70	级有效比焓降	Δh_i	kJ/kg	76.12	36.46	38.52	39.82	39.98	40.78	41.83	42.33	43.0	43.96	44.97	46.18	47.56	49.28	48.99	53.09	53.17	67.11	71.55	81.1	106.47	98.05
71	级内效率	η_i	%	67.58	71.2	74.5	76.5	77.3	79	79.6	81.2	82.4	83	84	84.7	85.6	86.4	86.6	87.1	88	84.7	84	82.6	77.4	72.5
72	级内功率	P_i	kW	3595.6	1680	1775	1838	1845	1885	1815	1835	1865	1810	1850	1850	1912	1980	1895	2045	1970	2480	2520	2860	3580	3300

注：围带漏汽系数中，μ_δ是与叶顶轴向间隙δ_z和围带厚度Δ_s有关的经验系数，μ_t是与叶顶轴向间隙及速度比有关的经验系数，φ_t是与反动度Ω_m及径高比d_b/l_b有关的经验系数。

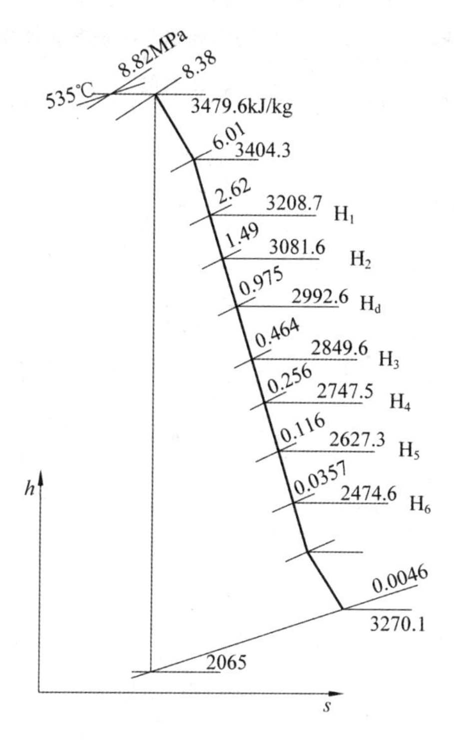

附图 4-2　N50-8.82/535 型汽轮机设计工况热力过程曲线

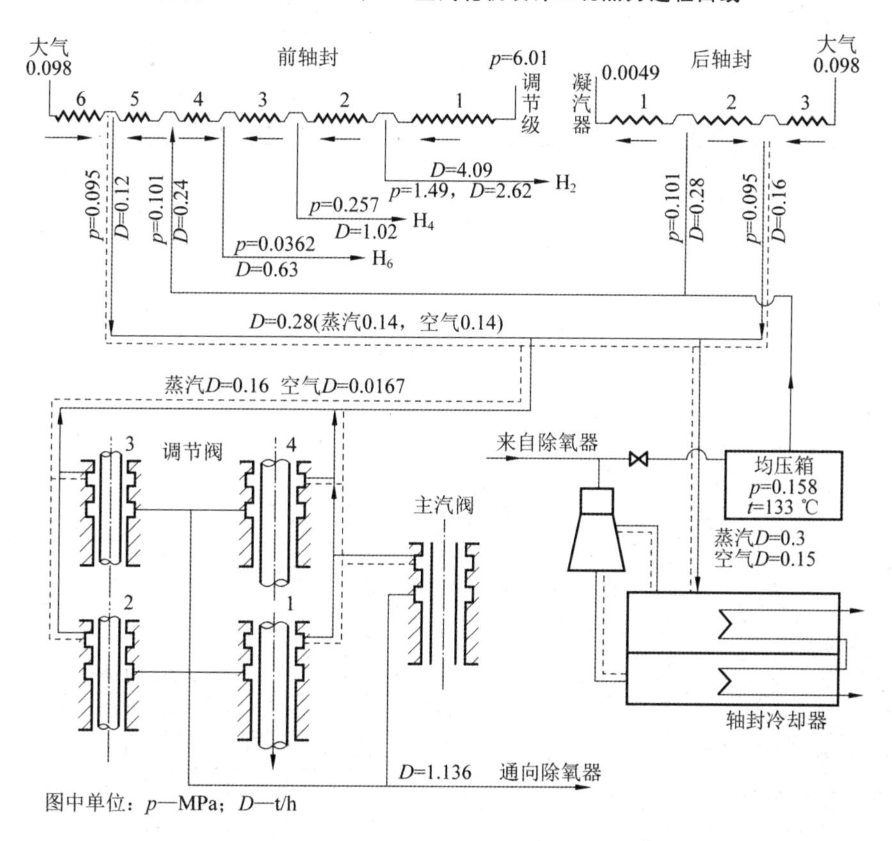

附图 4-3　N50-8.82/535 型汽轮机闭式轴封系统

附表 4-5　N50-8.82/535 型汽轮机阀杆漏汽量计算数据

分段	符号	单位	主汽阀			调节汽阀		
			1	2	3	1	2	3
阀门数	z		1			4		
阀杆直径	d_{vi}	cm	3.4			3.6		
分段长度	l	cm	41.8	11	5.8	33.3	4	3.8
径向间隙	δ_r	cm	0.02			0.02		
间隙面积	A_{vi}	cm^2	0.214			0.227		
初压	p_0	MPa	8.826	0.588	0.098	8.826	0.588	0.098
初温	t_0	℃	535	498	40	535	498	40
段前比容	v_0	m^3/kg	0.0398	0.601	0.91	0.0398	0.601	0.91
动力黏度	$\eta_0\times10^6$	$N\cdot s/m^2$	30.69	27.85	19.12	30.69	27.85	19.12
终压	p_2	MPa	0.588	0.095	0.095	0.588	0.095	0.095
压力比	p_2/p_0		0.0666	0.162	0.97	0.0666	0.162	0.97
$3350\,\delta_r\sqrt{p_0/v_0}/(\eta_0\times10^6)$	R_e^*		32.5	2.38	1.15	32.5	2.38	1.15
$l/(\delta_r\sqrt[4]{R_e^*})$	K_1		874.5	442	280	697	161	1.83
紊流流量系数	μ_{tu}		0.29	0.4	0.22	0.33	0.6	0.28
$\mu_{tu}R_e^*$			9.425	0.952	0.253	10.7	1.43	0.322
$l/(\delta_r R_e^*)$	K_2			231	252			165
层流流量系数	μ_{la}		-	0.5	0.14			0.2
漏汽量	$\Delta D'_{vi}$	t/h	0.222	0.0254	0.0024	0.268×4	0.032×4	0.0036×4

附表 4-6　N50-8.82/535 型汽轮机轴封漏汽量计算数据

分段	符号	单位	前轴封						后轴封		
			1	2	3	4	5	6	1	2	3
轴封直径	D_l	cm	61.8			44.3			55.3		45.8
径向间隙	δ_l	cm	0.05						0.05		
间隙面积	A_l	cm^2	9.7			6.95			8.7		7.2
齿数	z_l		74	36	10				12	9	6
判别数	k_l		0.098	0.139	0.251				0.231	0.262	0.31
轴封段前压力	p_0	MPa	6.01	1.49	0.257	0.101		0.098	0.101		0.098
轴封段前比容	v_0	m^3/kg	0.055	0.226	1.32	1.82		0.91	1.82		0.91
轴封段后压力	p_z	MPa	1.49	0.257	0.036	0.036	0.0095	0.0095	0.0046	0.0095	0.0095
压力比	p_z/p_0		0.248	0.172	0.141	0.358	0.94	0.97	0.046	0.94	0.97
漏汽量	ΔD_l	t/h	4.085	1.472	0.454	0.174	0.063	0.065	0.200	0.084	0.085
前轴封漏汽量			$\Delta D_l=4.085$ t/h								
通向 H_2 轴封漏汽量			$\Delta D_{l1}=4.085-1.472$ t/h$=2.612$ t/h								
通向 H_4 轴封漏汽量			$\Delta D_{l2}=1.472-0.454$ t/h$=1.018$ t/h								
通向 H_5 轴封漏汽量			$\Delta D_{l3}=0.454-0.174$ t/h$=0.628$ t/h								
均压箱通向前轴封汽量			$\Delta D_{l4}=0.174+0.063$ t/h$=0.237$ t/h								
均压箱通向后轴封汽量			$\Delta D_{l5}=0.200+0.084$ t/h$=0.284$ t/h								
通向轴封冷却器汽量			$\Delta D_{l6}=0.063+0.084$ t/h$=0.147$ t/h								
通向轴封冷却器空气量			$\Delta D'_{l6}=0.065+0.085$ t/h$=0.150$ t/h								

附表 4-7　N50-8.82/535 型汽轮机设计工况下轴向推力计算数据

	分段号			1	2	3	4	5	6	7	8
	级号						1	2	3	4	5
	级前压力	p_0	MPa	0.098	0.0362	6.01	8.38	6.01	5.13	4.37	3.70
	级前后压差	Δp	MPa				2.37	0.878	0.760	0.672	0.578
动叶片	平均直径	d_b	mm				1100	997	999	1002	1005
	叶片高度	l_p	mm				24.7	19	21	24	27
	平均反动度	Ω_m	%				7.5	7.35	7.94	7.5	9.14
	叶根反动度	Ω_r	%				7.5	4.07	3.8	3.22	3.88
	叶片上轴向力	F_{z1}	N				4969	3840	3977	3876	4503
叶轮	隔板汽封直径	d_p	mm	443	443、618	618、590		590	590	590	590
	汽封间隙	δ_p	mm					0.5	0.5	0.5	0.5
	汽封齿数	z_p						10	10	10	5
	$\pi d_p \delta_p \sqrt{z_p}$	A'_p	mm²					293	293	293	415
	叶片根部直径	d_r	mm					978	978	978	978
	轴向间隙	δ_z	mm					1.5	1.5	1.5	1.5
	叶根间隙面积	A_5	mm²					4606	4606	4606	4606
	平衡孔直径	d_4	mm					50	50	50	50
	孔数	z_4						7	7	7	7
	平衡孔面积	A_4	mm²					13737	13737	13737	13737
	$0.3A_4\sqrt{\Omega_r}/A'_p$	α						2.84	2.74	2.52	1.96
	$0.3A_5\sqrt{\Omega_r}/A_{rp}$	β						0.95	0.919	0.845	0.655
	Ω_d/Ω_r	q						0.37	0.39	0.42	0.54
	叶轮反动度	Ω_d	%					1.51	1.48	1.35	2.09
	轮盘面积	A_d	mm²					477581			
	轴向力	F_{z2}	N					6331	5371	4332	5769
转子	环形面积	ΔA	mm²	154055	145755	26552					
	作用压力	P_x	MPa	0.098	0.0362	−6.01					
	轴向力	F_{z3}	N	15113	5276	−159578					
	各级轴向力		N	15113	5276	−159578	4969	10171	9348	8208	10272

续表

	分段号			9	10	11	12	13	14	15	16
	级号			6	7	8	9	10	11	12	13
	级前压力	p_0	MPa	3.12	2.62	2.19	1.81	1.49	1.21	0.975	0.773
	级前后压差	Δp	MPa	0.505	0.431	0.373	0.323	0.279	0.235	0.203	0.169
动叶片	平均直径	d_b	mm	1009	1011	1016	1022	1026	1034	1042.5	1054
	叶片高度	l_p	mm	31	33	38	44	48	56	64.5	76
	平均反动度	Ω_m	%	10.7	10.4	12.5	13.0	13.9	15.0	14.9	15.5
	叶根反动度	Ω_r	%	4.38	4.4	5.79	4.97	4.82	4.38	3	1.96
	叶片上轴向力	F_{z1}	N	5309	4698	5655	5932	6000	6412	6389	6592
叶轮	隔板汽封直径	d_p	mm	590	590	590	590	590	590	590	590
	汽封间隙	δ_p	mm	0.5	0.5	0.5	0.5	0.5	0.5	0.5	0.5
	汽封齿数	z_p		5	5	5	5	5	5	5	5
	$\pi d_p \delta_p \sqrt{z_p}$	A'_p	mm^2	415	415	415	415	415	415	415	415
	叶片根部直径	d_r	mm	978	978	978	978	978	978	978	978
	轴向间隙	δ_z	mm	1.5	1.5	2.0	2.0	2.0	2.0	2.0	2.0
	叶根间隙面积	A_5	mm^2	4606	4606	6145	6145	6145	6145	6145	6145
	平衡孔直径	d_4	mm	50	50	50	50	50	50	50	50
	孔数	z_4		7	7	7	7	7	7	7	7
	平衡孔面积	A_4	mm^2	13737	13737	13737	13737	13737	13737	13737	13737
	$0.3 A_4 \sqrt{\Omega_r}/A'_p$	α		2.08	2.08	2.38	2.21	2.18	2.08	1.72	1.39
	$0.3 A_5 \sqrt{\Omega_r}/A_{rp}$	β		0.696	0.698	1.07	0.99	0.976	0.93	0.77	0.622
	Ω_d/Ω_r	q		0.5	0.5	0.53	0.56	0.56	0.59	0.69	0.81
	叶轮反动度	Ω_d	%	2.19	2.2	3.0	2.78	2.7	2.58	2.1	1.59
	轮盘面积	A_d	mm^2	477581							
	轴向力	F_{z2}	N	5281	4528	5344	4288	3597	2895	2036	1283
转子	环形面积	ΔA	mm^2								
	作用压力	P_x	MPa								
	轴向力	F_{z3}	N								
	各级轴向力		N	10590	9226	10999	10220	9597	9307	8425	7875

续表

	分段号			17	18	19	20	21	22	23	24	25	26	27	28
	级号			14	15	16	17	18	19	20	21	22			
	级前压力	p_0	MPa	0.603	0.464	0.351	0.256	0.184	0.115	0.0678	0.0362	0.0134	0.0046	0.096	0.098
	级前后压差	Δp	MPa	0.139	0.113	0.0946	0.0725	0.0682	0.0478	0.0322	0.0222	0.0088			
动叶片	平均直径	d_b	mm	1067.5	1092	1145	1204	1274	1362	1488	1678	2000			
	叶片高度	l_p	mm	89.5	98	115	139	169	217	313	432	665			
	平均反动度	Ω_m	%	16.7	24.6	25.3	34	40.2	35.1	47.9	46.7	57.4			
	叶根反动度	Ω_r	%	0.9	9.01	7.9	15.6	20.8	8.14	16.2	3.4	0.4			
	叶片上轴向力	F_{z1}	N	6967	9345	9900	12960	18544	15578	22567	23256	21105			
叶轮	隔板汽封直径	d_p	mm	590	590	590	590	650	650	650	700	745	745、553	553、458	458
	汽封间隙	δ_p	mm	0.5	0.5	0.5	0.5	0.5	0.5	0.5	0.5	0.5			
	汽封齿数	z_p		5	5	5	5	5	5	5	3	3			
	$\pi d_p \delta_p \sqrt{z_p}$	A'_p	mm²	415	415	415	415	457	457	457	635	675			
	叶片根部直径	d_r	mm	978	994	1030	1065	1105	1145	1175	1246	1335			
	轴向间隙	δ_z	mm	2.0	2.0	2.0	2.0	2.0	3.0	5.3	6.7	7.8			
	叶根间隙面积	A_5	mm²	6145	6246	6472	6692	6943	10791	19564	26226	32712			
	平衡孔直径	d_4	mm	50	50	50	50	50	50						
	孔数	z_4		7	7	7	7	7	7						
	平衡孔面积	A_4	mm²	13737	13737	13737	13737	13737	13737						
	$0.3A_4\sqrt{\Omega_r}/A'_p$	α		0.94	2.98	2.8	3.92	4.12	2.58	0	0	0			
	$0.3A_5\sqrt{\Omega_r}/A_{rp}$	β		0.421	1.35	1.32	1.91	2.08	2.02	5.17	2.28	0.92			
	Ω_d/Ω_r	q		1.02	0.45	0.48	0.4	0.4	0.68	1.03	1.19	2.18			
	叶轮反动度	Ω_d	%	0.918	4.05	3.82	6.24	8.32	5.54	16.7	4.02	0.87			
	轮盘面积	A_d	mm²	502350	559548	617108	626842	697492	752128	834075	963352				
	轴向力	F_{z2}	N	609	2299	2022	2791	3557	1847	4044	744	73			
转子	环形面积	ΔA	mm²					58404			52987	51044	195634	75395	164664
	作用压力	P_x	MPa					0.184			0.0362	0.0134	−0.0046	−0.095	−0.098
	轴向力	F_{z3}	N					10746			1918	684	−1095	−7162	−10137
	各级轴向力		N	7576	11644	11922	15751	32847	17425	26611	25918	21862	−1095	−7162	−16137
	总轴向力	F_z		$\sum F_{z1}=208374$ N　$\sum F_{z2}=69041$ N　$\sum F_{z3}=-150235$ N　$\sum F_z=127180$ N											
	安全系数	n		$p_A=2.45$ MPa　$A=11000\times10\ \text{mm}^2=110000\ \text{mm}^2$　$n=(110000\times2.45+150235)/(208374+69041)=1.51715$											

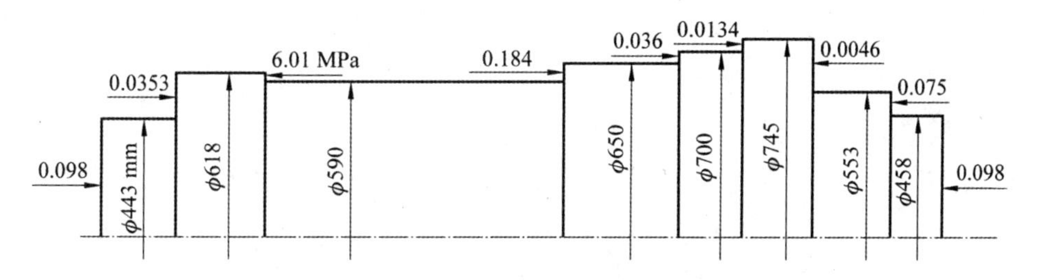

附图 4-4　N50-8.82/535 型汽轮机轴向推力图

附表 4-8　N50-8.82/585 型汽轮机调节级配汽数据

调节阀	部分进汽度		喷嘴出口面积/cm^2		喷嘴数	
	e	$\sum e$	A_n	$\sum A_n$	z_n	$\sum z_n$
1	0.0896	0.0896	15.85	15.85	7	7
2	0.1152	0.2048	20.4	36.25	9	16
3	0.1280	0.3328	22.62	58.87	10	26
4	0.2560	0.5888	45.13	104	20	46

叶片结构参数计算方法

1. 高斯法

高斯法是将叶型曲线分段后用高次曲线近似代替来计算叶片截面几何特性的，其区间不等分，叶型中间分得大，两端分得小，如附图 5-1 所示。

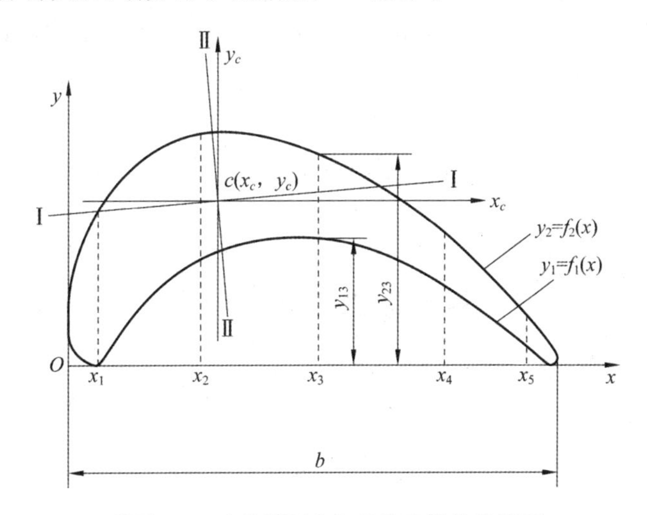

附图 5-1　叶片截面几何特性高斯法计算图

高斯公式的一般形式为

$$\int_0^b f(x)\mathrm{d}x = b[A_1 f(x_1) + A_2 f(x_2) + \cdots + A_n f(x_n)]$$

式中：A_i 为与分段数有关的系数，见附表 5-1；x_i 为分段点的横坐标，$x_i = bX_i$；b 为叶片弦长；X_i 为相对横坐标系数，见附表 5-1；n 为纵坐标数目。

附表 5-1　高斯公式系数

系数	n	i							
		1	2	3	4	5	6	7	8
X_i	5	0.04691008	0.23076574	0.50000000	0.76923466	0.95308992			
	6	0.03376524	046939531	0.38069041	0.61930959	0.83060469	0.96623476		
	7	0.02544604	0.12923411	0.29707742	0.50000000	0.70292258	0.87076559	0.97455396	
	8	0.01995507	0.10166676	0.23723379	0.40828268	0.59171732	0.76276621	0.89833324	0.98014493

续表

系数	n	i							
		1	2	3	4	5	6	7	8
A_i	5	0.1184634	0.2393143	0.2844444	0.2393143	0.1184631			
	6	0.08566225	0.18038079	0.23395697	0.23395697	0.18038079	0.08566225		
	7	0.06474248	0.13985269	0.190915025	0.20897959	0.190915025	0.13985269	0.06474248	
	8	0.05061427	0.11119052	0.15685332	0.18134189	0.18134189	0.15685332	0.11119052	0.05061427

计算时,先将叶片图形放大,一般将动叶放大10~20倍,静叶放大5~10倍,以叶型进、出口连线为x轴。沿x轴将叶型分为n段(一般$n=5$~10已够准确),根据n在附表5-1中查出X_i,算出i点的横坐标x_i,在横坐标上标出,过分段点x_i作垂线交叶型内弧与背弧,量出各相应交点的纵坐标,$y_{1i}=f_1(x_i)$,$y_{2i}=f_2(x_i)$。然后按下列公式计算叶片截面的几何特性参数。

面积:

$$A=b\sum_{i=1}^{n}A_i(y_{2i}-y_{1i})$$

静矩:

$$S_x=\frac{b}{2}\sum_{i=1}^{n}A_i(y_{2i}^2-y_{1i}^2)$$

$$S_y=b^2\sum_{i=1}^{n}A_ix_i(y_{2i}-y_{1i})$$

重心坐标:

$$x_c=\frac{S_y}{A}$$

$$y_c=\frac{S_x}{A}$$

惯性矩:

$$I_x=\frac{b}{3}\sum_{i=1}^{n}A_i(y_{2i}^3-y_{1i}^3)$$

$$I_y=b^3\sum_{i=1}^{n}A_ix_i^2(y_{2i}-y_{1i})$$

$$I_{xy}=\frac{b^2}{2}\sum_{i=1}^{n}A_ix_i(y_{2i}^2-y_{1i}^2)$$

$$I_{xc}=I_x-Ay_c^2$$

$$I_{yc}=I_y-Ax_c^2$$

通常可简化认为

$$I_{\min}\approx I_{xc}$$

$$I_{\max}\approx I_{yc}$$

2. 梯形法

梯形法是用阶梯形直线近似代替叶型曲线进行叶片截面几何特性计算的。计算过程与高斯法类同，先将叶型放大，然后将弦长等分为 n 段，量出各点 x_i 处相应的叶型内弧和背弧上的纵坐标 y_{i1} 和 y_{i2}，用下列公式计算。为提高计算的精确度，一般 n 取得较大（$n=20\sim30$）。

面积：

$$A=\frac{b}{2n}\sum_{i=0}^{n-1}[(y_{i2}-y_{i1})+(y_{i+1\,2}-y_{i+1\,1})]$$

静矩：

$$S_x=\frac{b}{4n}\sum_{i=0}^{n-1}[({y_i}^2{}_2-{y_i}^2{}_1)+({y_{i+1}}^2{}_2-{y_{i+1}}^2{}_1)]$$

$$S_y=\frac{b}{2n}\sum_{i=0}^{n-1}[(y_{i2}-y_{i1})x_i+(y_{i+1\,2}-y_{i+1\,1})x_{i+1}]$$

重心坐标：

$$x_c=\frac{S_y}{A}$$

$$y_c=\frac{S_x}{A}$$

惯性矩：

$$I_x=\frac{b}{6n}\sum_{i=0}^{n-1}[({y_i}^3{}_2-{y_i}^3{}_1)+({y_{i+1}}^3{}_2-{y_{i+1}}^3{}_1)]$$

$$I_y=\frac{b}{2n}\sum_{i=0}^{n-1}[(y_{i2}-y_{i1}){x_i}^2+(y_{i+1\,2}-y_{i+1\,1})\,{x_{i+1}}^2]$$

$$I_{xy}=\frac{b}{4n}\sum_{i=0}^{n-1}[x_i({y_i}^2{}_2-{y_i}^2{}_1)x_i+({y_{i+1}}^2{}_2-{y_{i+1}}^2{}_1)x_{i+1}]$$

$$I_{xcyc}=I_{xy}-Ax_cy_c$$

通常可简化认为

$$I_{\min}=\frac{I_{xc}+I_{yc}}{2}-\frac{1}{2}\sqrt{(I_{xc}-I_{yc})^2+4\,{I_{xcyc}}^2}$$

梯形法适用于计算机计算。

汽轮机课程设计内容及安排说明

1. 级的热力设计

(1) 单一速度级热力设计;

(2) 单一压力级热力设计;

(3) 复速级热力设计。

说明:

本部分内容依据学生能力水平、兴趣意愿及设计时长可以选择上述三项内容之一。具体设计手段可以采用笔算、电子表格辅助计算、程序代码计算等三种方式之一或者任意组合。

设计过程中可以使用目前广泛流行的各类水蒸气热力参数查询程序包、代码包及Office插件等。

本部分设计方法和过程可参考本书第 1 章、第 2 章和第 4 章。

2. 长叶片气动设计

(1) 基于等环量流型的气动设计;

(2) 基于等 α_1 角流型的气动设计;

(3) 基于完全径向平衡方程的准三维气动设计。

说明:

本部分内容依据学生能力水平、兴趣意愿及设计时长可以选择上述三项内容之一。具体设计手段可以采用笔算、电子表格辅助计算、程序代码计算等三种方式之一。其中,前两项建议采用电子表格方式,便于修改和作图;第三项只建议采用程序代码计算。

设计过程中同样可以使用目前广泛流行的各类水蒸气热力参数查询程序包、代码包及Office 插件等。

本部分设计方法和过程可参考本书第 1 章、第 2 章和第 5 章。

3. 强度设计计算

(1) 叶根、轮缘和隔板的简化强度核算;

(2) 轴类部件的稳态和模态分析;

(3) 叶片的稳态和模态分析。

说明:

本部分内容依据学生能力水平、兴趣意愿及设计时长可以选择上述三项内容之一或相互组合。其中,第一项内容建议采用笔算或电子表格方式,便于修改和作图;第二、三项内容可采用 Ansys 有限元软件。

本部分设计方法和过程可参考本书第 1 章和第 6 章。

4. 多级汽轮机的热力与气动设计

（1）传统多级汽轮机热力设计；

（2）基于 Multall 代码包的设计计算。

说明：

本部分内容依据学生能力水平、兴趣意愿及设计时长可以选择上述两项内容之一。具体设计手段可以采用笔算、电子表格辅助计算、程序代码计算等三种方式之一。其中，第一项内容建议采用电子表格或者自编代码方式，便于提高迭代修改效率、理解参数影响；第二项内容需要安装 Linux 操作系统，只建议具有一定计算机水平和编程能力的学生选择参与。

设计过程中同样可以使用目前广泛流行的各类水蒸气热力参数查询程序包、代码包及 Office 插件等。

本部分设计方法和过程可参考本书第 1 章、第 2 章、第 3 章、第 4 章和第 7 章。

5. 关于工质热力性质查询

在热力设计计算时，需要频繁地查询工质的热力性质参数，对于水蒸气介质的热力参数，建议使用 Magnus Holmgren 编制的水蒸气查询软件（http://www. x-eng. com：Steam tables by Magnus Holmgren according to IAPWS IF-97），可以在网络上获得具有这个查询功能的 Excel、Matlab、Basic Scripts for Open Office 代码包。

如果使用非水蒸气介质进行涡轮机设计，则可以参考本书第 7 章介绍的 REFPROP 代码包。

6. 关于电子表格或代码的使用

本书附带部分电子表格案例或程序代码（热力和气动部分），利用这些资料可以降低读者的课程设计工作量，使其更关注课程设计的关键问题和核心要求。

需要指出的是，这些自动计算表格或代码并非功能完整的程序包，也不是完美无缺的，读者可根据课程设计的要求及个人理解发现其中存在问题，改正并继续完善其功能。